地下水勘探技术与应用

王　文　刘福臣　张振善　编著

黄河水利出版社
·郑州·

内 容 提 要

本书分为地下水勘探技术和地下水开采方法上下两篇。上篇主要阐述了地下水类型、运动、排泄、赋存规律；结合地质分析，总结出不同类型的蓄水构造；详细介绍了水文地质找水的方法、步骤，结合多年来的找水体会，归纳总结出大量的野外找水经验；详细阐述了电阻率法、电阻率剖面法、激发极化法、放射性探测法、甚低频电磁法、瞬变电磁法、地质雷达、声频大地电场法、自然电场法、充电法等各种物探找水的原理、方法、步骤，并给出了大量的找水成功案例。下篇主要阐述了不同埋藏条件下地下水的开采方法，包括管井、大口井、辐射井、复合井、截潜流等取水工程的布置、设计、施工方法；地下水的开发利用与保护等内容。本书重在理论联系实际，内容简要，实用性强，案例丰富。

本书可作为大专院校勘察技术与工程、水文与水资源工程、水利工程等专业的教材，亦可供水文地质勘察、水资源评价、饮水安全工程等技术人员及科研人员学习参考。

图书在版编目(CIP) 数据

地下水勘探技术与应用/王文,刘福臣,张振善编著. —郑州：黄河水利出版社,2015.8
ISBN 978 – 7 – 5509 – 1211 – 3

Ⅰ.①地⋯　Ⅱ.①王⋯　②刘⋯　③张⋯　Ⅲ.①地下水开采
Ⅳ.①P641.8

中国版本图书馆 CIP 数据核字(2015)第 207467 号

组稿编辑：王路平　电话：0371 – 66022212　E – mail：hhslwlp@ 126. com

出 版 社：黄河水利出版社
　　　　地址：河南省郑州市顺河路黄委会综合楼 14 层　　邮政编码：450003
发行单位：黄河水利出版社
　　　　发行部电话：0371 – 66026940、66020550、66028024、66022620(传真)
　　　　E - mail：hhslcbs@ 126. com
承印单位：河南承创印务有限公司
开本：787 mm ×1 092 mm　1/16
印张：22
字数：510 千字　　　　　　　　　　　印数：1—2 000
版次：2015 年 8 月第 1 版　　　　　　印次：2015 年 8 月第 1 次印刷

定价：55.00 元

前　言

地下水埋藏于地下岩土的裂隙和孔隙中，受岩性、构造、地貌、气候、水文等因素控制，地下水富水性严重不均，开发利用难度大。多年来由于找水技术落后，地下水勘探手段和方法不当，盲目定井、挖井，花费了大量人力、物力，造成巨大的经济损失。为此，许多同行专家和学者在这方面进行了深入的研究和探索，为我国地下水开发做出了贡献。编著者多年从事地下水资源评价、水文地质勘察、工程地质勘察、岩土工程检测工作，在找水理论与实践方面积累了一些经验，在参考其他专家、学者研究成果的基础上，结合多年来的野外找水定井实践经验，归纳和总结了这方面的知识和内容，编写成《地下水勘探技术与应用》奉献给读者。

本书由王文、刘福臣、张振善编著，王万庆、兰功峰、张云亮、考锡成、王志强、王娟任副主编，刘闽楠参加了全书的绘图和校对工作。刘福臣负责上篇地下水勘探技术的整理校核，王文负责下篇地下水开采方法的整理校核，全书由刘福臣负责统稿。编写具体分工如下：王文编写第一章、第十章；刘福臣编写绪论、第三章；张振善编写第八章、第十一章；王万庆编写第七章、第十二章；兰功峰编写第四章、第六章；张云亮编写第二章；考锡成编写第九章；王志强编写第五章；王娟编写第十三章。

本书在编写过程中，参考和学习了许多同行专家和学者的著作、研究成果，在此，对他们辛勤劳动所取得的成果表示祝贺，对他们所提供的参考资料表示衷心的感谢！

由于全国各地的地质条件不同，地层结构的差异性大，不同地区的地下水分布规律不同，尤其在山丘区找水定井难度大，加上编著者掌握的技术资料不全和水平有限，疏漏和不妥之处在所难免，敬请专家和读者提出宝贵的意见。

作　者
2015 年 4 月

目　录

上篇　地下水勘探技术

下篇　地下水开采方法

绪　论

一、本书的研究对象与任务

水作为一种资源来讲，与土地、矿产资源一样，是人类社会赖以生存和持续发展的、必不可少的资源之一。所以，衡量一个国家发展的可持续性，不但要考虑其他资源的富饶程度，同时也要考虑水资源的富饶程度。但由于生产的迅速发展、人口的急剧增加和城市规模的不断扩大，人类社会对水的需求不断增加，加之环境污染，又大大地减少了可以利用的水资源量，所以水资源不足已成为 21 世纪的一个重大问题。

我国是一个地域辽阔、地形复杂、多山分布的国家，山区（包括山地、高原和丘陵）约占全国国土面积的 69%，平原和盆地约占 31%。地形特点是西高东低，北方分布的大型平原和盆地成为地下水储存的良好场所。地下水资源作为水资源的重要组成部分，其分布受地形及其主要补给源——降水量的制约。在我国的北方，由于地理、气候条件的特殊性，形成大面积的干旱、半干旱地区，水资源比较贫乏。在这些地区，作为水资源部分组成之一的地表水来讲，不但比较贫乏，而且在时（间）、空（间）上分布极不均匀。所以，在干旱缺雨、地表水贫乏的北方地区，地下水往往成为唯一可供利用的水源。因此，在这些地区开发地下水具有极其重要的意义。

由于地下水储存于地表以下岩石空隙中，所以与地表水相比，用地下水作为供水水源具有以下优点：

（1）经过岩石（或土）的过滤及上覆隔水层的保护，水质远较地表水清洁，一般不需要处理即可使用。

（2）水质、水量受气候的影响较小，故在一般干旱季节能保持较稳定的供水能力。因此，在很多地表水缺乏的地区，如干旱半干旱地区、山区、沙漠等，地下水常常是唯一的供水水源。

（3）水温较低，常年变化不大，特别适宜于冷却水和空调用水。

（4）分布较为普遍，便于就地开采，成为山区村庄分散供水的主要水源。

正是因为地下水具有以上优点，所以世界上许多国家都优先把它作为主要的供水水源。在干旱的利比亚、沙特阿拉伯半岛各国地下水占总供水量的 100%，以色列占 5%，荷兰占 66%，美国占 22%～25%，日本占 20%。

据有关资料统计，我国总人口的 75% 饮用地下水。北方地区由于干旱少雨，地表水较少，地下水为主要供水水源，如北京、西安、沈阳、太原、济南、石家庄等，至于一般的中小城市和广大的农村地区，对地下水的利用更加普遍。

从地下水的开发过程来看，首要的问题是要找到地下水源，即要找到适合打井的位置，所以说，水井位置选择的准确与否，直接关系到地下水开发的成败。长期以来，由于地下水勘探技术力量的薄弱，打井成功率低，不但造成人力、物力的浪费，更造成经济方面的重大损失。如山东省泰安市中夏村,20世纪90年代初期在村庄南侧曾先后钻过五口深井,均未成功,不但村里负债累累,更造成领导班子失信于民。选择了准确的井位,只是地下水开发过程的第一步,能否建造一口合格的水井,是地下水开发成败的另一个关键。如山东省高青县某钻孔,因建造工艺不当,导致水井建设失败,造成经济损失十余万元。

本书的研究对象是地下水,其主要任务是调查研究:

(1)地下水的类型、特征、运动、排泄规律等。

(2)通过地质分析,寻找可能的蓄水构造和含水层,为确定井位提供地质依据。

(3)采取电测深、电测深剖面法、激发极化法等多种物探手段,配合地质分析,确定井位、打井深度,预估井的出水量。

(4)选择合理的打井机械及合理的成井工艺,合理开采地下水。

二、我国在地下水勘探、开发利用方面取得的成就

我国是世界上最早开发利用地下水的国家之一。据传说及文字记述,远在黄帝时代就有了利用地下水的历史,到了尧、舜、禹时期,水井已得到广泛地应用。如《周书》中就有"黄帝穿井"的记载,在济南就有舜建造井的传说。商汤时期,对地下水的利用不仅仅是"凿井而饮"。我国不但是开采地下水最早的国家之一,而且还是最早开发矿水的国家之一。据古书记载,远在春秋战国时期,四川一带的居民就掌握了"汲卤煎盐"的技术,并开凿了大量的"盐井"以开采深层的卤水。至明、清时期,不但在井的结构以及提水工具方面有了较大的发展,如在井的结构方面有土井、砖井与石井之分,在提水工具方面有桔槔、辘轳和水车之分,而且在井的深度方面也有了较大的发展,如晚清时期(1835年)在自贡建造的盐井深度达到1 001.4 m,为当时世界第一口超深井。

在地下水开发利用方面,我们的祖先曾创造了光辉的历史,为人类社会的发展做出了卓越的贡献,但无论是基础理论还是方法技术,一直未形成独立的学科,长期落后于世界水平。

至新中国成立前,我国只有少数的地质工作者做过少量的地下水方面的调查研究工作。地下水的勘察方法也只限于落后的民间找水方法,除少数城市有供水用的机井外,大部分地区还是以大口井、民井的方式开采地下水。由于找水技术和成井工艺的落后,严重限制了地下水事业的发展,地下水的开发十分落后,规模非常小,全国井灌面积仅有1 760万亩(1亩 = 1/15 hm^2,全书同)。

新中国成立后,党和人民政府十分重视水文地质工作,建立了全国性的水文地质队伍,兴办了水文地质专业的教育机构,并建立了科研机构,开展了全国性的水文地质调查工作,并在西北缺水地区及基岩缺水山区展开了找水工作,加强了水文地质钻探工作等。由于党和人民政府的重视,地下水事业得到了突飞猛进的发展。如找水技术水平的提高:从新中国成立以后的单一的电阻率法找水发展到目前的电法、电磁法、放射性法、遥感法等多种方法、多种途径的找水方法,使得找水的成功率大大提高。

新中国成立初期,我国还没有专业的打井队伍,所使用的打井设备大部分也都是从地质队伍淘汰的,设备陈旧。这一阶段所建造的水井,直径一般都小于127 mm,深度一般都小于100 m。井径细、深度浅也是影响地下水开发的一个重要因素,以至于在一些地下水

埋藏较深的地区就无法进行地下水开采。20世纪70年代以来,我国加大了地下水开发力度,不但投入了新型的钻探设备,如冲击钻、回转钻等;而且还成立了专门的钻井队伍,除专业的打井队伍外,乡镇打井队伍也像雨后春笋般发展起来。全国共建造机井300万余眼,开采地下水量760亿 m^3/a,其中北方地区占660亿 m^3/a,占北方地区总用水量的30%。地下水的开发,使得北方地区经济的发展有了一定程度的保证。

尽管在地下水开发方面已取得了巨大的成就,但从现实需求和未来发展来讲,还存在一些问题和差距,我国偏远地区及被污染地区,至今仍然有数十万人生活用水很困难,存在片麻岩、花岗岩贫水岩组的找水问题及富水地区地下水的合理开采问题,等等,所以还要加强对地下水开发及管理方面的研究。

三、本书主要的研究内容

全书分为地下水勘探技术、地下水开采方法两篇。

上篇为地下水勘探技术,主要阐述地下水类型、运动、排泄、赋存规律,详细介绍水文地质找水、电阻率法找水、电阻率剖面法找水、激发极化法找水、放射性探测法找水、甚低频电磁法、瞬变电磁法、地质雷达、声频大地电场法、自然电场法、充电法等物探找水方法。

下篇为地下水开采方法,主要阐述地下水的开采方法,包括管井、大口井、辐射井、复合井、截潜流工程的设计与施工方法、地下水的开发与保护等内容。

各章主要内容如下:

第一章　主要介绍地下水的概念,地下水的类型及特征,地下水的物理性质、化学性质、水理性质,地下水的补给、径流及排泄。

第二章　主要介绍含水层概念、类型,蓄水构造的类型,风化壳蓄水构造、水平岩层蓄水构造、单斜型蓄水构造、断裂型蓄水构造、褶皱型蓄水构造、接触型蓄水构造、岩脉型蓄水构造等常见蓄水构造。

第三章　主要介绍水文地质找水方法、步骤,区域地层表,第四系平原区地质找水方法,变质岩地区地质找水方法,石灰岩地区地质找水方法,野外找水经验,基岩地区找水定井注意的问题等。

第四章　主要介绍电法勘探找水分类,岩石的电阻率及其影响因素,电阻率法找水原理,垂向电测深法找水,电测深找水野外工作方法、步骤,电测深曲线类型和曲线解释,电测深法在山区找水中的应用,电测深法在平原地区找水中的应用,电测找水野外常见干扰及处理措施,地形及特殊地质条件对电测深找水的影响,电法勘探找水的局限性等。

第五章　主要介绍四极对称剖面法找水方法及步骤,复合四极对称剖面法找水方法及步骤,联合剖面法找水方法及步骤,中间剖面法找水方法及步骤,偶极法找水方法及步骤等。

第六章　主要介绍直流激发极化法的基本原理,激发极化法野外工作方法,激发极化法参数的测定,激发极化法在找水中的应用,激发极化法找水野外常见干扰及处理措施等。

第七章　主要介绍放射性探测法找水原理,γ 测量法、α 测量法、^{218}Po 测量法等放射性测量方法及步骤。

第八章　主要介绍甚低频电磁法、瞬变电磁法、地质雷达、声频大地电场法等找水技术原理、野外测量、室内资料整理、找水应用实例等。

第九章　主要介绍自然电场法、充电法找水的原理、方法、步骤及在水文地质方面的应用。

第十章　主要介绍管井的结构形式、管井的类型及连接、滤水管的设计、井出水量计算等。

第十一章　主要介绍井孔钻进、破壁与疏孔、井管的安装、管外填封、电测井技术、洗井技术、抽水试验、井的验收与管理等。

第十二章　主要介绍大口井的构造、施工、出水量计算；辐射井的构造、施工、出水量，复合井的构造、施工、出水量；截潜流工程的构造、布置、施工、出水量计算，地下水取水构筑物的布局等。

第十三章　主要介绍地下水源地的选择及允许开采量的确定，地下水保护，开采地下水引起的地面沉降、地裂缝、地面塌陷、海咸水入侵等水文地质灾害，人工回灌地下水的原理、方法步骤等。

上篇　地下水勘探技术

第一章　地下水概论

　　地下水是赋存在地表以下岩土空隙中的水,主要来源于大气降水、冰雪融水、地面流水、湖水及海水等,经土壤渗入地下形成的。地下水与大气水、地表水是统一的,共同组成地球水圈,在岩土空隙中不断运动,参与全球性陆地、海洋之间的水循环,只是其循环速度比大气水、地表水慢得多。

　　地下水是宝贵的自然资源,可作为生活饮用水和工农业生产用水。一些含特殊组分的地下水称为矿泉水,具有医疗保健意义。含盐量多的地下水(如卤水),可作为化工原料。地热水可用来取暖和发电。

第一节　地下水概念

一、岩石的空隙

　　组成地壳的岩石,无论是松散沉积物还是坚硬的基岩,都有空隙。空隙的大小、多少、均匀程度和连通情况,决定着地下水的埋藏、分布和运动。因此,研究地下水必须首先研究岩石中的空隙。

　　将岩石中的空隙作为地下水储存场所和运动通道研究时,根据岩土空隙的成因不同,通常把空隙分为三类:松散沉积物颗粒之间的空隙称为孔隙;非可溶岩中的空隙称为裂隙;可溶岩产生的空隙小者称为溶隙,大者称为溶洞(见图1-1)。

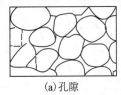　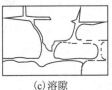

　　　(a)孔隙　　　　　　　　(b)裂隙　　　　　　　(c)溶隙

图 1-1　岩石中的空隙

(一)孔隙

松散岩石是由大小不等的颗粒组成的,颗粒或颗粒集合体之间的空隙,称为孔隙。岩石中孔隙体积的多少是影响其储容地下水能力大小的重要因素。

1. 孔隙度

孔隙体积的多少可用孔隙度表示。孔隙度是指某一体积岩石(包括孔隙在内)中孔隙体积所占的比例。孔隙度是一个比值,可用小数或百分数表示。

2. 影响孔隙度的因素

孔隙度的大小主要取决于分选程度及颗粒排列情况,另外颗粒形状及胶结充填情况也影响孔隙度。对于黏性土,结构及次生孔隙常是影响孔隙度的重要因素。

1)岩土的密实程度

岩土越松散,孔隙度越大。然而,松散与密实只是表面现象,其实质是组成岩土的颗粒的排列方式不同。不妨设想一种理想的情况,即颗粒为大小相等的球体,根据几何计算,当球作立方体排列(最疏松)时,孔隙度为47.64%,作四面体形式排列(最密实状态)时,其孔隙度只有25.95%。自然界中均匀颗粒的普通排列方式介于二者之间,即孔隙度大多为30%~35%。

2)颗粒的均匀程度

颗粒的均匀性常常是影响孔隙度的主要因素,颗粒大小越不均匀,其孔隙度越小,这是大的孔隙被小的颗粒所填充的结果。

3)颗粒的形状

一般松散岩土颗粒的浑圆度直接影响岩土的孔隙度。例如,棱角状且排列疏松的黏土颗粒,其孔隙度达40%~50%,而颗粒近似圆形的砂,孔隙度为30%~35%。

4)颗粒的胶结程度

当松散岩土被泥质或其他物质胶结时,其孔隙度就大幅度降低。

综上所述,岩土的孔隙度是受多种因素影响的,当岩土越松散、分选越好、浑圆度越好、胶结程度越差时,孔隙度越大;反之,孔隙度则越小。

(二)裂隙

固结的坚硬岩石,包括沉积岩、岩浆岩和变质岩,一般不存在或只保留一部分颗粒之间的孔隙,而主要受构造运动及其他内外地质营力作用影响产生的空隙,称为裂隙。

1. 裂隙率

裂隙的多少以裂隙率表示。裂隙率是裂隙体积与包括裂隙在内的岩石体积的比值。除了这种体积裂隙率,还可用面裂隙率或线裂隙率说明裂隙的多少。野外研究裂隙时,应注意测定裂隙的方向、宽度、延伸长度、充填情况等,因为这些都对水的运动具有重要影响。

2. 裂隙的类型

按裂隙的成因可分为成岩裂隙、构造裂隙和风化裂隙。

1)成岩裂隙

成岩裂隙是岩石在成岩过程中由于冷凝收缩(岩浆岩)或固结干缩(沉积岩)而产生的。岩浆岩中成岩裂隙比较发育,尤以玄武岩中柱状节理最有意义。

2)构造裂隙

构造裂隙是岩石在构造运动中受力而产生的。这种裂隙具有方向性,大小悬殊(由隐蔽的节理到大断层),分布不均一。构造裂隙按受构造力的不同,又可分为张裂隙和扭裂隙。张裂隙由张应力形成,常呈张开型,断面上呈锯齿状且延伸不远。扭裂隙由剪应力形成,常呈闭合型,断面上平直且延伸较远。

3) 风化裂隙

风化裂隙是风化营力作用下,岩石破坏产生的裂隙,主要分布在地表附近。岩石受风化时,一方面使岩石中原有的成岩裂隙和构造裂隙扩大变宽;另一方面沿着岩石的脆弱面产生新的裂隙。

(三)溶隙

可溶的沉积岩,如岩盐、石膏、石灰岩和白云岩等,在地下水溶蚀下会产生空洞,这种空隙称为溶隙(穴)。

1. 溶隙的形成

溶隙是具有溶解性质的水在不断的交替运动中,对透水的可溶性岩石进行溶解而形成空隙的地质现象。水中的二氧化碳与水化合形成碳酸,碳酸对石灰岩发生作用就形成易溶于水的重碳酸钙。因此,当水中含有二氧化碳时,水将对石灰岩产生溶蚀作用而形成溶隙。

2. 溶隙率

溶穴的体积与包括溶穴在内的岩石体积的比值即为溶隙率。溶穴的规模十分悬殊,大的溶洞可宽达数十米,高数十乃至百余米,长达几至几十千米,而小的溶孔直径仅几毫米。岩溶发育带岩溶率可达百分之几十,而其附近岩石的岩溶率几乎为零。

自然界岩石中空隙的发育状况远较上面所说的复杂。例如,松散岩石固然以孔隙为主,但某些黏土干缩后可产生裂隙,而这些裂隙的水文地质意义,远远超过其原有的孔隙。固结程度不高的沉积岩,往往既有孔隙,又有裂隙。可溶岩石,由于溶蚀不均一,有的部分发育溶穴,而有的部分则为裂隙,有时还可保留原生的孔隙与裂缝。因此,在研究岩石中的空隙时,不仅要研究空隙的多少,更重要的是还要研究空隙本身的大小、空隙间的连通性和分布规律。松散土的孔隙大小和分布都比较均匀,且连通性好;岩石裂隙无论其宽度、长度和连通性差异均很大,分布不均匀;溶隙大小相差悬殊,分布很不均匀,连通性更差。

二、水在岩石中的存在形式

地壳岩石中存在着以下各种形式的水:气态水、结合水、重力水、毛细水与固态水(见图1-2)。

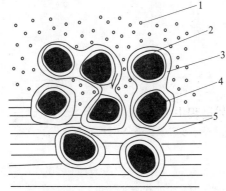

1—气态水;2—吸着水;3—薄膜水;4—土颗粒;5—重力水或毛细水

图1-2　水在岩石中的存在形式

(一)气态水

呈水蒸气状态储存和运动于未饱和的岩石空隙之中,可以随空气的流动而运动,即使空气不运动时,气态水本身亦可由绝对湿度大的地方向绝对湿度小的地方迁移。当岩石空隙内水汽增多而达到饱和时,或是当周围温度降低而达到零点时,水汽开始凝结成液态水而补给地下水。由于气态水的凝结不一定在蒸发地区进行,因此也会影响地下水的重新分布,但气态水本身不能被直接开采利用,亦不能被植物吸收。但气态水与液态水可以相互转化,两者之间保持动平衡。

(二)结合水

松散岩石颗粒表面及坚硬岩石空隙壁面带有电荷,由于静电引力作用,岩石颗粒表面便吸引水分子。受到岩石颗粒表面的吸引力大于其自身重力的那部分便是结合水(见图 1-3)。结合水被吸附在岩石颗粒表面,不能在重力影响下运动。最接近固体表面的水叫强结合水(或称吸着水),其密度平均为 2 g/cm^3 左右,溶解盐类能力弱,具有较大的抗剪强度,不能流动,但可转化为气态水而移动。

结合水的外层,称为弱结合水(或称薄膜水,见图 1-3)。在包气带中,因结合水的分布是不连续的,所以不能传递静水压力,而处在地下水面以下的饱水带时,当外力大于结合水的抗剪强度时,则结合水便能传递静水压力。

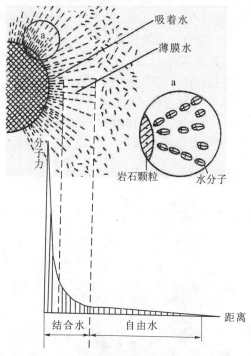

图 1-3　颗粒表面各种形式的水与分子力关系

(三)重力水

岩石颗粒表面的水分子增厚到一定程度,重力对它的影响超过颗粒表面对它的吸引力,则这部分水分子就受重力的影响而向下运动,形成重力水。重力水存在于岩石较大的空隙中,具有液态水的一般特性,能传递静水压力,并具有溶解岩石中可溶盐的能力,从井中吸出或从泉中流出的水都是重力水。重力水是我们研究的主要对象。

(四)毛细水

毛细水在表面张力的作用下,在岩石的细小空隙中能上升一定的高度,这种既受重力作用又受表面张力作用的水,称为毛细水。毛细水基本上不受静电引力场作用,同时受表面张力和重力作用,当两力作用达到平衡时便按一定高度停留在毛细管孔隙中。由于毛细管水上升,在潜水面以上形成一层毛细管水带,毛细管水会随着潜水面的升降而升降。毛细管水只能作垂直运动,可以传递静水压力。

(五)固态水

以固态形式存在于岩石空隙中的水称为固态水,在多年冻结区或季节冻结区可以见到这种水。

(六)矿物结合水

存在于矿物结晶内部或其间的水,称为矿物结合水。

上述各种形态的水在岩层中的分布是很有规律的(见图1-4),在地面以下接近地表的部分岩土比较干燥,实际上已有气态水与结合水存在,向下,岩石有潮湿感,但仍无水滴,再向下开始遇到毛细带,再向下便遇到重力水带,水井中的水面便是重力水带的水面,在此高度以上的,统称为包气带,以下的叫作饱水带。

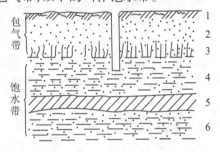

1—湿度不足带:分布有气态水、吸着水;2—湿度饱和带:分布有气态水、吸着水、薄膜水;
3—毛细管带;4—无压重力水带;5—黏土层;6—承压重力水带

图1-4 各种状态的水在岩层中的分布

第二节 地下水的物理、化学、水理性质

地下水在由地表渗入地下的过程中,就聚集了一些盐类和气体,形成以后,又不断地在岩石空隙中运动,经常与各种岩石相互作用,溶解和溶滤了岩石中的某些成分,如各种可溶盐类和细小颗粒,从而形成了一种成分复杂的动力溶液,并随着时间和空间的变化而变化。

一、地下水的物理性质

地下水的物理性质包括颜色、透明度、气味、味道、温度、密度、导电性和放射性等。

(一)颜色

地下水一般是无色的,但由于化学成分和含量不同,以及悬浮杂质的存在,而常常呈现出各种颜色。

(二)透明度

常见的地下水多是透明的,但其中如含有一些固体和胶体悬浮物,则地下水的透明度有所改变。为了测定透明度,可将水样倒入一高 60 cm、带有放水嘴和刻度的玻璃管中,把管底放在 1 号铅字(专用铅字)的上面。打开放水嘴,直到能清楚地看到管底的铅字,读出管底到水面的高度。

(三)气味

一般地下水是无味的,当其中含有某种气体成分和有机物质时,产生一定的气味,如地下水含有硫化氢时,则有臭鸡蛋气味,有机质使地下水有鱼腥味。

(四)味道

地下水的味道取决于它的化学成分及溶解的气体。

(五)水温

地下水温度变化范围很大。地下水温度的差异,主要受各地区的地温条件所控制。通常地温随埋藏深度不同而异,埋藏越深,水温越高,而且具有不同的温度变化规律。

(六)密度

一般情况下,纯水的密度为 0.981 g/cm^3。地下水的密度取决于水中所溶盐分的含量。水中溶解的盐分越多,密度越大,有的地下水密度可达 1.2 ~ 1.3 g/cm^3。

(七)导电性

地下水的导电性取决于其中所含电解质的数量和质量,即各种离子的含量。离子含量越多,离子价越高,则水的导电性越强。此外,水温对导电性也有影响。

(八)放射性

地下水在特殊储藏条件下,受到放射性矿物的影响,具有一定的放射性。例如,堆放废弃的核燃料,会使周围岩土体及其中的水体也带有放射性。

二、地下水的化学性质

(一)化学成分

地下水不是纯水,是化学成分十分复杂的天然溶液。组成地壳的 87 种稳定元素中,在地下水中已发现 70 余种。地下水中溶解的化学成分,常以离子、化合物、分子以及游离气体状态存在。地下水中常见的化学成分有以下几种。

1.主要的气体成分

地下水中常见的气体成分有 O_2、N_2、CO_2、CH_4 及 H_2S 等。通常情况下,地下水中气体含量不高,每升水中只有几毫克到几十毫克。但是,地下水中的气体成分却很有意义。一方面,气体成分能够说明地下水所处的地球化学环境;另一方面,地下水中的有些气体会增加水溶解盐类的能力,促进某些化学反应。

1)氧气(O_2)

地下水中的氧主要来源于大气中的氧和水生植物光合作用析出的氧,它们随大气降水和地表水入渗补给地下水。浅层地下水中氧的含量较多,越往深处含量较少以至消失。溶解氧含量多的地下水,其氧化作用强,能腐蚀、氧化金属建筑材料。

2）硫化氢（H_2S）

硫化氢一般存在于深部地下水中，是在微生物作用下由硫酸盐还原而成的。在地面局部地区如沼泽地区，可能存在缺氧封闭的还原环境，有机质分解生成 H_2S，因而也使局部浅层地下水含有较多的 H_2S，并呈酸性。这样的地下水对混凝土有腐蚀性。

3）二氧化碳（CO_2）

地下水普遍含有游离 CO_2。浅层地下水游离 CO_2 含量为 15～40 mg/L，很少超过 150 mg/L，主要来源于土壤中有机质氧化产生的 CO_2。还有一部分来源于大气中的 CO_2。深层地下水 CO_2 的含量较高，每升可达数百毫克到数千毫克，它是碳酸盐类岩石经高温变质作用生成 CO_2 而进入水中的，即

$$CaCO_3 \rightarrow CaO + CO_2$$

含二氧化碳的地下水有的具有侵蚀性，能腐蚀混凝土。

2. 主要的离子成分

地下水中分布最广、含量较多的离子共七种，即氯离子（Cl^-）、硫酸根离子（SO_4^{2-}）、重碳酸根离子（HCO_3^-）、钠离子（Na^+）、钾离子（K^+）、钙离子（Ca^{2+}）及镁离子（Mg^{2+}）。

1）氯离子（Cl^-）

氯离子在地下水中广泛分布，低矿化水中氯离子的含量可从每升数毫克到数百毫克；高矿化水中氯离子的含量可从每升数克到数十克。

在沉积岩地区氯离子主要来源于岩盐或其他氯化物的溶解，在岩浆岩地区则来自含氯矿物的风化溶解。

2）硫酸根离子（SO_4^{2-}）

低矿化水中硫酸根离子含量一般从每升数毫克到数百毫克；中等矿化水中硫酸根离子是含量最多的阴离子。

硫酸根离子来自含水石膏（$CaSO_4 \cdot 2H_2O$）或其他含硫酸盐的沉积岩的溶解；硫化物如黄铁矿（FeS_2）的氧化能生成大量的 SO_4^{2-} 进入水中，其化学反应式如下：

$$2FeS_2 + 7O_2 + 2H_2O \rightarrow 2FeSO_4 + 4H^+ + 2SO_4^{2-}$$

因此，在含黄铁矿较多的煤系地层地区和金属硫化物矿床附近，地下水常含有大量的 SO_4^{2-}。SO_4^{2-} 含量大于 250 mg/L 的地下水，对混凝土具有结晶类腐蚀性作用。

3）重碳酸根离子（HCO_3^-）

重碳酸根离子广泛存在于地下水中，但含量不高，一般在 1 g/L 以内，是低矿化水中含量最多的阴离子。在沉积岩地区主要来源于碳酸类岩石如石灰岩、白云岩、泥灰岩的溶解，其化学反应式如下：

$$Ca(Mg)CO_3 + H_2O + CO_2 \rightarrow 2HCO_3^- + Ca^{2+} + Mg^{2+}$$

在火成岩和变质岩地区铝硅酸盐风化溶解也生成 HCO_3^-。

4）钠离子（Na^+）

钠离子在地下水中广泛分布。低矿化水中含量为每升数毫克至数十毫克；高矿化水中每升可达数十克，是其中最主要的阳离子成分。在沉积岩地区，Na^+ 主要来源于岩盐及其他钠盐的溶解，在火成岩和变质岩地区则来自含钠矿物的风化溶解。

5）钾离子（K^+）

钾离子的来源与钠离子相似，但在地下水中的含量比 Na^+ 少得多，仅为它的 4% ~ 10%。这是因为钾离子易被植物吸收，易被土吸附或生成不溶于水的次生矿物。

6）钙离子（Ca^{2+}）

钙离子是低矿化水中最主要的阳离子，其含量每升一般不超过数百毫克。地下水 Ca^{2+} 来源于碳酸盐类岩石及含石膏沉积物的溶解，以及岩浆岩、变质岩中含钙矿物的风化溶解。

7）镁离子（Mg^{2+}）

地下水中镁离子的来源与 Ca^{2+} 相近。镁离子在低矿化水中的含量比 Ca^{2+} 少，部分原因是地壳组成中 Mg 元素比 Ca 元素少。

3. 其他成分

地下水中以未离解的化合物构成的胶体，主要有 $Fe(OH)_3$、$Al(OH)_3$ 及 H_2SiO_3 等，有时可占到相当比例。

有机质也经常以胶体方式存在于地下水中。有机质的存在，常使地下水酸度增加，并有利于还原作用。地下水中还存在各种微生物，例如在氧化环境中存在硫细菌、铁细菌等，在还原环境中存在脱硫酸细菌等。此外，在污染水中，还有各种致病细菌。

（二）化学性质

1. 矿化度

地下水中各种离子、分子与化合物的总量称矿化度，以 g/L 或 mg/L 为单位，表示水的矿化程度。矿化度通常以在 105 ~ 110 ℃ 下将水蒸干后所得的干涸残余物之重量表示，也可利用阴阳离子和其他化合物含量之总和概略表示，但其中重碳酸根离子含量只取一半计算：据国家饮用水卫生标准要求矿化度小于 1 g/L。

2. pH

地下水的酸碱度指的是氢离子浓度，常以 pH 表示。pH 是水的氢离子浓度以 10 为底的负对数值，即 $pH = -lg[H^+]$。地下水多呈弱酸性、中性和弱碱性，pH 一般为 6.5 ~ 8.5。在煤系地层和硫化物矿床附近地下水的 pH 很低（pH < 4.5），沼泽附近地下水的 pH 为 4 ~ 6。

3. 硬度

地下水的硬度可分为总硬度、暂时硬度和永久硬度。总硬度是指水中所含钙和镁的盐类的总含量。暂时硬度是指当水煮沸时，重碳酸盐分解破坏而析出的 $CaCO_3$ 和 $MgCO_3$ 的含量。而当水煮沸时，仍旧存在于水中的钙盐和镁盐（主要是硫酸镁和氯化物）的含量，称永久硬度。

总硬度为暂时硬度和永久硬度之和，一般是用"德国度"或每升毫克当量来表示。一个德国度相当于在 1 L 水中含有 10 mg 的 CaO 或者 7.2 mg 的 MgO。1 mg 当量硬度等于 2.8 德国度，或是等于 20.04 mg/L 的 Ca^{2+} 或 12.16 mg/L 的 Mg^{2+}。

4. 侵蚀性

硅酸盐水泥遇水后硬化，生成 $Ca(OH)_2$、水化硅酸钙 $2CaO \cdot SiO_2 \cdot 12H_2O$ 和水化铝酸钙 $2CaO \cdot Al_2O_3 \cdot 6H_2O$ 等。有的地下水能化学腐蚀这些物质，使混凝土受到破坏。地下水的侵蚀类型有以下几种。

1) 溶出侵蚀

地下水在流动过程中，特别是有压流动时，把混凝土中的 $Ca(OH)_2$ 和 C_2S、C_3A 中的 CaO 成分不断溶解带走，结果使混凝土强度下降。这种溶解作用不仅和混凝土的密度、厚度有关，还和地下水中 HCO_3^- 的含量关系很大。当水中 HCO_3^- 含量较高时，与 $Ca(OH)_2$ 发生如下反应：

$$Ca(OH)_2 + Ca^{2+} + 2HCO_3^- \rightarrow 2CaCO_3 + 2H_2O$$

生成 $CaCO_3$ 沉淀充填混凝土孔隙形成一层保护膜，能防止 $Ca(OH)_2$ 被溶出。因此，水中 HCO_3^- 含量越高，水的溶出侵蚀性越弱。当 HCO_3^- 含量低于 2mg/L 或暂时硬度小于 3 度时，地下水具有溶出侵蚀性。

2) 碳酸侵蚀

几乎所有的水中都含有以分子形式存在的 CO_2，称为游离 CO_2。地下水与混凝土接触时，发生如下化学反应：

$$CaCO_3 + CO_2 + H_2O \Longleftrightarrow Ca^{2+} + 2HCO_3^-$$

上述反应是可逆的，反应的方向主要视 CO_2 的含量而定。当水中 CO_2 的含量超过平衡所需的数量时，混凝土中的 $CaCO_3$ 就被溶解。达到平衡浓度时所需的 CO_2 含量称平衡 CO_2。若游离 CO_2 超过平衡浓度所需的 CO_2 含量时，超出的部分称侵蚀性 CO_2。地下水中侵蚀性 CO_2 越多，对混凝土的侵蚀越强烈。水中侵蚀性 CO_2 的存在，是混凝土发生碳酸侵蚀的原因。

3) 硫酸盐侵蚀

地下水中 SO_4^{2-} 能与混凝土中的 $Ca(OH)_2$ 及 C_3A 作用生成含水硫酸盐（如石膏），体积膨胀，使混凝土破坏，一般把这种现象称为水泥细菌。当水中 SO_4^{2-} 含量高于 3 000 mg/L时，具有硫酸盐侵蚀性。在可能发生硫酸盐侵蚀时，可使用水化铝酸钙含量极小的抗硫酸水泥，以提高混凝土抗硫酸盐侵蚀的能力。

三、地下水的水理性质

饱水带以下的岩层并不都是含水层。有些岩层中虽已包含了水分，但水在岩层中却不能自由移动，这种岩层往往被当作隔水层，这是由于岩石具有储存、容纳水分并控制水运动的性质；而另一些岩层却可在重力作用下释放较多的水量或允许水通过的能力比较强，这种岩石对水的物理性质通常叫作岩石的水理性质。岩石的水理性质包括容水性、持水性、给水性、透水性及毛细管性等。岩石的水理性质受岩石空隙大小的控制，并与水在岩石中的形式有关。

（一）容水性

岩石的容水性是指岩石能容纳一定水量的性能，用容水度来表示。容水度等于岩石中所容纳水的体积与岩石体积之比：

$$W_w = \frac{V_w}{V} \tag{1-1}$$

式中：W_w 为岩石的容水度，以百分数表示；V_w 为岩石中所容纳水的体积，cm^3；V 为岩石的总体积，cm^3。

可见，岩石中的空隙完全被水饱和时，水的体积就等于岩石空隙的体积，因此容水度在数值上就等于岩石的孔隙度。

但实践中常会碰到岩石的容水度小于或大于孔隙度的情况。例如,当岩石的某些孔隙不连通,或因孔隙太小在充满液态水时无法排气而使这些孔隙不能容纳水,此时岩石的容水度值就小于孔隙度值;对于具有膨胀性的黏土来说,由于充水后会发生膨胀,容水度便会大于原来的孔隙度。

(二)持水性

饱水岩石在重力作用下释水时,由于分子和表面张力的作用,能在其空隙中保持一定水量的性能,称为持水性。持水性以持水度表示,即在重力作用下岩石空隙中所能保持的水量与岩石总体积之比值:

$$W_m = \frac{V_m}{V} \tag{1-2}$$

式中:W_m 为岩石的持水度,用百分数来表示;V_m 为在重力作用下保持在岩石空隙中的水的体积,cm^3;V 为岩石的总体积,cm^3。

在重力影响下,岩石空隙中所保持的主要是结合水。因此,持水度实际上说明岩石中结合水含量的多少。

岩石空隙表面积愈大,结合水含量愈大,持水度也愈大。颗粒细小的黏性土的总表面积最大,持水度很大,有的情况下可等于容水度;砂的持水度较小;具有宽大裂隙与溶穴的岩石,持水度是微不足道的。持水度与颗粒直径的关系见表 1-1。

表 1-1　持水度与颗粒直径的关系

颗粒直径（mm）	持水度（%）	颗粒直径（mm）	持水度（%）
<0.005	44.85	0.10~0.25	2.73
0.005~0.05	10.18	0.25~0.50	1.60
0.05~0.10	4.75	0.50~1.0	1.57

(三)给水性

各种岩石饱水后在重力作用下能排除一定水量的性能称为岩石的给水性。给水性以给水度来表示,即饱水岩石在重力作用下排除水的体积与岩石总体积之比值:

$$W_y = \frac{V_y}{V} \tag{1-3}$$

式中:W_y 为岩石的给水度,以百分数来表示;V_y 为在重力作用下,饱水岩石排除的水体积,cm^3;V 为岩石总体积,cm^3。

给水度等于容水度减去持水度。表 1-2 为几种常见松散岩石的给水度。

表 1-2　几种常见松散岩石的给水度

岩石名称	给水度（%）	岩石名称	给水度（%）
黏土	0	中砂	20~35
粉质黏土	近似于0	粗砂	20~30
砂质粉土	8~14	砾石	20~35
粉砂	10~15	砂砾石	20~30
细砂	15~20	卵砾石	20~30

(四) 透水性

岩石允许水透过的能力称为岩石的透水性。岩石的透水性主要取决于岩石空隙的大小和连通程度。空隙愈小,透水性愈差;若空隙直径小于两倍结合水的厚度,便不透水;在空隙透水、空隙大小相等的前提下,空隙度愈大,能够透过的水量愈多,岩石的透水性也愈好。

衡量岩石透水性的数量指标为渗透系数,一般采用 m/d 或 cm/s 为单位。渗透系数愈大,岩石的透水性愈强。表 1-3 为松散岩石渗透系数的参考值。

表 1-3　松散岩石渗透系数的参考值

岩石名称	渗透系数(m/d)	岩石名称	渗透系数(m/d)
粉质黏土	0.001 ~ 0.10	中砂	5.0 ~ 20.0
砂质粉土	0.10 ~ 0.50	粗砂	20.0 ~ 50.0
粉砂	0.50 ~ 1.00	砾石	50.0 ~ 150.0
细砂	1.00 ~ 5.00	卵石	100.0 ~ 150.0

第三节　地下水类型及特征

根据含水情况不同,地面以下的岩土层可分为包气带和饱水带两个带。地面以下稳定地下水面以上为包气带,稳定地下水面以下为饱水带。

根据埋藏条件,可以把地下水划分为包气带水、潜水和承压水三类(见图 1-5)。根据含水层空隙性质不同,可以将地下水划分为孔隙水、裂隙水和岩溶水三类。按这两种分类,可以组合成九种不同类型的地下水,如表 1-4 所示。

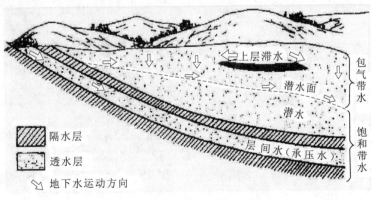

图 1-5　地下水埋藏示意图

表 1-4　地下水分类

埋藏条件	孔隙水	裂隙水	岩溶水
包气带水	土壤水;局部黏性土隔水层上季节性存在的重力水(上层滞水);过路及悬留毛细水及重力水	裂隙岩层浅部季节性存在的重力水及毛细水	裸露岩溶化层上部岩溶通道中季节性存在的重力水
潜水	各类松散沉积物浅部的水	裸露与地表的各类裂隙岩层中的水	裸露于地表的岩溶化岩层中的水
承压水	山间盆地及平原松散沉积物深部的水	组成构造盆地、向斜构造或单斜断块的被掩覆的各类裂隙岩层中的水	组成构造盆地、向斜构造或单斜断块的被掩覆的岩溶化岩层中的水

一、按地下水埋藏条件分

(一)包气带水

地表到地下水面之间的岩土空隙中既有空气,又含有地下水,这部分地下水称为包气带水。包气带水存在于包气带中,其中包括土壤水和上层滞水。

1. 土壤水

土壤水位于地表以下的土壤层中,主要是以结合水和毛细水的形式存在,靠大气降水渗入、水汽凝结及潜水补给。大气降水入渗,必须通过土壤层,这时渗入水的一部分就保持在土壤层里,多余部分的重力水下降补给潜水。土壤水主要排泄途径是蒸发。这种水不能直接被人们利用,它可以是植物生长的水源。

2. 上层滞水

上层滞水是局部或暂时储存于包气带中局部隔水层或弱透水层之上的重力水(见图 1-5)。这种局部隔水层或弱透水层在松散堆积物地区可能由黏土、亚黏土等组成的透镜体组成;在基岩裂隙介质中可能由局部地段裂隙不发育或裂隙被充填所造成;在岩溶介质中则可能是差异性溶蚀使局部地段岩溶发育较差或存在非可溶岩透镜体。

由于上层滞水的埋藏最接近地表,因而它和气候、水文条件的变化密切相关。上层滞水主要接受大气降水和地表水的补给,而消耗于蒸发和逐渐向下渗透补给潜水,其补给区与分布区一致。

上层滞水的水量既取决于补给来源,即气象、水文因素,又取决于下伏隔水层的分布范围。通常其分布范围较小,因而不能保持常年有水,水量随季节性变化较大。但当气候湿润,隔水层分布范围较大、埋藏较深时,也可赋存相当水量。因此,在缺水地区可以利用它来作小型生活用水水源地,或暂时性供水水源。由于距地表近,补给水入渗途径短,所以易受污染,作水源地时,应注意水质问题。另外,上层滞水危害工程建设,常突然涌入基坑危害施工安全,应考虑排水的措施。

(二)潜水

1. 潜水的特征

潜水主要是埋藏在地表以下第一个连续稳定的隔水层(不透水层)以上、具有自由水面的重力水(见图1-6)。一般存在于第四系松散堆积物的孔隙中(孔隙潜水)及出露于地表的基岩裂隙和溶洞中(裂隙潜水和岩溶潜水)。

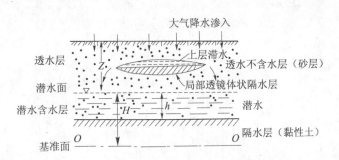

大气降水渗入

透水层　　上层滞水

透水不含水层(砂层)

潜水面　　局部透镜体状隔水层

潜水含水层　　潜水

基准面　　隔水层(黏性土)

图1-6　潜水

潜水的自由水面称为潜水面。潜水面上每一点的绝对(或相对)高程称为潜水位。潜水水面至地面的距离称为潜水的埋藏深度。由潜水面往下到隔水层顶板之间充满了重力水的岩层,称为潜水含水层,其间距离则为含水层厚度。

潜水的这种埋藏条件决定了潜水具有以下特征:

(1)由于潜水含水层上面不存在完整的隔水或弱透水顶板,与包气带直接连通,因而在潜水的全部分布范围都可以通过包气带接受大气降水、地表水的补给。潜水在重力作用下由水位高的地方向水位低的地方径流。潜水的排泄,除流入其他含水层外,泄入大气圈与地表水圈的方式有两类:一类是径流到地形低洼处,以泉、泄流等形式向地表或地表水体排泄,这便是径流排泄;另一类是通过土面蒸发或植物蒸腾的形式进入大气,这便是蒸发排泄。

(2)潜水与大气圈及地表水圈联系密切,气象、水文因素的变动对它影响显著。丰水季节或年份,潜水接受的补给量大于排泄量,潜水面上升,含水层厚度增大,埋藏深度变小。干旱季节排泄量大于补给量,潜水面下降,含水层厚度变小,埋藏深度变大。潜水的动态有明显的季节变化特点。

(3)潜水积极参与水循环,资源易于补充恢复,但受气候影响,且含水层厚度一般比较有限,其资源通常缺乏多年调节性。

(4)潜水的水质主要取决于气候、地形及岩性条件。

(5)潜水的排泄(即含水层失去水量)主要有两种方式。一种是以泉的形式出露于地表或直接流入江河湖海中,这是潜水的主要排泄方式,称为水平方向的排泄;另一种是消耗于蒸发,为垂直方向的排泄。湿润气候及地形切割强烈的地区,有利于潜水的径流排泄,往往形成含盐量不高的淡水。干旱气候下由细颗粒组成的盆地平原,潜水的蒸发排泄为主,常形成含盐高的咸水,潜水容易受到污染,对潜水水源应注意卫生防护。

2. 潜水等水位线图

潜水面反映了潜水与地形、岩性和气象水文之间的关系,体现了潜水埋藏、运动和变化的基本特点。为能清晰地表示潜水面的形态,通常采用两种图示方法,并配合使用。一种是以剖面图表示,即在具有代表性的剖面线上,绘制水文地质剖面,其中既表示出水位,也表示出含水层的厚度、岩性及其变化。也就是在地质剖面图上画出潜水面剖面线的位置,即成水文地质剖面图。另一种是以平面图表示,即用潜水面的等高线图(见图1-7)来表示水位标高(标于地形图上),画出一系列水位相等的线。潜水面上各点的水位资料是在大致相同的时间,通过测定泉、井和按需要布置的钻孔、试坑等的潜水面标高获得的。由于潜水位随季节发生变化,所以等水位线图上应该注明测定水位的时期。通过不同时期等水位图对比,有助于了解潜水的动态,一般在一个地区应绘制潜水最高水位和最低水位时期的两张等水位线图。

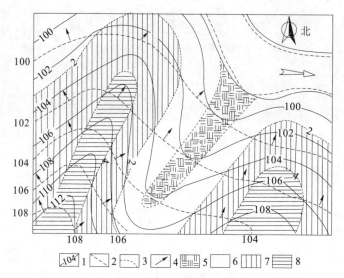

1—地形等高线;2—等水位线;3—等埋深线;4—潜水流向;5—埋深为0区(沼泽区);

6—埋深为0~2 m区;7—埋深为2~4 m区;8—埋深为大于4 m区

图1-7　潜水等水位线图

根据潜水等水位线图,可以解决下列问题:

(1)潜水的流向。潜水是沿着潜水面坡度最大的方向流动的。因此,垂直于潜水等水位线从高水位指向低水位的方向,就是潜水的流向。

(2)潜水面的坡度(潜水水力坡度)。确定了潜水流向之后,在流向上任取两点的水位高差,除以两点的实际距离,即得潜水面的坡度。

(3)潜水的埋藏深度。将地形等高线和潜水等高线绘制于同一张图上,则地形等高线与等水位线相交之点,二者高程之差即为该点的潜水埋藏深度。若所求地点的位置不在等水位线与地形等高线之交点处,则可用内插法求出该点地面与潜水面的高程,潜水的埋藏深度即可求得。

(4)潜水与地表水之间的相互关系。在邻近地表水的地段编制潜水等水位线图,并测定地表水的水位标高,便可以确定潜水与地表水的相互补给关系。图1-8(a)为潜水补给河水;(b)为河水补给潜水;(c)为右岸潜水补给河水,左岸河水补给潜水。

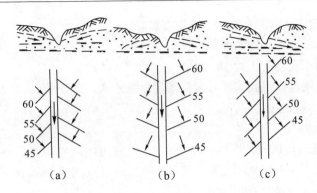

图 1-8　潜水与地表水(河水)的关系

(5)利用等水位线图合理地布设取水井和排水沟。为了最大限度地使潜水流入水井和排水沟,一般应沿等水位线布设水井和排水沟。

(三)承压水

1.承压水的概念与特征

充满于两个隔水层(弱透水层)之间的含水层中承受水压力的地下水,称为承压水(见图1-9)。承压含水层上部的隔水层(弱透水层)称作隔水顶板,下部的隔水层(弱透水层)称为隔水底板。隔水顶、底板之间的距离为承压含水层厚度。承压水多埋藏在第四系以前岩层的孔隙中或层状裂隙中,第四系堆积物中亦有孔隙承压水存在。

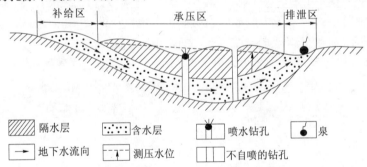

隔水层	含水层	喷水钻孔	泉
地下水流向	测压水位	不自喷的钻孔	

图 1-9　承压剖面示意图

承压性是承压水的一个重要特征。图1-9表示一个基岩向斜盆地。含水层中心部分埋没于隔水层之下,是承压区;两端出露于地表,为非承压区。含水层从出露位置较高的补给区获得补给,向另一侧出露位置较低的排泄区排泄。由于来自出露区地下水的静水压力作用,承压区含水层不但充满水,而且含水层顶面的水承受大气压强以外的附加压强。当钻孔揭穿隔水顶板时,钻孔中的水位将上升到含水层顶部以上一定高度才静止下来。钻孔中静止水位到含水层顶面之间的距离称为承压高度,这就是作用于隔水顶板的以水柱高度表示的附加压强。井中静止水位的高程就是承压水在该点的测压水位。测压水位高于地表的范围是承压水的自溢区,在这里井孔能够自喷出水。

从图1-9可看出,承压水的埋藏条件是:上下均为隔水层,中间是含水层;水必须充满整个含水层;含水层露出地表吸收降水的补给部分,要比其承压区和泄水区的位置高。具备上述条件,地下水即承受静水压力。如果水不充满整个含水层,则称为层间无压水。

上述承压水的埋藏条件决定了它的下述特征：

（1）承压水的分布区和补给区是不一致的。

（2）地下水面承受静水压力，非自由水面。

（3）承压水的水位、水量、水质及水温等受气象水文因素季节变化的影响不显著。

（4）任一点的承压含水层的厚度稳定不变，不受降水季节变化的支配。

2. 承压水形成条件

承压水的形成与地层、岩性、地质构造有关，在适当的地质构造条件下，无论孔隙水、裂隙水还是岩溶水，均能构成承压水。下列几种岩层组合，常可形成承压水：

（1）黏土覆盖在砂层之上。

（2）页岩覆盖在砂岩上。

（3）页岩覆盖在溶蚀石灰岩上。

（4）致密不纯的岩石（如泥质灰岩、硅质灰岩）覆盖在溶隙发育灰岩上。

（5）致密的岩流覆盖在裂隙发育的基岩或多孔状岩流之上。

不仅是不透水层覆盖在透水性较好的岩层面上，而且透水层的下部还应有稳定的隔水底板，这样才能储存地下水，此外上下隔水层之间必须充满地下水，并承受静水压力，如果没有充满整个含水层，则在水力性质上和潜水一样，这种情况埋藏的地下水称为层间无压水。

3. 承压水的埋藏类型

综上所述可以看出，承压水的形成主要取决于地质构造，不同的地质构造决定了承压水埋藏类型的不同，这是承压水与潜水形成的主要区别。

构成承压水的地质构造大体可以分为两类：一类是盆地或向斜构造，另一类是单斜构造。这两类地质构造在不同的地质发展过程中，常被一系列的褶皱或断裂所复杂化。埋藏有承压水的向斜构造和构造盆地，称为承压（或自流）盆地；埋藏有承压水的单斜构造，称为承压（或自流）斜地。

1）承压盆地

每个承压盆地都可以分成三个部分：补给区、承压区和排泄区（见图 1-9）。盆地周围含水层出露地表，露出位置较高者为补给区（A），位置较低者为排泄区（C），补给区与排泄区之间为承压区（B）。在钻井时打穿上部隔水层，水即涌入井中，此高程（即上部隔水层底板高程）的水位叫作初见水位。当水上涌至含水层顶板以上某一高度稳定不变时，称静止水位（即承压水位）；上部隔水层底板到下部隔水层顶板间的垂直距离，称为含水层厚度（M）。承压水含水层厚度是长期稳定的，而补给区含水层厚度则受水文气象因素影响而发生变化。

当有数个含水层存在时，各个含水层都有各自的承压水位。储水构造和地形一致的情况下称为正地形，此时下层的承压水位高于上层的承压水位。储水构造和地形不一致的情况下为负地形，其下层的承压水位则低于上层的承压水位。这一点可以帮助我们初步判断各含水层发生水力联系的补给情况。如果用钻孔或井将两个承压含水层贯通，那么在负地形的情况下，可以由上面的含水层流到下面的含水层；在正地形的情况下，下面含水层中的水可以流入到上面的含水层。

2) 承压斜地

由含水岩层和隔水岩层所组成的单斜构造,由于含水岩层岩性发生相变或尖灭,或者含水层被断层所切,均可形成承压斜地。

图 1-10(a)所示的承压斜地内,补给、承压和排泄区各在一处,类似承压盆地;图 1-10(b)所示的承压斜地内,补给区和排泄区是相邻近的,而承压区位于另一端,在含水层出露的地势低处有泉出现。此时,水自补给区流到排泄区并非必须经过承压区,这与上述的介绍显然有所不同。

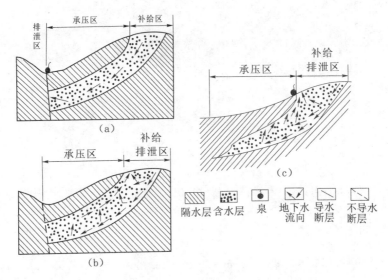

图 1-10　承压斜地示意图

济南承压水是自流斜地的典型实例(见图 1-11)。济南南部地区由寒武系、奥陶系石灰岩组成,总厚度为 1 400 m,石灰岩上部岩溶发育,含有丰富的地下水,山区石灰岩出露处接受大气降雨补给,在济南附近,石灰岩受到后期入侵的闪长岩、辉长岩入侵体的阻挡,其透水性差,含水层逐渐尖灭,石灰岩上部除在北部局部地区有岩浆岩侵入体外,还有透水性较差的第四系山前洪积物覆盖,起着隔水顶板的作用,构成了岩溶岩自流斜地。济南泉水是奥陶系灰岩自流斜地的主要排泄方式之一。

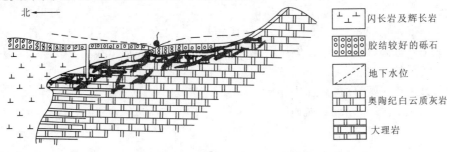

图 1-11　济南承压水自流斜地

4. 等水压线图

等水压线图就是承压水含水层的承压水面的等高线图(见图1-12)。承压水面又称测压水面,不是实际存在的面,但它的特征可以反映承压水含水层岩性和构造的变化,以及承压水运动和变化的若干特点。

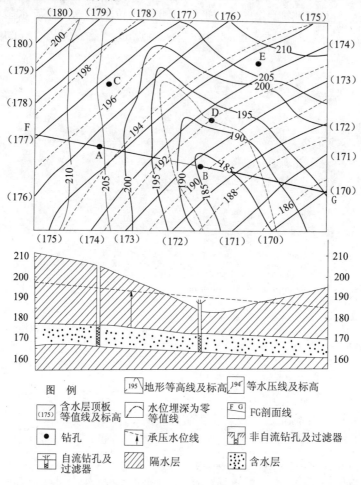

图1-12 承压水等水压线图

绘制等水压线图时,必须有一定数量的同一承压含水层的稳定水位、初见水位(或含水层顶板高程)等资料,这些资料是通过钻孔和井、泉(上升泉)等获得的。将各项资料一律换算成绝对标高,标在一定比例尺的地形图上,即可绘成等水压线图。其绘制方法与绘制等水位线图的方法相类似。

根据等水压线图可以得出以下内容:

(1)确定地下水的流向。垂直于等水压线,常用箭头表示,箭头指向标高较低的等水压线。

(2)确定承压水面的水力坡度。在流向方向上,任意两点的承压水位差除以该两点间的水平距离,所得比值即为该两点间的平均水力坡度。

(3)确定承压水位距地表的深度。由地面标高减去承压水位标高即得。但此深度与潜水的埋藏深度有显著的区别,因潜水在其埋藏深度上实际存在,而承压水则必须打穿其上部隔水层以后,水才可能上升到承压水位的高度。据此,可以选择开采承压水的地段。

(4)确定含水层的埋藏深度,即地面标高与含水层顶板标高之差。因此,等水压线图上必须有含水层顶板等高线。了解承压水的埋深情况有助于选择地下工程的位置及采取防护措施。

(5)确定水头的大小。承压水位标高与含水层顶板标高之差,即为承压水的水头。根据承压水水头,可以预测开挖基坑和洞室的压力,为防止发生冲溃事故,采取预防措施提供依据。

(6)分析含水层透水性和厚度的变化。根据等水压线的疏密分布情况即可分析,其方法与分析等水位线者相同。

5.承压水的补给、径流和排泄

承压水的补给区直接和大气相通,接受降水和地表水的补给(存在地表水时)。补给的强弱取决于包气带的透水性、降水特征、地表水流量及补给区的范围等。亦可存在上下含水层之间的补给。

承压水的排泄有如下几种方式:当承压含水层排泄区裸露地表时,以泉的形式排泄并可以补给地表水;当承压水位高于潜水时,排泄于潜水成为潜水的补给源。也可以在正地形或负地形条件下,形成向上或向下的排泄。

承压水的径流条件取决于地形、含水层透水性、地质构造及补给区与排泄区的承压水位差。承压含水层的富水性则同承压水含水层的分布范围、深度、厚度、孔隙率、补给来源等因素密切相关。一般情况下,分布广、埋藏浅、厚度大、孔隙率高,水量就较丰富且稳定。

二、按地下水含水介质性质分

(一)孔隙水

孔隙水广泛分布于第四系松散沉积物中,其分布规律主要受沉积物的成因类型控制。孔隙水最主要的特点是其水量在空间分布上连续性好,相对均匀。孔隙水一般呈层状分布,同一含水层中的水有密切的水力联系,具有统一的地下水面,一般在天然条件下呈层流运动。

下面介绍几种重要类型沉积物中的地下水。

1.洪积物中孔隙水

洪积物是山区洪流挟带的碎屑物在山口处堆积而成的。洪积物常分布于山谷与平原交接部位或山间盆地的周缘,地形上构成以山口为顶点的扇形体或锥形体,故称洪积扇。从洪积扇顶部到边缘地形由陡逐渐变缓,洪水的搬运能力逐渐降低,因而沉积物颗粒由粗逐渐变细。据水文地质条件,可把洪积扇分为潜水深埋带、潜水溢出带和潜水下沉带3个带。

潜水深埋带位于洪积扇的顶部,地形较陡,沉积物颗粒粗,多为卵石、粗砂,径流条件好,地下水埋藏深,水量丰富,水质好,是良好的供水水源。潜水溢出带位于洪积扇中部,地形变缓,沉积物颗粒逐渐变细,由砂砾变为粉砂、粉土,径流条件逐渐变差。此带上部为潜水,下部为承压水,潜水埋深变浅,常以泉或沼泽的形式送出地表。潜水下沉带处于洪积扇边缘与平原的交接处,地形平缓,沉积物为粉土、粉质黏土与黏土,潜水埋藏变深,径流条件较差,水矿化度高,水质也变差。

2. 冲积物中孔隙水

河流上游山间盆地常形成砂砾石河漫滩,厚度不大,由河水补给,水量丰富,水质好,可作供水水源。河流中游河谷变宽,形成宽阔的河漫滩和阶地。河漫滩常沉积有上细(粉细砂、黏性土)下粗(砂砾)的二元结构。有时上层构成隔水层,下层为承压含水层。河漫滩和低阶地的含水层常由河水补给,水量丰富,水质好,是很好的供水水源。我国许多沿江城市多处于阶地、河漫滩之上,地下水埋藏浅,不利于工程建设。

3. 黄土中的孔隙水

黄土分布地区特定的地质和地理条件,加之黄土结构疏松,无连续隔水层,总的来说比较缺水。黄土塬宽阔平坦,补给面积较大,有相对隔水层蓄积潜水,地下水较丰富,而黄土墚、峁地形不利于地下水的富集。

(二)裂隙水

埋藏于基岩裂隙中的地下水称为裂隙水。裂隙的密集程度、张开程度、连通情况和充填情况等直接影响裂隙水的分布、运动和富集。由于岩石中裂隙大小悬殊,分布不均匀,所以裂隙水的埋藏、分布和水动力性质都不均匀。在某些方向上裂隙的张开程度和连通性较好,那么这些方向上的裂隙导水性强,水力联系好,常成为裂隙水径流的主要通道。在另一些方向上裂隙闭合,导水性差,水力联系也差,径流不畅。所以,裂隙岩石的导水性呈现明显的各向异性。裂隙水的不均匀性是其同孔隙水的主要区别。

裂隙水根据裂隙成因不同,可分为风化裂隙水、成岩裂隙水与构造裂隙水。

1. 风化裂隙水

风化裂隙水一般分布于暴露基岩的风化带中,风化带厚度一般为 20～30 m。在潮湿地区上部强风化带,由于被化学风化产生的次生矿物充填,其富水性反而比下部中等风化带差。风化裂隙水多为潜水,水质好,但水量不丰富,可作小型供水水源。地形低洼处,当风化带被不透水的土层覆盖时常形成承压裂隙水,有时承压水头还比较高,对工程建设有危害。

2. 成岩裂隙水

岩石在成岩过程中,由于冷凝、固结、脱水等作用而产生的原生裂隙,一般见于岩浆岩和变质岩中。成岩裂隙发育均匀,呈层状分布,多形成潜水。当成岩裂隙岩层上覆不透水层时,可形成承压水。如玄武岩成岩裂隙常以柱状节理形式发育,裂隙宽,连通性好,是地下水赋存的良好空间,水量丰富,水质好,是很好的供水水源。

3. 构造裂隙水

岩石构造裂隙是在构造应力作用下产生的裂隙,存在于其中的地下水为构造裂隙水。构造裂隙水可呈层状分布,也可呈脉状分布,可形成潜水,也可形成承压水。断层带是构造应力集中释放造成的断裂。大断层常延伸数十千米至数百千米,断层带宽数百米。发育于脆性岩层中的张性断层,中心部分多为疏松的构造角砾岩,两侧张裂隙发育,具良好的导水能力。当这样的断层沟通含水层或地表水体时,断层带兼具贮水空间、集水廊道与导水通道的能力,对地下工程建设危害较大,必须给予高度重视。

(三)岩溶水

赋存并运移于岩溶化岩层(石灰岩、白云岩)中的水称岩溶水(喀斯特水),它可以是潜水也可以是承压水。岩溶水的补给是大气降水和地面水,其运动特征是层流和紊流、有压流与无压流、明流与暗流、网状流与管道流并存。岩溶常沿可溶岩层的构造裂隙带发育,通过水的溶蚀,常形成管道化岩溶系统,并把大范围的地下水汇集成一个完整的地下河系。因此,岩溶水在某种程度上带有地表水系的特征;空间分布极不均匀,动态变化强烈,流动迅速,排泄集中。

岩溶水水量丰富,水质好,可作大型供水水源。岩溶水分布地区易发生地面塌陷,给工程建设带来很大危害,应予注意。

第四节　地下水的循环

地下水的循环是指地下水的补给、径流与排泄过程。地下水以大气降水、地表水、人工补给等各种形式获得补给,在含水层中流过一段路程,然后又以泉、蒸发等形式排出地表,如此周而复始的过程便叫作地下水的循环。

一、地下水的补给

含水层自外界获得水量的过程称为补给。含水层的补给来源有大气降水、地表水、凝结水、灌溉水、其他含水层的补给以及人工补给等。

(一)大气降水的补给

大气降水包括雨、雪、雹,在很多情况下大气降水是地下水的主要补给方式。当大气降水降落在地表后,一部分变为地表径流,一部分蒸发重新回到大气圈,剩下一部分渗入地下变为地下水。如我国广西地区年降水量为 1 000 ~ 1 500 mm,其中有 80% 以上可直接下渗补给地下的岩溶水。

大气降水补给地下水的数量受到很多因素的影响,与降水的强度、形式、植被、包气带岩性、地下水的埋深等密切相关。一般当降水量大、降水过程长、地形平坦、植被繁茂、上部岩层透水性好、地下水埋藏深度不大时,大气降水才能大量下渗补给地下水。这些影响因素中起主导作用的常常是包气带的岩性,如北京昌平地区年降水量平均为 600 mm 左右,由于地表附近的岩性不同,渗入量有很大差别,在岩石破碎、裂隙发育的山区有 80% 渗入补给了地下水,在砂砾石、砂卵石分布的山前地区是 50% ~ 60%,在粉砂、砂质粉土、粉质黏土分布的平原地区大约只有 35% 补给了地下水。

(二)地表水的补给

地表水体指的是河流、湖泊、水库与海洋等。地表水体有可能补给地下水,也可能排泄地下水,这主要取决于地表水的水位与地下水位之间的关系。山区河流的上游,地下水位受地形影响,往往高于地表水,地下水往往补给地表水;河流中游地区,河水位与地下水位常比较接近,洪水期间水位抬升,河水补给地下水,平水期与枯水期河水位下降,地下水补给河水;处于冲积平原的河流下游,由于河流的堆积作用强烈,河床往往高于附近平原,地下水接受河水的补给。如我国黄河下游一带,河床便高于两岸平原区。

地表水体对地下水补给量的大小取决于地表水体附近的岩性,如河床下部为透水性很好的砂、卵砾石层,则其地表水与地下水之间的补给条件好;有时由于多年淤积,河床底部沉积 1~2 cm 的淤泥质黏性土,它可以阻止地表水与地下水之间的水力联系,这时虽然在河流附近,其地下水受地表水的影响并不大。

(三)凝结水的补给

在干旱与半干旱地区或沙漠地带,大气降水量很小,有时甚至数月不降雨,但是在沙漠里有时会找到含水的土层,这些水主要靠凝结水的补给。

饱和湿度随温度降低到一定程度时,空气中的绝对温度与饱和湿度相等。温度继续下降,超过饱和湿度的那一部分水汽,便凝结成水。这种由气态水转化为液态水的过程称作凝结作用。

夏季的白天,大气和土壤都吸热增温;到夜晚,土壤散热快而大气散热慢。地温降到一定程度,在土壤孔隙中水汽达到饱和,凝结成水滴,绝对湿度随之降低。由于此时气温较高,地面大气的绝对湿度较土中大,水汽由大气向土壤孔隙运动,如此不断补充,不断凝结,当形成足够的液滴水时,便下渗补给地下水。

一般情况下,凝结形成的水相当有限。但是,高山、沙漠等昼夜温差大的地方(如撒哈拉大沙漠昼夜温差大于 50 ℃),凝结作用对地下水补给的作用不能忽视。据报道,我国内蒙古沙漠地带,在风成细沙中不同深度均有水汽凝结。

(四)含水层之间的补给

两个含水层之间存在水头差且有联系的通路,则水头较高的含水层便补给水头较低者。深部与浅层含水层之间的隔水层中若有透水的"天窗"或由于受断层的影响,使上下含水层之间产生一定的水力联系时,地下水便会由水位高的含水层流向并补给水位低的含水层。图 1-13 为承压水补给潜水情况;图 1-14 为潜水补给承压水情况。有时上下含水层之间的隔水层中虽然没有"天窗"等通道,但由于隔水层有弱透水能力,这时若两含水层之间水位相差较大,也会通过弱透水层进行越流补给。例如,对某一含水层抽水时,另一含水层可以越流补给抽水井,增加井的出水量。

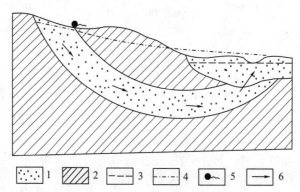

1—含水层;2—隔水层;3—潜水位;4—承压水测压水位;5—下降泉;6—地下水流向

图 1-13　承压水补给潜水

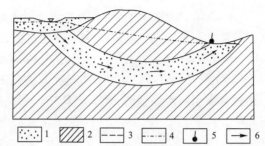

1—含水层;2—隔水层;3—潜水位;4—承压水测压水位;5—上升泉;6—地下水流向

图1-14 潜水补给承压水

(五)人工补给

人工补给包括灌溉水、工业与生活废水排入地下补给,以及专门为增加地下水量的人工方法补给。利用地表水灌溉农田时,渠道渗漏及田面渗漏常使浅层地下水获得大量补给,其补给量的大小与灌溉定额(每亩地的灌溉量)及灌溉方式有关,对于稻田,用大面积漫灌的形式灌溉,灌溉期对地下水补给量大,可成为地下水的主要补给来源。有些地区利用含水层的透水性排放工业废水与生活废水,这就必须考虑地下水遭受污染的问题。有时为了获得某个工厂企业暂时的经济效益会破坏很有开采价值的含水层,因此排放废水时应考虑这个问题。

由于淡水水源不足,而地下水较之地表水有许多优点,因此常用人工补给方法增加含水层的水量,其办法是将经过净化处理的地表水灌入井中或用渠道水塘等储存地表水并使其逐渐渗入补给地下,使含水层起到地下水库的作用。

二、地下水的径流

地下水由补给区流向排泄区的过程叫作径流,地下水由补给区流向排泄区的整个过程构成地下水循环的过程。

地下水径流包括径流方向、径流速度与径流量。

地下水补给区与排泄区的相对位置与高差决定着地下水径流的方向与径流速度;补给条件、排泄条件好的含水层,径流条件好;含水层透水性愈强则径流条件愈好。例如,山区的冲洪积物,岩石颗粒粗,透水性强,含水层的补给与排泄条件好,山区地势险峻,地下水的水力坡度大,因此山区的地下水径流条件好。到了平原区多堆积一些细颗粒物质,地形平缓,水力坡度小,因此径流条件较差。径流条件好的含水层其水质较好。此外,地下水的埋藏条件亦决定地下水的径流类型:潜水属无压流动,承压水属有压流动。

三、地下水的排泄

含水层失去水量的过程叫作排泄。含水层通过泉排出地表或补给河流、蒸发以及人工汲取地下水(汲水井或排水渠)的形式排泄地下水。

(一)泉水排泄

当含水层含水通道被揭露于地表时,地下水便溢出地表形成泉。泉是地下水的主要排泄形式,山区地形受到强烈的切割,岩石多次遭受褶皱、断裂,形成地下水流向地表的通道,因而山区常有丰富的泉水。

根据泉出露的原因可以将其分为如下几种。

1.侵蚀泉

侵蚀泉为沟谷切割揭露含水层形成的泉,图 1-15(a)、(b)为侵蚀下降泉,图1-15(h)为侵蚀上升泉。

2.接触泉

接触泉为地形切割达到含水层隔水底板时,地下水从两岩层接触的地方出露形成的泉,图1-15(c)为接触下降泉。

3.溢出泉

当潜水流的前方,透水性急剧变弱(见图 1-15(d)、(g)),或有弱透水层阻挡(见图 1-15(f)),或隔水底板隆起(见图 1-13(e))时,潜水流动受阻而溢出地表形成泉,叫作溢出泉。

4.断层泉

断层泉为承压含水层受到断层切割,地下水沿导水断层上升,在地面高程低于测压水位处溢出地表形成的泉(见图 1-15(i))。

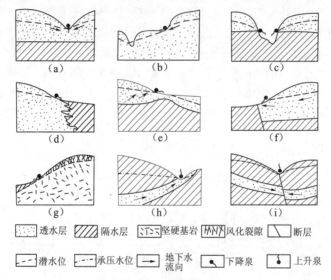

图 1-15　泉的类型

通过对泉的研究可以了解补给泉的含水层性质,如泉水的溢出水量反映含水层的富水性,泉水水量随着时间的变化幅度反映含水层的动态变化,泉水的化学成分反映含水层的水质。此外,由于泉是在一定地质、地形条件配合下产生的,因此泉的出露有助于判断地质构造条件,如有些线状排列的上升泉往往与断层带的方向一致。

(二)向地表水排泄

当地下水位高于河水位时,若河床下面没有不透水岩层阻隔,那么地下水可以直接流向河流补给河水,其补给量可以通过对上下游两断面河流流量的测定计算出来。

(三)蒸发排泄

蒸发是水由液态变为气态的过程。地下水,特别是潜水可通过土壤蒸发、植物蒸腾而消耗,成为地下水的一种重要排泄方式,这种排泄亦称为垂直排泄。

影响地下水蒸发排泄的因素很多,但主要取决于温度、湿度、风速等自然条件,同时亦受地下水埋藏深度和包气带岩性等因素的控制。在干旱内陆地区,地下水蒸发排泄非常强烈,常常是地下水排泄的主要形式。如在新疆超干旱的气候条件下,不仅埋藏在 3~5 m 内的潜水有强烈的蒸发,而且在 7~8 m 甚至更大的深度内都受到强烈蒸发作用的影响。

蒸发排泄的强度不同使各地潜水性质有很大差别,如我国南方地区,蒸发量较小,则潜水矿化度普遍不高;而北方大多是干旱或半干旱地区,埋藏较浅的潜水矿化度一般较高。潜水不断蒸发,水中盐分在土壤中逐渐聚集起来,这是造成苏北、华北东部、河西走廊、新疆等地大面积土壤盐碱化的主要原因。

(四)上、下含水层之间的排泄作用

水位不一致的上、下含水层,可以通过含水层中间的通道(如隔水层尖灭的地方"天窗"或导水断层等)由高水位含水层排泄补给低水位含水层。

四、地下水补给、径流、排泄条件的转化

当一个地区自然条件发生变化,或人工改变地下水位时,地下水的径流方向会随之改变,补给区和排泄区也相应迁移,甚至排泄区可变为补给源地。研究地下水的循环,还应研究条件改变之后,地下水运动状态的转化特点和新的补给源和新的排泄途径。

地下水补给、径流、排泄条件的转化,可归并为如下两大类。

(一)自然条件改变引起的转化

1.河水位的变化

如前所述,河水与地下水的补给关系并不固定,常因河水位的涨落而相互转化。当河水位高于两岸的地下水位时,河水向两岸渗透补给,抬高两岸的地下水位;当河水位低于地下水位时,地下水就反过来补给河水。

2.地下水分水岭的改变

地壳的升降运动、自然条件的变化以及岩溶地区地下水的袭夺等因素,均可造成地下水分水岭的迁移。

岩溶地区因地下河改道而常使分水岭发生迁移,如图 1-16 所示。河流的袭夺,使甲河的补给面积逐渐扩大,分水岭逐渐向乙河方向移动,最终将移到乙河位置,这时乙河已不能接受地下水的补给,而由地下水的排泄区变成了甲河的补给区。

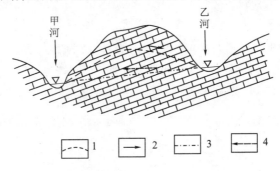

1—袭夺前地下水位线;2—袭夺前地下水流向;
3—袭夺后地下水位线;4—袭夺后地下水流向

图 1-16　河流袭夺引起分水岭迁移

　　同一地区不同季节补给量的变化也会使地下水分水岭迁移,并引起地下水的补给、径流、排泄发生颠倒。如果地下水的分水岭位于两地表水体之间,在降雨季节,地下水获得充分的补给,两地表水体均可排泄地下水,如图1-17(a)所示。干旱季节地下水因排泄而消耗,地下水位不断下降,最后两地表水体间的地下分水岭消失,两地表水间有高程差,导致高处的地表水体通过含水层流向低处的地表水体,而使高处水体由排泄区变为补给区,如图1-17(b)所示。

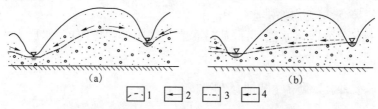

1—降雨季节地下水位线;2—降雨季节地下水流向;
3—干旱季节地下水位线;4—干旱季节地下水流向

图1-17　两地表水体间地下径流的变化

(二)人类活动引起的变化

1.修建水库

　　由于大型水库的修建,改变了地表水体的分布格局促使地下水径流条件发生变化。如湖南龙山县在石灰岩中修一水库,拦截地下暗河水进行灌溉,石灰岩裂隙十分发育,当水位升到一定高度后,地下水就发生反流,由山脚下每日流出 4 000 m³ 水量,这时山脚成为排泄区,而本来接受地下水排泄的水库却变为地下径流的补给区。

2.人工开采和矿区排水

　　为各种目的进行的开采利用地下水和为开发矿产资源而进行的矿山排水,都要大量集中的抽取地下水,则会使地下水位不断下降,从而形成以开采区或矿区为中心的下降漏斗区,这样必将引起开发区或矿区附近的地下水补给、径流与排泄条件发生较大变化。如广东沙洋矿区,当13个井同时疏干排水时,使位于矿区以南 2 km 处排泄口的地下水倒灌矿坑,沼泽干涸,泉水断流,泉群总数量昼夜减小 1 万 m³,同时也引起排泄区的地表溪流沿排泄口倒灌补给地下水。

3.农田灌溉与人工回灌

　　季节性的集中引地表水进行大面积农田灌溉,以及为增大地下水补给量而进行的人工回灌(人工补给),都是直接或间接地向地下注入一定水量,均可使地下水位逐渐抬高。例如,在插秧季节稻田引水而会使周围水井的水位普遍上升,则地下水的补给、排泄和径流关系亦可能有所变化。

第二章　地下水含水层及蓄水构造

找水定井的成败与否,关键在于是否找到含水的岩石,而含水岩石的构成则取决于该地区地层的岩性、地质构造和地形特征等条件的组合。本章是从地质原理着手,阐明地下水的赋存规律及蓄水构造,从而为地质找水定井奠定理论基础。

第一节　含水层及含水岩组

一、含水层、透水层与隔水层

隔水层是指透水性能太弱的岩层,通常所指的隔水层可以分为两种类型:一种是致密坚硬的岩石,其中没有空隙,不含水也不透水,如致密坚硬的岩浆岩、变质岩以及致密的沉积岩。另一种是孔隙度很大,但孔隙体积很小,孔隙中存在的水绝大部分是结合水,在常压下不可能自由流出,也不透水的岩石,如无裂隙的黏土和泥岩等。

能够透水、但不饱和重力水的岩层称为透水层,透水层与隔水层之间以岩石的渗透系数 K 作为划分标准。凡 $K < 0.001$ m/d 的岩石,归入隔水层;$K > 0.001$ m/d 的岩层均称为透水层。

含水层是指饱和重力水并在天然条件下可以流出水来的岩石,由于含水岩石大都是水平的,所以叫作含水层。严格地讲,地壳中没有绝对不含水的岩石,但又不能说所有的岩石都是含水的。岩石要构成含水层,必须要满足以下三个条件:

(1)岩石必须具有空隙。

(2)要有有利于地下水贮存的地质构造条件。

(3)要有良好的补给来源。

岩石有空隙,是构成含水层的首要条件。致密坚硬的岩石,没有储存地下的空间,自然不会形成含水层。如果空隙的体积太小,所含的水不受重力支配,那么在天然条件下或从井中取水时,水不能自由流出,即给水性太弱,也就不能构成含水层。所以说岩石是构成含水层的基础条件。

地质构造是地壳运动中应力作用的产物。由于地壳的运动,岩石发生错位和变形,在岩体中产生形态各异,大小不同的各种裂隙和断层,这些裂隙和断层为地下水的存在提供了空间条件,使得具有裂隙的岩石可以构成含水层。所以说构造是构成含水层的关键条件。

地下水径流条件的好坏,区域地下水位的高低以及富水程度的强弱均受地形条件的制约,如丘陵山区,地势高,地形坡度陡,地表水径流强烈,不利于地下水的补给;而且地下水径流强烈,水位埋藏深度大,所以多为地下水的补给区,地下水资源比较贫乏。山前平原地区,地势低洼,地形坡度平缓,地表、地下径流滞缓,有利于地下水的补给和储存,所以多形成地下水的径流区或排泄区,水位埋藏浅,水量丰富,往往构成地下水的富水区。所以说地形条件是地下水的水位、水量的控制因素之一。

判断一个岩层是含水层还是隔水层,需要具体情况具体分析。例如一般情况下,黏土的孔隙极其微小,含有的水几乎全是结合水,而结合水在常压条件是不能移动的,故这类岩层起着阻止地下水流动的作用,所以是隔水层。但在某些地方却从黏土层中取出了数量可观的地下水,原因在于这些黏土中或具有结构孔隙或发育有干缩裂隙,因而形成含水层。

二、含水层的分类

为了对各种含水层进行研究,了解其内在的规律,可将含水层按不同的特征分类。

(一)根据含水层空隙类型划分

1. 孔隙含水层

含水层的空隙为孔隙,如砂砾含水层、砾石含水层等。

2. 裂隙含水层

含水层的空隙主要为裂隙,多由坚硬非可溶性基岩组成,如花岗岩、片麻岩的构造裂隙,风化裂隙构成的裂隙含水层。

3. 岩溶含水层

含水层的空隙主要为溶隙,如溶孔、溶洞等充水后形成岩溶含水层,如由白云岩、石灰岩、硅质石灰岩、泥灰岩等构成的岩溶含水层。

(二)根据含水层渗透性在空间上的变化划分

1. 均质含水层

含水层的渗透性在各个方向上都相同,如厚层的、均匀的砂砾石层。

2. 非均质含水层

含水层的渗透性随空间位置的变化而变化,如坚硬岩石中的裂隙含水层及岩溶含水层等。

严格地讲,自然界中几乎所有的含水层都是非均质的。只是为了研究和计算方便,才将那些透水性变化不大的含水层视为均质含水层。

(三)根据含水层的空间分布特征划分

1. 层状含水层

层状含水层是最普遍的状态,含水层在空间呈层状分布,可以是水平的,也可以是倾斜的,它与地层的延伸分布一致。层状含水层不仅在松散的和胶结的沉积岩中常有分布,而且在变质岩和岩浆岩中也有分布。如沉积岩中的砂岩含水层,花岗岩与片麻岩的风化壳含水层等。

2. 脉状(带状)含水层

脉状或带状的含水层是指在空间延伸长度较大,而宽度有限的含水层。宽度很小的称为脉状含水层,具有一定宽度的称为带状含水层。这类含水层是基岩含水层的主要特征之一。它不受地层、岩性的限制,可以穿越不同代、不同岩性的地层,如含水的岩脉、断层含水带等。

3. 块状含水层

块状含水层是指长度、宽度有限，而厚度较大的含水层或含水岩体，其周围边界常被隔水岩层包围，形如块状。如河北省邯郸市的奥陶纪石灰岩，被侵入的闪长岩切割成大小不同的块状含水层，有的相互有水力联系，有的成为独立的含水岩体。

三、含水段、含水带、含水岩组

由于构成含水层的岩层的成因、岩性、水理性质比较复杂，有时很难划分出单一的含水层，即便是能够划分出单一的含水层，在实际工作中往往也不能满足生产上的需要。为此，又提出了含水段、含水岩组、含水岩系的概念。

(一)含水段与含水带

在含水极不均匀的岩层中，特别是在裂隙或岩溶发育的基岩地区，只简单地划分含水层或隔水层往往不能反映实际情况。这就根据裂隙、岩溶发育和分布的特征及其含水情况划分出含水段。对于穿越不同成因、岩性和不同时代地层的饱水断裂破碎带，则可划为一含水层带。

(二)含水岩组、含水岩系

岩石成因类型相同，但地层时代不同的几个含水层，虽然它们之间夹有弱含水层或隔水层，但它们在生产上的意义大致相近，则这几个含水层可划归为一含水岩组。如第四系的砂层中，常常夹有薄的黏土层，其上部和下部的砂层之间存在着水力联系，有统一的地下水位，化学成分亦相近，所以可划归为一个含水岩组(简称含水组)。

当进行大范围的区域性的含水层研究时，往往将几个水文地质条件相近的、有一定水力联系的含水岩组划为一个含水岩系，各个含水岩组之间可夹有一些隔水层。如第四系含水岩系、基岩裂隙水或岩溶水的含水岩系等。含水岩系的划分，对于编制水文地质图、地下水资源评价具有重要的意义。

第二节　蓄水构造

一、蓄水构造的构成要素

地质构造对地下水的赋存和运动具有明显的控制作用，这种控制作用是由透水岩层的导水作用和隔水层的阻水作用而构成的。某些岩层之所以含水，是因为这些岩石中存在有各种相互连通的空隙。但是，具有空隙的岩层并不一定就能构成含水层，具有空隙的岩层要能构成含水层，必须满足一个条件：在透水的岩层下面存在一个相对不透水的岩层把重力水托住，使其不致完全流失，否则这个透水的岩层就不能形成含水层。这说明，含水层不能离开隔水层而孤立存在，没有隔水层，就不会有含水层。因此，在找水定井的过程中，不仅要研究含水层，同时还要研究隔水层，尤其要研究由透水层和隔水层组成的各种地质构造，即蓄水构造。蓄水构造是指由透水层和隔水层相互组合而构成的能够富集和储藏地下水的地质构造。

蓄水构造由以下三个基本要素构成：

（1）透水的岩层或岩体：它可构成蓄水构造的蓄水空间。

（2）相对隔水的岩层或岩体：它是构成蓄水构造的隔水边界条件。

（3）地下水的补给和排泄条件：具有水源的补给和排泄通道。

蓄水构造的构成必须同时具备上述三个要素。蓄水构造的富水特征，就是由这三个要素的特点及它们之间的相互配合决定的。应当说明的是，蓄水构造不是指某一构造的富水地段或富水带，而是既有性能较好的和较差的含水岩层，又有确定的隔水边界和透水边界的能够富集地下水的整个地质构造形体。富水地段或富水带往往只是蓄水构造的一部分，它是蓄水构造的富水部位，是蓄水构造内部富水性不均匀的表现。

二、蓄水构造的类型

蓄水构造的类型是多种多样的，到目前为止，尚没有一个统一的分类方案。本书所介绍的蓄水构造类型，只是在现有水文地质资料基础上的初步划分和总结。目前，初步认识的单式蓄水构造的类型有如下几种：风化壳蓄水构造、水平岩层蓄水构造、单斜型蓄水构造、断裂型蓄水构造、褶皱型蓄水构造、接触型蓄水构造、岩脉型蓄水构造。

以上这些类型，都是单式蓄水构造，在找水定井工作中，还会遇到由单式蓄水构造组合而成的复式蓄水构造，为叙述方便起见，主要介绍单式蓄水构造。

第三节　风化壳蓄水构造

风化壳蓄水构造是以基岩风化带为蓄水空间，以其下部未风化的不透水岩层为隔水底板而形成的蓄水构造，它主要形成于弱透水的岩石的分布区。在强透水的岩石地区，因为风化带之下的岩石起不到隔水的作用，所以风化带中不易保持地下水。最容易形成蓄水构造的是现代风化壳，这是因为现代风化壳中的裂隙或孔隙比较发育，它比未风化的岩石透水性要强，而地质历史上形成较早的古风化壳、裂隙或孔隙已被充填，或已固结成岩，透水性很弱，一般不易形成蓄水构造。风化壳地下水分布广泛，埋藏较浅，虽然其水量一般较小，但由于容易开采利用，所以作为居民生活用水及农牧业用水的水源，仍具有一定的价值。

一、风化壳剖面及其特征

风化壳是岩石在各种风化营力长期作用下的产物。地表附近，岩石受外营力影响最大，风化最强，随着埋藏深度的增大，风化营力的影响越来越小，岩石的风化程度也相应地减弱，以至于逐渐过渡为完全不受风化影响的新鲜基岩。因此，风化壳在风化程度及风化性质方面都表现出明显的分带性。从水文地质方面考虑，一般把风化壳分为透水性不同的三个带，下面以花岗岩的风化壳为例，说明其划分方法及各带的特征。

（1）全风化带。岩石严重破碎，呈颗粒状，化学风化影响较深，岩石的矿物成分大部分已经改变，产生大量的次生黏土矿物，并充填堵塞裂隙，使风化带的有效空隙率降低，透水性下降，富水性较差。

（2）半风化带。以机械破碎为主，岩石呈块状，裂隙发育，呈不规则的网状并相互贯通，岩石的矿物成分改变不大，尚能看出母岩的矿物成分，泥质充填物较少，透水性及富水性较强。

（3）微风化带。岩石破碎程度较低，裂隙稀少且闭合，岩石的矿物成分基本未发生变化，透水性及富水性较差。

因此，在一个完整的花岗岩风化壳剖面里，一般以半风化带的透水性和富水性最大，全风化带泥质充填现象太严重，微风化带裂隙不发育，它们的透水性和富水性都较弱。

各地气候、岩石性质等条件的不同，风化壳的厚度有很大的差异，一般情况下为10～50 m。但在一些构造断裂带附近，风化营力沿裂隙可以侵入很深，使得风化壳厚度局部增大，有时可超过100 m；在经常遭受侵蚀的陡坡地带和山脊部位，全风化带一般被剥蚀掉，只保留有半风化带和微风化带，所以风化壳厚度较小；而在一些较低洼、平缓的地带，全风化壳可能很厚，使得半风化带和微风化带埋藏很深。

由性质不同的多种岩石组成的地区或有断裂构造的地区，差异风化使风化壳剖面变得比较复杂，但其风化规律基本如图 2-1 所示。在这种情形下，岩石风化的差异性不仅仅表现在垂直方向上，而且也表现在水平方向上。当抗风化能力较弱的岩石在地表已普遍形成全风化带时，抗风化能力较强的岩石才达到半风化的程度，因而透水性较强的半风化带岩石出现在透水性较弱的全风化带岩石之下，形成较好的蓄水条件。与此相反，在断裂构造及抗风化能力很弱的岩石部位上，风化带又特别加深，形成带状或囊状风化壳，因而在地下深部未风化的岩石中，局部出现半风化的含水带，也能形成较好的蓄水条件。

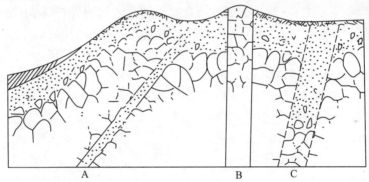

A—断层；B—耐风化的岩脉；C—易风化的岩脉

图 2-1　风化差异而形成的风化壳剖面

二、风化壳地下水的特点

风化壳地下水的特点主要表现在以下几个方面：

（1）地下水以裂隙潜水为主，一般具有连续的、统一的地下水面。潜水面的形状随地形的起伏而缓慢变化。在有隔水岩层（一般是第四系的坡积物、残积物）覆盖的低洼地段，也可以形成局部承压水。

（2）裂隙带的发育深度在水平方向随岩性的不同、地形的起伏变化及构造条件的变化而表现出差异性，因此所形成的含水层似层状分布在地表附近。

（3）因为风化裂隙的发育程度随着深度的增大而减弱，以至于完全消失，所以风化裂隙含水带与其下面的隔水的新鲜基岩之间没有明显的界限，呈渐变的过渡关系，含水性较强的部位一般在半风化带。

（4）由于风化裂隙水多分布在岩石抗风化能力比较强的剥蚀丘陵地区，所以地下水的主要补给来源是大气降水入渗，而我国北方地区降水具有明显的季节性，所以风化裂隙水的水位、水量均随季节而变化。

（5）风化裂隙水的运动主要受地形起伏的控制（严格地讲，是受风化壳隔水底板起伏的控制）。地下水从分水岭处顺山坡向低洼的河谷地带运动，所以山脊或陡坡地带不易形成风化裂隙水，河谷洼地才是风化壳地下水的汇集、排泄地带。

（6）风化壳地下水的埋藏深度一般不大，便于开采利用，尤其适合于人工开挖大口井，但水量一般不大，适于分散开采。

三、风化带的含水因素

基岩风化带的含水性主要取决于岩石风化裂隙的发育程度，而风化裂隙的发育程度又与岩石的性质、地质构造及地形、气候等因素有关。

（一）岩石的性质

岩石的成分、结构和构造等因素对风化裂隙的发育程度有很大的影响。在相同的气候条件和地形条件下，单一矿物组成的岩石（如石英岩、正长岩等）抗风化能力强，不易形成风化裂隙；抗风化能力弱的岩石（如泥岩、泥质页岩等），风化后成为土状，也不易形成风化裂隙；只有那些由多种矿物组成的、具有粗粒结晶结构的岩石（例如深成的侵入岩、片麻岩、变粒岩等）才比较容易形成风化裂隙。内部具有隐蔽结构面（例如层理、劈理、隐蔽的节理）的岩石，风化营力最容易沿袭着这些结构面发生、发展，所以它比结构、构造均一的岩石更容易形成风化裂隙。

在由性质不同的多种岩石组成的地区，岩石抗风化能力的不同，造成风化作用的差异性，导致隔壁规划裂隙发育不均匀。某些岩石裂隙比较发育，富水性较强，而另一些岩石裂隙不发育，富水性较差，因而造成风化裂隙水在水平方向上分布的不均匀性。在古老的变质岩地区，不同时期岩浆的侵入作用，使得岩石性质变化复杂，在这些地区，岩性是控制风化裂隙发育规律的主要因素之一。

（二）地质构造

构造变动导致岩石当中产生大小不一、形态各异的各种构造裂隙，这些裂隙对岩石风化的影响极大。这是因为岩石中的裂隙为风化营力的入侵提供了条件，使得风化营力可以沿着这些裂隙渗入到岩石内部，加速岩石的风化，形成带状、囊状风化带。所以，凡是在构造裂隙发育的部位，风化裂隙发育的程度和厚度都特别大，例如断层破碎带、断层交汇带、背斜的转折端附近、节理的密集带等，都是风化裂隙特别发育、厚度特别增大的部位。这些风化带中的地下水与其下部的构造裂隙水有着密切的水力联系，当开采风化带中的地下水时，可以得到深部构造裂隙水的补给，所以它的富水性较强。

（三）地形因素

风化裂隙水的埋藏、分布规律及运动特征，均与地形有着密切的关系。在剥蚀平原及地表起伏比较平缓的剥蚀丘岭地区，基岩风化带比较发育，厚度也比较大，所以风化裂隙水的分布比较普遍。在强烈切割的剥蚀山区，陡坡及山脊部位的风化带多半已经被剥蚀掉，基岩裸露地表或进保存部分弱风化带，基本上没有蓄水空间；降雨过程中，落到地表的雨水迅速向低洼处流失,即便有少部分雨水下渗,也不易在风化层中长期保存,所以这些地带都不具备蓄水条件。低洼汇水的地形对风化裂隙水的富集比较有利,例如沟谷洼地、簸箕形地形或掌心地以及宽阔平缓的分水岭地带。这是因为这些部位不仅能保留较厚的风化层,有较大的蓄水空间,而且还是地下水汇集的场所,加之地下水又是非常活跃的风化营力,所以这些部位的富水性较好。值得注意的是,当洼地上部被黏土质的残积物或坡积物覆盖时,其富水性会相对减弱;但有时也会在斜坡下游方向出现黏土质的坡积物,因黏土质坡积物的阻水作用而形成微承压水,斜坡上风化带的富水性增大。

(四)气候因素

气候因素对风化带含水性的影响表现在两个方面:一是在干旱寒冷的气候条件下,化学风化作用微弱,物理风化作用强烈,岩石以机械破碎为主,有利于形成导水的风化裂隙,但因降水量小,对地下水的补给不利;二是在湿热的气候条件下,化学风化作用强于物理风化作用,风化过程将生成大量的次生黏土矿物,并造成化学沉淀,使得裂隙的充填现象较为严重,于风化带的含水不利,但因降水充沛,对地下水的补给非常有利。

气候因素的影响主要表现在大区域的变化上,是与地理上一定的气候带相适应的。对于找水定井来说,都是属于小区域的勘察,气候条件变化不大,因此可以不予考虑。

四、风化壳蓄水构造的富水规律

如前所述,风化壳的透水性以半风化带最强。在岩石性质、地质构造及地形条件一定的前提下可以形成以下几种形式的富水带。

(一)汇水洼地型风化壳富水带

在岩石性质及地质构造条件比较均一的地区,例如在花岗岩、片麻岩地区,岩石风化的差异性很小,风化壳的下限大体上是随着地形的起伏而变化的。因此,风化壳地下水的运移和富集规律主要受地形因素的控制(严格地说是受风化壳底板的控制),地下水从分水岭向河谷洼地汇集,最后在洼地中排泄至地表或补给孔隙水,于是地形上的低洼汇水部位就成了风化裂隙水富集的地带。但由于洼地中第四系沉积物的覆盖条件不同,所形成的汇水洼地风化壳富水带又可分为下面两种形式:

(1)当洼地中无第四系沉积物覆盖或有少量强透水的松散沉积物(如冲积层覆盖时),风化壳富水带位于洼地中心的最低部位。例如,山东省肥城市王庄村的大口井(见图2-2)就是位于一条河沟的底部,岩性为片麻岩,井直径3.5 m,深18 m,可浇地150亩。

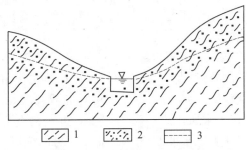

1—片麻岩;2—片麻岩风化带;3—地下水位

图2-2　山东省肥城市王庄村大口井水文地质剖面图

（2）当洼地中有黏土或其他不透水沉积物覆盖时，来自洼地四周风化壳中的地下水在向洼地中心汇集的途中，遇到黏土质不透水层的阻挡，因而在黏土质覆盖物的边缘地带基岩的风化带里造成地下水富集，甚至可形成泉溢出地表。在这种条件下，风化壳的富水带不在洼地的中心，而是在黏土质覆盖层的边缘地带。

例如，河北省康保县郝家官庄的大口井就是位于缓坡的坡角处，片麻岩与坡积红黏土的交界处，井直径 6.0 m，深 8.0 m，出水量 2 000 m³/d（见图 2-3）。

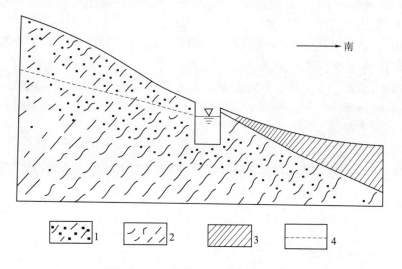

1—片麻岩风化带；2—片麻岩；3—黏土；4—地下水水位

图 2-3　河北省康保县郝家官庄大口井水文地质剖面图

（二）与侵入接触构造复合的风化壳富水带

受岩浆侵入作用的影响，在古老的变质岩地层当中，常有软硬性质不同的岩脉相间出现，其与围岩的接触面一般是软弱结构面，风化作用的外营力往往可沿着此结构面渗入到岩体深部进行风化，使得岩石风化程度局部加强，风化深度局部增大。由于岩石的抗风化能力不同，风化程度存在差异，在同一深度，易风化的软岩石已达到全风化的程度，而不易风化的脆性岩石却只能达到半风化或微风化的程度。由于软岩石一侧的全风化带黏土充填及化学沉淀较为严重，透水性及富水性较差；而脆性岩石一侧的半风化带裂隙发育，黏土充填及化学沉淀现象较差，透水性强及富水性较强。所以，在塑性岩石一侧一般形成隔水边界，在脆性岩石的接触带附近形成相对富水带。

（三）与断裂构造复合的风化壳富水带

构造裂隙是风化作用的外营力渗入到岩石深部进行风化作用的通道，可以使得风化作用沿着构造裂隙带风化程度局部加强，风化深度局部增大，形成带状、囊状风化壳。这种局部加深的风化壳，两侧以未风化的岩石作为隔水边界，向下与构造裂隙带相沟通，形成与构造断裂带符合的风化壳富水带，这种富水带常常可以得到深部构造裂隙水的补给，因而水量比较丰富。

第四节　水平岩层蓄水构造

在产状水平或近于水平的岩层,如果有透水的岩层和不透水的层互层分布时,不透水层往往构成隔水底板,而透水的岩层则构成含水层,在适宜的补给条件下即可形成水平岩层蓄水构造。水平岩层蓄水构造是蓄水构造中最简单的一种形式,它主要分布在未经构造变动的或构造变动极其轻微的沉积岩和火成岩等层状岩石分布区。

水平岩层的蓄水构造,按其蓄水形式的差别又可以分为承托型蓄水构造、淹没型蓄水构造两种。

一、承托型蓄水构造

所谓承托型蓄水构造,是指没有侧向隔水边界,只靠水平岩层把地下水托住,而形成的蓄水构造,也叫作滞水型蓄水构造(如图2-4a所示)。位于当地侵蚀基面以上的水平岩层,如果在透水层之下或在透水层之中有相对隔水层存在时,由大气降水或地表水入渗补给的重力水在向地下深部下渗的过程中,遇到隔水层的阻挡,使下渗的重力水在隔水层之上积蓄起来,由此形成承托型蓄水构造。

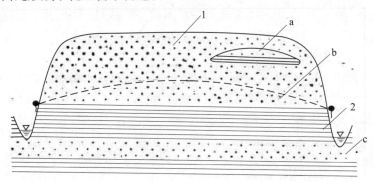

a—承托上层滞水型;b—承托潜水型;c—淹没式蓄水构造;
1—透水层;2—隔水层

图2-4　承托型水平岩层蓄水构造

(一)承托型蓄水构造的类型

承托型蓄水构造按地下水的埋藏条件又可分为承托上层滞水型、承托潜水型两种。

1. 承托上层滞水型

承托上层滞水型的蓄水构造是由包气带中的局部隔水层阻挡重力水下渗而形成的(见图2-4a)。常见的隔水层有砂砾石层的包气带中的黏土夹层,石灰岩层中的页岩、泥灰岩夹层及岩床、岩盘之类的侵入岩体,火山岩包气带中的凝灰岩夹层等。这种类型的蓄水构造中的地下水的水量一般都不大,且受气候的影响较大,多出现在雨季过后,干旱季节大部分干涸成为季节性地下水,无大的供水意义。但是,上层滞水往往可以出现在地势很高的基岩山区,由于地下水埋藏较浅,容易开采,所以在特别缺水的地区或因区域地下水埋藏太深而不易开采的山区,作为居民生活用水的小型水源还是很有价值的。

　　例如,山东省章丘县凉泉村,位于地势很高的奥陶系石灰岩山区,由于岩石的透水性极强,地下水埋藏非常深,不宜开采,构成缺水地区。但在半山腰的石灰岩层中有一闪长玢岩的岩床构成了隔水层,阻止了地下水的下渗,使地下水沿该接触面流出地表,形成一个下降泉,成为当地的供水水源(见图2-5)。

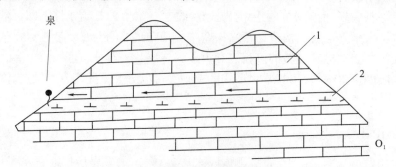

1—石灰岩;2—闪长玢岩

图2-5　山东省章丘县凉泉村地质剖面

2. 承托潜水型

　　当透水岩层下面连续分布的隔水层位于当地侵蚀基面以上时,由隔水层的承托作用及透水层的滞水作用而形成的蓄水构造称作承托潜水的蓄水构造(如图2-4b所示)。这种蓄水构造规模的大小,取决于隔水层的分布面积,规模小的与上层滞水十分相似,甚至成为季节性地下水,规模大的常成为城镇或工农业供水的重要水源。

(二)承托型蓄水构造的富水性

　　承托型蓄水构造的富水性主要取决于隔水层的分布面积、隔水层的倾斜程度、隔水层与含水层的透水性的差异性、地下水的补给条件等因素。

1. 隔水层的分布面积

　　对于承托型蓄水构造而言,隔水层面积的大小,决定着其蓄水空间的大小和补给区面积的大小。隔水层面积愈大,则补给愈充沛,蓄存的水量也就愈丰富,否则反之。

　　例如,山西省五台县寺沟附近,寒武系、奥陶系石灰岩倾角在15°左右,由寒武系竹叶状石灰岩构成相对隔水层,隔水层的分布面积只有约 $0.08\ km^2$。雨季过后,上层滞水沿着竹叶状石灰岩顶部流出形成泉,流量 $0.01 \sim 0.02\ L/s$,可连续出流 $10 \sim 15\ d$(见图2-6)。

图2-6　山西省五台县寺沟水文地质剖面图

　2.隔水层的倾斜程度

对于这种蓄水构造中的地下水而言,其水面的形状与隔水层的倾斜程度有关,隔水层愈平缓,则地下水的水力坡度愈小,愈有利于地下水的蓄存,否则反之。

　3.隔水层与含水层的透水性的差异性

透水层的透水性愈大,隔水层的透水性愈小,即二者的透水性差异愈大,愈有利于地下水的储存,富水性愈好。

　4.地下水的补给条件

气候湿润、地形平缓、植被茂盛的地区,有利于地下水的补给,所以地下水相对比较丰富,动态也相对较稳定;而气候干燥、地形陡峭、植被稀少的地区,则不利于地下水的补给,所以地下水贫乏,动态也不稳定,甚至只能形成季节性的地下水。

二、淹没型蓄水构造

所谓淹没型蓄水构造,是指含水层底板位于当地河谷标高以下,呈隐伏状或半裸露状的水平岩层蓄水构造,这种蓄水构造是近于水平的岩层地区最为常见的一种构造形式,其蓄水条件如图2-4 c所示。这种蓄水构造的特点是除底部具有隔水条件外,其侧向也具有阻水条件。侧向阻水条件通常是由透水岩层在水平方向上岩性的变化(如透水性变弱)或尖灭(如洪积扇中的透镜体状的含水层)等原因所造成的,有的还具有顶部隔水条件,透水岩层处于半淹没状态或淹没状态,形成潜水或承压水。因此,它的蓄水条件远比承托型蓄水构造好得多,其富水程度也要好得多。

第五节　单斜型蓄水构造

由透水的岩层和隔水的岩层组成的单斜构造,当透水岩层在倾斜方向具备阻水条件时,在适宜的条件下即可形成单斜蓄水构造。单斜蓄水构造是层状及似层状岩石地区赋存地下水的一种重要的地质构造形式。组成这种蓄水构造的单斜岩层,可以是被断层或侵入岩体破坏后而残留的褶曲构造的翼部,也可以是山前原始沉积的单斜地层。单斜蓄水构造的地下水包括承压水和无压水两部分。在由透水岩层和不透水岩层组成的单斜构造中,地下水以承压水为主;无压水只分布在透水层出露地表的地下水的补给区,这种单斜蓄水构造叫作承压水斜地。在缺少不透水层覆盖的巨厚的单斜透水岩层中,由于透水层大部分出露于地表,所以地下水以无压水为主,承压水只是分布在局部有隔水层覆盖的地区。

一、单斜蓄水构造的类型

单斜蓄水构造的一个重要特征,就是含水层的倾没端具有阻水条件,这种阻水条件一般由以下几种原因所造成:

(1)含水层的空隙性和透水性沿着岩层倾没的方向随埋深的增大而减小,以至于达到某一深度后逐渐变为不透水层,因而形成承压水斜地(见图2-7A)。

(2)由含水层沿倾没方向逐渐尖灭而形成的承压水斜地(见图2-7B)。

（3）由于含水层倾没端被阻水断层切割封闭,而形成淹没式蓄水构造承压水斜地,即断层阻水式单斜蓄水构造(见图2-7C)。

（4）含水层的倾没端被阻水岩体封闭而形成承压水斜地,即侵入岩体阻水式单斜蓄水构造(见图2-7D)。

（5）最为常见的是山前承压斜地,山前冲洪积扇的地层具有向平原方向的原始倾斜:在近山前地带一般为单一的砂砾卵石堆积,为潜水含水层;向平原方向含水层颗粒逐渐变细,单一的含水层逐渐被黏性土层分隔为多层含水层,并趋于尖灭,因而形成山前承压水斜地(见图2-8)。

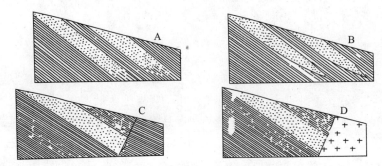

A—由含水层岩性变化;B—由含水层尖灭;C—由断层阻水;D—由侵入岩体阻水
图2-7　单斜蓄水构造的蓄水条件

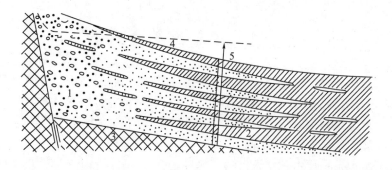

1—砂砾石含水层;2—黏性土相对隔水层;3—基岩;4—地下水水位;5—钻孔及承压水头
图2-8　山前倾斜平原承压水斜地

二、地形与单斜蓄水构造富水程度的关系

单斜蓄水构造地下水的富水程度,在很大程度上取决于岩层的产状与地形之间的组合关系,下面分几种情况来说明这个问题:

（1）岩层向山内方向倾斜(逆坡)或向沟谷上游方向倾斜。

在这种情况下,含水层的倾斜方向具有较好的封闭条件,有利于地下水的储存,可形成承压水斜地(见图2-9a)。但如果透水岩层在其倾没端的下游方向被侵蚀而裸露于地表(如山的背后被侵蚀,见图2-9b),则因水平方向不具备阻水条件而不能富集地下水。

（2）岩层向山外方向倾斜（顺坡）或向沟谷下游方向倾斜。分两种情况来讨论：

一是当岩层的倾角小于地形的坡角时（见图2-9c），含水层的倾斜方向不具备侧向阻水条件，地下水很容易排泄，不利于富集和储存，所以不能构成蓄水构造。

二是当岩层的倾角大于地形的坡角时（见图2-9d），含水层的补给条件有利（汇水面积和补给面积较大），封闭条件较好，有利于地下水的富集和储存，能形成良好的承压水斜地。

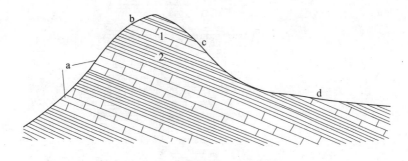

1—含水层；2—隔水层
图2-9　单斜岩层蓄水的地形条件

（3）在地面坡度很小或近于水平，而附近又没有深切的沟谷的条件下，夹于隔水层之间的单斜透水岩层都可能富集地下水。

例如，山东省莱西马埠村，地层为砂岩、砾岩互层的单斜岩层，大口井位于砾岩，井口尺寸为30 m×20 m，深7 m 左右，含水层为4.5 m 厚的砂砾岩，出水量1 000 m³/d（见图2-10）。

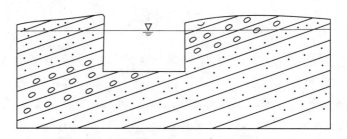

图2-10　山东省莱西马埠大口井地质剖面图

（4）在构造变动较大的沉积岩地区，原始水平岩层的产状发生改变，岩层变为倾斜岩层或垂直岩层，在岩石裸露地区，可见不同岩性的岩层相间分布。如果硬层的宽度较大，井位可直接布置在硬层中；如果硬层宽度不大，可根据倾斜岩层的倾向、倾角及当地地下水位大小，井位选择在倾向方向一定距离内（见图2-11）。

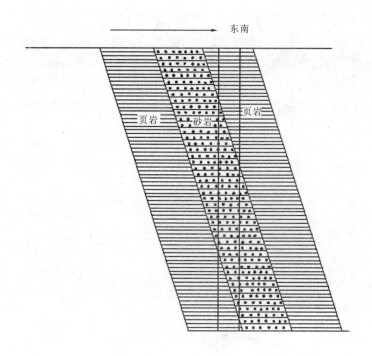

图 2-11　倾斜岩层硬层机井位示意图

【例】山东省五莲县于里镇大冯家坡村,地层为侏罗系砂页岩地区,岩层走向为北西340°,倾向东南,倾角较大,接近于垂直,地表可见紫色页岩出露,其中间有厚度不大的砂岩,在岩层的倾向方向布井一眼,井深 140 m ,出水量 20 m³/h,从根本上解决了该村 500多人的饮用水问题。

第六节　褶曲型蓄水构造

褶曲构造是岩层长期变形的产物,是地壳中较为常见的一种地质构造现象。在褶曲构造中,如果同时分布有透水岩层(或岩石的透水带)与相对隔水层,相对隔水层即可构成隔水边界,透水岩层(带)则构成含水介质,这种褶曲构造在适宜的补给条件下即可形成褶曲型蓄水构造。褶曲型蓄水构造按构造形态分为背斜蓄水构造和向斜蓄水构造两种。它们主要出现在层状分布的沉积岩地区以及似层状分布的火山岩和变质岩地区。

一、褶曲的形成

地壳水平运动时往往产生顺层挤压(侧向挤压)力,造成岩层向上或向下的弯曲,称为纵弯褶皱作用。绝大多数的褶曲就是由这种纵弯褶皱作用所形成的(如图 2-12 所示)。褶曲构造的应力迹线表明:背斜构造中性面以上的岩层受拉伸力的作用,随着岩层弯曲程度的加剧,岩层弯曲凸侧的转折端附近产生与岩层层面正交、呈扇形排列的、裂面呈楔形张开的张节理,且随深度的增大而逐渐尖灭;而在中性面以下的岩层受挤压力的作用而产生两组与层面斜交、呈 X 状排列的、裂面闭合的剪节理,且随着向核部靠近而变得密集。所以,对于背斜构造来说,其中性面以上的转折端附近发育的是张节理,中性面以下核部附近发育的是剪节理。向斜构造节理的发育规律恰好与背斜相反,即中性面以上靠近地表的核部附近发育的是剪节理,而中性面以下的转折端附近发育的是张节理。

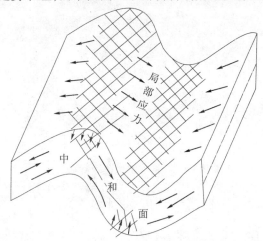

图 2-12　水平挤压力作用形成的褶皱节理发育示意图

二、褶曲型蓄水构造的类型

(一)向斜蓄水构造

向斜蓄水构造是指能够富集和储存地下水的向斜构造。向斜蓄水构造是以轴面附近的张节理作为蓄水空间,以核部及两翼不透水的岩层作为隔水顶、底板所形成的蓄水构造。作为蓄水空间的这种张节理,往往是在中性面以下的转折端附近呈带状分布,从而形成带状分布的承压蓄水构造(见图 2-13)。地下水从翼部透水岩层裸露地表的地区接受补给,向核部或较低洼的另一翼汇集,构成良好的富水条件。

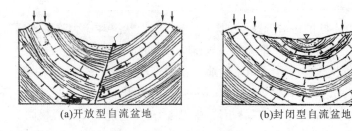

(a)开放型自流盆地　　　　　　　　　　(b)封闭型自流盆地

图 2-13　向斜蓄水构造的蓄水条件

(二)背斜蓄水构造

背斜蓄水构造是指能够富集和储存地下水的背斜构造。背斜蓄水构造是以中性面以上转折端附近的张节理作为蓄水空间,以核部及翼部的不透水岩层作为隔水边界所形成的蓄水构造。作为蓄水空间的这种张节理,往往是在中性面以上的转折端附近呈带状分布,从而形成带状分布的蓄水构造(见图 2-14)。

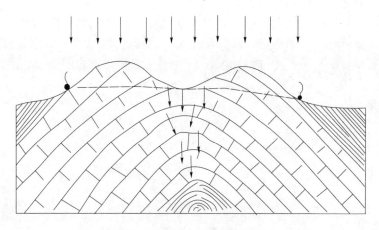

图 2-14　背斜蓄水构造的蓄水条件

三、影响褶曲型蓄水构造富水程度的因素

褶曲型蓄水构造的富水因素主要有岩石的性质、构造形态特征及部位、埋藏条件及构造与地形之间的组合关系。其中,含水层的岩性特征、构造的部位和埋藏条件对褶曲构造的富水程度具有决定性的影响。

(一) 岩性条件

岩石按力学性质可分为脆性岩石和塑性岩石。脆性岩石是指质地坚硬,受力后产生破裂变形,裂面张开的岩石(这类岩石主要包括沉积岩中的碳酸岩、砂岩及结晶岩类的片麻岩、花岗岩等),这类岩石能形成较大的蓄水空间,有利于地下水的富集。塑性岩石又称为柔性岩石(这类岩石主要包括泥岩、页岩、云母片岩等),质地较软,受力后产生塑性变形,裂隙虽密集,但裂面的张开程度较差,且由于岩石质地软,抗风化能力差,裂隙容易被充填,所以裂隙多属于闭合型的,不利于地下水的富集。

(二) 地质构造条件

在褶曲构造中,不同的构造形态及部位,由于其应力状态和应力强度不同,所产生的裂隙的性质及发育的程度都表现出很大的差异,使得褶曲构造的透水性和给水性在不同的部位增强或减弱。由此使得含水层在由岩性决定富水性的基础上,产生由构造所决定的富水性的"异常带",即含水层在构造的某些部位增强,而在某些部位减弱,甚至形成隔水层。

背斜的上部转折端和向斜的下部转折端,受引张力的作用形成纵向及横向张裂隙,并伴随着产生层间滑动裂隙,这些部位有利于地下水的富集,形成富水地带。而在靠近褶曲的核部及翼部,受挤压应力的作用,岩石被挤压的非常密实,透水性逐渐减弱,而过渡为隔水层。所以说,无论是背斜还是向斜,其轴面附近的转折端是富水地带;而其核部及翼部均是贫水地带。

【例】 济南市南部的侯家庄向斜(见图 2-15),为一不对称的向斜构造,轴面向西倾斜,东翼岩石倾角 29°,西翼 48°。该地区地势较高,海拔 460 余 m,地下水位埋藏深度 90 余 m,因此在利用该向斜构造找水定井时,要考虑含水层埋藏深度的影响,井的位置应选择在该向斜的西翼,并与其核部要有一定的距离,即井在穿过轴面时的深度要控制在区域水位以下。

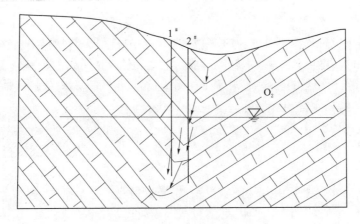

图2-15　侯家庄向斜蓄水构造示意图

　　沿该向斜的轴线方向,在岩层倾角较陡的西翼曾先后布设过两口水井,其中侯家庄的水井距离向斜的核部30 m左右,井深216 m,在110~125 m处,裂隙岩溶发育,出水量达35 m³/h,而义和庄的水井由于距向斜的核部较近,井的下部提前进入产状较缓的翼部,裂隙发育很差,出水量仅为15 m³/h。由此可见,构造部位的不同,往往可以改变蓄水构造富水的背景。

(三)含水层的埋藏深度

　　岩石空隙发育的程度往往是随着岩石埋藏深度的增大而逐渐减弱的,其透水性和给水性也随之变差,由透水层逐渐过渡为隔水层。在近地表附近,岩石处于低围压的环境,裂隙面多张开,且为地质作用的外营力(水、温度)的渗入提供了条件,加速了岩石的风化,所以岩石的空隙发育,透水性和给水性较强,富水性较好,否则则较差。所以在背斜构造中,随着含水层埋藏深度的增大,愈靠近其核部,富水性愈差;在拗陷很深的大型向斜中,当其轴部埋深很大时,由于上部围岩产生巨大的压力,裂隙发育程度较差,所以轴部的富水性有时很小,反而不如翼部的富水性好。

　　在影响褶曲构造富水的诸因素中,构造条件是最为重要的影响因素,它往往使得蓄水构造的富水性变得更加不均匀,形成一些富水部位,常见的有以下几种情况。

　　1.向斜轴部富水带

　　当向斜两翼地形高差不大,且轴部含水层拗陷不深或虽然拗陷较深,但为中心排泄式的向斜盆地时,相对富水带一般位于向斜的轴部。

　　2.向斜翼部富水带

　　当向斜两翼地形高差很大,构成向斜山岭时,相对富水带位于地下水的排泄区。例如,山西省朔县的神头—洪寿向斜,富水带主要位于翼部的神头泉一带(见图2-16)。

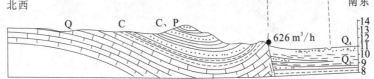

　　Q₄—全新统冲积层;Q₁—下更新统湖相沉积层;C、P—石炭—二叠系;C—石炭系;O—奥陶系

图2-16　山西省朔县的神头—洪寿向斜蓄水构造

3. 背斜轴部富水带

背斜构造的上部遭受剥蚀时,往往沿其轴线的方向形成背斜谷。当背斜的轴部地带出露透水岩层时,背斜谷中的透水岩层即成为汇集和储存地下水的最好场所。

【例】山东省长清县的苏庄背斜,就是一个轴部富水的蓄水构造,沿该背斜的轴部地带地下水十分丰富,水井出水量可达 80～250 m³/h。

4. 背斜倾没端富水带

倾伏背斜的倾没端,位于岩层产状急剧变化的部位,张裂隙特别发育,可以构成富水带。

【例】四川省永川县东山背斜的倾没端,出露岩层为三叠系砂岩、煤系及侏罗系砂岩、页岩互层。位于倾没端岩层产状变化较大部位的 1# 和 3# 孔,深度分别为 746 m 和 1 804 m,揭露的含水层为砂岩,出水量分别为 256 m³/d 和 312 m³/d。而位于 1# 和 3# 孔之间的 2# 孔,虽然也设计在倾没端上,但因岩层产状变化不大,所以成为干孔。由此可知,背斜倾没端富水带的裂隙也是由岩层产状急剧变化而产生的。

第七节　断裂型蓄水构造

断裂是最为复杂、变化最大的一种地质构造现象,在水文地质中具有特别重要的意义。断裂型蓄水构造可以分为断层型蓄水构造和断块型蓄水构造。

一、断层型蓄水构造

断层型蓄水构造是指以断层破碎带为蓄水空间,以断层两侧完整的岩石为相对隔水边界,并在适宜的补给条件下形成的能够富集和储存地下水的断层构造(见图2-17)。

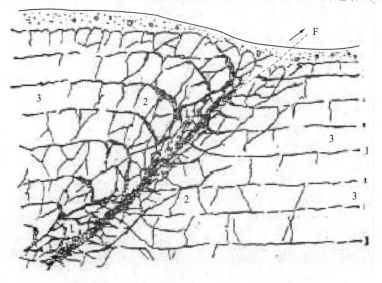

1—构造岩带;2—断层影响带;3—未受断层影响的岩石

图2-17　断层破碎带横剖面分带示意图

俗话讲"断层一条线,有水在里面",由此说明了断层在水文地质方面具有重大的意义。过去,在人们的认识程度方面,似乎所有的断层都是能够储存地下水的。但实际情况并非如此,有些断层因其断层破碎带已被完全充填胶结,不但不含水,反而起隔水作用;有的断层虽然是含水的,但其各个部位的富水程度有很大的差别,有的部位含水丰富,有的部位贫水,有的部位甚至不含水,总之断层的含水性是比较复杂的。

(一) 断层破碎带

断层的形成,一般总是先从产生节理开始,然后随着节理的发展,岩层沿节理密集带产生位移形成断层。断层两盘产生相对位移时,各自克服对盘上凹凸不平的障碍,将凸起部分铲平或碾碎,形成构成岩,并导致断层面附近两盘岩石的破碎,产生大量羽状的扭裂隙和张裂隙,甚至出现低序次小断层,于是在断层的两盘形成裂隙发育带。

因此,一个典型的断层破碎带,其横剖面可以分为性质不同的两个带:①内带:构造岩带;②外带:断层影响带。但在多数断层中,这两个带发育的并不一定很典型。

1. 构造岩带

构造岩带是由各种构造岩组成的(或断层泥,或糜棱岩,或断层角砾岩等)。其岩石性质与两盘原岩相比产生了质的改变,原岩的结构也已经完全不存在。

构造岩带的宽度从不足 1 m 至数十米,甚至更大,这取决于断层的规模和性质。而对于同一条断层来说,构造岩带的宽度变化也很大,可能在某些部位构造岩带的宽度增大,在某些部位变小甚至完全缺失,使断层两盘原岩直接接触。

构造岩可以是比较连续的层状,也可以是连续性很差的透镜体状,甚至是鸡窝状。

构造岩的导水性取决于构造岩的性质,而这些性质通常又与断层的力学性质有关。压性断层的构造岩一般以糜棱岩、压片岩等细粒物质较多,孔隙极小,孔隙率也低,所以一般起隔水的作用。张性断层的构造岩是以断层角砾岩、碎裂岩等粗大的碎块物质为主,碾磨的细粒物质较少,结构比较疏松,孔隙及孔隙率大,所以导水性较强。但张性断层的构造岩带如果后期被充填胶结,其透水性也会变得很小,以至成为不透水的岩石。扭性断层构造岩的性质一般介于压性和张性断层的构造岩之间。

2. 断层影响带

断层影响带是受断层影响而形成的两盘岩石的裂隙发育带。它分布在构造岩带的两侧,系原岩受断层影响而强烈破坏,产生大量张裂隙、扭裂隙及分支断层形成的裂隙发育带。靠近构造岩的岩石受断层影响最大,裂隙最发育,但与原岩的成分、结构、性质等方面都没有重大变化;随着水平距离的增大,裂隙的发育程度也逐渐减弱,它与未受断层影响的完整的原岩之间没有明显的分界线,呈过渡关系。

断层影响带的宽度取决于断层的规模和两盘岩石的力学性质等因素,同时还与断层的力学性质有关。一般来讲,断层的规模愈大,其影响带愈宽;压性断层的影响带的宽度常大于张性断层;在断层性质、规模一定的前提下,脆性岩石中的断层影响带的宽度要大于塑性岩石。断层带的宽度一般由数米至数十米不等,而且沿着断层的走向和倾向变化都很大。

实际上,断层破碎带上述横剖面的分带现象,只是在一些大断层才表现得比较清楚。一些小断层和泥质岩石中的断层,常常只是一条或数条简单的断裂面,两盘的岩石紧密接触,没有构造岩带,断层影响带也不明显。

（二）断层蓄水构造的特征

断层蓄水构造的主要特征如下：

（1）断层蓄水构造的蓄水空间呈带状或脉状。含水带（脉）的宽度或厚度变化很大，从数米至数十米乃至数百米不等，其延伸的长度及延伸的深度取决于断层规模的大小。断层含水带中的地下水属于带状裂隙水，可溶岩地层中的破碎带常常发育成喀斯特带，地下水为裂隙岩溶水。

（2）断层破碎带的透水性和含水性很不均匀。断层具有较强的延伸性，沿其走向可穿越不同岩性的地层，因此造成透水性和含水性的不均匀。所以，在利用断层打井取水时，井位应选在断层的富水部位上。

（3）断层含水带的分布比较局限，其有限的储水空间不能形成较大的储存量。但由于断层切穿不同时代、不同层位的岩层，包括切穿隔水层和含水层，使含水层沟通而得到充分的补给，形成很大的补给量。因此，开采断层地下水时，其开采水量主要来源于补给量。

（4）断层含水带中地下水，有的来自很远的地方，也有的来自地下深处。当其补给来源为较远的地区或较深的部位时，地下水位和流量就比较稳定，气候和微地形对它的影响很小。有些断层中的地下水具有承压的性质，甚至自钻孔喷出地表，形成自流水。

（三）断层的水文地质类型

按水文地质特点，断层可以分为以下五种类型。

1. 富水断层

富水断层是指发生在厚层的含水岩层中的张性断层，其特征是断层破碎带的透水性大于两盘岩石的透水性。因为断层破碎带空隙发育，蓄水空间大，能汇集两盘含水层中的地下水，具有充沛的补给来源，所以富含地下水。如发生在石灰岩、白云岩、大理岩及脆性岩石中的张性断层，只要断层破碎带的空隙不被后期物质充填胶结，一般都属于富水断层。富水断层对于供水目的来说是很有利的，但对于矿山建设来说常是有害的。

2. 导水断层

导水断层是指发生在透水层与不透水层（或强透水层与弱透水层）中的张性断层及张扭性断层，其特征是断层能沟通各含水层之间的水力联系，起着疏导水的作用，即为导水断层。由于它切穿了不同层位的含水层与隔水层，并沟通各含水层之间的水力联系，所以这种断层本身是含水的。如发生在砂岩、页岩夹石灰岩的地层（我国北方的石炭—二叠含煤地层）中的张性及张扭性断层，就常常在各层灰岩之间起着沟通水力联系、疏导地下水的作用。导水断层中的地下水以径流量为主，断层带本身储存的水量有限，开采时水量主要来自断层两盘含水层中地下水的补给。

3. 阻水断层

对地下水起阻隔作用的断层称为阻水断层。按阻水的条件可分为如下两种类型。

1）断盘阻水的断层

因断层两盘的相对错动，断层两盘的含水层与隔水层相接触，由隔水层组成的一盘可以阻挡断层另一盘中的地下水流，形成地下水的阻水幕墙。这种断层的断层带可以是含水的，也可以是不含水的，但是由含水层组成的一盘是相对富水的。

2）构造岩阻水的断层

透水岩层中的断层，尤其是压性断层，当其构造岩的透水性远小于两盘岩石的透水性时，即形成地下水幕墙。它也能阻挡地下水流，使地下水在某一盘富集。

4. 储水断层

储水断层是指发生在厚层的、不透水岩层或透水性很弱的岩层中的，与附近其他含水层及地表水体无水力联系的断层。这种断层带本身是含水的，但由于与其他水体无水力联系，地下水缺乏补给来源，所以地下水量主要表现为储存量，天然条件下的径流补给及排泄几乎没有。当开采这类断层中的地下水时，往往表现出这样的特征：开始出水量很大，但随着开采时间的延长，出水量越来越小，逐渐趋于消失。

5. 无水断层

无水断层是指发生在厚层的、塑性岩石中的压性及压扭性断层，或发生在脆性岩石中，但早已停止活动，且构造岩带被后期物质完全充填胶结的断层。

在上述五种断层中，富水断层、导水断层、阻水断层都可以形成蓄水构造，富水断层、导水断层一般构成断层（带）蓄水构造，阻水断层则通常构成断块蓄水构造。至于储水断层，虽然也是含水的，但因为缺乏补给条件，只能形成储水构造，不能形成良好的蓄水构造。

（四）断层的含水因素

断层的含水性主要是指断层破碎带的含水性，它主要取决于断层两盘岩石的性质、断层的力学性质、断层的规模和近期活动性等因素的综合影响。

1. 断层两盘岩石的性质

断层两盘岩石的力学性质对断层富水性的影响最大。根据材料力学原理，同一应力作用下，不同的材料（岩石）表现出不同的变形特征：塑性岩石（如页岩、泥灰岩、泥岩）等容易产生弯曲变形，主要形成紧密的闭合裂隙，加之后期风化作用的影响，裂隙中黏土物质充填现象较为严重，不利于地下水的富集；脆性岩石（如石灰岩、花岗岩、片麻岩等）容易产生破裂变形，多形成裂面张开的裂隙，而脆性岩石质地坚硬，抗风化能力强，裂隙中黏土物质充填现象较差，连通性较好，有利于地下水的储存。

从岩石的可溶性来看，岩石可分为可溶性岩石（主要是指碳酸岩类岩石）和非可溶性岩石。当断层发生在可溶性岩石中时，由于裂隙的发育为地下水的运动提供了条件，更加有利于岩溶的发育，形成局部富水带。

因此，在分析断层的富水程度时，一定要注意要分析断层两盘岩石的性质。一般的规律是，在断层的规模及受力破坏条件相同的前提下，断层两盘为可溶性岩石时，其破碎带中的裂隙和岩溶都非常发育，其富水性要好于两盘为脆性岩石的断层，而断层两盘均为塑性岩石时，其富水性最差。

2. 断层的力学性质

在断层的规模、两盘岩石性质、近期活动性等条件都相同的前提下，断层的力学性质是影响断层富水性的最重要的因素。断层按力学性质可分为张性、压性、扭性、张扭性及压扭性等五种类型。

在水平拉伸或垂直挤压应力作用下会形成张性断层。在张性断层的影响带内，发育有与断层面斜交的张节理，裂面张开，且随着与断层面水平距离的增大，裂隙的发育程度逐渐变差(如图 2-18 所示)。而在其构造岩带,为结构疏松的角砾岩或碎块岩,空隙发育,透水性和含水性都较强。所以说,张性断层的富水性好,其富水带主要分布在构造岩带附近。

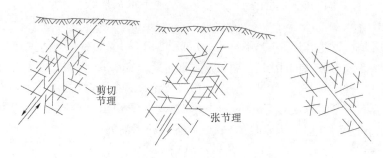

图 2-18　断层的伴生构造

压性断层的受力状态,按两盘岩石运动方向可将应力分解为水平的挤压应力和垂直的挤压应力,其上盘主要受水平的挤压作用和垂直向上的抬升作用。对于一些规模较大的压性断层,当两盘均为脆性或可溶性岩石时,其上盘影响带的宽度较大,且在上盘影响带内,会发育有与断层面斜交的张节理及牵引背斜,其透水性和富水性较好;而其构造岩带多为结构紧密的压片岩、糜棱岩、断层泥等物质,并常伴有不同程度的热动力变质现象,如硅化、蛇纹石化、绿帘石化等,所以其透水性和富水性都很差,通常视为隔水体。所以说,压性断层的上盘影响带可以构成相对富水带,其构造岩带、下盘构成隔水边界。

扭性断层系水平剪应力作用的产物,断层面陡立、平直光滑、断层带狭窄,常有硅化、氧化铁薄膜出现,裂隙发育程度较差。野外很少见到纯扭性的断层,多数属于张扭性或压扭性断层。其构造岩带的岩石或具有张扭性断层的特征,或具有压扭性断层的特征;但在水平方向上常发育有与断层面斜交的张裂隙和牵引褶曲。因此,在其断层的上盘影响带或牵引褶曲的弧顶部位,裂隙比较发育,可以构成相对富水带。

3. 断层的活动性

断层的富水性与断层在近期的活动性有着密切的关系。如果是在地质历史上已经停止活动的死断层,不论其力学性质如何,也不管是发生在何种岩层中,其破碎带可能早已被充填胶结,已经不具备透水和储水的条件,只能形成无水的断层。这种断层破碎带只有后期再遭受风化或将其可溶性胶结物质重新溶蚀后才能透水和储水。所以说,对于古老的已失去活动性的断层来说,其富水性主要取决于后期风化作用的影响及其改造程度。

但是,对于近期有活动的断层(包括燕山运动以后新形成的断层和复活的老断层)来说却是另一种情形。活动断层(第四系以来活动的断层)的破碎带尚未被胶结或胶结很弱,显然具有较好的透水条件和储水条件,尤其是活动断层的破碎带,经风化作用改造后,往往具有更好的透水条件和储水条件。

需要说明的是,断层的富水性不在于断层活动次数的多少,而在于最后一次活动的力学性质。在断层多次活动中,每次活动的性质不尽相同,有的是先张后压,有的是先压后张,这就造成了活动性断层富水性的差别。因此,在判断活动性断层的富水性时,主要考虑的是断层最后一次活动的性质:先压后张的断层,虽然构造先期受压,构造岩结构紧密,但在后期的拉伸作用下,构造岩带结构变的疏松,胶结程度差,空隙发育,富水性增强;而先张后压的断层,虽然断层在早期受拉伸的作用下构造岩带结构疏松,但经挤压应力的后期改造,断层带往往被挤压的非常密实,裂隙发育程度变差,则断层的富水性变差甚至不含水。如山东省东部的郯—庐断裂即属先张后压的活动性断层,断层带中角砾岩很发育,但在后期构造的影响下,断层泥、糜棱岩紧密排列,裂隙发育程度差,断层带基本上不含水。

4. 断层的规模及部位受力的均匀性

就一般情况而言,断层的规模愈大,其破碎带也就愈宽,对破碎带富水性的影响表现出的差异性也就愈明显。对于由脆性岩石或可溶性岩石中的张性断层来说,断层规模愈大,其蓄水空间愈大,则富水性愈强;而对压性断层来说,由于其构造岩的阻水作用,其规模愈大,阻水性愈强,则富水性愈差。

大断层的各个部位一般受力不均匀,其各部位的空隙性也有很大不同,所以同一断层的不同部位富水性也就不同。如压性断层的上盘影响带,往往发育次生的牵引背斜,在其转折端附近,局部受引张力的影响,张裂隙发育,所以压性断层的上盘影响带相对富水,而其构造岩带及下盘均贫水或无水。对于舒缓波状断层的平缓段、断层转折的部位、主干断层与分支断层交汇的部位等,都会由于应力集中,形成裂隙比较发育的局部松动带,往往构成断层破碎带的局部富水部位。

以上只是对断层的几个主要富水因素的影响分别作了单独的说明,实践上断层的富水性是由上述若干因素综合作用而成的。在不同的条件下,由于各种因素的影响程度不同,所以断层具有不同的富水性。因此,在分析断层的富水性时,要对上述因素进行综合分析,进而抓住影响断层富水性的主要矛盾,方能得到正确的结论。

(五)断层蓄水构造的可能富水部位

断层的含水性是很不均匀的,一条大的断层往往是某些地段或部位含水,而不是整条断层都含水;含水的地段后部位也不是各处的富水性都相同,受各种因素的影响,有时表现出明显的差异。所以在利用断层找水时,要注意寻找它的富水部位。比较常见的断层的可能富水部位有以下几种情况。

1. 张性断层的构造岩带

脆性及可溶性岩层中的张性断层及部分张扭性断层,其构造岩带一般由角砾岩及碎块岩组成,结构疏松,空隙发育,透水性强,含水丰富,如果没有被后期物质充填胶结,则构成断层构造岩带的富水带。

【例】山东省宁阳县磁窑一带为一南高北低的变质岩剥蚀丘陵区,沿程花村南有一走向近东西的小型张性断层,地表断层带出露宽度约 1 m。距断层约 10 m 处布设一钻孔,孔深67 m。钻进过程中,37～43 m 岩石破碎,43～56 m 岩石强风化,56～60 m 岩石破碎。抽水结果,水位下降 11.0 m,出水量 40 m³/h(见图 2-19)。

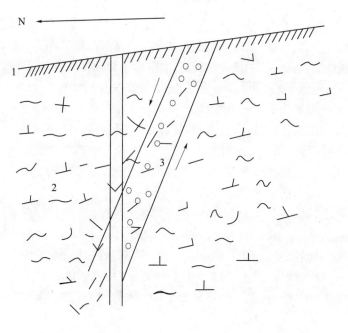

1—第四系堆积物；2—花岗片麻岩；3—断层角砾岩

图 2-19　山东省宁阳磁窑程花村机井地质剖面示意图

一般情况下，张性断层的构造岩带及其影响带空隙发育，储水空间大，都是属于富水的部位，但在泥质岩石中的断层，因破碎带中的泥状物质太多，胶结充填现象较为严重，富水程度大大降低，甚至不能构成富水带。

2. 压性断层的上盘影响带

压性断层和部分扭性断层是在挤压状态下形成的，如果断层是发生在脆性岩层中或塑性与脆性岩石互层的地层中，且断距较大，则产生以糜棱岩、断层泥、压片岩等为主的构造岩带，这种断层的构造岩带处于致密状态，空隙及透水性都很小，含水程度很差或不含水。但在断层的上盘影响带中，由于受断层上盘位移的牵引作用，形成与主干断层面斜交的支断层、剪节理、张节理及牵引背斜，因而局部地带透水性增强，常常构成压性断层的富水带。

【例】福建省晋江某花岗片麻岩地区，有一走向 NW，断层面近于直立的压扭性断层（见图 2-20），破碎带宽度约 50 m，构造岩带在强烈挤压作用下，形成断层泥、糜棱岩化物质，裂隙被严重充填，透水性极弱，基本上不含水；而在其两侧的影响带范围内，裂隙发育，充填程度较低，富水性相对较好。1#孔位于距带中心 20 m 处的断层影响带上，孔深 91 m，单位涌水量为 0.15 L/(s·a)；2#孔位于断层影响带中心，孔深 92 m，单位涌水量为 0.018 L/(s·a)；3#孔距断层带中心 15 m 处，孔深 81 m，单位涌水量 0.076 L/(s·a)。此外，泥质岩石中的压性及压扭性断层，其两盘影响带以塑性变形为主，裂隙发育程度很差，加之黏土物质的充填作用，所以形成富水带。

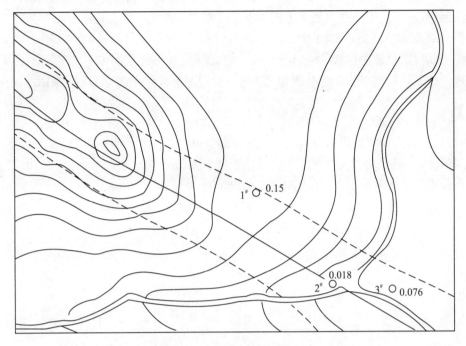

图 2-20　福建省晋江某花岗片麻岩断裂构造

3.断层的交汇带

不同方向的断层交汇部位及主干断层与分支断层的交汇部位,是应力集中部位,裂隙发育,容易形成富水部位。特别是在可溶岩及脆性岩岩层中,断层交叉的部位破碎带宽度较大,最容易形成地下水富集的场所。

低序次小断层的断裂密集带在以可溶性岩石或脆性岩石为主的岩层中,当低序次的小断层成群出现时,断层密集带的岩体总是处在相邻各断层之间的公共影响带内,裂隙发育,透水性良好,有利于形成断层富水带。

【例】河北省满城县卧虎山一带,在两条大断层之间伴生有许多次生小断层,把岩石切割得支离破碎,裂隙十分发育,先后在其间施工 5 口钻孔,在 10 余 m 之下几乎全部是破碎岩石,单井出水量均为 140 m³/h。

4.大断层两端的岩石破碎带

大型的压性断层,特别是脆性和可溶性岩层中的压性断层,它本身的富水性通常较差,但在断层的两端,岩石由断裂位移过渡为节理密集的破碎带,裂隙发育,透水性强,常形成断层的另一个富水部位。

二、断块型蓄水构造

所谓断块是指断裂构造中由于岩层位移而相对上升或下降的地块。当某一个断块为强透水的岩层,而与它相邻的断块为不透水的或弱透水的岩层时,不透水层或弱透水层的断块就起阻水作用,地下水就会在强透水层的断块中储存和富集起来。这种由于断层阻水作用而形成的蓄水构造就称为断块型蓄水构造。断块型蓄水构造储存地下水的主要场所不是断层破碎带,而是透水断块上的含水层。常见的断块型蓄水构造有以下几种类型。

(一)断层阻水式蓄水构造

由于断层两盘相对位移,不同层位的地层相接触,且不透水层位于地下水流的下游,像堤坝一样起到阻水作用,地下水流被挡在透水层里富集起来,形成断层阻水式蓄水构造。

【例】河北省张家口市永丰堡的后山有一条 EW 走向的逆断层(张家口断层),断层面向南倾斜,上盘为侏罗系张家口组的凝灰角砾岩及集块岩,透水性很弱;下盘为白垩系南天门组的砾岩,裂隙发育,透水性较强,且位于地下水流上游地势较高的地带。由于上盘的阻水作用而形成水母宫泉,从山前凝灰角砾岩向北开凿一取水的平硐,硐长 180 m,穿过阻水的上盘而至下盘砾岩中,获得自流水量 4 000 m³/d(见图 2-21)。

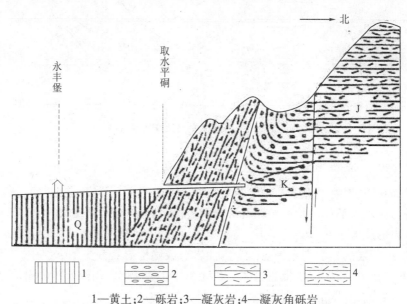

1—黄土;2—砾岩;3—凝灰岩;4—凝灰角砾岩

图 2-21　河北省张家口市永丰堡后山地质剖面示意图

(二)地堑蓄水构造

在地堑构造中,如果中间陷落的断块为透水岩层,其两侧为不透水层或弱透水岩层,即构成两侧阻水、中间蓄水的地堑蓄水构造。

【例】山东省的炒米店地堑(见图 2-22)两侧山坡上为上寒武统地层,中间谷地为奥陶系。地堑中有个因缺水而闻名的村庄——炒米店。山东省水文地质队在该村附近施工 3口钻孔,出水量都在 1 200 m³/d 以上。

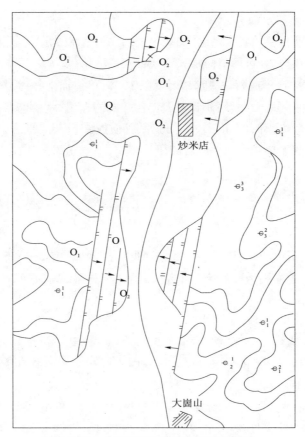

图 2-22　山东省炒米店地堑构造平面图

（三）地垒蓄水构造

在地垒构造中,如果其中间上升的断块是透水岩层,两侧下落的断块是时代较晚的不透水或弱透水岩层,在适宜的补给条件下,即可形成地垒蓄水构造,其情形与地堑蓄水构造相似。

【例】山东省莱芜市的团圆坡地垒,位于地垒中间地块的含水岩体为寒武系馒头组地层,其两侧与寒武系张夏组的页岩、石灰岩相接触,为其隔水边界,因而形成一蓄水构造(如图 2-23 所示)。

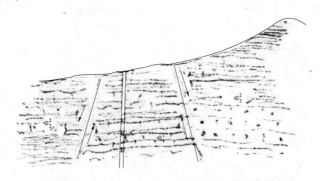

图 2-23　山东省莱芜市团圆坡地垒构造示意图

(四)阶梯式断块蓄水构造

被阶梯式断层所切割的各个断块,如果中间断块为透水岩层,其两侧的断块为相对不透水或弱透水岩岩层时,即可形成阶梯式断块蓄水构造。

【例】山东省泰安市满庄第一供水站,井深 216 m,单位涌水量为 160 m³/h,位于两条正断层组成的阶梯式断块中,断块北侧与太古代片麻岩接触,南侧与第三系的页岩、泥岩接触,分别构成其隔水边界;中间断块为第三系钙质胶结石灰质砾岩,构成其蓄水空间。由于中间含水岩体受阶梯式断层形成时的扭动作用,裂隙发育,加之含水层又为可溶性岩石,所以形成一富水带。

第八节　接触型蓄水构造

不同地质体之间因某种特殊的接触关系而形成的蓄水构造,称为接触型蓄水构造,它包括侵入岩体蓄水构造、侵入接触带蓄水构造、侵入岩体阻水式蓄水构造、不整合接触蓄水构造等形式。

一、侵入岩体蓄水构造

侵入岩体蓄水构造是指由岩浆岩侵入体与围岩接触而构成富水条件的地质构造,通常有两种原因可以使侵入接触构造具备蓄水条件:

(1)由于侵入接触面裂隙发育,成为含水介质,侵入岩体和围岩中裂隙不发育,构成相对隔水边界,形成侵入接触带蓄水构造。围岩为非可溶性的岩石时形成此类蓄水构造。

(2)围岩为强透水的岩石,侵入岩体为弱透水的岩石,此时侵入岩体起到阻水的作用,因而构成蓄水条件,形成侵入岩体阻水蓄水构造。围岩为可溶性的岩石时形成此类蓄水构造。

但是,并非所有的侵入体与围岩的接触关系都能构成蓄水条件,不具备蓄水条件的侵入接触构造,不能成为蓄水构造。

二、侵入接触带蓄水构造

侵入接触带蓄水构造是指岩浆岩侵入体与围岩之间的接触带裂隙特别发育而形成蓄水构造。接触带中裂隙的形成原因,主要包括以下几个方面。

(一)岩浆侵入过程中在围岩中产生的构造裂隙

当岩浆向上侵入时,对周围的岩石产生一个巨大的压力,因而在岩体附近围岩当中产生大量的挤压裂隙,甚至形成小断层。而当岩浆冷凝时,由于岩体的冷缩,岩浆岩体作用在围岩中的压力减小,造成围岩中应力状态的改变,由挤压状态改变为引张状态,故围岩中形成的裂隙具有张裂隙的性质。

(二)侵入岩体边缘部位产生的各种原生节理

岩浆冷凝过程中,由于体积收缩,往往在岩体表面产生各种原生节理,如发生在岩体接触面附近,垂直于层面、呈楔形开口的纵、横节理及平行于岩体表面的层面节理。上述这些节理具有特殊的水文地质意义,往往与围岩中的张裂隙构成条带状的含水层。

(三)后期构造变动形成的构造裂隙密集带

当侵入岩体与围岩的力学性质存在明显的差异时,其接触面是一个软弱结构面。在后期的构造变动过程中,往往沿此结构面造成应力集中,使结构面两侧的岩体产生相对滑动而形成裂隙密集带。

综上所述可知,裂隙主要分布在接触带附近,且彼此穿插沟通,形成带状分布的蓄水构造。

三、侵入岩体阻水式蓄水构造

花岗岩、闪长岩等深成岩的透水性很差,当其岩体侵入强透水的岩层中,并处于地下水流的下游方向时,能起到很好的阻水作用,将地下水阻挡在强透水层一侧,并形成局部富水区。这样形成的蓄水构造称为侵入岩体阻水式蓄水构造(见图2-24)。

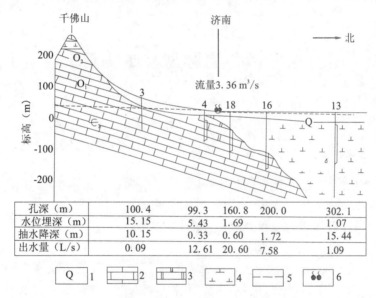

孔深（m）	100.4	99.3	160.8	200.0	302.1
水位埋深（m）	15.15	5.43	1.69		1.07
抽水降深（m）	10.15	0.33	0.60	1.72	15.44
出水量（L/s）	0.09	12.61	20.60	7.58	1.09

1—黏性土夹砾岩;2—石灰岩;3—白云岩;4—闪长岩;5—地下水位;6—泉群

图2-24　山东省济南附近水文地质剖面图

济南地区附近的地形是南高北低,寒武系、奥陶系地层呈单斜状产出,走向 NE60°、倾向 NW330°。受 NW 向断裂构造切割抬升的影响,形成千佛山地垒断块。市区北侧有燕山期的岩浆侵入活动,侵入岩像一道地下的幕墙一样,阻挡了地下水向下游的排泄,构成了侵入岩体阻水式的蓄水构造。在市区较低的位置,地下水涌出地表,形成著名的趵突泉、珍珠泉、五龙潭、黑虎泉等四大泉群。这种形式的蓄水构造,由于受侵入作用及变质作用的影响,靠近侵入岩体的接触带,岩石的裂隙或岩溶通常比较发育,往往构成蓄水构造的富水区。而远离阻水岩体的地带,由于侵入作用及变质作用的减弱乃至消失,裂隙、岩溶的发育程度呈递减的趋势;同时由于地形变高等,地下水埋藏深度逐渐增大,富水性逐渐减弱,构成该蓄水构造的补给区和径流区。济南的泉群,就是这样一个大型的侵入岩体阻水和接触带富水的蓄水构造。

四、不整合接触蓄水构造

新老地层之间的不整合接触包括角度不整合接触与平行不整合接触两种类型,它们都是地质历史上大的沉积间断,不整合面就是古代的侵蚀面。当不整合接触具备以下条件时,即可形成蓄水构造:

(1)不整合接触的新老地层具有完全不同的透水性时,则透水层构成含水介质,不透水层构成隔水层。

(2)构成隔水边界的不整合接触面,其产状和形态对地下水的储存具有重大意义,产状直立的构成隔水的幕墙,形态如盆地的构成汇水盆地。

对于蓄水构造而言,最具有意义的不整合接触是指第四系地层或第三系地层与前基岩之间的接触,以及寒武系地层与太古界、石炭系或第三系地层与奥陶系地层之间的不整合接触。

第九节 岩脉型蓄水构造

岩脉俗称"石龙"或"石筋",在水文地质方面具有极其重要的意义。它是基岩地区(特别是变质岩和岩浆岩地区)寻找地下水的重要标志之一。

一、裂隙的成因及蓄水构造的特征

岩脉蓄水构造是以岩脉与围岩的接触带之间的裂隙作为蓄水空间,其裂隙通常是由以下几个原因形成的。

(一)岩脉在冷凝成岩的过程中形成的成岩裂隙

岩脉在冷凝成岩过程中,受体积收缩作用的影响,在岩体的表面产生平行和垂直于接触面的引张力,故形成平行于和垂直于接触面的张裂隙。由于这种引张作用是随着与接触面距离的增大而逐渐减弱的,故裂隙的发育程度也随之减弱,逐渐过渡为完整的侵入岩,构成岩脉蓄水构造的隔水边界。

(二)岩脉侵入过程中在围岩中产生的挤压裂隙

岩浆侵入过程中,对附近的围岩产生挤压作用,使围岩的接触带产生密集的裂隙。裂隙的发育程度是随着与接触面距离的增大而减弱的,逐渐过渡为完整的基岩,构成岩脉蓄水构造的隔水边界。

(三)后期构造变动产生新的构造裂隙

岩脉与围岩的接触带往往是一个软弱的结构面,在后期构造变动时,沿该结构面容易造成应力集中,导致在接触面附近产生新的张性或张扭性裂隙,尤其当接触面两侧都是脆性岩石时,这种裂隙往往很发育。

(四)岩层中原有的构造裂隙

多数情况下,岩脉是沿着地壳中已有的构造裂隙侵入的,所以在岩脉两侧围岩的某些部位不免保留下来一些原有的构造裂隙。

综上所述,构成岩脉蓄水构造的各种裂隙,主要是分布在接触带附近,且随着与接触带距离的增大,而过渡为完整的基岩。所以说,岩脉蓄水构造是以岩脉与围岩中的裂隙为蓄水空间,呈带状分布的蓄水构造。

二、岩脉蓄水构造的分类

按水文地质条件,岩脉大体上可分为导水岩脉和阻水岩脉(相对不导水的)两种类型。导水岩脉是指岩脉侵入弱透水层中或不透水层中以及走向平行于地下水流向的岩脉所构成的蓄水构造。阻水岩脉是指岩脉侵入强透水层以及走向垂直于地下水流向的岩脉所构成的蓄水构造。

(一)导水岩脉蓄水构造

当岩脉侵入弱透水层中时,由于岩脉两侧接触带的裂隙比较发育,其透水性要比周围岩石的透水性大得多,所以岩脉能够汇集弱透水层中的地下水,起汇水的作用,形成导水岩脉蓄水构造。它是变质岩及岩浆岩分布区最常见的一种蓄水构造形式。

我国各地关于导水岩脉的实例很多。如福建省漳州北郊,为一燕山期花岗闪长岩的风化剥蚀丘陵,该地区有一组走向呈 NE20°~30°,彼此近于平行的石英正长斑岩岩脉,宽度 20~30 m。岩脉生成以后遭受强烈的构造变动,被数条 NW 的张扭性断层错断。由于岩脉及围岩都属于脆性岩石,所以接触带附近的裂隙比较发育,充填物也较少,有利于地下水的富集。经勘探,单孔涌水量一般为 100~200 m^3/d,最大可达 420 m^3/d。

【例】山东省五莲县街头镇大洼村地处五莲山余脉,基岩为胶南群花岗片麻岩,地下水极度贫乏,加之该村采石场乱采现象严重,严重破坏了地下水补给、运动、排泄条件,水质受到污染,全村吃水异常困难。通过现场踏勘、地质分析,在该村村北发现一北西向花岗岩脉,岩脉近似于直立,宽约 3 m,延伸较远,围岩为胶南群变质岩,在岩脉内定一井位,井深 158 m,出水量 50 m^3/d,基本解决了该村群众饮水问题。

(二)阻水式岩脉蓄水构造

当岩脉侵入强透水层中,由于岩脉的透水性要比围岩的透水性小得多,所以岩脉起阻水的作用,在岩脉的上游迎水面一侧,将地下水阻挡在强透水层中,使地下水富集起来,形成阻水式岩脉蓄水构造。

比较典型的阻水式岩脉蓄水构造多数形成在碳酸盐类岩石分布区。这是因为碳酸盐类岩石的透水性较强,而岩脉的透水性相对较弱,阻水作用较强,所以有利于地下水的富集。

【例】北京市延庆县水口子泉,就是由近南北走向、宽度十余米的辉绿岩岩墙的阻水作用所形成的。由于岩墙的阻水作用,地下水在岩墙东侧的矽质白云质灰岩中汇集并溢出地表形成水口子泉,流量达 2 500 m^3/d(见图 2-25)。

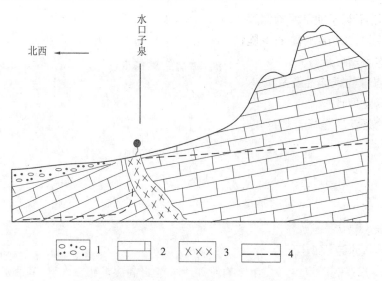

1—砂砾岩;2—石灰岩;3—辉绿岩;4—地下水位

图 2-25　延庆县水口子泉阻水式岩脉蓄水构造

应当指出的是,并非所有的岩脉都可以形成蓄水构造,如果导水的岩脉侵入和它透水性相同的地层中或不导水的岩脉侵入于不透水的地层中,一般不易形成蓄水条件,所以也就不会构成蓄水构造。

三、影响岩脉蓄水构造富水的因素

岩脉的含水性比较复杂,它取决于多方面的因素,其中最主要的因素有岩脉及围岩的性质、岩脉的延伸性及宽度、岩脉的走向与地形之间的关系、岩脉与围岩力学性质的差异性及后期构造变动的程度等几个方面。

(一)岩脉及围岩的性质

从诸多的岩脉蓄水构造的富水规律来看,岩脉及围岩的性质对其富水性的影响最大,这主要表现在岩石的化学性质、力学性质及相互组合关系方面。

富含石英的酸性岩的岩脉多为脆性岩石,当发生构造变动时岩石多产生破裂变形,裂面张开,有利于地下水的储存;而富含铁镁矿物的基性岩的岩脉多为塑性岩石,构造变动时岩石多产生塑性变形,裂面多闭合,不利于地下水的储存。所以说从岩脉的化学性质来看其富水规律是:酸性岩的岩脉 > 中性岩的岩脉 > 基性岩的岩脉;从岩脉的力学性质来看脆性岩脉的富水性要比塑性岩脉好。

从围岩的化学性质来看,当岩脉侵入于碳酸盐类岩石中时,会产生接触交代变质作用,所产生的硫化物氧化后产生的硫酸溶于地下水中,增强了地下水的溶蚀作用,有利于岩溶的发育。所以说,碳酸盐类岩石中的岩脉蓄水构造的富水性要好于非可溶岩类岩石。

当岩脉及围岩都属于脆性岩石时,若发生构造变动,二者均产生破裂变形,有利于地下水的储存;而对于脆性岩脉与塑性的围岩或塑性岩脉与脆性的围岩的组合,构造变动时,容易造成应力集中现象,使脆性岩石一侧裂隙更加发育,也有利于地下水的储存;但是当岩脉及围岩都属于塑性岩石时,若发生构造变动,二者均产生可塑变形,所形成的裂隙是闭合的,则不利于地下水的储存。所以,从岩脉及围岩的组合关系来看,其富水的规律是:岩脉及围岩均为脆性岩石 > 脆性岩脉与塑性围岩或塑性岩脉与脆性围岩的组合 > 岩脉及围岩均为塑性岩石。

(二)岩脉的延伸性及宽度

1.岩脉延伸性

岩脉的延伸性是指岩脉延伸的长度和切割的深度。由于岩脉是一种带状或脉状的蓄水构造,其蓄水空间小,开采量主要来自侧向补给量,而侧向补给量的大小主要取决于岩脉的延伸性,水平方向延伸愈远,垂直方向切割愈深,其蓄水空间愈大,所沟通的水力联系也就愈多,补给也就愈充沛,富水性也就愈好。

2.岩脉宽度

若岩脉本身含水,宽度的大小对其富水性影响较大。因为岩脉蓄水构造是以岩脉的裂隙为主要蓄水空间,其宽度愈大,蓄水空间愈大,富水性也就愈好。

【例】山东日照市岚山某地的正长岩脉侵入似斑状花岗闪长岩中,布井在花岗闪长岩上,井深18 m,出水量40 m³/h。当岩脉本身不含水,只靠围岩的裂隙含水时,岩脉的宽度作用不是很大,但从阻水作用考虑,其宽度一般要大于0.2~0.3 m。

(三)岩脉的走向与地形的关系

由于岩脉主要分布在古老的变质岩地区,而这些地区地下水的类型为裂隙潜水,其运动规律是由高处向低洼处汇集,所以岩脉的走向与地形的关系,实质上就是指岩脉走向与地下水径流方向的关系。对阻水的岩脉来说,若岩脉的走向垂直于地下水的流向,其阻水性较好,岩脉的上游一侧为富水部位;若岩脉的走向与地下水的流向平行时,则起不到阻水的作用,其富水性较差。对导水岩脉而言,若岩脉的走向平行于地下水流向,会加速地下水的排泄,不利于地下水的储存,一般不会形成富水构造;若岩脉的走向垂直于地下水的流向,则岩脉起到汇水和储水的作用,往往形成富水构造,在岩脉的中间部位或岩脉的下游一侧选择井的位置较为有利。

(四)岩脉与围岩力学性质的差异性及后期构造变动的程度

若岩脉与围岩力学性质不同,则其接触面是一个软弱接触面。后期构造变动时,沿结构面容易造成应力集中,在该结构面及其附近产生新的构造裂隙,从而使得岩脉蓄水构造的蓄水空间、透水性增大,富水性大大地提高。若岩脉与围岩力学性质接近,往往不会形成软弱接触面,那么后期构造变动时,也不会沿该结构面造成应力集中,其裂隙一般发育较差,所以富水性较差。

综上所述可知,影响岩脉富水的因素是很多的,一条岩脉富水程度的大小,取决于诸多因素的组合。因此,在根据岩脉构造选择井的位置时,应对上述影响因素进行综合分析,方能得出正确的结论。

第十节　粗粒岩石蓄水构造

变质岩矿物是结晶体或变晶体,一般呈显晶质或隐晶质,晶体大小取决于原生岩石结构与变质时的环境。有的原生岩石颗粒比较细,变质后变为粗粒,如石灰岩重结晶后变成粗粒大理岩;高铝或铁质黏土岩石变成粗粒片麻岩;闪长岩变成中粒黑云母斜长片麻岩;长石砂岩变成长石石英片麻岩,这些粗粒变质岩颗粒直径一般为 1 ~ 4 mm,变斑晶体大者可达 10 mm 左右,如伟晶岩(伟大晶体)、钾长石云母片岩中的刚玉斑晶、似斑状花岗片麻岩、中斑晶花岗岩等。由粗粒岩石组成的含水层,机井出水量都很大。

【例】山东日照市某地机井布井于粗粒片麻岩中,风化碎屑粗粒透水性良好,井深 34 m,出水量 30 m³/h。有的中粒岩石虽然颗粒稍细,但与细粒或隐晶质岩石接触时,相对较粗,接触带呈粗细相交,也会给风化裂隙发育提供条件,储存风化裂隙水。

第三章　水文地质找水

　　水文地质找水就是通过对地形地貌、气候水文、地层、岩性、地质构造等因素进行综合分析，确定含水层和含水构造，确定井位并指导打井施工。水文地质分析所涉及的内容多，难度大，它既要研究水体本身的含水条件，又要考虑周围的环境因素，既要研究拟定井位的地质条件，也要充分利用原有的成井资料，加以分析论证。在基岩裸露地区，找水以水文地质分析为主，配合物探手段；在隐伏覆盖地区，以物探为主，再配合地质分析。但无论采用何种方法和手段找水，都应以水文地质条件为主，从当地的地貌、地形、气候条件、岩性、地质构造、排泄等条件出发，分析有利和不利因素，把井选在最佳位置。本章主要介绍水文地质找水方法、手段，并介绍变质岩、石灰岩、第四系松散土层等不同岩性水文地质找水经验和体会。

第一节　水文地质找水方法

　　地下水埋藏于地下岩土的裂隙和孔隙中，寻找地下水就是要了解透水和存水的含水层，了解其出露范围、分布状况、岩层性质、厚度、产状、裂隙发育程度，研究地下水的补给条件和排泄条件。在寻找过程中，要分析控制地下水的储存和动态因素，如岩性、构造、地貌、气候、水文等，充分收集附近现有的泉、人工井、钻孔、河流等水文地质资料，结合该地区的地质地貌条件，进行综合分析，辨别地下水类型，分析气候条件、地形地貌、地层结构、地质构造、地下水动力条件，寻找含水层、含水构造，指导打井施工。

一、地层含水层

　　地层的含水层，主要受岩石的化学性质、岩石的结构、岩石的构造、岩石的力学性质、岩层的厚度与层序等因素控制，有的地层呈透水、导水性能，有的地层起隔水、阻水作用，必须对这些因素加以分析。

（一）岩石的化学成分

　　岩石可分为碳酸盐岩石和非碳酸盐岩石两大类。盐酸盐类岩石主要包括石灰岩、白云岩、大理岩、石膏等。碳酸盐类岩石是易于溶于水的岩石，比非碳酸盐类岩石含水条件好，蓄水性好。在碳酸盐类岩石中，质纯石灰岩比其他岩石，如薄层泥灰岩、白云质灰岩等易溶于水，富水性好；硅质灰岩、铁质灰岩、薄层泥灰岩等透水性弱，岩溶性最差。当易溶岩石与难溶岩石或非溶岩石接触时，较易溶岩石的岩溶十分发育，构成富水带。

　　在其他条件相同时，岩石的化学成分与岩石的富水性具有上述规律，如果其他条件不同，岩石的化学成分则起次要作用，而岩石的结构、构造、地质构造往往起主要作用。

　　【例】山东省淄博市的南庄机井，地处中奥陶统马家沟组第五段白云质泥灰岩组成的断层带上，孔深215 m，水位埋深69 m，出水量30 m³/h，而附近的马家沟第四段纯石灰岩中的机井出水量则很少。

(二)岩石的结构

1. 岩浆岩

岩浆岩的结构是指组成岩浆岩的矿物结晶程度、颗粒大小、形状及空间结合方式,常见的岩浆岩结构有等粒结构、不等粒结构(斑状结构)、隐晶质结构、玻璃质结构。岩石的结构对地下水的赋存影响很大。对于变质岩、岩浆岩,不等粒、粗粒结构的岩石,物理风化强烈,岩石颗粒间空隙大、含水多;中细粒、等粒结构的岩石,风化差,颗粒空隙少,含水性差;隐晶质结构、玻璃质结构的岩石,矿物颗粒非常细小,抗风化能力强,含水性最差。

2. 沉积岩

沉积岩的结构是指沉积岩颗粒的性质、大小、形状及相互关系。常见的沉积岩结构有碎屑结构、泥质结构、化学结晶结构、生物结构。

碎屑结构按碎屑粒径大小分为砾状结构(粒径大于 2 mm);砂状结构(粒径 2 ~ 0.05 mm);粉砂状结构(粒径 0.05 ~ 0.005 mm)。常见的胶结物有硅质、铁质、钙质、泥质、石膏质。具有砾状结构的岩石,如砾岩等,风化后颗粒粗、孔隙多、含水性较好;具有粉砂状结构的岩石,如细砂岩,风化后颗粒细,孔隙小,含水性最差;钙质、石膏质胶结的岩石,由于胶结物易于被水溶解,岩溶发育,含水性好,往往是较好的含水层,如山东省第三系官庄组钙质砾岩,分布在山东省各断裂带附近,岩溶发育,机井出水量很大。

【例】山东省蒙阴县白杨庄的钙质胶结砾岩,井深 130 m,水位埋深 8 m,出水量 75 m^3/h;硅质、铁质、泥质胶结的岩石,抗风化能力强,岩石风化层薄,含水性差。

具有泥质结构的岩石,如页岩、泥岩,尽管抗风化能力差,但风化产物为黏土,含水性最差,是各地严重贫水区;具有化学结晶结构的岩石,如石灰岩、白云岩、石膏等,易于被水溶解,是最好的含水层;具有生物结构的岩石,由于生物碎屑易于被水溶解,往往含水性较好。

3. 变质岩

变质岩的结构按成因可分为变晶结构、变余结构和碎裂结构。具有变晶结构的岩石如大理岩、石英岩,等粒变晶结构抗风化能力较强,而不等粒变晶结构或斑状变晶结构,则有利于进行风化,含水性好;碎裂结构的岩石,裂隙发育,含水性好;变余结构的岩石,由于保留部分原岩的结构,含水性往往较差。

4. 第四系土层

对于松散沉积岩,为单粒等粒结构,如砾砂粗砂层,孔隙大,透水性好,出水量很大;如为絮状或蜂窝结构的黏土、淤泥质土,土中的水多为结合水,岩土的给水性差,出水量很小。

(三)岩石的构造

岩石的构造是指岩石在形成过程中形成的各种构造,如岩浆岩的原生节理、黏土岩的龟裂隙、沉积岩的层理、接触裂隙等,这些构造往往是构成裂隙的基础,地下水沿各种原生构造裂隙渗透、迁移、蓄积,最后形成含水层或富水带。

1. 岩浆岩

岩浆岩的构造指岩石中不同矿物颗粒集合体或矿物集合体与其他部分之间的分布与排列、充填方式所表现的特征。其构造主要有块状构造、流纹状构造、气孔状构造、杏仁状构造。块状构造比带状构造、斑状构造易含水；气孔状构造含水性最好，如玄武岩的气孔状构造，岩石中分布有大小不等，圆形或椭圆形的气孔，富含孔隙水（见图3-1）。杏仁状构造由于次生矿物充填于原生矿物中的空隙中，含水性较差。

图3-1　玄武岩的气孔状含水构造

【例】山东省昌乐县北部的气孔状玄武岩，隐伏于第四系覆盖层下，玄武岩顶部气孔发育，底部与砾岩接触，受玄武岩的烘烤作用，底部砾岩裂隙发育，含水丰富。玄武岩埋深一般在 30 m 左右，厚 40 ~ 80 m，井深 90 ~ 130 m，单井出水量 20 m³/h，共施工 750 眼深井，使昌乐城北玄武岩地区称为井管区。

2. 沉积岩

沉积岩的构造分为层理构造、层面构造、不整合接触面、结核构造。

1）层理构造

层理可分为水平层理、斜层理和交错层理三种类型。水平层理由于层理相互平行，易于地下水运动、排泄，在层面上往往含水性好。如馒头组的 2 层灰岩与 1 层页岩交界面，由于 1 层页岩的隔水作用，地下水丰富，是馒头组最好的含水层。

2）层面构造

层面构造是沉积岩的层面上常保留有形成时外力（风、流水等）作用的痕迹，如波痕、雨痕、泥裂等。这些黏土岩裂隙在平面上呈网状、放射状或不规则状分布，总的似龟状，又叫龟裂纹，在剖面上呈 V 字形。龟裂的黏土层构成黏土含水层，如山东省的巨野、成武、高清、邹平、临清等地，以及河北省的平原地区都有开采黏土层裂隙水的成功经验。

【例】山东省的巨野县黏土含水层，埋深一般 6 m 左右，可分 2 ~ 4 层水，含水层厚度可达 13 ~ 22 m，一般井深 10 ~ 30 m，单井出水量 12 ~ 50 m³/h。

3）不整合接触面构造

不整合接触裂隙，是由于地层沉积间断，使上下两层岩石呈不整合接触，而在不整合面上产生的裂隙。这种裂隙与下伏基岩的风化壳裂隙组合成为含水层。有的不整合接触面上沉积有底砾岩，如北京西山二叠系地层的底砾岩，含有丰富的裂隙水。一般的不整合面上岩层风化壳较厚，有时可达几十米甚至上百米厚，尤其是在热带、亚热带气候下，由石灰岩组成巨厚古风化壳含水量特别丰富，如图3-2 所示。

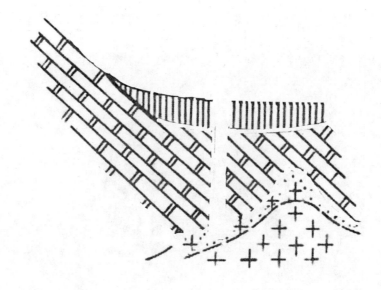

图 3-2　完满山区北庄村花岗岩古风化裂隙储水示意图

当上覆岩层为透水层时,地下水以垂直渗透补给为主,含水层即在不整合面附近。如山东省的下寒武统灰岩与泰山群变质岩在不整合面附近,一般都能成井,出水量很大。山东省蒙阴、泰安、平邑、章丘等地都有实例。当上覆岩层为不透水层或弱透水层,水源以侧向补给为主,含水层在不整合面的下部。如石炭二叠系砂页岩煤系地层与中奥陶统灰岩呈不整合接触,含水层在不整合面的下部,钻孔必须穿透不整合面以下50多 m 才能揭透承压含水层。山东省淄博市良庄果园机井,井深267 m,水位埋深47 m,出水量50 m³/h。

第四系覆盖层与下伏基岩之间的不整合面,分布广泛,由于基岩风化壳形成年代新,风化裂隙发育,一般富水。覆盖层越厚,渗透性越大,地下水往往越丰富。如覆盖层为透水性很大的砂砾石,出水量更丰富,往往形成较好的水源地。在山丘区找水中,这种井较常见。

【例】山东省日照市九龙湾风景区,半山腰有一沟谷,一侧为辉绿岩,一侧为花岗片麻岩,在片麻岩上部分布有厚度约10 m 的黏土层,在黏土层打一深井,井深70 m,出水量2 m³/h。解决了景区的饮水困难。老百姓俗称"黄泥头下藏水源"就是这种道理。

不整合面接触面在我国分布广泛,在华南有下二叠统砂岩与中泥盆统灰岩呈不整合接触、下泥盆统砂岩与上奥陶统灰岩呈不整合接触等,这些都有可能富含风化裂隙水或岩溶水。

4)结核构造

在沉积岩中,含有一些在成分上与围岩有明显差别的物质团块,称为结核。由某些物质集中凝聚而成,外形常呈球形、扁豆状及不规则形状,如石灰岩中的燧石结核、黏土中的石膏结核等。

3. 变质岩

变质岩的构造主要包括片麻状构造、片状构造、千枚状构造、板状构造、块状构造。一般来讲,片麻状构造由于其矿物颗粒比较粗大,易于风化,含水性较好,如花岗片麻岩;片状构造、千枚状构造、板状构造富含片状矿物和针状矿物,尽管容易风化,但风化后成为黏土类松散物,含水性差;块状构造如大理岩、石英岩,矿物排列无一定方向,结构均一,风化后颗粒粗,含水性好。

4.第四系土层

土的构造是指同一土层中,土颗粒之间相互关系的特征。常见土的构造包括层状构造、分散构造、结核状构造和裂隙状构造。一般来讲,分散构造、裂隙状构造含水性好,结核状构造含水性差。如砾石夹有黏土或黏土中夹有砾石,则含水性最差,有时还不如纯黏土含水性好,因为纯黏土容易发育裂隙,常常含有裂隙水。

(四)岩石的力学性质

按照岩石的力学性质,岩石可分为刚性岩石、脆性岩石、柔性岩石。力学性质不同的岩石,在同一地应力的作用下,岩石的破碎程度相差很大,因而富水性相差很大。

1.刚性岩石

刚性岩石坚硬,受力后不易破裂,抗拉强度大,抗风化能力强,如侵入岩、致密坚硬的火山岩、硬砂岩、混合花岗岩等。这类岩石裂隙少,含水性差。

2.脆性岩石

脆性岩石坚硬易脆,受力后易破碎裂开,抗压强度低,易风化,如石英砂岩、气孔状玄武岩、花岗岩、粗粒片麻岩、大理岩、石灰岩等都属于脆性岩石。这类岩石裂隙发育,含水性好,富水性强。

3.柔性岩石

柔性岩石质地较软,受力后易产生塑性变形不易裂开,风化较快,裂隙不发育,如页岩、泥灰岩、泥岩、凝灰岩、片岩、千枚岩、细粒片麻岩等都属于柔性岩石。这类岩石不易破裂,易产生塑性变形,裂隙闭合,含水性差。

在野外地质找水中,要根据岩石的软硬关系寻找含水层,即"软中找硬""塑中找脆""刚中找柔",充分利用相对岩性的接触带或其夹层,开采裂隙水或岩溶水。

(五)岩层厚度

岩层厚度分为极薄层、薄层、中层、中厚层、厚层和巨厚层。在岩性相同的条件下,不同厚度的岩层透水性、富水性差异显著。一般来讲,厚层灰岩岩溶发育,透水性强,在雨量充沛地带,构造条件较好地段,含水丰富。但是厚层灰岩抗拉能力强,受力后不易裂开。中厚层、厚层灰岩抗拉能力弱,易破碎,裂隙发育,相对含水性反而较好。当岩性相同的厚岩层与薄岩层互层时,薄岩层易破碎,裂隙密集,含水性好;厚岩层坚硬完整,裂隙少,含水性差。

在北方的气候条件下,厚层、中厚层的下奥陶统白云质灰岩、中寒武统厚层灰岩、上寒武统厚层灰岩、中奥陶统厚层灰岩,在没有构造的地区,裂隙小,岩溶不发育;在南方高温多雨地区,厚层灰岩往往发育成规模较大、埋藏很深的溶洞和暗河。

岩层厚度对于裂隙水、岩溶水的开发影响很大,在野外找水时,多采用"厚中找薄""薄中找厚""单层中找互层""互层中找单层""厚层中找覆盖层"的辩证方法来寻找含水丰富的含水层。如白垩系的红层粉砂岩、黏土岩中常夹有泥灰岩或玄武岩,泥灰岩的厚度一般从几十厘米到 1 m 不等,泥灰岩在红层中构成了相对含水层,只要泥灰岩单层厚度达到 0.8~1 m,或薄层成组出现,都有可能成井。如果泥灰岩夹层单层厚度变小,则无水。

二、地质构造

一个富水区或富水段的形成,是多种条件综合作用的结果,它既要有良好的储水空间,又要有致密的隔水边界,还要有充沛的水源补给。其中,储水空间和隔水边界主要受岩性和构造控制,岩性与地质构造是不可分割的对立统一体,岩性是基础,地质构造是主导因素,二者共同控制地下水赋存。由岩性构成的含水层和由地质构造构成的含水构造共同作用,往往会构成一个好的富水构造,二者缺一不可。如石灰岩是较好的含水层,当无地质构造时,往往含水性差,有时候也能打成干孔;一条断裂穿过不同的地层时,由于不同地段的岩性不同,各段断裂性质也不相同,穿过石灰岩时,断裂带破碎,空隙较多,含水性好,构成富水地带;穿过页岩区或泥岩区,破碎带变窄,空隙减少,变成阻水断层,富水性差。如山东章丘文祖断裂,在南段通过脆性石灰岩,表现为导水性质,两侧水力联系强烈,形成富水段;北段东侧为石灰岩,西侧为砂页岩、煤系地层,该段就变成阻水断层,两侧水位相差 30 m。

地壳自形成以来,每时每刻都在运动、发展和变化着,如山脉隆起、地壳下沉、火山喷发、地震、岩石倾斜、弯曲、破裂等,这些变动称为地壳运动(或构造运动)。地壳运动的结果,导致地壳岩石产生变形和变位,并形成各种地质构造,所以地质构造就是指组成地壳的岩层因受构造应力作用产生变形或变位而留下的形迹。

地质构造有水平构造、倾斜构造、直立构造、褶皱构造和断裂构造五种基本类型。地质构造不仅改变了岩层的原始产状,破坏了岩层的连续性和完整性,而且是地下水赋存、运动的主要空间。基岩裂隙水、岩溶裂隙水主要赋存于地质构造中。

三、含水构造

含水地质构造(简称含水构造),是指构造形态中的空隙、裂隙、溶隙等各种空间充满水的地质构造。不能充水的地质构造称为非含水构造。在基岩地区寻找地下水,关键在于寻找地质构造,更确切地说是寻找含水地质构造。由于地层和岩性形成的含水层,在局部地区比较稳定,规律性也较明显,比较容易寻找和借鉴,而地质构造呈带状或线状分布,复杂多样,且大部分处于隐伏状态,不易发现,难以辨认。

水文地质分析找水,就是分析地质构造的富水性,寻找含水地质构造。只有透水、导水构造,而无阻水、隔水构造,地下水不能聚集,达不到开采要求;反之,只有阻水、隔水构造,而无透水、导水构造,则水源不能及时补充,水源缺乏,失去开采价值。

在实际工作中,不能笼统地讲断层一定是含水构造或者是非含水构造,要根据具体情况,分析含水构造和非含水构造、导水断层与阻水断层的形态特征及它们之间组合关系。不同的组合,其富水性相差很大。

(一)连通含水层

含水构造或者非含水构造,有可能使原来无水力联系的两个含水层发生水力联系,有的可以扩大含水层的范围,增加出水量,有的则减少出水量,在野外地质分析时一定高度重视。

1. 增加出水量

当张性断层、张扭性断层切割多层含水层,促使不同水文地质单元之间的水力联系时,可以增加出水量。如山东省淄博市双山、北大井两个煤矿,因张性断层切割了中石炭统砂页岩与煤系隔水层,使下伏中奥陶统灰岩岩溶水沿断裂上升进入矿井,从而造成矿井充水事故;地堑、向斜两翼或一翼为导水断层切割,向斜轴部接受两翼山地汇聚的水流,构成丰富的地下水。山东省东平汇河地堑向斜含水构造的两翼被导水断层切割,地下水从两翼向向斜中心汇聚,补给量大,不仅向斜轴部含水丰富,两侧断裂带附近也富水,使整个向斜轴部和两翼地下水非常丰富,轴部井深 $80 \sim 100$ m,出水量大于 180 m^3/h;两翼出水量大于 100 m^3/h;地垒背斜则相反,当背斜两翼被阻水断层切割时,由于背斜两翼中的地下水不分散,背斜轴部富水性增大。如山西省广胜泉、洪山泉,沿背斜两翼两条阻水断层内侧上涌,表明断层阻挡背斜水流作用明显。

2. 减少出水量

地堑、向斜两翼或一翼为阻水断层切割,两翼汇入向斜中心的地下水减少,使向斜轴部的富水性变差。例如,山东省历城侯家庄机井位于向斜含水构造内,因两翼的阻水断裂使寒武系灰岩水不能通过断裂进入向斜轴部,向斜轴部含水量减少,机井深 230 m,水位埋深 92 m,出水量 $15 \sim 35$ m^3/h。

当背斜两翼被导水断层切割时,水流沿两翼散射,背斜轴部含水性变差。如贵州省德江背斜,两翼有 3 条较长的纵向正断层与较多的横向正断层切割,形成较多的谷底和洼地,分散背斜水流,使得背斜轴部含水性变弱。

(二) 分割含水层

当张性断层被阻水岩脉充填或压性断层因挤压强烈阻水时,将统一的含水层分割成两个含水层。或者挤压断裂将原来的导水构造堵截后,也会使导水构造之间的水力联系中断。

【例】济南千佛山张性断裂,充填了 $5 \sim 8$ m 宽的闪长岩脉,阻隔了两侧灰岩的水力联系,使太平庄机井出水量按补给面积计算减少一半。

【例】山东省禹王山压扭性断裂带,由 $3 \sim 4$ 条地层组成,分割成几条含水断块,各含水断块之间缺少水力联系。如山东省淄博市小峪口和大峪口两眼井分别处在两个断块内,小峪口机井,井深 244.5 m,水位埋深 115 m,出水量 31 m^3/h;大峪口机井,井深 241 m,水位埋深 98 m,出水量 $6 \sim 10$ m^3/h。

当张性断裂带中充填含水岩脉时,则增加补给量,这种断裂成为机井的最佳位置。

【例】山东省莱西高家庄一带,白垩系红层中的断裂带被玄武岩岩脉充填,双山、夏格庄、李权庄一带,同样地层中充填的重晶石脉宽 $0.5 \sim 1.5$ m,长 $300 \sim 600$ m,重晶石裂隙发育,双山机井井深 110 m,出水量达 20 m^3/h。

综上所述,含水构造与非含水构造是相互作用的,水文地质分析不仅要重视含水构造,更要重视非含水构造的影响,以便做到全面分析,综合利用。

三、水动力条件

水动力条件是指地下水的赋存、渗透、径流、汇聚和循环条件,这些条件主要表现在水的类型(孔隙水、裂隙水、岩溶水)、水位高低、边界条件、水动力特征(流向、流速、流量)等方面。对这些条件进行分析有助于判断、评价岩层和构造的富水程度和开采价值。如果只发现含水层或含水构造,而对水动力条件了解不足,就无法估计含水量和水位埋深,也很难确定机井深度。

(一)渗透条件

水流渗透性大小主要取决于降水量、地形坡度、岩石的类型、地质构造和流水侵蚀方式。在局部地区降水量变化不大,水流渗透强弱与地形、岩性、构造、侵蚀作用有关。当地形坡度缓、岩性透水性强、构造裂隙发育、水流侵蚀能力强时,雨水或地表水渗透速度快,流量大,径流循环强烈;反之,地形坡度陡、岩石透水性弱、构造裂隙不发育、水流沉积严重时,则渗透速度缓,流量小,径流循环减弱。其中,决定性的因素是裂隙的通透程度,如果裂隙发育、开阔、接受渗透能力强,促使流速加快并不断扩大侵蚀空间,则可容纳更多的渗透水量。

(二)地下水径流

地下水径流主要与岩性、岩层产状、构造条件、地形条件有关。在岩溶地区,一般认为背斜、向斜的轴部和张性断裂带,地下径流循环强烈,构成富水带;背斜和向斜的翼部、单斜构造区、压性断裂带或断裂低序次构造部位,地下径流循环弱,富水性差。

岩层产状与地下水径流关系极大,在单斜地层区(包括背斜、向斜的两翼),多数地下水径流沿着岩层的倾向流动,到下游受到横向断裂或岩脉阻挡形成富水区。少数地下径流有可能在地形的作用下逆岩层倾向流动,从单斜山的陡坡脚下排出形成泉水。这表明,单斜山脊存在地表与地下分水岭,因此在单斜山的陡坡,同样可以获得地下水开采量。但当单斜山的陡坡山麓高于缓坡山麓时,由于两坡水位标高不一致,陡坡地下径流可能通过地下水灰岩溶蚀系统向缓坡运动,导致地表与地下水两个分水岭不相重合,这时陡坡地下水径流量会减少,缓坡径流量会增加。如山东省淄博向斜西翼,在岳阳山分水岭西坡的淄河谷地,地势高出淄博向斜轴部的博山 110 m,地下径流通过地表分水岭下的地下岩溶形态,补给博山区的地下水,使博山区的孝妇河与淄河两个流域发生水力联系,孝妇河流域水量增多,水源丰富,沿途机井出水量大,向斜轴部煤矿屡次发生充水事故,如洪山煤矿一次冲水量竟达 26 580 m³/h,这种巨大的水量远非当地提供,而是跨流域补给所致。

(三)地下水循环

地下水在岩石裂隙中,尤其是岩溶裂隙,进行着循环带状渗透运动,一般分为垂直循环带、水平循环带、过渡循环带、深部循环带(见图 3-3)。

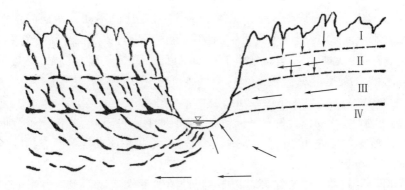

Ⅰ—垂直循环带；Ⅱ—过渡循环带；Ⅲ—水平循环带；Ⅳ—深部循环带

图 3-3　地下水的循环带

（1）垂直循环带（包气带）：位于地表以下，地下水位以上，平时一般无水或不为水饱和，故又称包气带。在降水后，水以垂直下渗为主，因而岩溶发育也主要以垂直形态为主，如漏斗、落水洞等。垂直循环带的厚度主要取决于地貌条件，地壳上升越剧烈，河谷下切越深，垂直循环带厚度越大；地壳相对稳定的平原区，河谷切割深度浅，垂直循环带的厚度较小。如广西山区的垂直循环带可达 100 m 以上，而在平原地区一般在 10 m 以下。

（2）水平循环带（饱水带）：位于潜水面以下，为主要排水通道控制的饱和水层。该带水流主要沿水平向运动，是地下岩溶形态主要发育地带，多发育水平型喀斯特，如地下河、水平溶洞等。水平循环带的厚度随着潜水面在不同季节的升降而变化，其厚度从补给区向排泄区逐渐加大。

水平循环带含水多，水量稳定，水位升降幅度小，为饱和含水层，大部分机井都采自该带，其埋藏深度，各地不一，一般不超过 200 m。200 m 左右的深度是水平循环带的下限，它受到地方侵蚀基准面的控制。如河谷的谷底、山前泉水的排泄口、阻水岩层或断裂等，都能暂时控制水平循环带的下蚀作用。如济南泉群、明水泉群、泗水泉林泉群等，都代表着水平循环带的水平排泄口，其中济南泉群，排泄点水位 27.5 m，它控制着南部补给区的水位。

弱透水或阻水岩层，控制水平循环带的下蚀作用也比较普遍。如前震旦纪变质岩的埋藏深度，控制着华北地区整体沉积盖层中水平循环带的下限。寒武系和奥陶系石灰岩含水层，其循环下限是以下伏变质岩为主的，尤其是下寒武统馒头组灰岩，在泰山以南，灰岩厚度增大，其下伏变质岩阻水明显，使该层灰岩含水丰富，成井率很高，同时接触带上涌出泉水，如山东历城大佛寺泉、淤泥泉。济南长清县灵岩寺内，在馒头组二段灰岩含水层遇到下伏泰山群变质岩阻挡，形成一系列泉水称为"五步三泉"。中寒武统徐庄组砂页岩，控制张夏组灰岩中水的下蚀也很明显，一般机井打到徐庄页岩应停钻，如果无水再增加井深也无济于事。

在水平循环带中，由于灰岩岩性的差异，各含水层之间水力联系较弱，往往出现一种跌水现象。如济南石河岭与十里河机井地形差别不大，同取中奥陶统灰岩水，它们之间的水力坡度为 1.2%；而土屋机井取下奥陶统白云质灰岩水，东八里洼机井取中奥陶统灰岩水,两者的水力坡度达16.9%。因此,在找水定井中,应注意不同含水层的水位高度,把井尽量选在含水层内侧,避开两个含水层的接触带。如果含水层的上游存在弱含水层或阻水构造,更应远离接触带,不管接触带的性质是断层接触、不整合接触,还是侵入接触,都应避开隔水带,否则会定井失败。

(3)过渡循环带:位于上述两带之间,潜水面随季节变化。雨季潜水面上升,此带变为饱水带,地下水向河谷流动,为水平循环带;旱季地下水位下降,此带为垂直循环带,成为包气带。过渡循环带内,既发育有水平岩溶形态,又发育垂直岩溶形态,其厚度取决于地下水位的升降幅度。

(4)深部循环带:位于水平循环带以下,此带内地下水运动不受河谷影响,其运动速度明显减小,因此溶蚀能力较弱。

深部循环带含水性差,埋藏深,有时也可能有承压水,一般分布在向斜轴部,或埋藏很深的单斜含水层,其上覆巨厚的隔水层地区。这种水运动缓慢,无明显的排泄点,当机井穿透上覆隔水层后,往往可以自流。

径流循环深度受到岩性、构造的透水性、补给量的大小、地势的高低等因素影响。一般来讲,向斜盆地较背斜径流深度大,如山东省淄博向斜盆地轴部,井深650 m,自流水流量17 m³/h。风化强烈的岩石比难风化的岩石径流深度大,深大断裂带径流深度可达几百米甚至几千米。如山东省昌乐伦家埠机井位于郯庐断裂带上,孔深543 m,出水量25 m³/h。

径流埋藏深度是地下水开发最深限度,也是成井深度的下限。根据山东省经验,一般的径流深度,风化裂隙为20~100 m,构造裂隙为50~200 m,深大断裂带为500~800 m,弱透水岩层为20~100 m,强透水岩层为100~250 m。

四、气候与地形

(一)气候

气候条件是水资源开发主要评价条件,降水量越大,下渗量大,水流交替条件好,地下水越丰富。如山东的鲁南与江苏的苏北相邻,由于地形、高度、维度的差异,降水量与蒸发量相差很大,山东南部年降水量700~800 mm,江苏北部年降水量1 000 mm,两地降水量的差别影响着地下水的蓄积量及地下水开采状况。江苏东海县地势低,为滨海平原,机井密度大,单井出水量均大于50 m³/h;鲁南临沭、郯城一带,机井很少,出水量也不大,这说明气候条件是影响地下水的主要因素。

在石灰岩地区,降水量越大,越有利于溶蚀作用,岩溶越发育。在气候湿润区,植被茂盛,形成大量有机酸,加之土壤中微生物和有机质的分解,为入渗水流提供了大量的CO_2,使水流经常保持很强的溶蚀性;在内陆和高山、高纬度地区,由于气候干燥寒冷,不利于岩溶发育。据统计,广西中部年溶蚀量为0.12~0.3 mm,而河北地区的年溶蚀量为0.02~0.03 mm,两者相差6~10倍,再次说明气候是影响我国南北方岩溶地貌发育不同的主要原因。

(二)地形、地貌

地形条件影响着地下水的渗透、汇聚、区域水位的高低及含水程度。山区丘陵区,地势高,坡度陡,为地下水的外流辐散区,渗透性差,水位埋深大,在局部低洼地带或沟谷地带,可汇聚一定地下水;平原盆地区,地势低,坡度缓,为地下水的汇聚区或排泄区,地下水位埋深浅,含水丰富,往往成为大型水源地。

在石灰岩地区,不同地貌条件,岩溶发育程度是不相同的。地面坡度的大小直接影响渗流量大小,在比较平缓的地方,地表径流速度慢,渗透量大,地下水运动和循环迅速;反之,地面坡度大,地表径流大,地下入渗量小,地下水运动和循环缓慢,影响岩溶发育强度。

在不同地貌部位或不同的地貌单位,岩溶发育强度也不相同。如高山、低山、平原地区的水动力条件不同,地下水的垂直分带也有很大变化。

第二节　区域地层表

区域地层表是水文地质分析的重要工具,是规划设计井位、井深不可缺少的基础资料。由于各地的区域地层不同,需要水文地质工作者熟悉掌握当地地层表,并对每一组地层中的可能含水层进行分析,从而找出含水层,指导打井施工。

下古生代是我国震旦系以来海侵范围最广的一个时期,整个下古生代大致经历了下寒武统到中奥陶统的海侵和上奥陶统海退这样一个大的海水进退过程。下古生代以碳酸盐岩类沉积为特征。寒武系多为正常的浅海相沉积。岩性为页岩、各种不纯灰岩、鲕状灰岩、竹叶状灰岩。奥陶系海侵规模和海水深度均较寒武系大,下沉速度均一且稳定,上部为厚层状灰岩和豹皮灰岩,下部为含燧石白云质灰岩。在这些海相沉积地层中含有丰富的古生物化石和磷、石膏等矿产资源。下面主要介绍华北区的中下寒武统、奥陶系地层,以及这些地层含水层分析,其他地层见有关资料。

一、中下寒武统地层

华北区下寒武统包括馒头组、毛庄组;中寒武统包括徐庄组、张夏组;上寒武统包括崮山组、长山组、凤山组。下面只介绍下寒武统馒头组、毛庄组,中寒武统徐庄组、张夏组区域地层表及含水层分析,其他区域地层表见有关资料。

(一)馒头组

1.馒头组地层

在山东张夏馒头山一带,为华北地区的标准剖面,其剖面如下:

10层:鲜红色易碎页岩,厚13 m。

9层:灰黄色及灰色泥质石灰岩,厚4 m。

8层:绿色石灰质页岩夹石灰岩透镜体,厚3 m。

7层:蓝色薄层石灰岩,厚2 m。

6层:紫色及绿色页岩,厚4 m。

5层:蓝灰色及灰黄色薄层石灰岩,厚5 m。

4层:杂色页岩,厚8 m。

3层:灰黄色及灰色石灰质页岩,厚13 m。

2层:蓝灰色薄层石灰岩含燧石结核,厚4 m。

1层:黄灰色页岩,厚2 m。

2. 含水层分析

馒头组共分 10 层,总厚度 60～170 m,在张夏馒头山一带为华北地区的标准剖面,岩性主要为薄层灰岩、泥质灰岩、白云质灰岩及杂色页岩。其中第 2、5、7、9 层为灰岩,虽然质地不纯,含有泥质、硅质成分,但因夹在页岩之中,形成相对含水层,富含裂隙岩溶水。

馒头组底部的硅质灰岩(简称"2 灰")厚 4 m,常因缺失第一层页岩而直接不整合覆盖在泰山群变质岩上,裂隙岩溶发育,含水丰富,成井率高,是最好的含水层,如长清县石窝村,开口为馒头组的中部,井深 26 m(其中页岩 25 m、灰岩 1 m),出水量 35 m³/h;当地群众把这一层与下伏花岗片麻岩的接触关系,形容为"青山压砂山,往往有清泉";"5 灰"为纯石灰岩,厚 1.5～2 m,夹在黄色页岩与杂色页岩之间,色青、黑灰,有溶洞发育,富水性好。如山东新泰市马家庄机井,取自该层岩溶水,水量丰富;"7 灰"为黄色、灰色泥质灰岩,厚 2 m,有溶洞发育;"9 灰"为板状黄色泥质灰岩,其中夹有一层 1 m 厚的青灰色灰岩,含水丰富。

【例】新泰市栾家庄机井,开口为馒头组 10 层,当打透红色页岩后,到达 9 层灰岩中遇到溶洞,井深 19 m,涌水量为 50 m³/h,估计洞穴净储量达 8 万 m³。

在馒头组裸露地区,只要保证有足够的补给,一般不需要进行电测找水,只要根据出露的地层进行地质分析,找出合适的含水层,成井率一般很高。

(二)毛庄组

岩性以紫色云母质页岩为主,夹鲕状灰岩、竹叶状灰岩及灰岩透镜体。在安丘、平邑、蒙阴、临沂、苍山、枣庄等地灰岩增多,在山东泰安一带一般由北向南、由西向东厚度有所增大,该组总厚度为 23～150 m。

1. 毛庄组地层

毛庄组地层的剖面如下:

6 层:灰色鲕状灰岩,厚 0.3 m。

5 层:灰色石灰岩,厚 0.2 m。

4 层:灰色鲕状石灰岩,厚 0.8 m。

3 层:紫灰色易碎页岩,厚 3 m。

2 层:紫灰色云母质页岩夹石灰岩结核,厚 4 m。

1 层:暗紫色云母页岩,底部产鲕状石灰岩,产化石丰富,厚 29 m。

2. 含水层分析

毛庄组为页岩夹灰岩,总厚度为 37.3 m,只有一层灰岩,即 4 层鲕状石灰岩,厚 1 m 左右,裂隙发育较差,含水量不大。

【例】长清县王泉村,机井位于冲沟底,井深 12 m(第四系厚 8 m,页岩夹灰岩厚 4 m),出水量为 35 m³/h。

(三)徐庄组

岩性主要为暗紫色、黄绿色云母质页岩、交错层砂岩夹薄层灰岩、泥质灰岩及灰岩透镜体。在山东安丘—昌乐一带,下部有一部分鲕状灰岩,厚 12～132 m。

1. 徐庄组地层

徐庄组地层的剖面如下:

9层:暗紫色纸状页岩,含化石两层,厚6 m。

8层:灰色薄层石灰岩及泥质石灰岩,厚1.2 m。

7层:浅灰色厚层坚硬石灰岩,厚4 m。

6层:红色富含铁质页岩及结核状石灰岩,底部有厚约15 cm红色鲕状石灰岩一层,厚2 m。

5层:灰色薄层石灰岩,含绿色小点,产头尾同型、极为光滑的三叶虫化石,底部含红色砂岩一层,厚约3 m。

4层:暗灰色及绿灰色砂质云母页岩,夹少量石灰岩透镜体,厚13 m。

3层:灰色不纯石灰岩,厚1.5 m。

2层:紫灰色云母页岩,产三叶虫化石,厚20 m。

1层:灰紫色,具斜交错层理构造,含少量细砾石的鲕状石灰岩及其他三叶虫化石,厚0.4 m。

2.含水层分析

徐庄组夹有多层薄层灰岩,总厚度57.2 m,因灰岩层较薄,含水性较差。根据山东省泰安市经验,当徐庄组埋深不大、位于区域地下水位以下、汇水条件好时,在张夏灰岩的底部与徐庄组的顶部接触带附近,往往有丰富的裂隙岩溶水。

(四)张夏组

主要岩性下部为厚层状鲕状灰岩和厚层状灰岩,夹黄绿色、紫色页岩和薄层灰岩互层;中部厚层状豹皮灰岩和厚层状结晶灰岩,上部为厚层状豹皮灰岩夹灰岩并含海绿石结晶灰岩。在安丘—昌乐一带页岩较多,在淄博、莱芜、蒙阴、费县南部等地,中上部黄绿色页岩增多。

1.张夏组地层

12层:黑色薄层鲕状石灰岩,厚0.5 m。

11层:黑灰色致密石灰岩,厚22 m。

10层:灰色薄层石灰岩,偶夹鲕状条带,厚15 m。

9层:暗灰色厚层石灰岩,厚20 m。

8层:白色块状结晶石灰岩,厚10 m。

7层:浅灰色致密薄层石灰岩,厚22 m。

6层:灰色及深色鲕状石灰岩,含细粒海绿石,厚10 m。

5层:黑色块状石灰岩,厚39 m。

4层:浅灰色致密石灰岩,含化石碎片,厚22 m。

3层:黑色鲕状石灰岩,含三叶虫碎片,厚5 m。

2层:灰色薄层石灰岩,厚1.4 m。

1层:薄层石灰岩夹石灰岩结核,厚3 m。

2.含水层分析

张夏组以厚层灰岩为主,夹薄层页岩,总厚度169.3 m,其中含水较好层次顺序是:第8层白色块状结晶石灰岩,厚10 m;第11层黑色石灰岩、绿白色结晶灰岩,厚22 m;第9层厚层石灰岩,厚20 m;第6层鲕状石灰岩,含海绿石,厚10 m。

张夏组灰岩,在山东泰山以北灰岩裸露的补给区定井,成井率不高;但在覆盖埋藏区,富水性很好,并有泉水出露;在泰山以南地区,张夏灰岩的厚度减少并有页岩夹层,含水条件好,成井率高。如蒙阴县皮峪村机井,出水量 25 m³/h。另外,不少泉水出自张夏灰岩与徐庄组页岩接触带,如历城柳埠泉。

二、奥陶系地层

华北区奥陶系分布范围与寒武系相同,缺失上奥陶统。下统为薄层—中厚层状白云质灰岩及中—厚层状含燧石结核或燧石条带白云质灰岩,厚 60 ~ 250 m。中统以中—厚层状纯灰岩、豹皮状灰岩、白云质灰岩、泥灰岩为主,厚 305 ~ 1 002 m。

(一)下奥陶统

下奥陶统分为冶里、亮甲山组:上部为浅灰色厚层白云质灰岩,致密坚硬,风化面呈微黄色,顶部发育不规则的风化裂隙,此层中含坚硬的燧石结核和条带;下部微浅灰色微微发青的薄层板状白云质灰岩,此层节理发育多破碎,含化石。

冶里组以白云质灰岩、白云岩为主,夹页岩,总厚度为 50 ~ 112 m。含水稍好的是第 2 层浅灰色厚层结晶灰岩,厚 14 m,第 3 层为浅色、灰白色厚层结晶灰岩、块状灰岩,厚 33 m;亮甲山组以白云岩为主,含燧石团块,总厚度 100 ~ 250 m。含水稍好的第 41 层为黑灰色中厚层竹叶状灰岩夹白云质灰岩,厚 18 m,第 12 层为黑灰色巨厚层花斑状灰岩,厚 11 m。

(二)中奥陶统

中奥陶统马家沟灰岩,以泥灰岩与石灰岩相间出现,共有 3 层泥灰岩和 3 层石灰岩,石灰岩自下而上逐渐变厚、变纯,按时代自新到老如下:

第六段石灰岩:厚 145 ~ 149 m,下部为青灰色厚层半结晶致密石灰岩,底部夹有 2 ~ 3 层泥质灰岩,表面风化呈淡黄色,具有黄色斑点豹皮状石灰岩,豹皮纹有 1 ~ 2 cm,此层喀斯特较发育,在层面上有化石、珠角石、卷螺。

第五段泥灰岩:厚 51 ~ 130 m,下部为灰黄色泥灰岩夹旋涡状石灰岩,底部有大瘤状石灰岩砾石,上部为暗灰色薄层至厚层泥质灰岩。

第四段石灰岩:厚 224 ~ 337 m,含燧石结核为此层的特点,下部为青灰色厚层石灰岩,含网状细条;中部为浅灰色中厚层石灰岩,夹泥灰岩数层,表面为网格状白色方解石细脉。

第三段泥灰岩:厚 33 ~ 61 m,上部为黄色薄层泥灰岩,含泥量少于 50%,下部石灰质角砾岩,角砾大小不一,排列紊乱。

第二段石灰岩:厚 120 ~ 172 m,下部为青灰色页状石灰岩,节理发育很破碎,层面有次生方解石细脉,上部为中厚层石灰岩。

第一段泥灰岩:厚 30 ~ 36 m,上部为灰黄泥灰岩,含泥质 75%,所以极易风化,下部夹有石灰质角砾。

中奥陶统马家沟灰岩,含水最好的是第六段石灰色中厚层微晶石灰岩及含生物碎屑白云质灰岩,夹角砾状灰岩,岩溶发育,含水最好。含水较好的为第四段角砾状灰质白云岩,厚 118 m,含水较好。第二段灰色角砾状灰质白云岩,厚 10 m,岩溶较发育,含水也较好。河北省的经验是:第六段、第四段含 SiO_2、MgO、Al_2O_3 等难溶物质较少,灰岩质地较纯,岩溶发育层次稳定,富水性强,是很好的含水层。不少的泉群来自第二段、第四段、第六段石灰岩,如山西的娘娘关泉群、山东的泉林泉群、明水泉群。众多的岩溶型水源地也都来自中奥陶马家沟灰岩,如山东肥城水源地、枣庄水源地。

需要注意的是,以上给出的是标准地层剖面,在各地遇到的同一地层,其岩性、厚度往往与标准地层剖面相差很大。如山东蒙阴、平邑两县,寒武系地层的剖面与张夏标准剖面出入很大,馒头组灰岩的厚度比标准剖面厚度大一倍;中寒武统张夏组灰岩的厚度是标准剖面的四分之一;上寒武统崮山组灰页岩厚度比标准剖面大一倍;上寒武统凤山组灰岩的厚度仅为标准剖面的三分之一。因此,要解决当地的水源开发,提高定井的准确性,仅仅依靠标准剖面资料是不够的,需要水文地质工作者在工作中实测当地的实际地层,用于指导打井施工。

第三节　第四系平原区地质找水

第四系松散沉积物中的地下水主要为孔隙水,其水量在空间分布上连续性好,相对均匀。孔隙水一般呈层状分布,同一含水层中的水有密切的水力联系,具有统一的地下水面,一般在天然条件下呈层流运动,孔隙水分布规律主要受沉积物的成因类型控制。第四系平原区主要有河谷平原、山前倾斜平原、山间盆地、滨海平原等类型。

一、河谷平原冲积层的地下水

河谷冲积层构成了河谷地区地下水的主要孔隙含水层。河谷冲积物孔隙水的一般特征为:含水层沿整个河谷呈条带状分布,宽广河谷则形成河谷平原,由于沉积的冲积物分选性好,磨圆度高,孔隙度大,透水性强,常形成相对均匀的含水层,沿河流纵向延伸。在垂直剖面上,含水层具有二元结构。

地下水的补给来源主要是大气降水、河水、两岸的基岩裂隙水,不同的气候区,地下水来源不同,含水层的富水程度及地下水动态特征变化较大。在气候湿润区,补给较充沛,河流中可以保持常年有水,或断流时间短,河谷孔隙含水层的地下水较丰富,旱季水位降低较小。干旱半干旱地区,由于降雨量小,大多数为季节性河流,河谷孔隙水在雨季获得补给后,旱季逐渐消耗于蒸发和排入河流中。地下水位降低后,河水断流,地下水继续向下游连续排泄,水位不断下降,有的甚至地下水干涸,地下水动态变化大。

一般情况下,河谷冲积层都能蓄积地下水,水位埋深浅,含水层透水性好,水交替积极,水质良好,开采后还可以增加地表水的补给。河谷冲积层中的地下水,虽然具有共同特征,由于在河流中上游及下游平原冲积层的岩性结构、厚度都不相同,因此地下水分布、水质、水量也有较大差别。

(一)丘陵区河谷冲积层中的地下水

在河流的上游地区,河谷狭窄,阶地、河漫滩不发育,弯曲河流凹岸产生冲刷,凸岸产生沉积,沉积物颗粒较粗,主要是卵砾石,透水性强,水质好,与河水联系密切,但厚度不大,分布范围小,水位季节变化大,仅作为小型水源。

河流中游,河漫滩和阶地发育,具有二元结构的河漫滩是最新沉积的冲积层,上部细砂及黏土为相对隔水层,下部是中粗砂和砾石组成的强透水层,埋藏有丰富的地下水,且地下水一般和河水连成一体。阶地中埋藏有潜水补给,径流条件好,水量大,当沉积阶地具有较厚含水层时,常常可以获得河水的补给。

阶地中潜水的埋藏深度受地形控制,地下水的水力坡度自分水岭向河谷变缓,埋藏深度逐渐变浅。一级阶地富水性最好,且多为碳酸钙型水。高阶地的冲积物形成的时间早,常已开始固结或被残坡积物覆盖,因此透水性能差,汇水条件差,且变化较大。

【例】黄河在兰州附近形成六级阶地,一级阶地沿黄河不连续分布,宽度小于 500 m,组成物质下部为砂砾卵石层,上部为粉细砂,潜水埋深 1 ~ 3 m,透水性好,主要接受黄河水补给,单井出水量达 4 000 ~ 6 000 m³/d,兰州市供水开采的地下水即取自该阶地和河漫滩的含水层;二级阶地出露较广,阶地面平坦,最宽可达 4 km 多,兰州市区位于其上。该阶地含水层厚度变化大,由几米至 20 多 m,潜水埋深 1 ~ 15 m,不仅富水性比一级阶地差,水质也不如一级阶地好。在四级以上阶地,水量很少,水质极差,带苦涩味,已不能饮用。

(二)下游平原冲积层中的地下水

河流下游平原区,一般是沉降带,往往发育较厚的冲积层,如松辽平原、华北平原等,埋藏有丰富的地下水。冲积平原以冲积物为主,在平原的拗陷处可能有沼泽相沉积。粗粒河床相沉积物在平原上呈条带状延伸,如古河道形成的良好富水带。近代沉积层之下,常有较厚的古冲积层,古冲积层是多期沉积重叠而成,这些沉积物无论是在水平方向上还是垂直方向上,含水结构有很大变化,形成规模大、水量丰富的地下水。

由于大地构造、新构造运动和气候条件的差异,我国南方和北方冲积平原的水文地质条件有很大区别。北方黄河下游的松散岩层厚度超过千米,含水层以粉细砂为主,深部往往埋藏有矿化度很高的咸水和盐水;在南方的长江、珠江、钱塘江等江河下游,松散岩层厚度不大,含水层以砂砾石为主,潜水在广大平原内为统一含水层,除海岸线附近外,一般都不存在咸水和盐水问题。

1. 河流冲积平原的上部

近代冲积层组成,厚度一般为 20 ~ 100 m。河漫滩冲积层,岩性均一,具有典型的二元结构,即上部多为颗粒较细的黏土和粉质黏土层,下部为砂砾石层,富水性强,水位埋深浅,水量丰富,水质好,含水面积大,为良好的供水水源。当砂砾石层上覆有相当厚度的黏土层时,常形成承压水。

2. 河流冲积平原的下部

由于地势较低,表层常有广泛分布的沼泽湿地分布,因此在近代冲积层之下,常有不连续的薄层沼泽、牛轭湖沉积层,如淤泥、泥炭、淤泥质细砂等。在我国华北平原一些地区,只要打透这层不厚的现代沼泽沉积层,就有可能取得下部砂砾石中水质良好、水量丰富的地下水。

(三)冲积层的富水地带

1. 山区河谷

(1)山区河流主支流交汇处的谷地侵蚀较深,冲积物较厚,且河谷较宽,有时形成掌心地(见图 3-4(a))。

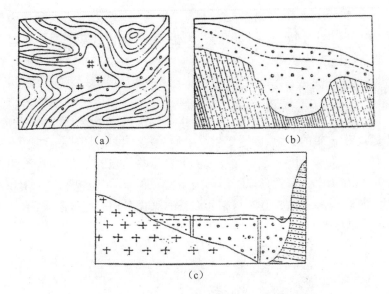

（a）　　　　　　　　　　　　（b）

（c）

图3-4　山区河谷地下水富水部位示意图

（2）河谷的急转弯段，由于侧向侵蚀作用加强，形成较宽的砂砾石沉积。

（3）谷底基岩较软处，则侵蚀较深，沉积物厚度大（见图3-4（b））。

（4）河谷两岸不对称处，近基岩陡岸一侧常是侵蚀切割较深的部位，则沉积物较厚（见图3-4（c））。

（5）河床较平缓，纵向坡度较小的地带，冲积物往往较厚。

（6）河谷的开阔地带，呈带状或葫芦状谷地，其冲积物面积广，厚度较大。

2.丘陵地山区河谷

（1）低阶地和阶地前缘。

（2）高阶地中河床砂砾石沉积带。

（3）河漫滩地带。

3.河流下游平原

（1）古河道、古河床。受喜山运动第一、第二幕的影响，山东许多断块产生剧烈差异升降活动，鲁西随之大幅度下降，沉积了巨厚的河湖相沉积，形成华北平原。与此同时，黄河下游屡次泛滥、改道、溃决，在鲁北广大平原留下了多条废弃的古河道，堆积了巨厚的黄土物质。在古河道带内以河床相较粗的砂层为主，孔隙水丰富；在古河道以外以黏土、亚黏土夹河床相粗砂为主，含水性差。古河道沉积砂层，受古河道带卡滞，鲁西平原浅层含水砂层呈西南—东北条带状分布，含水岩性有黄河上游向下游、粒度上由粗变细的趋势。聊城地区含水砂层为细砂和中砂，向东德州地区则以细砂和粉砂为主，在最东部的滨州地区，含水层以粉砂为主，甚至为粉土。受岩相古地理条件的制约，在古河道主流带中心部位砂层厚度大，颗粒粗，透水性好，蓄水性强；向两侧到古河道河涧地带，由于形成河漫滩、黏土、亚黏土及淤泥夹薄层砂层，含水砂层变薄，粒度变细，隔水层增多，富水性明显减弱。

（2）坚硬岩石或孤山下游附近的冲积层一般由砂砾石组成，富水性好。

（3）傍河的富水地段，一般靠近河流地带地下水都比较丰富。

【例】豫北平原60 m深度内出水量500～1 200 m³/d,而西部沿黄河一带单井出水量达1 200～2 400 m³/d;广州靠近珠江的钻孔出水量明显增大,其中距珠江250 m远的一个钻孔,含水层厚16 m,出水量达2 000 m³/d。

二、山前倾斜平原区中的地下水

当山洪挟带大量的泥沙石块流出沟口时,由于沟床纵坡变缓,地形开阔,流速降低,搬运能力急剧减小,所挟带的石块、砂砾等粗大碎屑先在沟口堆积下来,较细的泥沙继续随水流被搬运,堆积在沟口外围一带。这种由洪流搬运并堆积的土层,称为洪积物。经过多次洪水搬运作用,在沟口一带就形成了扇形展布的堆积体,在地貌上称为洪积扇,如图3-5所示。洪积扇的规模逐年增大,有时与相邻沟谷的洪积扇相互连接起来,形成规模更大的洪积裙或洪积平原地貌。

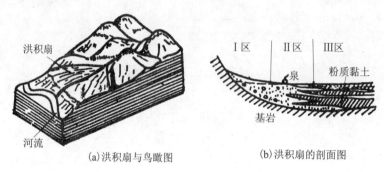

(a)洪积扇与鸟瞰图　　　　　(b)洪积扇的剖面图

图3-5　洪积扇示意图

洪积扇广泛分布在山间盆地和山前平原地带,在干旱、半干旱地区常见。如我国大兴安岭、太行山、祁连山、天山、燕山、泰山等地都分布着大型山前倾斜平原。

根据洪积扇中地下水埋藏特征的不同,可分为三个水文地质单元(见图3-6)。

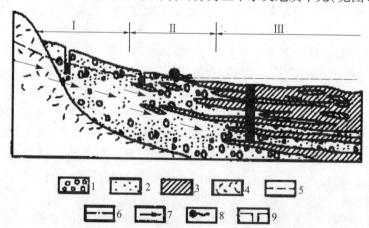

Ⅰ—潜水深埋带;Ⅱ—潜水溢出带;Ⅲ—潜水下沉带

1—卵石;2—沙土;3—黏土;4—基岩;5—潜水位;6—承压水位;7—地下水流向;8—下降泉;9—井

图3-6　洪积扇水文地质分区

(一)潜水深埋带(Ⅰ)

该带位于洪积扇的上部,地形坡度陡,在厚层的砂砾石中,地下水埋藏较深的潜水,故称潜水深埋带。直接接受降水和地表水补给,含水层厚度大,透水性强,径流条件好,蒸发作用弱,水质较好,矿化度小于 1 g/L,以 HCO_3^- 型水为主。

(二)潜水溢出带(Ⅱ)

1.潜水浅埋及溢出带

该带位于洪积扇的中下部,地形坡度变缓,由砾砂、砂过渡为亚砂土、亚黏土。在垂直方向上出现连续的黏土夹层。在冲积扇的中下部形成砂层和黏土夹层组成的犬牙交错地带。潜水径流不畅,地下水上升接近地表,形成沼泽和溢出成泉,故称潜水溢出带。在干旱地区,由于蒸发强烈,地下水矿化度高,一般 1~2 g/L,水化学类型为 SO_4^{2-} — HCO_3^- 型或 SO_4^{2-} 型水。

2.承压水分布带

这一带由于砂砾层中出现连续的黏土夹层,将砂砾石含水层分割为上部潜水层和下部承压水层。在黏土层开始出现的位置,两层水水位接近,随着洪积扇向前延伸,黏土隔水层也随地势不断变化,在溢出带外缘形成水头很高的承压水。承压水在该带的分布规律是,愈向下游承压水位愈高,能形成面积很大的自流区。随着黏土夹层的增多,承压含水层由厚的单层过渡为薄的多层,岩性变细,单层含水性变差。承压水的水质,由于不受蒸发影响,较上部潜水好,一般矿化度小于 1 g/L。

(三)潜水位下沉带(Ⅲ)

该带位于潜水溢出带下游洪积扇前缘。由于河流排泄和蒸发影响,地下水位稍有加深,故称潜水位下沉带。沉积物主要有细粒的亚黏土、亚砂土或黄土状土,由于颗粒变得更细,地形坡度为平缓,故径流条件差,该带毛细上升高度常能到达地表,潜水蒸发极为强烈,水分运动主要表现为垂直交替。潜水矿化度增高,可能超过 3 g/L,一般为 SO_4^{2-} —Cl 型或 Cl—SO_4^{2-} 型水。在干旱地区,特别在内陆盆地,可能会出现矿化度大于 50 g/L 的盐水。但在河流通过的地带,由于河流的冲淡或排水影响,也可能出现矿化度较低的潜水。该带由于蒸发强烈,盐分积累,常形成盐碱化。

综上所述,山前倾斜平原洪积扇中的地下水,总的分布规律是:从山前到平原,地形坡度由缓变陡,岩性由细变粗,透水性由强变弱,含水层富水性由多变少,潜水埋深由大到小,矿化度由低变高;水的化学类型是 HCO_3^- 型向 SO_4^{2-} —Cl 型水逐渐转化。我国南部和西南部地区洪积层潜水埋深的变化也有上述规律,但因气候潮湿,雨量充沛,所以水质分带性一般不明显。

三、滨海平原中的地下水

滨海平原地区通常是海相与陆相交错沉积地带,其岩性一般为砂、黏土、亚黏土及淤泥质土,地下水的化学成分也具有大陆淡水与海洋咸水混合过渡的特征。在滨海平原近海带,海水在水压力作用下进入沿海含水层,与陆相沉积层中的淡水混合。由内陆向海洋方向咸水层逐渐增厚,形成淡水与海水之间的动平衡界面,如图3-7所示。

当淡水补给量较大时,界面向海洋方向移动,在垂直方向上、下移动;当淡水补给量较小时,则向相反方向移动。

在滨海地区打井,必须要确定淡水层的分布范围和合理的开采方案,特别是开采层位和开采量,否则即使在淡水层中取水也会逐渐使水质变坏,滨海地区过量抽取地下水,将会引起咸水向内陆入侵,使水质恶化,引起海水倒灌。这种现象在美国、英国、日本等许多国家均出现过,造成严重后果。美国得克萨斯州加维斯郡地区,地下水位原先位于海面标高之上 14.4 m,经过 10 年开采后地下水位下降了 30 多 m,由于海水入侵,厚达 500 m 的淡水带大大减薄。在加利福尼亚

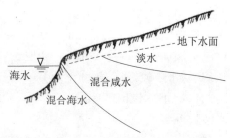

图 3-7　滨海咸淡水关系示意图

州,由于地下水位下降,海水入侵到沿海 13 个含水层,并使十万亩良田变为碱地。我国沿海地区由于超采地下水,也出现了非常严重的海水入侵,带来巨大的经济损失。山东省海(咸)水入侵主要发生在潍坊、烟台、青岛、威海、日照、东营等市的沿海地区。入侵面积已达 1 173.55 km²,其中海水入侵 649.35 km²,咸水入侵 524.20 km²。海(咸)水入侵造成地下水水质恶化、饮水困难、土壤次生盐渍化和土壤肥力下降,进而造成农业减产、机井报废。

河流下游为沉积区,常形成滨海平原,松散沉积物很厚,常在 100 m 以上。滨海平原上部为潜水,埋藏很浅;滨海平原下部常为砂砾石与黏土互层,存在多层承压水,由于埋深浅容易获得补给,水量丰富,水质好,是很好的开采层。滨海地区应注意寻找和开采深部承压水,地下深处埋藏的承压水因补给来源较远,一般为淡水。

【例】上海地区第四系海陆交替地层厚达 300 m(见图 3-8),150m 以上为滨海相和河流三角洲相黏土层、砂层,夹有薄层陆相黏土和细砂层;150 m 以下是河流相砂砾层和湖相黏土层交替组成。共分为一个潜水含水层和五个承压含水层。表层潜水和第一承压含水层因海水影响,水质较差,很少开采利用。自东北向西南,下部承压含水层岩性由粗变细,厚度由大变小,出水量逐渐变小。第二、第三承压含水层埋深在 75 ~ 150 m,含水层厚度为 20 ~ 30 m,水量大,水质好,为上海地区地下水主要开采层次,近来这两个含水层的开采量占各层总开采量的 85% 以上。另外,天津、沧州以东的滨海地带,在地表以下 250 ~ 300 m 有 3 ~ 4 个水质很好的承压含水层,承压水头可高出地表,称为自流井。

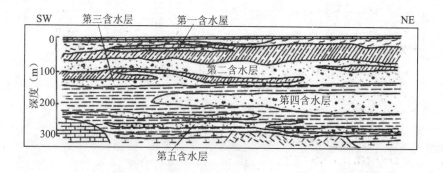

图 3-8　上海地区水文地质剖面图

第四节 变质岩山丘区地质找水

变质岩地下水,按裂隙形成的因素分为构造裂隙水、成岩裂隙水、风化裂隙水三种。构造裂隙水是指断裂、褶皱等形成的裂隙(如变质岩断层破碎带中的裂隙,被、向斜轴部的裂隙)所含的水体。成岩裂隙水是变质岩在其生成过程中产生的裂隙所含的水体,如碎裂花岗岩中的裂隙水、花岗三组正交的原生节理中的裂隙水等。风化裂隙水是指由于物理风化或化学风化所形成的裂隙水,如粗粒片麻岩与花岗岩经过物理风化后,碎屑中所含的裂隙水。变质岩裂隙水的富水性较弱,地下水补给条件差,富水性弱,风化带厚度及裂隙发育不均匀性,裂隙水连通性差,无面状分布,造成地下水富水性严重不均,开发利用难度大。

一、变质岩地层及分布

我国变质岩分布广泛,种类多,厚度大,地势高,大部分地区为地下水的补给区,岩石渗透性弱,地下水埋深浅,含水性差,为贫水区。变质岩分布区,主要特征是地势高,坡度陡,地形多为中低山和丘陵地区,如山东的泰山、鲁山、沂山、蒙山等;山西的五台山、太行山、吕梁山;河北的燕山;内蒙古的乌拉山、色尔腾山、大青山;东北的鞍山、老爷岭、大小兴安岭等;南方的大别山、海南岛等;西北的秦岭、天山、昆仑山;西南的横断山等。这些山地主要由各种片岩、片麻岩、花岗片麻岩、变粒岩类、大理岩、石英岩、板岩、千枚岩、各种混合岩及变质岩中侵入的各岩脉,如伟晶岩、细晶岩、辉绿岩、正长岩、闪长岩、煌斑岩等以及大面积的岩基、岩株侵入体组成。

(一)下太古界

山东泰山群(前称泰山杂岩)分布在沂沭断裂带及其以西地区,是鲁西地区的结晶基底。著名的泰山、鲁山、徂徕山、蒙山和四海山均由此构成。泰山群主要由黑云母斜长片麻岩、斜长角闪岩、片岩、变粒岩组成,普遍遭受中高级区域变质作用,大部分地区遭受强烈混合岩化及花岗岩化,形成各种混合岩及混合花岗岩,出露厚度大于 12 000 m。泰山群岩性组合分为四个组。自下而上为万山庄组、太平顶组、雁翎关组、山草峪组,四个组为连续沉积,现分述如下:

(1)万山庄组。主要分布于蒙山一带,构成蒙山倒转背斜的核部,呈北西—南东向延伸,徂徕山地区有零星分布,岩性以黑云斜长片麻岩夹斜长角闪岩为主,次为黑云变粒岩、黑云角闪片岩、绿泥片岩等。岩石颗粒较粗,易风化,含风化裂隙水。

(2)雁翎关组。分布比较广泛,主要分布在沂沭断裂带内及孟良崮、雁翎关一带,沂山两侧,沂源韩旺、新泰盘车沟一带也有分布。岩性主要为黑云斜长片麻岩为主,夹角闪黑云斜长片麻岩、二云斜长片麻岩、角闪斜长片麻岩、云母石英片岩,并含有少量的千枚岩。该组岩石颗粒较细,不易风化,含水少。

(3)山草峪组。分布最广,主要分布于白彦、四海山地区,枣庄以北桌山和新泰山草峪一带。岩性以黑云变粒岩为主,个别地区保留变质更浅的千枚岩,变质粉砂岩一类。该组岩石颗粒较细,不易风化,含水少。

内蒙古大青山地区桑干群，分布于内蒙古中西部，该群岩石下部以各种片粒岩、片麻岩为主，中部为各种片麻岩、片岩、变粒岩，夹大理岩，上部为片岩、变粒岩。大青山一带各种片麻岩夹有数千米厚的蛇纹橄榄大理岩及片岩，大理岩含水较好。

山西太行山的阜平群，分布于五台山、太行山一带，该群岩石为各种斜长片麻岩类，夹大理岩、变粒岩与石英岩，最大厚度 15 000 m，大理岩含岩溶裂隙水。

东北南部的鞍山群，以角闪斜长片麻岩、变粒岩及石英岩为主，通什村组的总厚度 5 947 m，其中第二层中粗粒混合花岗岩，厚 300 ~ 700 m，含裂隙水，分布于新滨、抚顺、丹东一带。

（二）上太古界

山东省有胶东群，分布于胶东地区，占胶东地区面积的 1/3，共分 5 个组。民山组，分布于蓬莱、栖霞、莱阳一带，以黑云变粒为主，总厚度 2 295 m，其中夹大理岩，厚 10 m 到百余米。大理岩质地不纯，厚度不稳定，但局部含水。鲁家夼组，分布于威海、文登、乳山等县，以黑云片岩、黑云斜长片麻岩为主，总厚度 9 342 m，在乳山午极一带为厚层粗粒结晶大理岩，厚 778 m。威海黑云片岩中夹大理岩、石英岩，含水较好。马格庄组，分布于荣成、威海、牟平等地，以黑云片岩、片麻岩为主，夹大理岩，总厚度 10 834 m，牟平一带片岩中嘉大理岩、石英岩，含水较好。

山西的五台群，分布于恒山、五台山、云中山、中条山、太行山，总厚度 10 000 m 以上，以黑云斜长片麻岩、角闪变粒岩为主，夹硫铁石英岩，石英岩含裂隙水。吕梁群长树山组，分布于娄烦—文水之间及万山县长树山一带，以厚层粗粒镁质钙质大理岩、杂质大理岩为主，厚度为 1 170 m。宁家湾组，主要为角闪斜长片麻岩、斜长角闪岩，夹石英岩与大理岩，在类顶县龙虎山一带大理岩厚 200 ~ 400 m，石英岩厚 200 ~ 604 m，含岩溶裂隙水或裂隙水。

（三）下元古界

山东省有粉子山群，分布于胶东地区，共分 6 个组。山张家组，分布于掖县、平度、莱西、莱阳等地，以石英岩、大理岩、变粒岩为主，总厚度 293 ~ 368 m，其中大理岩、石英岩厚度不稳定，含岩溶裂隙水或裂隙水。明村组，分布于掖县、平度一带，以大理岩为主，厚 545 ~ 671 m，含岩溶裂隙水。张格庄组，分布于牟平、蓬莱、福山一带，以大理岩、黑云母片岩为主，厚 1 277 ~ 3 637 m，大理岩颗粒粗，厚度大，质地纯，极易风化，含水量丰富。巨屯组，分布于烟台、蓬莱一带，以大理岩为主，厚 679 ~ 1 554 m，大理岩不纯，含石墨硅质，裂隙不发育。岗嵛组，分布于福山、蓬莱一带，以黑云片岩、变粒岩为主，次为石英岩、大理石，厚 1 503 m，含岩溶裂隙水。

山西的滹沱组，分布于五台山、太行山等地，共分 5 个组。雕王山组为巨厚变质砾岩层，砾石含量占 70% 以上，粒径 10 ~ 15 cm，由白云质胶结，厚度大于 200 m，含裂隙水。无蓬垴组、北大兴组、瑶池组、青石村组都含结晶灰岩、结晶白云岩等，厚度均大于 800 m，均含少量水，东北南部辽河群，分布于开原、清源、桓仁、浑江、益县、大石桥等地。其中，大石桥组以灰白色中厚层白云质大理岩为主，夹片岩并有滑石、菱镁矿，厚度 741 m，岩深裂隙水较丰。

（四）上元古界

山东省有蓬莱群,分布于胶东地区,为轻质变质岩类。其中,豹山口组分布于栖霞、莱西一带,以板岩、大理岩为主,厚 206～984 m,大理岩含有裂隙水;辅子夼组以石英岩为主,厚 584 m,含裂隙水;南庄组以板岩、大理岩为主,厚 1 285 m,含岩溶裂隙水,主要分布于栖霞的藏格庄、香夼、高格庄、寨里一带;香夼组以中厚层石灰岩为主,夹泥灰岩,厚 1 306 m,含丰富的岩溶裂隙水。

河北、山西、辽宁各地的震旦系地层大部分都没有变质,属沉积岩类。

二、变质岩富水性分析

（一）变质岩岩性

变质岩的岩性差异,对于裂隙发育的宽度、长度、密度和透水性等关系很大 。刚性、硬性、脆性、柔性、塑性、软性等各种性能,对于不同的材料（岩石）产生不同的反映。两种相邻的岩石表现的刚柔、脆塑、硬软都是相对的性能。这种相对的力学性质,对于裂隙的发育、透水性和含水量,均有明显的差异。如片麻岩类与各种片岩类呈互层接触,片麻岩中粒状矿物多,坚硬不脆,呈块状构造,显示刚性;片岩类中片状、柱状、针状矿物多,柔软致密,呈片状构造,显示柔性。当片岩夹片麻岩呈互层时,刚性岩石富水好。花岗岩类（包括片麻状花岗岩、花岗片麻岩及混合花岗岩）与角闪岩类比较,前者具有粒状矿物,花岗变晶结构、块状构造,显示脆性,后者具有针状、柱状矿物,纤维变晶结构,致密片状或块状构造,显示塑性。当花岗岩或伟晶花岗岩脉穿插于角闪岩中时,前者裂隙发育,含水性好,后者则差。石英岩与云母片岩、千枚岩、板岩接触,前者具有块状构造,粒状矿物,等粒变晶结构,坚硬致密,显示硬性;后者具有鳞片状、针状、纤维变晶结构或鳞片变晶结构,片状、板状或千枚状构造,显示塑性、软性。当石英岩夹在千枚岩中,或大理岩与板岩互层时,前者裂隙发育,破碎强烈,尤其是石英岩,碎块多,含裂隙水,后者裂隙稀少,两类岩石风化后,风化裂隙差别更大。以上说明,变质岩的裂隙与地层、岩性、结构、构造关系密切,在同样构造条件下与相同地貌类型中,富水性具有明显的差异。

（二）变质岩结构

变质岩结构,是指岩石个体的性质,即矿物颗粒大小、形状、组合方式。它与岩石风化速度、强度关系很大。如在变晶结构中,等粒变晶结构抗风化能力较强,而不等粒变晶结构或斑状变晶结构,则有利于进行风化。因为不等粒结构颗粒大小从 0.1～4 mm 不等,其风化速度差异很大,先风化的颗粒引起附近矿物表层结构松散,易使岩石结构发生碎裂。斑状变晶结构是在细的基质中夹有较大的斑晶,大晶体与小晶粒抗风化程度不等,结果大晶体脱离基质出现裂隙、加厚风化层,赋存风化裂隙水。

【例】山东省胶南县,在等粒结构的花岗岩中遇到 2 眼干孔,在斑状结构的花岗岩中,风化强烈,裂隙很多,易于成井。寨里乡兽医站,机井布在似斑状花岗闪长岩上,井深 18 m,出水量为 40 m³/h。

变质岩碎裂结构,分成压碎结构与碎斑结构,其中压碎结构矿物颗粒破碎后形成细粒集合体,充填在大颗粒之间,使矿物外形不规则;碎斑结构大小颗粒破碎不均,中间出现裂隙。这些结构是在变质岩生成过程中,产生的机械破碎作用使矿物晶体碎裂的,因此岩石本身就具备了破碎性能,为岩石风化提供了有利条件,所以碎裂结构最易风化,含水较多。不难看出,研究变质岩结构对于风化速度、风化壳厚度以及含水性能等均有重要意义。

(三)变质岩构造

变质岩构造是指矿物彼此之间的关系,有块状构造、带状构造、斑点构造。块状构造比带状构造、斑点构造易含水。如石英岩、大理岩的块状构造,在动力作用下,易生裂隙。而带状构造中的矿物排列成层状,其中条带矿物柔性大、性质软,易填充在矿物之间,起到阻水作用。如石墨大理岩,各种矿物呈黑白相间排列。蛇纹大理岩,蛇纹石穿插于方解石之间,呈斑点构造,这些构造不利于裂隙水的渗透,故含水很少。变质岩的片状构造和片麻状构造差异显著,片状构造是由片状矿物、柱状矿物平行排列组成的,各矿物之间很紧密,缺少空隙,风化缓慢。片麻状构造是由片状矿物与粒状矿物组成的,粒状矿物夹在片状矿物之间,粒状矿物易风化,故片麻状的岩石(如片麻状花岗岩、花岗片麻岩、斜长片麻岩等)比片状的岩石(如各类片岩类)容易风化破碎,含水也多。

三、变质岩富水体

富水体是指富水岩层、富水构造、富水带的总称,即变质岩中含水相对比较多的部位。从水源开发的实践中,发现有以下几种富水体。

(一)粗粒岩石富水体

变质岩矿物是结晶体或变晶体,一般呈显晶质或隐晶质,晶体大小取决于原生岩石结构与变质时的环境。有的原生岩石颗粒比较细,变质后变为粗粒,如石灰岩重结晶后变成粗粒大理岩;高铝或铁质黏土岩变成粗粒片麻岩;闪长岩变成中粒黑云母斜长片麻岩;长石砂岩变成长石石英片麻岩,这些粗粒变质岩一般颗粒直径为 1~4 mm,变斑晶体大者可达 10 mm 左右,如伟晶岩(伟大晶体)、钾长石云母片岩中的刚玉斑晶、似斑状花岗片麻岩、中斑晶花岗岩等。由粗粒岩石组成的含水层,机井出水量都很大。山东日照市 25 医院机井布井于粗粒片麻岩中,风化碎屑粗粒透水性良好,井深 53 m,出水量 30 m³/h;山东昌乐县河头乡政府机井是利用粗粒花岗片麻岩,石英长石粒径 0.5~3 mm,大于 1 mm 的颗粒占 80%,台地风化壳厚 110 m,井深 96 m,水位埋深 9.5 m,出水量 50 m³/h。有的中粒岩石虽然颗粒稍细,但与细粒或隐晶质岩石接触时,相对较粗,接触带呈粗细相交,也会给风化裂隙发育提供条件,储存风化裂隙水,如山东莱州市北关村粉子山群地层,粗细不同的颗粒相互接触,井深 80 m,出水量 35 m³/h 。

(二)大理岩夹层与蚀变带富水体

尽管大理岩与石灰岩相比,岩溶作用比较弱,但在变质岩中却是唯一能够被水溶解的碳酸盐类岩石。它夹在非溶岩之间,既是岩溶层又是储水体,成为变质岩中最好的富水体,这些大理岩夹层,出露宽度只要几米至百余米,在其两侧阻水岩层作用下,尽管没有构造配合,经过化学风化后,也易构成富水体。

【例】山东文登市东石岭的大理岩层中机井,井深 90 m,出水量 7 m³/h。

【例】青岛胶南市东草夼村的大理岩夹在片麻岩中,大理岩厚 15 m、长 300 m 岩层倾向山顶方向,倾角 30°,成井深度 58 m,其中在 16.5~46.5 m 深处岩芯破碎,岩溶发育,漏水现象强烈,水位埋深 11 m,最大水位埋深 18 m,出水量 56 m³/h,水头高出地面 3.5 m

（见图3-9）。

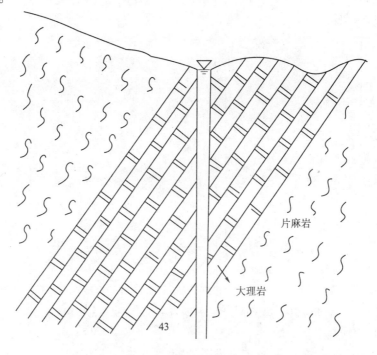

图3-9　胶南市东草乔村机井剖面图

当石灰岩受到岩浆岩侵入作用，在侵入体接触带发生围岩蚀变，形成大理岩带。这种接触变质形成的大理岩带在山东省分布广泛，只要石灰岩与面积较大的花岗岩、闪长岩、正长岩、辉长岩等呈侵入接触，都会出现厚度不等的蚀变带。大理岩蚀变后，矿物颗粒的结构构造发生明显的改变，有的再结晶，晶体变粗，如济南市鹊山、华山的大理岩；有的晶粒变形，结构松散，如历城县郭店、大龙堂的大理岩。这些类型的蚀变都能增加裂隙空间，促进溶蚀作用，富含岩溶水或岩溶裂隙水，在地势低洼的排泄带，往往形成大型的喀斯特上升泉群。

【例】济南市四大泉群，泉水出自下奥陶统白云质灰岩蚀变的大理岩带，一般涌水量为30万 m^3/h；蒙阴县联城乡的机井是利用闪长玢岩，正长斑岩蚀变的大理岩带上布钻孔，出水量60 m^3/h。

（三）风化壳富水体

变质岩风化壳，由于北方气候条件限制，一般风化层厚度为20～50 m，过去多利用大口井开采浅层风化裂隙水。如莱西、胶南、日照、招远等地，在变质岩风化壳中布大口井，一般井深9～25 m，出水量50～150 m^3/h。但是近年来，由于气候干旱。降雨减少，地下水位普遍降低，浅层风化裂隙水已经干涸，必须开采埋深25 m以下的较深的风化裂隙水。从各地实践中发现，在平坦地形（坡度一般不大于5°）时，粗粒变质岩的风化壳较厚，深部风化壳中也含有风化裂隙水。

【例】青岛胶南市寨里乡庄家疃乡为似斑状花岗闪长岩，在地形条件配合下，风化壳发育深度达60 m以上，井深在60 m时，不见岩芯，风化成砂，涌水量25 m^3/h。

【**例**】山东省昌乐县河头乡小辛庄村为粗粒花岗片麻岩,风化壳厚 60 m,井深 55 m,出水量 35 m³/h(见图 3-10)。

图 3-10　山东省昌乐县河头乡小辛庄村机井剖面图

(四)变质岩断裂带富水体

变质岩中断裂研究较少,野外不易辨别,过去在一般地质图中很少标出。变质岩中的断层,因其两盘地层、岩性差别不大,不如沉积岩中断层两盘差别明显,故在变质岩中认识断层是比较困难的。近些年来,由于生产和人民生活的用水需要,对变质岩的研究逐步深入,发现一些认识断层的标志。如变质岩层重复或缺失、岩相突变、构造上的不一致、断层面显露、蚀变带、岩脉切割、地形特征等。事实证明,变质岩中断层很发育,大小断层密集,破碎带宽窄不一,断层裂隙中不仅含有浅层水,而且也有深层水,既适合大口井开采,也可用深机井开采。

变质岩中断层的新鲜面,普遍具有红色氧化铁薄膜,人们称之为"红石筋"。断裂带中有较多的断层碎块、红色磨光面、断层擦痕、断层角砾岩、碎屑岩和岩粉。大断层的破碎带宽达几十米、百余米,切割山岭可形成山垭,构成交通要道。如历城县窝铺村南长城岭,受济南断层切割后,断层破碎带宽约 50 m,红色、紫红色的光滑面与擦痕醒目,从擦痕方向判断西侧为下降盘,断面倾向西,倾角 75°,由于处于分水岭带,地势高,地下水埋藏很深,含水少。

【**例**】山东肥城县边家院乡,山丘陵南侧孙安断裂的断层崖,崖高 3～5 m,断面倾角 70°,红色光滑面与氧化铁薄膜到处可见,擦痕清晰,由于张夏组灰岩组成的角砾岩,粘在变质岩的断层面上,显示上盘寒武系灰岩已经下落到第四系覆盖层以下。根据变质岩断层面的启示,利用断层灰岩夹块,在雨前庄打成一眼井,井深 87.64 m,出水量 41 m³/h。

在变质岩中,如果断层切穿大理岩,比大理岩作为夹层出现时富水性更好,既含构造裂隙水,又含岩溶裂隙水,两种水源易于成井。

【**例**】山东栖霞市大庄头乡徐家村,大理岩中有断层,井深 85 m,出水量 80 m³/h;牟平区城关镇西系山村,大理岩宽 100 m,长 2 500 m,断层与大理岩走向一致,井深 80 m,其中 21 m 以上为长英岩;21~27 m 深为粗粒大理岩,断层破碎,岩芯采取率低;45~60 m深,大理岩破碎,水位降深 20 m,出水量 80 m³/h,说明断层中的构造裂隙水与岩溶裂隙水两种水源优于夹层中的岩溶裂隙水一种水源。

【例】山东昌乐伦家埠村机井,位于沂水—汤头大断裂西侧,上盘为白垩系王氏组砂页岩互层,透过上盘提出下盘片麻岩构造风化裂隙水,井深 543 m,其中 526 m 以上为紫色砂岩及砂页岩互层,岩芯完整;526~531 m 为 5 m 厚底砾岩,胶结好;531~543 m 的断层下盘为片麻岩,风化破碎,出水量 25 m³/h(见图 3-11)。

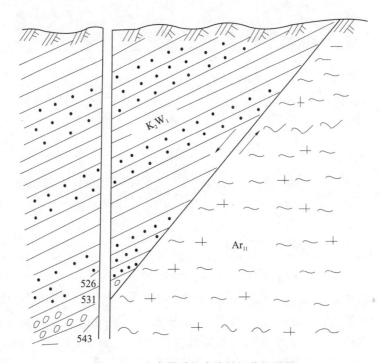

图 3-11　山东昌乐伦家埠村机井剖面图

(五) 接触带富水性

接触带类型比较多,除断层接触外,尚有岩脉与围岩变质岩接触带,变质岩中刚性与柔性岩石、脆性与塑性岩石、硬性与软性岩石接触带及新地层与老地层接触带(不整合、假整合接触)等。这些接触由于岩性明显差异,裂隙集中发育,地下水容易富集,形成相对较好的富水体,地下水类型为成岩裂隙水和风化裂隙水。接触带富水体一般有以下几种。

1. 岩层接触带

【例】山东省文登市某村的机井是利用片麻岩与石英岩接触,1 号井深 85.2 m,其中 25 m 以上为片麻岩风化层;25~43.1 m 为石英岩夹片麻岩,不漏水;43.1~63.7 m 为石英岩,极破碎,有 1 cm 宽裂隙;75~82.5 m 为石英岩夹斜长片麻岩,水位降深 8 m,出水量 56 m³/h(见图 3-12)。

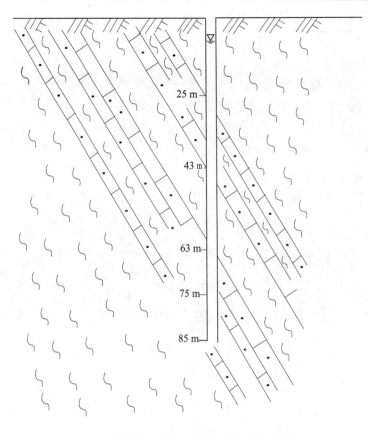

图 3-12　山东省文登市某村的机井剖面图

2. 岩脉接触带

变质岩中常见的岩脉有煌斑岩、辉绿岩、正长岩、辉长岩、伟晶岩、细晶岩、长英岩、石英岩、花岗岩、重晶石等岩脉,其中有导水岩脉,也有阻水岩脉,具体要视岩脉与围岩二者岩性的相对差异而定。如果岩脉是塑性岩石,围岩是脆性岩石,则为阻水岩脉,如煌斑岩脉、辉绿岩脉、辉长岩脉、千枚岩脉等。它们往往形成"挡水墙",抬高地下水位,在其上游有时涌出溢流泉。如果岩脉是脆性岩石,围岩是塑性岩石,则为导水岩脉,如伟晶石脉、长英岩脉、石英岩脉、花岗岩脉、重晶石脉等。它们形成导水通道,富集地下水。岩脉两侧或一侧由于岩浆侵入是高温高压的作用,围岩烘烤蚀变,出现破碎裂隙,或者侵入岩侵入时,对围岩产生积压顶托,出现破坏裂隙,或者岩脉冷却收缩时,其边缘出现横裂隙,以及接触带后期活动产生的次生裂隙等。这些裂隙都会增加透水性、赋存一定量的地下水。含水量的多少,以岩脉的宽度、长度、补给条件而定,岩脉不宜过窄过短,过窄过短起不到阻水作用,太宽又不易积聚地下水流。一般适宜的宽度在 0.5 ~ 5 m,长度大于 200 m。当岩脉垂直于等高线时,其两侧富水;平行于等高线时,其来水一侧富水。

【例】山东长岛县矶岛部队处的煌斑岩脉侵入板岩中,岩脉宽 3 m,产状直立,机井布在接触带上井深 25 m,出水量 10 m³/h;山东栖霞市大柳家乡安子夼村的石英岩脉侵入片麻岩中,布井在石英岩脉上,井深 15 m,出水量 40 m³/h。

【例】山东莱州市神堂乡郎村,在煌斑岩脉上布井,井深 17 m,井径 5 m,出水量

10 m³/h。当井底打穿横洞遇到石英岩脉时,出水量增加到 70 m³/h(见图 3-13)。

图 3-13 莱州市神堂乡郎村大口井剖面图

图 3-13 机井剖面说明,片麻岩夹石英岩较石英岩夹片麻岩富水好,因为石英岩显脆性,而片麻岩显塑性,石英岩含水好,片麻岩含水差。

【例】青岛胶南市薛家岛乡烟台前村的机井,是利用片麻岩与花岗岩接触,井深 13 m,出水量 60 m³/h。

四、变质岩富水体富水原因分析

变质岩从弱含水层转变成含水层或强含水层,有其内在与外在相结合的因素。内在因素有岩石成分、岩石力学性质与结构构造,这些因素比沉积岩复杂,因为变质岩是由沉积岩、岩浆岩或变质岩经过变质后形成的岩石,其成分包括上述各种岩石成分,同时受变质作用影响,又改变其中某些成分结构,它们在相同的外部环境中,如构造作用、地形、气候条件等,其含水性差别很大。

(一)变质岩岩石成分

岩石成分分为硅酸盐类、碳酸盐类、硫酸盐类等,其中大部分为硅酸盐类,即非溶性岩石,少数为碳酸盐类,为可溶性岩石。硅酸盐类岩石内部成分存在的差异,对含水性能影响不显著,它与外部碳酸盐类岩石结合或者两种成分存在组成岩石,则影响含水性的差异。如钙质片麻岩、钙质石英岩、钙质各种片岩、钙质千枚岩和板岩等。这些岩石比不含钙质的变质岩易含水,因为它们有溶蚀的裂隙、溶孔,甚至小溶洞,符合碳酸盐类岩溶发育的一般规律,即质纯粒粗白色疏松的大理岩风化强,易溶蚀,溶洞多,含水丰富,而杂质大理岩则差。黄绿色大理岩等是含有杂质的大理岩。其中,相对溶蚀较好的是蛇纹大理岩。

【例】平度三合山乡的机井,井深 40 m,其中 14~40 m 深为蛇纹大理岩,在 22 m 深落钻 70 cm,31 m 深裂隙长 1 m,出水量 62 m³/h。另一口井深 48 m,其中 4~25 m 深为蛇纹大理岩,25～48 m 深为角闪大理岩,15 m 深出水,出水量 60 m³/h。表明角闪大理岩风化溶蚀较差,因为角闪石、石墨、辉石类呈柱状、片状变晶矿物,排列紧密,在化学风化中属于较稳定的矿物,而蛇纹石、橄榄石则为不稳定矿物,较易风化溶蚀。

(二)变质岩力学性质

变质岩依其力学性质可分为脆性与塑性、刚性与柔性。刚性与脆性不同,前者质硬而不脆,受力后不易破碎,抗压性强,难风化,如斜长角闪岩、深色片麻岩、辉长岩等;后者是质硬易脆,受力后很容易破碎,抗压强,抗拉弱,风化较快,如浅色片麻岩、石英岩、大理岩、长英岩、浅色变粒岩、花岗岩、玄武岩等。柔塑性岩石风化最快,抗压弱,质韧性柔,如各种片岩、混合岩、千枚岩、板岩、深色变粒岩、凝灰岩等。这类岩石风化后易于充填黏土,透水性弱,往往形成相对阻水层。这是因为塑性岩石受力后,岩石发生纵向与横向变形,最后压成薄片,不发生破碎,使岩石紧密无隙而刚脆性岩石,应力达到强度极限时即遭破坏,形成压碎岩,裂隙增多。以上说明同样受力(如断层作用),由于岩石力学性质不同,产生破坏的程度也有差异,裂隙水含量相差较大。

(三)地质构造

尽管变质岩的富水原因多种多样,但构造作用具有普遍意义,因为变质岩的风化裂隙水、成岩裂隙水,仅仅限于局部地区,而构造裂隙水则普遍存在,且含水量较多,成为机井开采的主要对象。一般来讲,坚硬、不风化、完整的非溶性变质岩及岩浆岩透水性微弱,钻孔单位涌水量仅 0.04～0.08 L/(s·m),透水系数为 0.016～0.088 m/昼夜,可视为不透水的隔水层。但经构造破碎后,透水性能显著增强,有时可以满足机井开采的要求,说明构造是变质岩含水性的主要控制因素,变质岩区水源开发,主要依靠形成的裂隙水,尤其是深部裂隙水,完全是靠构造的作用。

(四)气候条件

变质岩风化裂隙的发育主要取决于气候条件。北方属大陆性气候,干燥少雨,冷热干湿交替,季节分明,年气温差和日气温差都较大,有利于变质岩的物理风化,而化学风化则相对较弱。物理风化对变质岩中的非碳酸盐石作用显著,因为非碳酸盐石是由多种矿物组成的集合体,各种矿物的膨胀系数不同,在温差变化较大的情况下,矿物颗粒热胀冷缩的速度与幅度均有差异,经过年长日久的风化破坏,就会逐渐分离崩解为岩屑,尤其是粗粒岩石风化最快,风化壳从上到下全是岩屑,风化碎屑沿着变质岩原有的结构、构造产状,组成裂隙空间,这种裂隙比构造裂隙复杂,其延伸方向多边,裂隙宽窄不一,裂面粗糙不平,颗粒参差不齐,裂隙沿片理和劈理面以及各种结构面发育。如片麻岩的风化裂隙,使片理面加宽,长石石英颗粒之间松弛脱落,以锤击之,很容易沿片理面劈开,出现碎屑。南方气候湿润多雨,气温较高,气温日变化及年变化幅度都相对较小,有利于化学风化作用,而物理风化相对较弱。化学风化对变质岩中碳酸岩石作用以后,风化裂隙特别发育,岩溶水储量丰富但对非碳酸岩石(如片麻岩或花岗岩)作用后,风化裂隙不发育,往往形成黏土,裂隙水很少。

如山东省昌乐县与江西省景德镇市,两地岩石性质相似,都是粗粒岩石,前者是花岗片麻岩,后者是花岗岩,风化作用类型相同,都受物理风化,但因所处气候带不同,风化裂隙不同。前者属于北方暖温带气候,在暖温带气候条件下,粗粒花岗片麻岩经过物理风化后,风化壳厚90余m,岩石碎屑风化裂隙空间多,含水丰富;后者为亚热带气候,在亚热带气候条件下,粗粒花岗岩经过物理风化后,风化壳厚60~100 m,风化黏土致密无隙,含水稀少。说明气候条件影响岩石风化裂隙的富集状况是很显著的。

(五)地貌类型

风化裂隙的发育,除受气候因素影响外,也制约于地貌条件,地貌对风化裂隙的影响主要取决于沟谷侵蚀速度与密度以及岩石在斜坡暴露的程度。一般情况下,山高坡陡的山地丘陵区,沟谷侵蚀强烈,地形破碎,岩石风化快,碎屑物质较多,但因坡度陡,片流冲刷强,风化产物难以保存,故大部分山坡(>25°)风化层都很薄,风化裂隙较少,只在山坡变缓处及山间谷地,才形成稍厚的风化壳。北方地区,这种风化壳厚度一般在15~35 m,有的可达50 m以上,赋存浅层风化裂隙水。但这种浅层含水层不稳定,受气候影响较大,水位升降频繁,水量很不稳定,然而因其埋藏浅,适合大口井开采。地形平缓的台地及平原地貌,风化壳一般较厚,尤其是粗粒变质岩,破碎严重,在断层条件的配合下,风化深度可达百米以上,因此在特定的局部地带,也富含较深的风化裂隙水。

第五节　岩溶地区地质找水

我国由石灰岩构成的岩溶分布很广,仅地表出露面积就有120万 km²,约占全国领土面积的12.5%,其中我国西南部的岩溶地区总面积达55万 km²,尤其以桂、黔、滇最广泛,另外湘、粤、浙、鲁也有分布。

岩溶的发育、形成始终伴随着地球的地质发展史,我国主要的岩溶化期有震旦系、寒武系、奥陶系、泥盆系、石炭系、二叠系、三叠系、白垩系、第三系和第四系。其中,第三系以前发育的岩溶称为古岩溶,古岩溶形态多已被剥蚀破坏或为后期沉积覆盖与充填。

一、石灰岩地层

从水资源开发角度来看,广义的石灰岩还应包括白云岩、泥灰岩和其他过渡性岩石。我国石灰岩地层主要有震旦亚界白云岩、古生界石灰岩、中生界石炭系、二叠系石灰岩、新生界第三系石灰岩等。

(一)震旦亚界白云岩

震旦亚界分布广泛,以浅海—滨海相的硅镁质碳酸盐类为主,岩石中含有铁、锰、磷等矿物。该系在北方分布广泛,广泛分布于华北、东北南部、豫西及贺兰山、祁连山等地,以河北蓟县地层剖面为标准剖面,总厚度从几米到万余米。其中,以长城系、蓟县系岩溶裂隙水较多。

长城系团子山组,以厚层白云岩为主,可溶性差,但团块状白云岩及夹有页岩或砂岩的白云岩,在层面接触部位岩溶裂隙发育;高于庄组以白云岩为主,夹白云质灰岩及页岩,该组一、二、四段灰岩岩溶发育好。如第一段浅灰色含燧石条带或结核的硅质白云岩、白云质灰岩,厚140~263 m。第二段浅灰色含锰白云岩、夹泥质白云岩、黑色页岩,厚426~525 m。第四段浅灰色硅质结晶白云岩或团块白云岩,厚231~412 m。以上三个段岩溶裂隙发育好。蓟县系雾迷山组,从各地开采水源地的情况证实,可为震旦系地层中含水最好的岩组,以结晶白云岩、硅质白云岩为主,有时夹页岩。第一段青灰色厚层白云岩、硅质条带白云岩及白云石大理岩,厚 511～98 m,以硅质白云岩、大理石岩含水较好。第二段灰黑色厚层结晶白云岩及硅质条带白云岩、夹泥质白云岩、角砾状白云岩,厚 352～658 m,以角砾状白云岩、硅质白云岩含水性较好。第三段灰黑色结晶白云岩、硅质白云岩底部有较厚的紫红色粉砂岩类、石英砂岩,厚 502 m,接近底部的白云岩含水较好。第四段灰白色厚层结晶白云岩或团块白云岩,夹豆状、鲕状白云岩,厚 793 m。

以上四段以硅质白云岩含水性最好。如顺义县张镇一带的大口井,在雾迷山组硅质白云岩夹燧石条带地层中,出水量 1 000 m³/d 以上,延庆县黑汉岭地区,在同样地层中机井出水量 800～1 000 m³/d,该县独石北沟由硅质白云岩组成的断裂带内机井,井深 112.46 m,水位埋深 39.91 m,单位出水量 82 m³/(h·m)。不少泉水来自雾迷山组硅质白云岩层中,泉水流量一般为 2～10 L/s。在构造部位泉水流量更大,如延庆县黑龙潭、黄龙潭,泉水流量 0.2 m³/s,水口子泉流量 3 500～4 000 m³/d。南方震旦系出露于秦岭、大别山以南的大巴山、武当山、雪峰山、九岭山、龙门山及川滇地区。岩性有粗碎屑岩及浅海 – 潟湖相含铁、锰、磷的磷酸盐岩石,如灯影组石灰岩、白云岩、白云质灰岩、硅质灰岩,厚 100～300 m,岩溶发育较好,岩溶水较丰富。

(二)古生界石灰岩

下古生界石灰岩,是我国海相沉积分布最广泛的地层。主要分布在华北、华南、祁连山、滇西等地,其次为长江下游、浙西、黔、湘、鄂边界、川滇地区。

寒武系为浅海相,主要为碳酸盐岩、泥质岩类,总厚度几百米到一两千米,以华北地区山东张夏为标准剖面,共分七个组。下部馒头组,在张夏馒头山剖面总厚度 60 m,共分 10 层,其中第 2、5、7、9 各层石灰岩,岩溶裂隙发育。尤其第 2 层蓝灰色硅质薄层灰岩,厚 4 m,常因缺失第 1 层页岩而直接不整合覆盖于泰山群变质岩之上,溶隙发育,含水丰富,成井率高;第 5 层蓝灰色薄层灰岩,厚 5 m,因接近于下部层位,含水也较好;第 7 层蓝灰色灰岩,厚 2 m;第 9 层灰蓝色泥质灰岩,厚 4 m,两层灰岩含水相对较差。毛庄组为页岩夹灰岩,总厚度 32.3 m,灰岩层薄不含水。徐庄组为页岩夹灰岩、灰质砂岩,总厚度 57.2 m,因灰岩层较薄,含水性较差。张夏组以厚层灰岩为主,夹薄层页岩,总厚度 169.3 m,其中含水较好层次顺序是:第 8 层白色块状结晶灰岩,厚 10 m;第 11 层黑灰色灰岩、绿白色结晶灰岩,厚 22 m;第 9 层厚层灰岩,厚 20 m;第 6 层灰色鲕状灰岩,含海绿石,厚 10 m。崮山组以页岩为主,夹有灰岩,总厚度 27 m,灰岩太薄不含水。长山组以灰岩为主,夹有页岩,总厚度 52 m,第 1 层竹叶状灰岩,厚 3 m;第 4 层白色块状结晶灰岩,厚 8 m;第 6 层白色厚层灰岩,厚 8 m;以上 3 个层含水较好。凤山组以灰岩为主,夹有页岩,总厚度 114 m,含水较好者为第 7 层黑灰色块状白云岩灰岩,厚 48 m,含水丰富;其次为第四层厚层灰岩,厚 12 m。

奥陶系地层分布于华北、中南及西南地区,以河北的开平、鄂西的三峡两个标准剖面分别代表华北与华南的地层剖面。华北奥陶系中、下两统,下统分两组,冶里组与亮甲山组。冶里组以白云质灰岩、白云岩为主,夹页岩,总厚度为 50～112 m。含水稍好的第 2 层为浅灰色厚层结晶灰岩,厚 14 m;第 3 层为浅灰、灰白色厚层结晶灰岩、块状灰岩,厚 33 m。亮甲山组以白云岩为主,含燧石团块,总厚度 100～250 m。含水稍好的第 41 层为灰黑色中厚层竹叶状灰岩夹白云质灰岩,厚18 m;第12层为灰黑色巨厚层花斑状灰岩,厚11 m。中奥陶统分上、下马家沟两组,总厚度700~800 m。含水最好的为第6段,以灰色中厚层微晶灰岩及含生物碎屑白云质灰岩为主,夹角砾状灰岩,岩溶发育,含水最好。含水较好的第4段角砾状灰质白云岩,厚118 m,含水较好。第2段灰色角砾状白云质灰岩,厚10 m,岩溶较发育,含水也较好。河北省地质局区测队认为第6段和第4段含MgO、SiO_2、Al_2O_3等难溶物质较少,灰岩质地较纯,岩溶发育层次稳定,溶隙裂隙多,富水性强,是很好的含水层。不少的泉群来自于第2、4、6段石灰岩含水层,如山西娘子关泉群、山东的泉林泉群、明水泉群等。

鄂西三峡奥陶系以灰岩、页岩、砂岩为主,该系上部为灰岩,岩溶发育,溶洞暗河比较多,含水丰富。

志留系除华北地层缺失外,其他各地都有分布,中上部为介壳相灰岩,岩石孔隙、裂隙多,岩溶发育强烈,溶洞含水量丰富。

上古生界泥盆系在华北缺失,而在两广、黔南、滇东地区广泛分布。中上部为海相沉积,灰岩很厚,岩溶发育,形成典型的亚热带石林、峰丛、漏斗、洼地、暗河等地貌景观,地下水含量丰富。

(三)中生界石灰系

石炭系在华北分为中、上两统,以薄层灰岩、砂岩、页岩为主,灰岩层薄,不稳定,含水少。南方石炭系石灰岩厚度大,层次稳定,岩溶发育,如黄龙灰岩、船山灰岩,含水均较丰富。

二、石灰岩的可溶性

岩溶的发生与发展,受多种因素的影响。总的来说,岩溶发育的条件有:岩石的可溶性、岩石的透水性、水的溶解性、水的流动性、气候条件、地形地貌条件、地质构造等。

(一)岩石的可溶性

岩石的可溶性是主要取决于岩石的成分、结构。

1.岩石的成分

岩石的成分不同,其溶解度也不一样。按成分可分为卤化盐类岩石(岩盐、钾盐等)、硫酸盐类岩石(石膏、硬石膏等)、碳酸盐类岩石(石灰岩、白云岩、白云质灰岩、大理岩等)。这三类岩石中,卤化盐类岩石溶解度最大,其次是硫酸盐类岩石,碳酸盐类岩石的溶解度最小。但是在自然界中,卤化盐类岩石和硫酸盐类岩石不常见,远不如碳酸盐类岩石分布普遍,对岩溶现象来讲,碳酸盐类岩石的实际意义最大。

研究资料表明:方解石的溶解速度比白云石高得多,因此石灰岩比白云岩容易被溶蚀;白云质灰岩和石灰质白云岩,首先被溶解的是方解石,使白云石被残留下来,阻塞洞隙,使岩溶作用减弱;泥灰岩含有许多黏土矿物,经过溶蚀作用后,其表面残余的黏土颗粒也能堵塞洞隙,妨碍水流运动,影响岩溶作用的继续进行,故一般质纯的石灰岩,岩溶较发育,而泥灰岩、硅质灰岩等,岩溶发育较差。例如,我国南方分布的泥盆系、石炭系、二叠系、三叠系和北方的中奥陶统石灰岩,一般岩性较纯,岩溶较发育;而北方震旦系的硅质灰岩、下奥陶统的白云质灰岩,岩溶发育较差。

石灰岩的化学成分为$CaCO_3$,但大部分石灰岩含有杂质,构成很多过渡性岩石(见

表3-1、表3-2），如泥灰岩、硅质灰岩、白云质灰岩、白云岩、石灰质白云岩、黏土质白云岩，这些含杂质的石灰岩的溶蚀作用，在同样的条件下，较纯石灰岩溶蚀速度慢。但在不同的环境条件下，会产生不同的结果。如泥灰岩夹层、硅质灰岩覆盖在变质岩之上，这时杂质灰岩岩溶发育很强烈，特别是岩石层面上，溶洞、溶隙较多，成井率很高。相反，大面积的质纯石灰岩，在缺少构造的条件下，成井率却不高。说明岩石成分并不是绝对因素，它与岩石的结构、构造条件及周围环境有关。

表3-1　石灰岩与黏土岩关系

岩石名称	黏土矿物（%）	方解石（%）
石灰岩	0 ~ 5	100 ~ 95
黏土质灰岩	5 ~ 35	95 ~ 65
泥灰岩	35 ~ 65	65 ~ 35
钙质黏土岩	65 ~ 95	35 ~ 5

表3-2　石灰岩与白云岩关系

岩石名称	白云石（%）	方解石（%）
石灰岩	5 ~ 0	95 ~ 100
含白云质灰岩	25 ~ 5	75 ~ 95
白云质灰岩	50 ~ 25	50 ~ 75
含钙质白云岩	95 ~ 75	5 ~ 25
白云岩	100 ~ 95	0 ~ 5

2. 岩石的结构

岩石的结构对岩溶影响较大。矿物颗粒的大小、形状和结晶状况都控制着岩石的孔隙率。石灰岩的结构主要有碎屑结构、泥晶微粒结构、砂粒结构、生物碎屑结构、鲕粒结构等，这些结构对岩溶产生不同的作用。

一般情况下，粗粒碎屑结构和生物碎屑结构岩溶较发育。如华北区的中奥陶统马家沟灰岩，由于颗粒直径大，为 0.01 ~ 0.05 mm，孔隙连通性好，岩溶发育；对于生物碎屑岩和鲕状灰岩，它主要由生物碎屑组成，孔隙大，岩溶最发育。如马家沟第 6 段灰岩，含较多生物碎片，质轻，结构疏松多孔，透水性较强。如山东淄博良庄果园机井，打在马家沟第 6 段生物碎屑结构的岩层上，出水量 56 m³/h。

结晶结构，对于岩溶发育也有促进作用，如中奥陶统第 5 段白云质灰岩的重结晶作用，可使结晶颗粒变粗，地下水沿晶粒间隙渗透，由于晶粒变粗，空间大，水流速度快，岩溶发育。据研究，当白云岩中白云石含量大于 50%，孔隙度增加很快，当白云石含量达到 80% ~ 90%，孔隙度可达 30%。可见，孔隙随着晶粒变粗而增大。华北地区下奥陶统细粒白云岩、白云质灰岩，由于晶粒较细，均匀致密，则不易溶蚀，一般成井较少。但粗粒白云质灰岩富水性较好，一般可以成井。

泥晶微粒结构，由于矿物颗粒细小，一般小于 0.005 mm，粒间孔隙较小，水流速度缓慢，溶蚀性差，如中奥陶统 2 段泥晶灰岩，如果没有断裂构造的配合，一般不富水。

（二）岩石的透水性

岩石的透水性加大了岩石与水的接触空间，使岩溶作用不仅限于岩石的表面，还能向深处发展。岩石的透水性取决于岩石的裂隙和孔隙度，其中裂隙比孔隙度更为重要。岩石的裂隙由于成因不同，其性质和分布特点各不相同，其影响的岩溶发育部位也不相同。构造裂隙是水流的主要通道，因此岩溶发育的程度和分布方向，往往与地质构造密切关系。一般在断层带、裂隙密集带、褶皱轴部等部位，岩石破碎，地下水容易进行循环交替，岩溶最为发育；风化裂隙的存在使地表附近的岩石破碎，有利于地下水的运动，因此在地表附近岩溶一般也比较发育。层间裂隙也是地下水进入岩石的通道，在可溶性与非可溶性岩石的界面上，由于地下水的流动、富集，岩溶往往也较发育。如北方下寒武统馒头组的第 2 段石灰岩，地下水下渗时受到第 1 段页岩和太古代花岗片麻岩的阻挡，岩溶发育，是较好的含水层。

可溶性岩石的孔隙度一般比较小，但在贝壳灰岩、珊瑚礁灰岩、生物碎屑灰岩中，孔隙大而多，对岩溶发育影响很大。

（三）水的溶解性

自然界的水是不纯的，含有许多化学成分。水对碳酸盐类岩石的溶解能力，主要取决于水中多余的 CO_2 的含量，即所谓的侵蚀性 CO_2。其含量越多，溶解能力越强。水中的 CO_2，主要是雨水溶解空气中的 CO_2 形成的。此外，土壤和地表附近强烈的生物化学作用，也是水中 CO_2 的重要来源。在地下水向深处运动过程中，由于不断溶解岩石，水中侵蚀性 CO_2 含量逐渐减少，地下水的溶蚀能力也随之下降；水温也影响水的溶解能力，温度越高，溶解能力越大；当水中含有 Cl^-、SO_4^{2-} 时，水对碳酸盐类岩石的溶解能力将增加。

（四）水的流动性

水溶蚀能力与水的流动性关系密切。在水流停滞的情况下，随着水中 CO_2 的不断消耗，水溶液达到饱和状态而丧失溶蚀能力。只有当地下水不断流动，与岩石广泛接触，源源不断地补充富含 CO_2 的水时，岩溶才能继续进行。

地下水的流动性主要取决于降水量、水位差和岩石的透水程度。降水量和地下水循环系统的水位差越大，水的流动就快。所以，多雨的湿润地区和新构造运动上升强烈地区，溶蚀作用比较强烈。相反，在干旱地区，降水较少，溶蚀作用微弱。新构造运动相对稳定的准平原区，地下水循环系统的水位差不大，溶蚀作用就不如山区强烈。

（五）气候条件

由于我国南北气候带不同，岩溶作用、岩溶形态、富水性、地下水分布规律呈地带性差异。北方地区年降雨量少，一般为 400 ~ 800 mm，降雨季节分配不均，夏季雨量集中，占全年降雨量的 60% ~ 70%，夏季炎热干燥，冬季寒冷干燥，年地表径流与地下渗流均集中在雨季，使地表岩溶不发育，地下岩溶也不如南方岩溶发育，故缺少大规模的地下溶洞、落水洞、地下暗河等。但北方气候也有促进岩溶发育的一面，因为雨热同期，降雨与地表径流集中在夏季，入渗水流下渗到一定深度后，由于地温稳定，水可长期溶蚀、冲蚀岩石，形成地下溶蚀裂缝、溶孔、溶洞等储水空间，构成石灰岩含水层。

北方成井可以证明，在石灰岩的排泄区或径流区，不仅存在着溶洞裂隙，而且还有少量的暗河。如山东沂源土门下涯洞中的暗河，辽宁本溪的水洞暗河，山西娘子关的地下暗河等。有的暗河口位于现今的河涯脚下（沂源土门下涯洞中的暗河），这些暗河补给河水,并以河床作为排泄基准面,说明地下暗河与现代河谷二者是同期形成的产物。

南方地区降雨充沛,年平均降雨量 1 200 mm,年平均气温高于 15 ℃,地面径流和地下渗流强度大,地表岩溶和地下岩溶形态发育。石灰岩受到地下水的溶蚀作用和机械冲蚀作用,往往形成网状、脉状的管道系统,组成地下暗河。地下暗河径流量大,地表一般不缺水。但局部地区,如分水岭附近、地下水的补给区,由于受到岩性、地质构造、地形条件的限制,水源缺乏。如广东省的东北部、湖南省的南部、云南省的北部、江西省、安徽省各地都有一些地区缺水,有的地区缺水严重。

(六)地形、地貌条件

石灰岩地形条件,有地上形态,也有地下形态,地上地形地貌如山地、丘陵、盆地与平原,影响着岩溶的发育。在不同地貌条件下,岩溶发育程度是不相同的。山地、丘陵区,地表起伏大,山高坡陡,降雨后地表径流速度快,入渗水量少,地表缺水严重;平原、盆地区,坡度缓,这类地区常常有第四系覆盖层覆盖,降雨后地表径流速度缓慢,入渗水流大,而且入渗水中溶解沉积物中的 CO_2,增强了地下水的溶解性,使石灰岩溶解加快,再加上上覆土层中的水分,可起到长期调节作用,延长石灰岩的溶蚀时间。因此,第四系薄层覆盖区,地下岩溶发育最好,成井率高,尤其是在覆盖的谷地,利用河流的阶地、河漫滩、河床,开采下伏灰岩岩溶水,北方单井出水量达每小时几十立方米,南方可达每小时几百立方米以上。

(七)地质构造

岩溶发育与地质构造关系密切,很多典型的岩溶区均受构造体系控制。裂隙节理、断层破碎带、褶皱轴部、可溶性岩石与不可溶性岩石的界面等部位岩层破碎,水流汇集,交换和运动条件好,溶蚀作用进行的顺利而迅速,因而岩溶地貌发育。

1. 断层构造

断层是地下水的良好通道,所以沿断层带岩溶特别发育。断层的规模、性质、走向、断裂带的破碎程度及填充方式,都和岩溶发育密切相关。正断层属于张性断层,岩体破碎,破碎带一般为断层角砾岩,透水性强,有利于岩溶发育,断层的上盘一般比下盘发育;逆断层一般为压性断层,破碎带一般为大量的碎裂岩和糜棱岩,胶结好,孔隙率小,呈致密状态,不利用岩溶发育。平推断层破碎带内既有岩石的糜棱结构,也存在次一级的构造裂隙,对岩溶的发育,介于两者之间。

2. 褶皱构造

不同的褶曲形态,岩溶发育程度、部位也不相同。在背斜构造区,背斜轴部,张裂隙发育,有利于地下水向下渗流,岩溶发育常比其他部位高,形成一系列沿轴向分布的岩溶形态。背斜的两翼地段,裂隙岩溶发育较差。在向斜构造区,地下水富集于轴部,沿轴向排水,可形成暗河,因而岩溶化强烈,逐渐向两翼减弱。

3. 单斜构造和水平构造

岩层倾角的大小不同,地下水流速和循环不相同。倾角越大,地下水循环越剧烈,岩溶作用越强;水平构造或缓倾斜构造区,同一岩层在地表面分布,促使岩溶均匀发育,形成单一的地貌景观,岩溶发育情况多由层面裂隙控制。

三、石灰岩地下水开采类型

石灰岩在各种基岩中,是含水最多的岩层,也是开采数量、开采规模、开采强度最高的岩层之一。根据各地开采利用岩溶水的情况和岩溶水赋存条件,可将岩溶水开采类型划分为以下六种。

(一)地层组合型

石灰岩与页岩、白云岩、泥灰岩岩层组成互层、夹层、表层、底层等不同形式的组合结构,这些结构在一定条件下都能产生岩溶,构成层间裂隙岩溶水含水层。这种层间水,在地形低洼、汇水条件良好的地区,含水丰富。地层组合型的地层主要有下寒武统馒头组、下寒武统毛庄组、中寒武统徐庄组、下石炭统本溪组、上白垩统王氏组等地层。另外,相邻两个地层也可能构成地层组合型,如张夏组下部灰岩与徐庄组页岩、中奥陶统2、4、6段厚层灰岩与下伏的1、3、5段泥灰岩互层组合等。下寒武统馒头组、下寒武统毛庄组、中寒武统徐庄组的含水性已在本章第二节中叙述,下面简要介绍下石炭统本溪组、上白垩统王氏组地层含水性。

下石炭统本溪组夹有徐家庄灰岩、草埠岭灰岩,溶洞发育好,含水丰富,在山东淄博地区,有很多煤矿和钻孔取自该层岩溶水。

【例】山东新泰新汶孙村机井,穿入徐家庄灰岩,在草埠岭灰岩中终孔,井深80 m(灰岩总厚度不超过18 m),出水量30 m^3/h。

上白垩统王氏组,在红色砂岩中夹有薄层泥质灰岩或数层灰岩,溶洞发育好,含水丰富。

【例】山东莱西李权村大口井,遇到三层泥质灰岩,井深13.5 m,井径6 m,日出水量3 000 m^3。

根据岩层的组合关系,地层组合型主要有以下几种。

1. 表层组合

当可溶性岩石覆盖在非可溶性岩石之上,上部可溶岩通过渗透水流的溶蚀,使裂隙扩大,岩溶水在渗透过程中遇到下部非可溶性岩石的阻滞,富集在底层灰岩中成为富水层。但表层灰岩要有一定厚度,灰岩厚度应大于区域水位。表层组合型是在大面积出露的厚层灰岩地区,岩溶发育不均匀,又缺少构造条件上利用的开采型。

【例】山东省泰安市楼村的机井利用张夏组灰岩覆盖在徐庄组页岩上,井深85 m,41 m深处遇到溶洞,水位降深24 m,出水量80 m^3/h。

【例】山东省历城邵而乡利用中奥陶统厚层灰岩覆盖在泥岩上,布置4眼机井,井深74~110 m,出水量均超过100 m^3/h。

2. 底层组合

可溶性岩石埋藏在非可溶性岩石的底部,下伏岩溶通过静水压力作用,促进岩溶发育,使裂隙、溶孔、溶洞增多,成井率高。

【例】山东省淄博良庄果园机井,井深267 m,上覆35 m厚中石炭统砂页岩层,含水层为120 m厚中奥陶统马家沟灰岩,岩溶发育,出水量56 m^3/h。

3. 互层组合

可溶性岩石与非可溶性岩石组成互层结构,这种组合型从震旦亚界到第三系地层,全国都有分布。如震旦亚界白云岩与石灰岩、白云质石灰岩与钙质砂岩、厚层灰岩与薄层板状灰岩、硅质白云岩与白云质灰岩等互层组合;寒武系的灰岩与页岩、灰岩与灰质砂岩、泥质灰岩与石灰岩等组合;奥陶系灰岩与泥灰岩、白云岩与白云质灰岩、泥晶灰岩与生物灰岩等互层组合;泥盆系珊瑚灰岩与页岩、灰岩与砂质页岩的互层组合;石炭系的灰岩与页岩、灰岩与砂岩的互层组合。以上这些组合,与单纯大面积连续分布的灰岩相比,岩溶发育,在缺少构造的条件下,一般可以成井,主要原因如下:

(1)可溶性岩石与非可溶性岩石相互接触,为地下水选择性的溶蚀作用提供了条件,使岩溶水能够沿着灰岩裂隙集中溶蚀、冲蚀,不断扩大裂隙规模,使岩溶发育比较集中,构成富水带。

(2)互层组合分割渗透水流,使岩溶水集中汇聚,将分散的有限的补给量集中于灰岩内,有利于确定井位,提高成井率。

(3)由于含水层与隔水层的相互结构,岩溶水多呈承压性,具有一定的水头高度,不仅能够促进岩溶化,而且能使机井开采水位上升,有时可以打成自流井。

【例】山东省章丘东狐狸村机井,井深 133 m,下寒武统馒头组灰岩与页岩互层,钻至 5 段灰岩时,井水开始自流,旱季涌水量 10 m³/h,雨季 40 m³/h;山东省沂南章兴庄为毛庄组灰岩与页岩互层,井深 110 m,终孔在毛庄组页岩上,出水量 30 m³/h。

4. 夹层组合

夹层组合是指可溶性岩石以厚层形式夹在厚层非可溶性岩石或难溶性岩石之间,其夹层厚度一般不少于 2 m,地下水渗透与汇聚于可溶性岩石中,岩溶发育,含水丰富。石炭系地层在北方地区以砂页岩为主,中间夹有数层石灰岩或泥灰岩,在北京地区有上石炭统太原组下部夹有 1~2 层泥灰岩,中石炭统本溪组夹有 1~4 层泥灰岩,单层厚度 8 m;山东省太原组夹 5 层灰岩,单层厚 1~2 m,本溪组徐家庄灰岩,厚 2~8 m。这些灰岩与泥灰岩夹层,在地形、构造的配合下,都含有少量岩溶水。

【例】山东省新泰孙村机井,利用本溪组 2 层灰岩,总厚度 18 m,井深 80 m,出水量 30 m³/h;山东省章丘潘家毕 4 号孔,井深 251 m,穿透太原组 1~5 层灰岩与徐家庄灰岩,出水量大于 56 m³/h。

(二)背斜构造型

背斜轴部纵向裂隙相当发育,岩溶水侵蚀强烈,使轴部富水性增强。在南方气候条件下,背斜轴部往往形成岩溶槽谷。如四川东部的三叠系嘉陵江组灰岩、白云岩,总厚度 500~700 m,组成华莹山、铜锣峡、明月峡槽谷,含水多。在北方气候条件下,背斜轴部同样岩溶发育,岩溶形态规模虽小,但含水丰富。

【例】山东长清大柿子园是由中奥陶统灰岩构成的背斜构造,背斜轴部机井,井深 80 m,水位埋深 7 m,单井出水量 100 m³/h(见图 3-14)。

【例】北京地区黄草洼,由长城系高于庄灰岩组成的背斜构造,从轴部涌出的泉水,总流量 21 835 m³/d。在背斜的倾伏端,除纵向裂隙发育外,放射性裂隙也十分发育,蓄水性强,单井出水量大。如河北省平谷县关上—万庄背斜倾伏端的西凡各庄,南涝山和盘山背斜倾伏端的豹子岭,出水量很大;山东省宁阳南陈庄,背斜倾伏端机井,井深 10 m,出水量 51 m³/h。

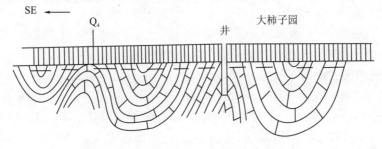

图 3-14 山东长清大柿子园背斜蓄水构造

(三)向斜构造型

向斜轴部纵向裂隙、横向裂隙、X 型裂隙都很发育,形成大范围的岩溶发育带。当向斜两翼的倾角较缓,接受两翼补给水量多,富水带宽。

南方地区大型向斜较多,如粤北地区由泥盆系、石炭系、二叠系灰岩构成的向斜构造,岩溶发育强烈,其中黄德—翁城向斜构造的岩溶上升泉,枯水季节流量 60 480 m³/d,最大可达 8.64 万 m³/d;贵州三塘向斜,地下水沿向斜轴部汇流,主流长达 20 km,平均流速218 m/d(见图 3-15)。

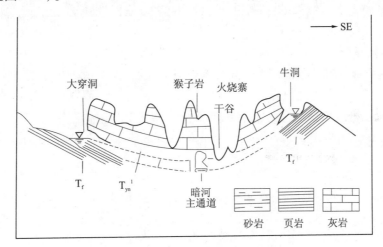

图 3-15 贵州三塘向斜轴部地下河流图

向斜构造在北方规模小,分布不广,如山东省泰安市石崖机井,井深 60 m,由寒武系灰岩组成的向斜,出水量 160 m³/h;河北密云县西葫芦峪机井,由蓟县系雾迷山组硅质白云岩组成的小向斜轴部,井深 179.4 m,单井出水量 16.42 m³/h,井深加到 234.3 m 时,出水量达 66.75 m³/h。

(四)单斜构造型

单斜地层倾角大小,影响着裂隙岩溶发育。倾角小于 10°的近水平单斜岩层,含水裂隙主要为 X 型扭裂隙,因地形平坦裂隙多闭合,降雨入渗补给少,裂隙岩溶不发育,灰岩含水性差;倾角为 10°~45°的缓倾斜岩层,含水裂隙主要为顺层裂隙,其次为层间滑动的张裂隙和 X 型扭裂隙,由于地表出露面积大,接受降雨多,地下水沿层面裂隙向倾斜方向运动,富集于灰岩层中,当遇到阻水岩层或被岩脉阻挡时,岩溶发育较好,构成富水带;倾角大于 45°的陡岩层,含水裂隙以层间滑动的张裂隙为主,地下水沿岩层走向运动,因倾角过大,张裂隙易被黏土充填,且出露面积小,降水补给少,岩溶不甚发育。

以上表明,缓倾斜单斜岩层富水性最好,但其岩溶发育程度与地形关系密切,由于岩层走向与沟谷走向垂直,当岩层倾向与地形坡度相反时,有利于地下水的赋存;当岩层倾向与地形坡向一致时,多数情况下,地下水容易沿地层裂隙流走,只有当下游遇到阻水构造时,方能富集地下水,如遇到阻水岩脉的阻挡,还可形成上升泉,如山东省百脉泉群。

(五)断裂构造型

断裂构造型富水带,是石灰岩区开采最广泛的类型。一般较大的断裂构造分为断裂带与影响带两个富水体。当断裂面为张性或张扭性导水断层时,断裂带破碎强烈,构成富水体;当断裂面为压性或压扭性时,断裂面挤压紧密,断层泥、糜棱岩、压碎角砾岩充填致密坚硬,裂隙不发育,隔水性强,构成阻水带。此类断层较多,施工时岩芯完整,储水很少,甚至无水。

影响带是开采中经常利用的富水体,当断裂为压性、压扭性、扭性的阻水构造时,影响带中的旁侧构造则成为主要开采对象,在断层面上盘含水多,下盘则少。如山东省肥城阻水正断层,两盘均为中奥陶统马家沟灰岩,两眼井分别布置在上盘和下盘上,上盘井井深 75 m,出水量较大,出水量 3 000 m^3/d;下盘井井深 90 m,出水量少,出水量 500 m^3/d,两井相距 200 m,出水量相差 6 倍。

(六)接触开采型

灰岩与侵入岩接触,不仅岩性差异影响岩溶化程度,而且由于接触变质作用,往往使石灰岩发生重结晶,颗粒变粗,即大理岩化。灰岩受侵入体顶起或烘烤发生破碎,裂隙发育,岩溶发育强烈,形成富水带。富水程度视侵入体规模和产状而异,一般来讲,岩基、岩株、岩盘的接触带富水性强,岩脉次之,岩床最差。这些侵入体内部结构致密,视为阻水体,当与地形坡向、补给来源相配合时,成井率高。

第六节　找水经验

我国地下水在开发中,积累了许多找水经验,当地的广大群众对本地区的地下水、地形、地貌、岩石、构造最为熟悉。地质找水工作,必须依靠群众,总结当地群众的找水谚语,综合分析。必须强调的是,这些经验和体会具有明显的地域性、片面性,有的看似相互矛盾,放在同一条件下并不成立。各地在找水应用时,找水工作者应根据各种自然现象提供的线索,进行综合全面分析,要因地制宜,辩证地看待这些经验,不能死板地套用,否则会出现失误,导致找水定井失败。

一、根据地表岩土的湿度来判别是否有地下水

(一)"烂泥田,有水源"

在山区的低洼地带,由于地下水的汇聚,在这些地带常形成烂泥田,常年泥泞不干,有时见水泡上翻,说明其下有地下水。地下水一般为孔隙水,是周围的裂隙水汇聚而成的,

根据烂泥田的分布范围和烂泥田含水情况来判别地下水的丰富程度。烂泥田分布范围越大,水分越多,说明地下水越丰富;否则相反。

(二)"旱龙道,水源好"

在平原区,地层一般为第四系土层,如果泥泞不堪,地表水不易下渗,说明此处地下为渗透性小的黏土、亚黏土,地下水一般不丰富;相反,如果下雨后,地表立刻变干,雨水很快深入地下,说明地下为透水性很强的地层,如砂土、卵石层等,地下水一般较丰富。在小型平原和山间谷地,群众把规模较小的古河道称为"旱龙道",意为条带状干燥的通道,形似龙一样,只要找到古河道,就能找到含水性较强的地下水。

石灰岩山区,由于岩石具有较强的透水性,雨后地表干燥,说明降雨很快变成地下径流,地下水一般较丰富,当然由于岩溶水是一个复杂的地下水系统,岩溶发育带不一定就在附近;变质岩山区,由于岩石完整,透水性差,雨后地表溪流不断,大雨过后常形成许多泉水,不久就断流,说明降雨大部分变成地表径流,不能有效补给地下水,地下水一般贫乏,是地下水贫水区,如山东省胶东的花岗岩地区、变质岩地区。

二、冬季根据地表是否结冰来判别有无地下水

(一)"有结冰,水源好"

在山区,常有许多下降泉,说明该处地下水丰富,是潜水排泄处,可以作为小型饮用水源。到了冬季,水溢流,沿着山坡流淌结冰,常形成悬挂的冰幕。可根据悬挂冰幕的厚度、范围大小判别地下水的丰富程度,如结冰厚度大,结冰范围广,大致可以判别泉的流量较大,地下水较丰富,可以考虑采用引泉工程开采地下水。

(二)"不结冰,有水源"

在平原区,到了冬季,一般地区都结冰或积雪,但其中一个小范围内不结冰或结冰时有裂缝,缝壁有白霜,有时候早晨看见有雾气上升,其下面可能有水源。这种地下水一般为埋藏较浅的孔隙潜水。可根据化冰的范围大小判别地下水的丰富程度,如果化冰范围大,地下水分布范围大。温度越低,周围结冰厚度越大,化冰越明显,说明地下水活动越强烈,含水一般较丰富。在这些地方采用大口井开采,一般能获得较丰富的地下水。

三、根据泉水的出露来判别是否有地下水

泉水的出露是判别地下水的最有效手段之一,是反映岩石富水性和地下水的分布、类型、水质、补给、径流、排泄条件和变化的一项重要标志,观察泉水的流量、出露高度、泉水温,对了解地下水类型、地下水埋藏条件、地质构造具有重要意义。

(一)"下降泉,水源小"

在山丘区,由于含水层受到切割,形成许多的下降泉。下降泉说明地下水为潜水的排泄处,地下水一般不丰富,只能作为小型饮用水源。

(二)"上升泉,水源丰"

如果是上升泉,说明地下水为承压水的排泄处,地下水一般较丰富,常可以开采为大型水源地,如济南的七十二泉,山西的娘子关泉。

(三)"有温泉,水源远"

如果泉水温度大致相当或略低于当地年平均气温,称为冷泉。这种泉大多由潜水补给,一般情况下冷泉是就地补给,就地排泄,地下水运动距离短、不丰富;如果泉水温度高,高于当地年平均气温,称为温泉。这种泉大多由承压水补给,一般情况下温泉是异地补给,当地排泄,地下水运动距离长,如果进一步开采,地下水一般较丰富。

四、根据地形地貌来判别是否有地下水

地形、地貌是寻找地下水的最直接依据,不同的地形、地貌特征,影响着地下水的补给、运动、排泄。根据地形特征,有以下几种找水经验。

(一)"青山压砂山,往往有清泉"

在地貌上如果上部为石灰岩地层(青石山),下部为变质岩地层(砂石山)构成的青山压砂山,在两者的接触带上,馒头组石灰岩中的二段含水灰岩中的地下水,遇到变质岩的阻挡,形成泉水出露。如果砂石山出露地表,地下水补给较少,出水量往往不大,如济南市灵岩寺在不大的范围内,出露一系列泉水,成为著名的"五步三泉",泉水就来自石灰岩与变质岩的接触带,不过近年来由于降水减少,地下水补给水量减少,该泉基本干涸无水。如果变质岩有一定埋深,上部石灰岩补给条件好,地下水往往较丰富。

(二)"掌心地,找水最有利"

掌心地、簸箕地段是指三面环山的小洼地,周围地下水集中流向洼地。在地形等高线上构成半闭合的洼地,周围地下水集中流向洼地,对于打井或挖泉最有利(见图3-16)。

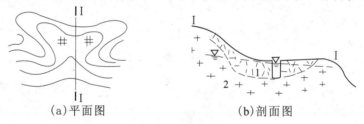

　　　　(a)平面图　　　　　　　　　　　(b)剖面图

1—风化裂隙带;2—花岗岩

图3-16　簸箕地段风化裂隙富水构造

(三)"山间低地,汇水最有利"

在石灰岩地区,山间低地的地下水位浅,周围山地汇水集中,使石灰岩中裂隙溶洞充满水,在地表不见构造的情况下,根据这种地形也可以打出水来,如山东省新泰市禹村东站区域水位埋深14 m,井深15 m,出水量很大。在其他岩石地区,山间低地汇水条件好,地下水相对丰富,也是井的最佳位置。

(四)"两山夹一沟,河涯有水流""两山夹一嘴,常常有流水"

两山之间有一沟谷,河谷切割出不同岩层,也切割于地下水面,在坡脚处往往有层间裂隙水流出。两山之间出现一孤山,孤山的山嘴阻挡了上游河谷的水流,如潜水位高时可有泉出露。

(五)"山扭头,有水流"

在山脉拐弯处,由于山脉走向变了,但含水层中部分水流方向不变,地下水便在适宜

的地方涌出成为泉水。

(六)"山岗坡,泉很多"

山间盆地的边缘,常有许多的低矮山岗、山岗坡,地下水常沿山脚流出。如果是大型的山间盆地或谷地,地下水储量很丰富,两侧常有水流出,如山西临汾盆地,就是广泛利用潜水井进行灌溉。

五. 根据地物来判别是否有地下水

(一)"黄泥头下藏水源"

在山丘区,第四系堆积物一般为坡积、残积的土层,而下伏基岩的风化壳形成年代新,风化裂隙发育,一般富水。覆盖层越厚,覆盖层渗透性越大,地下水往往越丰富。山丘区的覆盖层一般为粉土夹砂粒、黏土夹砂,老百姓俗称黄泥头,土层下与基岩接触带附近,一般含有水量不大的地下水,可作为小型水源开采。

(二)"有石龙,水源到"

岩脉俗称"石龙"或"石筋",由于岩脉属于脆性岩石,而围岩属于柔性岩石,石龙本身裂隙比较发育,充填物也较少,有利于地下水的富集,是变质岩、岩浆岩地区较好的含水构造。变质岩地区较好的含水岩脉有花岗岩脉、长石岩脉、石英岩脉、闪长玢岩。

【例】山东省章丘孟张村附近的中奥陶统石灰岩,其中地下水位埋深 100 多 m,但在山南沟谷底部,有一条呈东西向延伸的闪长玢岩岩墙,在南侧出露有倾向北西的上寒武统凤山组下部灰岩,水井打在岩墙的南侧,井深 27 m,水量丰富,解决了该村饮水问题(见图 3-17)。

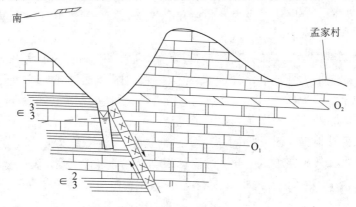

图 3-17　山东省章丘孟张村岩脉构造

(三)"河水突然断流,地下水不请自到"

河流流量的变化,大致可以反映地下水与河水的互补关系。如河水显著增加段,表明两岸有较丰富的地下水补给河水,可以针对显著增加段的上游附近查找地下水;如流量显著减少甚至干涸变成干河床,说明河水补给地下水,在河流的下游段寻找地下水。

【例】山东省淄河,位于石灰岩的断裂谷中,平均 80% 的流量,沿断层下渗补给地下水,其间有的河段形成干河,全部水流下渗变成地下水,这时可以用截渗方法,把水引出来。

六、根据气象来判别是否有地下水

(一)"雾气升,有水源"

石灰岩洞穴,如果常年有白雾迷漫,说明该处含有丰富的地下水。如浙江著名的瑶琳仙境溶洞,就是当地百姓发现山上常年雾气缭绕,发现特大溶洞,最后开发成著名的溶洞旅游胜地。

在某个地方天冷久旱时期,在无风的早晨,迎阳光从稍远处望去,常见水蒸气上升,说明该处可能有地下水;平坦的草原,傍晚有薄雾笼罩,下面可能有地下水存在。根据水蒸气上升寻找的地下水都是埋深不大的潜水,对于埋藏较大的承压水、深层水,利用这种现象找水就无能为力了。

(二)风水先生土法找水

在偏远的农村,常见有找水先生,在地上挖一个坑,将一个非常大的泥碗倒扣在坑里,到了清晨翻开泥碗,根据泥碗里凝结水珠多少来判别是否有地下水,如果水珠多,说明地下水形成的水蒸气旺盛,地下水丰富;有时候他们在坑里点燃一堆稻草观察稻草炊烟上升形状,如果烟雾垂直上升,说明水蒸气多,地下水丰富,尽管这些方法带有一定的迷信色彩,但也有一定的道理。

七、根据植被来判别是否有地下水

(1)带状分布的茂盛植被,说明该处可能为断层破碎带,含有丰富的构造裂隙水。断层破碎带为脉状分布,沿断层带发育有断层角砾岩、断层破碎带,地下水较丰富。野外许多断层就是根据带状分布的植物发现的。

(2)地表生成喜湿植物,如芨芨草、沙柳、水芹菜、竹子等,说明地下水一般埋藏浅,水量多,这些地下水一般为孔隙潜水。例如,芦苇生长地区,地下水位一般埋深 $0 \sim 3$ m,芨芨草群地区,地下水位埋深 $3 \sim 6$ m,而骆驼草指示较深的地下水位,一般埋深 15 m 左右。

在野外的地质找水中,根据芦苇生长情况,在揭示地下水赋存方面效果较好。在北方山丘区的坡脚、低洼地带,凡是地下水排泄、出露的地带,都长有茂密的芦苇,说明该地段为地下水的出口,一般含有丰富的地下水。可根据芦苇生长的范围、茂盛程度,来判别地下水富水程度,范围越大,说明地下水排泄范围广,生长越茂盛,说明地下水水量越丰富。

【例】山东省日照市多个山村利用坡脚芦苇生长带,开采成饮水水源,解决了山区群众的饮水困难问题。

八、根据地名来判别是否有地下水

有的地方,地名和水源有关系,如××泉、××桥、××井等,虽然这些地方已看不到泉、桥、井等现象,但追查其地名的来源,也能找到新的水源。如山东省莱西林泉庄,就是根据过去泉的线索,沿途挖掘透水与隔水带,终于挖出良好的水源;浙江余姚三山桥原为河口码头,今已淤积成平原,从码头的位置,找到一条古河道,打出水量丰富的机井。

第七节　基岩地区找水定井注意的问题

岩石的性质、地质构造条件以及地下水的补给排泄条件，是基岩地区地下水赋存规律的三个基本要素，不论缺少哪一个条件，都不能形成蓄水构造。即使有合适的蓄水构造或含水层，也要考虑基岩地下水补给条件，确定合适的井型及井深。

一、井型确定

基岩地区，由于地下水的类型不同、含水层厚度及埋深不同、地质构造条件不同、出水量大小差异，必须选择不同的取水方式，即选择合适的井型，开采地下水。

取水建筑物有大口井、深井、截潜流工程等。

（一）大口井

大口井是山区地下水主要取水方式，它具有施工简单、取水方便、出水量大等优点，适合于开采浅层地下水。适合大口井的主要有以下几种情况：

（1）对于水位埋深浅、风化层厚度不大、基岩埋藏浅的风化裂隙水，一般采用大口井。

（2）山区季节性河流的上游，大部分时间河床干涸，在河床内覆盖有少量的砂砾石层，含少量的孔隙水，这种情况最适宜大口井开采。河道坡度大，大口井平面上一般布置成方形，大口井的侧壁上游来水侧，可以做成干砌石，增加进水量，为保证水质，一般在大口井外侧设置砂砾石反滤层；下游侧一般做成浆砌石，防止地下水流走。大口井的其他两侧根据情况可做成干砌石或浆砌石，如果两侧有地下水渗入，可以做成干砌石，如果没有地下水渗入，可做成浆砌石。

（3）埋藏不深、区域水位较高的层间岩溶水，可以采用大口井开采。如上寒武统馒头组中下部与片麻岩接触带，如果当地地下水较高，而接触带埋深不大，一般少于 20 m，可以采用大口井开采，出水量大。如山东省泰安市西南部堰东一带，西部为花岗片麻岩，东部为馒头组地层，在馒头组打大口井，井深至片麻岩，井深一般为 10～15 m，出水量很大，解决了当地农业灌溉问题。但由于地下水位下降，这些大口井有的出水量减少，有的甚至干涸无水。

（4）埋藏在坡积物中的孔隙水，一般采用大口井开采。由于坡积物厚度小，坡度陡，下伏基岩完整，风化层薄，地下水多以下降泉的形式在适当地方出露。许多缺水村庄以这种水源作为饮用水。

【例】山东日照东港区的寨山前村，位于山区，村内原有饮水井为河道孔隙水，已严重污染，无法使用，村东北山前覆盖有坡积物，坡脚有泉水出露，常年不干，采用大口井取水，大口井布置为长方形，为增大出水量，最大程度地截断地下水，长度方向沿等高线布置，长10 m，宽度方向沿地下水流向布置，宽度 5 m，深度 5 m，出水量 40 m³/d，基本解决了该村360 人的饮水困难。

（二）深井

（1）对于水位埋深深、风化层厚度大、基岩埋藏深的风化裂隙水，一般采用机井。根据大口井施工经验，当大口井深度超过 20 m 时，施工困难，一般采用机井开采。

（2）断层、背斜或向斜形成的构造裂隙水，由于埋藏深度大，一般采用机井开采。

（3）埋藏深度大、水位深的沉积岩含水层，必须采用机井开采。

【例】山东省五莲县西淮河村为一移民村，地层为侏罗系砂页岩互层，在村南布置一深井，井深90 m，地下水为承压水，水位基本与地面齐平，雨季自流。在30 m深处遇到砾岩含水层，水位开始上升，终孔90 m，出水量6 m³/h，解决该村吃水和部分农田灌溉问题。

（三）截潜流工程

山区河道孔隙水，为增大出水量，一般采用截潜流工程开采，这种取水方式出水量大，施工方便，但工程造价大。

二、基岩地下水的补给

蓄水构造自外部获得水量的过程称为补给。在山区定井时，必须考虑地下水的补给条件，补给条件的好坏将直接影响出水量大小。如果仅找到好的含水层，但补给条件差，补给量小，地下水出水量小；相反，如果补给条件好，但没有合适的储水岩层，也无法有效开采地下水。只有补给条件好，同时具有较好的含水层时，才能开采水量丰富的地下水。基岩地下水补给方式主要有大气降水入渗、地表水下渗、凝结水下渗补给及越层补给等方式。

（一）大气降水入渗补给

地下水的主要补给来源是大气降水，故大气降水的多少，直接影响地下水补给条件的好坏，且二者成正比关系。但由于找水定井工作面对的是局部区域地下水的勘察，而区域内降水量变化一般不大，故在补给条件的分析中，降水量可以看作是一个不变因素，不予考虑。在降水量一定的前提下，补给条件的好坏主要与补给区岩石透水性、补给区面积、汇水区面积、植被的覆盖程度、地形地貌条件等因素有关。

1. 补给区岩石的透水性

降水是蓄水构造获得补给的外部因素，补给区岩石的透水性是蓄水构造获得补给的内部因素。外因是通过内因起作用的，即降水量再大，岩石不透水或透水性很弱，照样不会形成丰富的地下水源，而变成地表径流流失。补给区岩石的透水性越强，降水入渗补给量才越大，则地下水也就越丰富。我国北方石灰岩裸露的地区，降水入渗补给量一般为降水量的40%～50%，在地表岩溶发育的地区，入渗补给量有时高达70%～80%，补给量十分可观，所以构成北方地下水的主要富水区。而在裂隙岩石（非可溶岩）的裸露区，降水入渗补给量甚微，一般仅为降水量的5%～10%，所以往往构成贫水区。

2. 补给区的面积

所谓的补给区面积，是指透水的岩层在地表出露面积的大小。在降水量、岩石透水性一定的前提下，补给区面积愈大，入渗的水量愈大，则地下水量也就愈丰富。在透水岩层厚度一定的前提下，补给区面积的大小与地形的坡度有着密切的关系。当岩层倾向与地形的坡向一致，且岩层倾角小于地形坡角时，透水岩层出露的面积较大，此时补给区面积最大，对地下水的补给最为有利；当岩层倾向与地形的坡向一致，且岩层倾角大于地形坡角时，透水岩层的出露面积较小，对地下水的补给较差；当岩层倾向与地形的坡向相反时，透水岩层出露的面积最小，此时补给区出露的面积最小，对地下水的补给最差。

3.汇水区的面积

所谓汇水区面积,是指补给区的上游方向,弱透水层或不透水层的分布面积。汇水面积愈多,所汇集的地表水量愈多,则通过透水层所形成的补给量也就愈大,否则愈小。所以说,汇水区面积的大小将直接影响地下水的富集,这一点在补给区岩石为弱透水层时更为突出。如山东省寒武系馒头组的矽质石灰岩含水层,厚度仅数米,在地表出露的宽度不超过 15 ~ 25 m,虽说补给区面积不大,但该含水层水量极为丰富,究其原因,就是因为在上游方向有大面积的变质岩构成其汇水面积所致。

4.植被的覆盖程度

植被的覆盖程度也是影响地下水补给的重要因素之一。植被的叶面可以拦截降水,延缓降水的下渗过程,增大入渗补给量;植被的根系也可以涵养水源。因此,植被覆盖程度的大小,对涵养地下水源具有重要的作用,在找水定井工作中也具有重要的参考意义。山东省沂源县的璞印地区,流域面积 26.7 km²,森林覆盖率达 45%,林草郁闭度 0.6 ~ 0.7,可减少地表径流的 50% 左右,成为其下游九龙泉一带地下水的重要补给区。

5.地形地貌条件的影响

地形地貌条件影响着地下水的汇集、径流和补给以及区域地下水位的高低。如剥蚀的山地丘陵地貌形态,岩石多裸露于地表,植被覆盖率低,降水主要形成地表径流迅速排泄,对地下水的补给甚少;而且由于地势高,地形切割深度大,地表坡度陡,地下水表现为发散的辐射流,迅速向下游低洼的地区或沟谷地带排泄,致使这些地区地下水位埋藏深度大,富水性极差,仅在低洼处或沟谷地带形成局部富水区。山前平原或山间盆地,地势低洼,地形平坦,汇水条件好,补给极为有利,当岩石性质和构造条件有利时,往往构成富水区。

(二)地表水的补给

地表水的补给是指江河、湖泊、水库等地表水体对地下水产生的补给。当这些地表水体与蓄水构造有水力联系,且水位又高于地下水位时,就会通过透水层或弱透水层向下渗透,对地下水产生补给。虽然这种补给仅发生在有限的范围内,但由于是常年持久的下渗补给或集中的渗漏补给,所以补给量是相当可观的。如山东省的淄河在流经南博山一带的奥陶系石灰岩地区时,由于河床下部岩溶发育,透水性极强,河水大量渗漏。汛期该河最大流量 50 m³/s,最小流量 0.4 m³/s。据观测,流量的 97% 转为地下径流,成为下游地下水的主要补给区。

(三)凝结水的补给

在一定的温度下,单位体积的空气所能容纳的气态水的水量称饱和湿度。当温度下降时,饱和湿度降低,即空气中容纳的气态水量减少,多余的气态水便以液态水的形式凝结在岩石、土、植被的表面,并在重力作用下向地下深部渗透,对地下水产生补给。虽说这种补给作用很有限,但在昼夜温差变化较大的山地丘陵、高原、沙漠等干旱地区,却是不可忽视的补给来源。

(四)越层补给

相邻含水层中的地下水在水头差的作用下,通过弱透水层、"天窗"或断裂通道产生水量交换的过程称为越层补给(或排泄)。尽管有时这种补给的强度不大,但是其产生补给的范围大,持续的时间长,因此在某些地区也能成为某些含水层的主要补给来源。

三、基岩地下水的排泄

含水层失去水量的过程称为排泄。地下水通常以泉或流散的形式排泄补给地表水,除此之外还有越层排泄、蒸发及人工排泄等方式。研究排泄的目的是确定排泄基准面,推算地下水位及分析蓄水构造的蓄水条件。

(一)以泉的形式排泄

泉是地下水的天然露头。当含水层被侵蚀露出地表或被断层切割时,地下水便涌出地表,形成泉。山区地形起伏变化大,地质构造发育,含水层容易被侵蚀或切割形成地下水通向地表的通道,因而山区常有丰富的泉水。以泉群的形式为排泄方式的地区,一般都是地下水的富水区,它具有含水层均匀、水位高、易开发等特点。

(二)以流散的形式排泄

在河谷地带,地下水与地表水的补给、排泄常常呈季节性变化的关系,枯水季节,地下水常常以流散的形式补给河水。这种排泄现象很容易被观察到,如在没有干支流交汇的河流地段,水量有所增加;或者在封冻季节,冻结晚而融化早的河流地段等,这些现象都说明这些地段是地下水的排泄区,是地下水相对比较丰富的地段。

(三)越层排泄

基岩地下水的越层排泄可分为两种方式,一种方式是基岩地下水之间的水量交换形成的补给排泄关系,其形成原因主要是由于构造切割或人工原因揭露含水层所致,它的排泄特征表现为范围小,但排泄量集中。如山东省章丘县某地方煤矿在采煤过程中,揭露了含水层,使附近奥灰含水层通过断层向煤系地层产生越层排泄,造成矿井大量突水,致使奥灰含水层水量大量流失,水位大幅度下降,造成百脉泉干涸。另一种方式是基岩地下水向上覆的第四系含水层中排泄,在地形较为平坦的山前平原或较低洼的山间盆地,往往堆积着较厚的砂砾石层,基岩地下水或通过"天窗"或以流散的形式排泄,成为第四系孔隙水的一种补给来源。

(四)蒸发排泄

蒸发排泄方式仅发生在地下水埋藏很浅的区域,由于基岩山区地下水的径流条件通畅,埋藏深度一般较大,所以蒸发作用对水量、水质的影响很弱,可以不予考虑。

(五)人工排泄

人工排泄主要是指矿坑排水、水源地及农灌开采。矿坑排水、水源地开采,具有区域集中,开采量大,持续时间长的特点,是一个疏干含水层的过程,往往会导致区域水位下降、水井出水量减少等一系列不良的水文地质现象。在这些地区选择井的位置时,要充分考虑这些不利因素的影响,否则就会导致找水定井工作的失败。

四、区域地下水位的推算

通过对岩石的性质、地质构造和补给条件等方面进行分析,确定下井的位置后,就要确定地下水的开采方式。开采方式主要取决于含水层的埋藏深度及区域地下水位的高低。一般的规律是:当含水层埋藏深度较浅,且水位较高时,可用大口井的方式开采地下水;当含水层的埋藏深度较深,且水位较低时,应采用管井的方式开采地下水。由此可知,地下水位的埋藏深度也是决定开采方式的重要因素之一,在某种程度上也决定着找水定井工作的成败。

(一)水位的推算

在实际工作中,常用以下几种方法推算区域水位。

1. 以邻近水井或排泄基面的地下水位来推算拟定井的水位

所谓排泄基面,是指一个水文地质单元或蓄水构造内经常控制地下水排泄的出水口的高程。例如,泉或者常年排泄地下水的河流,在枯水季节的水位就代表该水文地质单元的排泄基面。设邻近井的地下水位或排泄基面高程的为 H_0,拟定井的位置距离所借用水位点的水平距离 L,则推算点的水位:

$$H = E - H_0 \pm IL$$

式中:H 为推算点的水位(按最低水位考虑),m;E 为推算点的地面高程,m;I 为地下水的水力坡度。

采用该方法推算地下水位时,要注意所借用点的水位与推算点的水位必须是处于同一个水文地质单元,即必须有着相同的补给、排泄条件的地质体或含水层的组合成为一个水文地质单元,否则所推算的水位将失去意义。

2. 侧向受阻型蓄水构造水位的推算

对于由断层、侵入岩体或地层岩性等阻水形成的阻水型蓄水构造,可依据阻水体处的地下水位或泉,来推算拟定井处的地下水位,计算方法同上。

3. 上层滞水水位的推算

上层滞水的水位可根据隔水层底板的高程来估算,计算方法同上。

(二)井深的确定

井的深度要视水文地质条件而定,除要考虑地下水位的埋深外,还要考虑含水层的埋藏深度。一般的规律是:

大口井:深度 = 最低水位 + (5 ~ 10)m;

机井:深度 = 最下一个含水层底板的埋深 + (5 ~ 10)m 的沉淀孔。

第四章　电阻率法找水

第一节　电法勘探找水分类

岩石都具有一定的物理性质,如导电性、导磁性、弹性、密度等,在地面上通过不同的仪器设备测定出地下岩石的某一物理性质,根据其物理性质的差异推断出岩石的性质和地质构造,以达到找水或找矿的目的,这些方法统称物理勘探(简称物探)。电法勘探是物理勘探的主要方法之一,它是利用地壳中不同矿物岩石电学性质间的差异实现地质目标的。

一、电法勘探原理

在电法勘探中,目前利用的矿物和岩石的电学性质或物理参数主要有四种:电阻率、磁导率、极化特性以及介电常数。如果被探测的矿体或地质体与周围的岩石在电磁学性质上存在着明显的差异,就可以引起电磁场的空间分布有规律的变化。因此,人们便可以根据这种相应的规律,结合地质分析和其他物探,查明地下有无矿物或地下水存在,并确定其大小、形状埋深等,以达到地质找水的目的。

如果当地下存在比围岩电阻率高的矿体或直立石英岩脉时,在它们的两侧由 A、B 两电极向地下供电,电流由 A 经过大地流向 B,当遇到石英脉时,电流绕过石英脉集中于地表附近,使石英脉上方电场强度急剧增加,用 M、N 两测量电极沿测线逐点观测电位差,并计算视电阻率,就可以根据视电阻率的异常发现石英脉,这种方法称为电阻率法(见图4-1)。

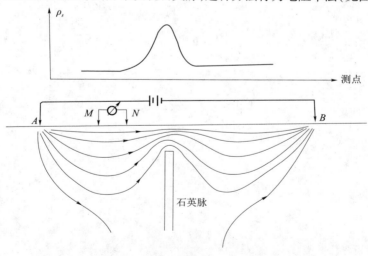

图4-1　电阻率法找矿、找水原理

　　还有一种电法是利用某些矿体具有特殊的电化学特性来达到地质目的的,如激发极化法(见图4-2),当人工电流通过矿体时,矿体两侧发生电化学变化,断电后在矿体上方仍然存在一个较强的二次电场,人们可以通过观测断电后二次电场的变化规律,达到找矿或找水的目的。

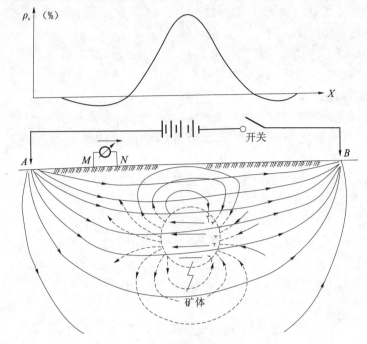

图4-2　激发极化法找矿、找水原理

　　电法勘探的应用范围较广,在金属矿、石油、煤炭以及水文地质、工程地质方面得到了广泛的应用,特别是在水文地质勘察方面,电法勘探发挥了巨大的作用。当然,并不是任何情况都可以用电法勘探解决问题,而是需要具备一定的条件。例如,被探测对象与围岩要有明显的电性差异,规模较大,电性断面较简单等。在具备勘探条件的地区,合理选择勘探方法,才能取得良好的地质效果,在不具备勘探条件的地区不应盲目地使用电法勘探。

二、电法勘探分类

　　一般而言,电法勘探较其他物探方法具有利用物性参数多、场源装置形式多、观测内容或测量要素多,以及应用范围广等特点。所以,为实现不同勘探目的,可适用于各种矿产、地质条件,致使电法勘探在多年的生产实践中发展出许多分支或多种方法,这样可以从不同的角度将电法勘探分为许多不同的类别。但是,分类方法不是固定不变的,目前尚无统一的分类方案。在这里仅作简单介绍,以供参考。

　　电法勘探根据使用电场的不同可分为两类:

　　(1)人工电场法,即人工将电流通入地下形成电场来研究地下地质情况。

　　(2)自然电场法,利用地下天然存在的电场来研究地下地质情况。

(一)人工电场法

　　人工电场法又可分为直流电场法和交流电场法。由于直流电场电源可以人为地产生

和控制,故大多采用直流电场法。人工电场法按使用方法不同可分为以下几种:

(1)电阻率法,通过测量分析岩层的电阻率,解决有关的地质问题,达到找水的目的。电阻率法又可分为电测深法、电测剖面法等。

(2)激发极化法,通过观测、研究岩层的激发极化特性,及其在外电流场的作用下产生的二次电场的变化规律,以达到找水的目的。

(3)充电法,是对被研究的地质体进行充电,然后在地面或钻孔中对电场进行研究。充电法广泛的应用于测定地下水流向、流速。

(二)自然电场法

自然电场法过去主要用来寻找金属矿床,在电测找水中多用于寻找断层破碎带,查寻水库土坝漏水地段,确定地下水流向等。产生自然电场的原因十分复杂,主要有以下三种:

(1)过滤电场,由于地下水的渗流而形成的电场。在地表上通过观测过滤电场,可以观测地下水的流向、抽水半径、影响范围等。

(2)扩散电场,由两种不同浓度的溶液形成的电场。

(3)电化学电场,由带电的导体与离子溶液界面上的氧化还原作用形成的电场。利用电化学电场可以进行金属矿或其他电子导体矿床的勘探,但在地下找水过程中,一般是干扰因素。

第二节　岩石的电阻率及其影响因素

一、岩石的电阻率

岩层导电性的差异是电法勘探工作的物理前提。电阻率法就是借研究岩层电阻率值的差异,来解决有关地质问题,达到找矿、找水的目的。因此,研究岩层在自然条件下的电阻率及其影响因素,是一个首要问题。

在电法勘探中,用来表征岩石导电性能好坏的参数为电阻率 ρ ,或电导率 $s = 1/\rho$,如图 4-3 所示。

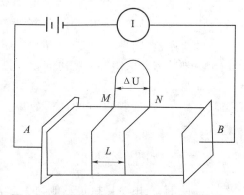

图 4-3　测量岩、矿标本电阻率的装置简图

当对一横截面面积为 S 的长方形岩石标本,通过 A、B 两极对其供电(电流强度为 I),并在相距为 L 的环形电极 M、N 处测出其之间的电位差 ΔU 时,则可按下式计算其电阻率:

$$\rho = R \frac{S}{L} = \frac{\Delta U}{I} \frac{S}{L} \tag{4-1}$$

由式(4-1)可知,岩石的电阻率在数值上等于横截面面积为 1 m², 长度为 1 m 的导体所具有的电阻数值,记作 $\Omega \cdot m$。

在电法勘探中,一般用电阻率 ρ 的大小表示岩石导电的难易程度。岩石电阻率值越低,其导电性能越好;反之,若岩石电阻率值越高,其导电性越差。

二、影响岩石电阻率的因素

不同岩石的电阻率差别很大,而同类岩石电阻率也有很大的变化范围。这些事实都说明影响岩石电阻率的因素很复杂,研究这些因素对电法勘探找水有着重大的意义。

自然界存在着两类性质不同的导体:电子导体和离子导体。通常,金属矿物及石墨以电子导电为主,而在一般情况下,造岩矿物则以离子导电为主。因此,影响岩石电阻率的因素,可归纳为两个方面:岩石含电子导电矿物情况和含水情况。

(一)电子导电矿物对岩石电阻率的影响

1.岩石电阻率与矿物成分及含量的关系

一般来讲,岩石中含导电矿物越多,其电阻率越低,但当导电矿物结构、构造不同时,则难以比较电子导电矿物的含量或电阻率之间的关系。

2.岩石电阻率与电子导电矿物的结构、构造的关系

电子导电矿物的结构、构造对其岩石的电阻率影响很大。自然界中,大多数岩石均可以看作是由均匀的胶结物与不同形状的矿物颗粒所组成的。当岩石中的良导矿物互相连通时,其电阻率就低(如图4-4(a)、(c)所示的致密块状或细脉状金属矿);当岩石中的良导矿物被高电阻率的脉状矿物相隔开时,其电阻率就高(如图4-4(b)所示浸染状金属矿)。

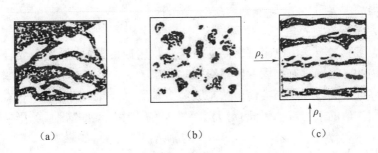

（a）　　　　　　（b）　　　　　　（c）

图4-4　岩石结构与导电性关系示意图

当导电矿物为颗粒状,且体积含量不十分大($V < 60\%$)时,由于导电矿物互不相通,含量的变化对岩石电阻率影响并不明显,即电阻率仍然很高。只有当导电矿物含量相当大($V > 60\%$)时,含量才明显地影响岩石的电阻率;当导电矿物为胶结物或细脉薄膜状时,虽然导电矿物含量不大,但由于导电矿物互相连通,含量的变化对岩石电阻率的影响却很大。总之,岩石中导电矿物对岩石电阻率影响的大小取决于它们的连通情况,连通者影响大,孤立者影响小。

构成岩层的主要矿物的电阻率见表4-1。从表中可以看出,除少数金属硫化矿物和某些金属氧化物及石墨等属于低电阻率外,几乎全部最重要的造岩矿物如石英、长石、云母、方解石等的电阻率都很高。这是结晶体的电离作用很小,没有足够数量的自由电子的缘故。

表 4-1　主要矿物的电阻率

矿物名称	电阻率($\Omega \cdot m$)	矿物名称	电阻率($\Omega \cdot m$)
云母	$10^{14} \sim 10^{15}$	黄铁矿	$10^{-4} \sim 10^{-3}$
石英	$10^{12} \sim 10^{14}$	黄铜矿	$10^{-3} \sim 10^{-1}$
长石	$10^{11} \sim 10^{12}$	磁铁矿	$10^{-4} \sim 10^{-2}$
白云母	$10^{10} \sim 10^{12}$	软锰矿	$1 \sim 10$
方解石	$10^{7} \sim 10^{12}$	煤	$10^{2} \sim 10^{5}$
硬石膏	$10^{7} \sim 10^{10}$	无烟煤	$10^{-4} \sim 10^{-2}$
褐铁矿	$10^{6} \sim 10^{8}$	方铅矿	$10^{-5} \sim 10^{-2}$
赤铁矿	$10^{4} \sim 10^{6}$	石墨	$10^{-6} \sim 10^{-4}$
菱铁矿	$10 \sim 10^{3}$		

　　当岩石含有导电矿物时,电阻率不仅与导电矿物的含量有关,而且受结构的影响。当导电矿物呈团状、浸染状或被不导电的颗粒包围时,即使在岩石中所含的百分比很大,但岩石电阻率仍很少受其影响;当导电矿物颗粒在岩石中互相连接构成细脉时,即使在岩石中含量不多,也能使电阻率大大降低。在电测找水中常遇到的沉积岩和部分火成岩、变质岩都是由高电阻率的造岩矿物所组成的,故多数岩层的电阻率与矿物成分关系不大,而主要取决于岩层的孔隙度和其中充填强导电性的水分的多少。只有在岩层中含有很多石墨及碳化程度很高的煤时,才会影响到岩层的电阻率。

(二)含水情况对岩石电阻率的影响

　　自然界大多数岩石是由电阻率很高的造岩矿物组成的,因此似乎多数岩石的电阻率应与造岩矿物的电阻率具有相同的数量级,即在 10^{4} $\Omega \cdot m$ 以上。但实际并非如此,通常岩石的电阻率都大大低于这个数值。这是因为一般的岩石都不同程度地含有导电性较好并且彼此互相沟通的水溶液。因此,对大多数的岩石来说,含水情况成为影响岩石电阻率的主要因素。

　　1.岩石电阻率与孔隙率及容水度的关系

　　一般来说,岩石的湿度是与孔隙度有关的,只有具有一定的孔隙度的岩石,才可能具有一定的容水度。一般情况下容水度要小于孔隙度,如果孔隙全部被水所饱和,容水度就等于孔隙度。如前所述,一般岩石主要依靠水溶液的离子导电(石墨、金属矿物除外),因此容水度越大,电阻率越低,若容水度为零,则孔隙中全是空气(如干砂)或是坚硬致密的基岩,电阻率就很大,这就是电阻率法找水的物理依据。

　　2.岩石电阻率与所含水溶液矿化度的关系

　　绝大多数岩层都是由电阻率高达 10^{6} $\Omega \cdot m$ 以上的造岩矿物所组成的。因此,岩层处于干燥状况,电阻率都很高。但岩层一般都具有一定的孔隙或裂隙,并含有或多或少的水分,因而使其电阻率降低。在地下水面以下,岩层的空隙几乎充满了水。地下水都溶有一定的盐分,其电阻率都比较低(见表 4-2)。由于盐类离子导电作用,岩层电阻率变低,因此含水量的多少,便成为影响岩层电阻率大小的主导因素(见表 4-3)。

表4-2　几种水的电阻率

名称	雨水	河水	地下淡水	地下咸水	海水	矿井水
电阻率($\Omega \cdot m$)	>100	$10 \sim 10^2$	<100	$10^{-1} \sim 1$	$10^{-1} \sim 10$	$1 \sim 10$

表4-3　几种岩石的电阻率

名称		电阻率($\Omega \cdot m$)	名称		电阻率($\Omega \cdot m$)
饱和咸水	砂砾石	$9 \sim 60$	饱和淡水	砂砾石	$45 \sim 150$
	中粗砂	$4 \sim 15$		中粗砂	$20 \sim 75$
	粉细砂	$3 \sim 8$		粉细砂	$15 \sim 40$
	黏土	$2.5 \sim 5$		黏土	$10 \sim 20$

　　单位体积的水中所含盐类的总量,叫作水的矿化度,以 g/L 为单位。水的矿化度越大,含水地层的电阻率越小。在平原地区,水质对电阻率的影响比岩层种类的影响要大得多。例如,含淡水的中、细、粉砂的电阻率一般为 $15 \sim 60 \Omega \cdot m$,含咸水的中、细、粉砂的电阻率一般为 $3 \sim 15 \Omega \cdot m$。如果水质相同,粉砂的电阻率仅比细砂的电阻率小 30% 左右。可见,水质对电阻率的影响是第一位的。

　　岩层的含水状况,与其孔隙度、裂隙率、可溶性岩石的岩溶发育程度有关。如岩溶裂隙在地下水面以下,则岩层电阻率降低,出现相对低阻反映;如在地下水面以上,其电阻率呈相对高阻反映。根据上述情况,可以用电阻率法来研究岩溶、裂隙发育状况,推断岩层中的裂隙带或断裂带的位置,达到寻找基岩裂隙水的目的。一般说来,孔隙度小的岩石电阻率较高,例如火成岩、深变质岩、化学沉积岩及致密砂岩等,电阻率一般达数百欧姆・米或更高。孔隙度大而透水性小的岩石电阻率较低,例如黏性土及泥质岩石的电阻率一般为几欧姆・米至几十欧姆・米。含淡水的第四系黏土,电阻率一般为 $8 \sim 20 \Omega \cdot m$;第三系黏土及泥岩,电阻率一般为 $5 \sim 15 \Omega \cdot m$;中生代和上古代以页岩为主的岩石,电阻率一般为 $30 \sim 50 \Omega \cdot m$;以砂岩为主或夹灰岩薄层时,电阻率达 $50 \sim 300 \Omega \cdot m$。孔隙度大而透水性也大的岩石,电阻率变化较大。受水质的影响较为显著。

　　(三)岩石电阻率与温度的关系

　　实际资料表明,岩石的电阻率与温度有关。对于金属导体,电阻率与温度关系不大;而对于固体导电介质(一般岩石),电阻率的大小与温度有一定的关系:温度上升,一方面使水的溶解度增加,水中的离子含量增加;另一方面使离子迁移速度增快,致使水的导电性增强,岩石电阻率下降。温度下降,岩石电阻率升高,尤其在 0 ℃ 以下,水将结冰,会使岩石电阻率急剧增高。在寒冷地区或冰冻季节进行电法勘探时,由于温度降低,近地表的土或岩石电阻率增高(-20 ℃时,电阻率超过正常温度电阻率的三个数量级),增大接地电阻,给测量工作带来不便。

　　地下温度随深度的增大而递增,地温每升高 1 ℃ 所增加的深度,称为地温梯度,其值因地而异,我国平均地温梯度为每 33 m 增加 1 ℃。通常找水深度一般小于 300 m,故实际测量中可不考虑地温梯度对岩石电阻率的影响。

　　(四)岩层电阻率与层理的关系

　　大多数沉积岩具有明显的层状构造,这种层状构造的岩石具有明显的各向异性,对于层状构造的岩石或当岩石中良导体物定向排列时,则岩石的电阻率呈现各向异性,即平行于良导矿物方向(或沿层理、片理方向)的电阻率 ρ_t 要比垂直良导矿物方向(或垂直层理、片理方向)的电阻率 ρ_n 要小,即 $\rho_t < \rho_n$,如图 4-5 所示。把 ρ_t 与 ρ_n 比值的平方根定义为岩石的各向异性系数,用 λ 表示,把两者的几何平均值定义为平均电阻率,用 ρ_m 表示,即

$$\lambda = \sqrt{\frac{\rho_n}{\rho_t}} \tag{4-2}$$

$$\rho_m = \sqrt{\rho_n \rho_t} \tag{4-3}$$

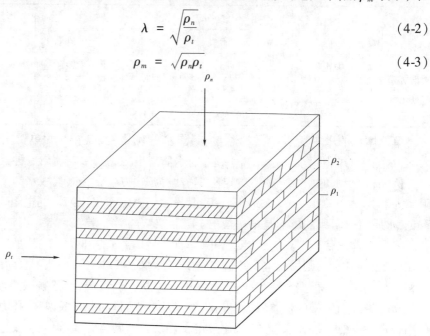

图 4-5　层状岩石的各向异性

表 4-4 列出了几种常见岩石的各向异性系数 λ ,可见某些层状岩石的电阻率具有明显的各向异性。如页岩垂直和平行层理方向的电阻率相差可达 2~5 倍。这在电法勘探的资料解释中,必须引起足够的重视。

表 4-4　几种常见岩石的各向异性系数

岩石名称	λ	ρ_n / ρ_t
层状岩石	1.02~1.05	1.04~1.10
层状砂石	1.1~1.6	1.2~2.56
泥板岩	1.1~1.59	1.20~2.50
泥质页岩	1.49~2.25	2.2~5.0
无烟煤	2.0~2.25	4.0~6.5
煤质页岩	2.0~2.8	4.0~7.84

总之,影响岩石电阻率的因素是多方面的,复杂的,如岩石所含的矿物成分、含量、结构构造、孔隙度、湿度、矿化度、温度等,至于哪种因素起主要作用,要看具体情况。岩石电阻率的研究和测定,对工作布置、方法选择、成果解释都是非常重要的。实际分析岩层电阻率时,要有机地联系起来,综观各个因素,抓住不同条件下的主要因素。自然界中的岩层、岩石及其成分、结构、构造十分复杂,所处环境又在不断的变化,所以不可能肯定某种岩层、岩石的固定电阻率值,但是某种岩石电阻率大体有个变化范围,如表 4-5 所示。

表4-5 常见岩石电阻率

岩类	岩浆岩			沉积岩				变质岩		
岩石名称	花岗岩	正长岩	闪长岩	石灰岩	砂岩	粉砂岩	黏土	片麻岩	石英岩	大理岩
电阻率($\Omega \cdot m$)	$10^2 \sim 10^5$	$10^2 \sim 10^5$	$10^4 \sim 10^5$	$10^2 \sim 10^3$	$10 \sim 10^3$	$10 \sim 10^2$	$10^{-1} \sim 10^1$	$10^2 \sim 10^4$	$10^1 \sim 10^5$	$10^2 \sim 10^5$
岩石名称	辉绿岩	玄武岩	辉长岩	砾岩	泥岩	页岩		板岩		
电阻率($\Omega \cdot m$)	$10^2 \sim 10^5$	$10^2 \sim 10^5$	$10^2 \sim 10^5$	$10 \sim 10^4$	$10 \sim 10^2$	$10 \sim 10^2$		$10 \sim 10^3$		

从表4-5中可以看出：

(1)岩层电阻率主要取决于含水状况和地下水矿化度的大小,干燥时电阻率高,反之则低;矿化度高,电阻率低,矿化度低,则电阻率高。

(2)火成岩电阻率一般高于沉积岩,而沉积岩中水化学沉积岩石,如岩盐、石膏等的电阻率最大;致密完整岩层的电阻率高于松散或破碎且含水的岩层。

(3)平原地区黏土的电阻率低于砂、砾石层的电阻率。一般说来在第四系沉积层中,砂、砾石颗粒越粗,孔隙越大,电阻率就越高。

(4)不同矿物,岩石的电阻率存在着明显的差异,但也有可能相同。前者为利用电法勘探提供了物理前提;后者则使电法勘探具有局限性或造成分析的多样性。

第三节 电阻率法找水原理

电阻率法是电法中找水应用历史较长、理论研究较为完善、应用最为广泛的一种方法。我国在20世纪60年代初期开始运用此方法在山丘和平原地区进行电测找水工作,取得了众多成功的找水经验与实例。

电阻率法就是通过两个供电电极 A、B 向地下供电建立一个半球体状的人工电场,同时用两个测量电极 M、N 测量两点间的电位差,最后计算出电阻率,就能推知地下电阻率的分布情况,进而推断分析地质情况,达到找水的目的。

电阻率的大小与人工电场中电流场的电流分布有关,因此要了解电阻率的测定原理,首先要了解人工电场电流的分布规律。

一、地表一个点电源的正常场

假设地表 A 电极的入土深度 L 相对于所研究点到 A 极的距离 r 很小,而把 B 极布置在很远的地方,使在 A 极附近观测电场时,B 极所产生的电场可以忽略,这样就可以近似地认为 A 极是一个点电源场(见图4-6)。其电流线呈辐射状分布,等位面是以 A 为球心的半球壳(对某一截面来讲是半个同心圆)。如果一个点电源处在地表水平的均质各同性介质中,这时所形成的电场称为正常场。反之,当地下介质不均匀时,电流场的分布与正常均有差异,这种差异称为异常场。电阻率法就是通过分析研究这种异常电场的分布情况,达到找矿或找水的目的。既然异常场是相对正常场而言的,因此要了解异常场,首先要了解正常电流场的分布规律。一般用电流密度、电场强度及电位等物理量来描述电流场的分布规律。

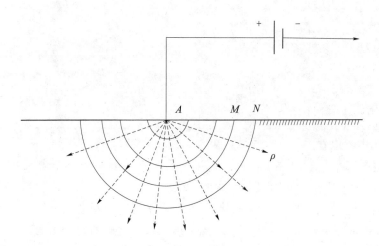

图4-6　一个点电源的电流场

(一)电流密度

电流密度就是垂直电流方向单位面积所通过的电流强,用 j 来表示,它是一个向量。在电法勘探中其单位取 $\mu A/m^2$。一个点电源在均匀半无限空间中,电流线呈均匀辐射状。如果 A 极接正电源,则电流从 A 电极向半空间流出,各点的电流密度方向都沿半径向外,电流强度为 I,则计算点 M 的电流密度为 j_0^A:

$$j_0^A = \frac{I}{2\pi r^2} \tag{4-4}$$

由式(4-4)可以看出,电流密度 j_0^A 与电流强度 I 成正比,与 r^2 成反比。随 r 的增大,j_0^A 衰减较快,当 r 足够大时,$j_0^A \to 0$。

在 M 点下面距地表 h 深处的电流密度 j_h^A 为

$$j_h^A = \frac{I}{2\pi(r^2 + h^2)} = \frac{I}{2\pi r^2}\frac{1}{1 + \left(\frac{h}{r}\right)^2} = j_0^A\frac{1}{1 + \tan^2\alpha} = j_0^A\cos^2\alpha \tag{4-5}$$

(二)电场强度 E

电场强度的定义为单位正电荷在某点所受的电场力。在稳定电流场中的任意点,电场强度与电流密度之间满足以下关系:

$$E = j\rho \tag{4-6}$$

它表明电场强度的方向与电流密度的方向相同,大小与电流密度的大小成正比,比例系数 ρ 称为电阻率。

由式(4-4)、式(4-5)可知,均匀半无限介质中,地表一个点电源 A 在任意点 M 的电场强度的表达式:

$$E = j\rho = \frac{I\rho}{2\pi r^2} \tag{4-7}$$

式(4-7)表明,电场强度 E 与电流强度 I 和电阻率 ρ 成正比,与测点到点电源的距离成反比。在供电电极附近,电场强度较大,随着测点至供电电极的距离的增大,电场强度迅速地变小。

(三)电位 U

由电学知识可知,电场中某点的电位在数值上是等于将单位正电荷从无穷远处移到该点反抗场力所做的功。

如果将单位正电荷在电场内沿反方向移动则距离为 dr,则必须有外力反抗电场力对单位正电荷做功 du,即

$$du = -Edr \tag{4-8}$$

根据定义,M 点的电位是将单位正电荷从无穷远处移到电场中该点所做的功,则它应该是各小段的功之和,可表示为

$$U_M = \int_\infty^M du = \int_\infty^M -Edr = \int_\infty^M \left(-\frac{I\rho}{2\pi r^2}\right) dr = \frac{I\rho}{2\pi AM} \tag{4-9}$$

同理,可得 N 点的电位 U_N:

$$U_N = \frac{I\rho}{2\pi AN} \tag{4-10}$$

M、N 两点之间的电位差 ΔU_{MN} 可表示为下面的形式:

$$\Delta U_{MN} = U_M - U_N = \frac{I\rho \cdot MN}{2\pi AM \cdot AN} \tag{4-11}$$

经过变换得

$$\rho = \frac{\Delta U_{MN}}{I} 2\pi \frac{AM \cdot AN}{MN} = K \frac{\Delta U_{MN}}{I} \tag{4-12}$$

式中: K 为装置系数,它是后面介绍的三极电测深和联合剖面法计算电阻率所用的装置系数,按下式计算

$$K = 2\pi \frac{AM \cdot AN}{MN} \tag{4-13}$$

式中: AM、AN、MN 为各电极之间的距离。

二、地表正负两个点电源的电流场

由 A、B 两个异性电源建立的电流如图 4-7 所示。其特点是,在接近电极附近等位面是两组近似的半球面,而电流线近似于辐射的直线,远离 A 和 B 电极等位面则变为一组似椭圆球面,其电流线也变成一簇较之复杂的曲线。

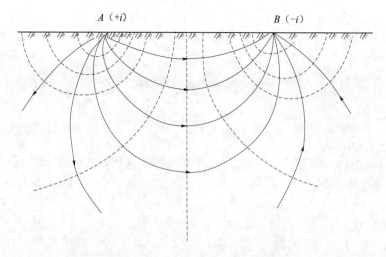

图 4-7　正负两个点电源的电流场

值得指出的是,在 A、B 电极的中段地段(大约为 $1/3AB$ 区域),等位面为近似垂直地面的平面,而电流线的分布近似与平行地面的并行线,在电法勘探中把该地段称为均匀场。这也是电法勘探中应用的场,或称平行场。当地下存在不均匀地质体时,会引起平行场的明显畸变,在地面上易被观测到。

在实际工作中,观测点位于地面,即在地面上观测电场的变化,观测地面上任意两点间的电位差,通常是将 M、N 电极置于 A、B 电极的中间(均匀场地段),同时令 A、B 和 M、N 四极位于同一直线上,成为图 4-7 所示的装置。根据前面的研究,利用叠加原理,可以导出两个异性点电源场中 M、N 两点间电位差的计算公式。如电流强度 I,由电位叠加原理得 M、N 点的电位分别为

$$U_M = \frac{I\rho}{2\pi}\left(\frac{1}{AM} - \frac{1}{BM}\right)$$

$$U_N = \frac{I\rho}{2\pi}\left(\frac{1}{AN} - \frac{1}{BN}\right)$$

M、N 两点之间的电位差为

$$U_{MN} = U_M - U_N = \frac{I\rho}{2\pi}\left(\frac{1}{AM} - \frac{1}{BM} - \frac{1}{AN} + \frac{1}{BN}\right) \tag{4-14}$$

则电阻率为

$$\rho = \frac{\Delta U_{MN}}{I}\frac{2\pi}{\dfrac{1}{AM} - \dfrac{1}{BM} - \dfrac{1}{AN} + \dfrac{1}{BN}} = K\frac{\Delta U_{MN}}{I} \tag{4-15}$$

其中,K 称为装置系数,它与各电极的相互距离有关,按下式计算:

$$K = \frac{2\pi}{\dfrac{1}{AM} - \dfrac{1}{BM} - \dfrac{1}{AN} + \dfrac{1}{BN}} \tag{4-16}$$

对于四极对称装置,$AM = BN$,$AN = BM$,则装置系数 K 可以简化为

$$K = \pi\frac{AM \cdot AN}{MN} \tag{4-17}$$

如果通过仪器量测出通过 A、B 电极供入地下的电流强度 I,同时又测出 A、B 之间任意两点 M、N 之间的电位差 ΔU_{MN},则可按式(4-17)计算地下岩层的电阻率,这就是电法勘探的基本原理。

三、电流密度在 A、B 中点下的变化规律

电流密度在 A、B 中点下是如何变化的? 这是在电法勘探中给我们提出的一个有实际意义的问题。电法勘探是通过测量地表附近的电流密度来推断地下异常的,若集中在地表附近的电流愈多,则通过地下深处的电流就愈少,所能勘探的深度也就愈浅,否则勘探深度也就愈大。所以,研究电流密度随深度变化的规律,可以帮助我们解决电法勘探深度的问题以及如何增大勘探深度等方面的问题。

电法勘探中最常采用的是四极对称装置,如图 4-8 所示。此时,对于 A、B 电极中间 O 点沿着地面的电流密度 j_0^{AB} 是由 A、B 两个电极共同产生的电流密度的叠加,即

$$j_0^{AB} = j_0^A + j_0^B = 2j_0^A \tag{4-18}$$

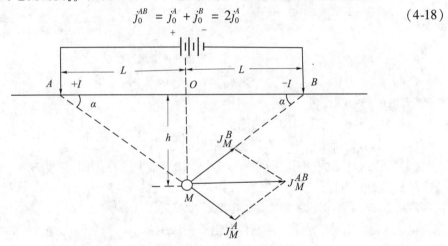

图 4-8 A、B 中点正下方电流密度随深度变化示意图

而在 O 点正下方距地面深度为 h 的 M 点的电流密度 j_h^{AB} 是由 A、B 两个电极共同产生的电流密度的叠加,即

$$j_h^{AB} = j_h^A \cos\alpha + j_h^B \cos\alpha = 2j_h^A \cos\alpha = 2\left(j_0^A \cos^2\alpha\right)\cos\alpha = j_0^{AB} \cos^3\alpha \tag{4-19}$$

经过推导得到 $j_h^{AB} = j_0^{AB} \dfrac{1}{\left[1 + \left(\dfrac{h}{L}\right)^2\right]^{\frac{3}{2}}}$,所以有:

$$\frac{j_h^{AB}}{j_0^{AB}} = \frac{1}{\left[1 + \left(\dfrac{h}{L}\right)^2\right]^{\frac{3}{2}}} \tag{4-20}$$

由式(4-20)可作出 j_h^{AB} / j_0^{AB} 随 h/L 变化的曲线如图 4-9 所示。该曲线表明了在供电电极距一定($AO = BO = AB/2$)的前提下,测量中点 O 下,深度为 h 处电流密度 j_h^{AB} 与地表附近电流密度 j_0^{AB} 之间的关系。

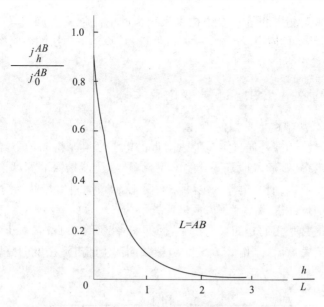

图 4-9　A、B 中点正下方电流密度随深度变化的曲线

例如:当 $h = AB/6$ 时,$j_h^{AB} = 85\% j_0^{AB}$;$h = AB/2$ 时,$j_h^{AB} = 35\% j_0^{AB}$;$h = AB$ 时,$j_h^{AB} = 8.9\% j_0^{AB}$;$h = 3AB$ 时,$j_h^{AB} \rightarrow 0$。

通过上述分析,可得到如下结论:

(1)大部分电流都集中在靠近地表附近的范围内。

(2)随深度的增大,电流密度逐渐减小。如测量中点 O 下面,深度为 $h = AB/6$ 处的电流密度仅比地表附近的电流密度减少了 15%;深度为 AB 处的电流密度只有地表附近电流密度的 8.9%;而深度为 $3AB$ 处的电流密度趋近于 0。

电法勘探是借助于地下不均质体对电流的吸引或排斥来达到勘探目的的。可以想象,如果在深度≥AB 处有不均质体存在,即便不均质体与周围岩石的电阻率差别很大,但由于流经该深度的电流密度太小,不均质体对电流的吸引或排斥作用不会引起地表附近电流密度发生明显的变化,这样在地表就难以发现不均质体引起的异常。所以说,在供电极距一定的前提下,要想在地表观测到深度大于 $3AB$ 以下的不均质体引起的异常显然是不可能的。

通常情况下,地下某一深度处的电流密度要达到一定数值(严格地讲,是 j_h^{AB} / j_0^{AB} 要达到一定的比值),不均质体对电流的吸引或排斥作用才能影响到地表附近电流密度的变化,才可能被仪器观测到。实践证明,即便是在最理想的条件下,在地面上发现不均质体的能力,勘探的深度都将小于或等于 $AB/2$。所以,在电法勘探中,把深度等于 $AB/2$ 的数值称为理论勘探深度。

(3)地下电流密度随深度的变化规律取决于供电电极距的大小。所谓供电电极距是指供电电极 A、B 至 O 点的距离($AO = BO = AB/2$)。由电场分布的原理可知,地下某一深度的电流密度与供电电极距的大小有关,供电电极距愈大,则该深度的电流密度愈大,即勘探深度与供电电极距成正比,当不断增大供电电极距时,勘探深度随之增大。勘探深度与供电电极距成正比,这是非常重要的结论。它告诉我们要想增大勘探深度,只要增大 A、B 供电电极之间的距离即可。这就是电测深法的理论依据。

由于电流在地下半空间的分布是有限的(指对勘探有意义的电流分布范围),且大都集中于以 AB 为直径的半球体内,分布在半球体以外电流很少。在这个有效范围内,如果有不均质体存在,就会使电场的分布特征发生畸变,因而不均质体会被发现,所以该体积被称为电场体积。而电场体积内的电流又集中地分布在长度为 AB、宽度和深度各为 AB/2 的矩形体积内,在这个矩形体积内,若地下有不均质体存在,将会影响到 MN 范围内地面电场发生可以观测到的变化,所以把这个有效范围:长度为 AB,宽、高等于 AB/2 的矩形体积定义为勘探体积。在勘探体积范围内,若地下不均质体位于 MN 范围内,其对电流的吸引或排斥作用,将会使 MN 范围内地表电流密度产生强烈的变化,这才是电阻率法的主要勘测范围。

四、岩层的视电阻率

(一)视电阻率的概念

前述理论都是假定地下岩层是均匀介质,其导电性能相同。实际上,地下岩层并非均质,而是由不同层位、不同岩性所组成的。电场范围内的导电介质,不仅在垂直方向,而且在水平方向导电性均有变化。因此,在实际测量过程中,电极不可能布置在同一介质上,或虽布置在同一介质上,但电流分布的范围已涉及不同电阻率的介质,这时进行观测,如仍按前述公式计算,虽然仍可求为一个电阻率值,但它并不是地下某一岩层或地质体的真电阻率,而是与地下分布的各种介质的电阻率有关的物理量,或者说是在勘探体积范围内不同介质电阻率综合作用的结果。在电法勘探中,把这个综合表现的物理量称为视电阻率,用 ρ_s 表示,其计算公式为

$$\rho_s = K \frac{\Delta U_{MN}}{I} \tag{4-21}$$

从视电阻率的概念可以看出,ρ_s 的变化是和不均质体的存在密切联系的,通过观测和研究 ρ_s 的变化来了解不均质体存在的情况,这就是电阻率法的实质。

(二)视电阻率的定性分析公式

当 MN 足够小时,其间的平均电场强度为 $E_{MN} = \dfrac{\Delta U_{MN}}{MN}$

故

$$\Delta U_{MN} = E_{MN}MN = j_{MN}\rho_{MN}MN \tag{4-22}$$

将式(4-22)代入式(4-21)中得

$$\rho_s = K \frac{j_{MN}\rho_{MN}MN}{I} \tag{4-23}$$

在均匀情况下:$\rho_s = \rho_{MN} = \rho_1$,$j_{MN} = j_0$,故有 $\rho_s = K\dfrac{j_0\rho_1 MN}{I}$,移项化简得

$$K = \frac{I}{j_0 MM} \tag{4-24}$$

将式(4-24)代入式(4-23)中得

$$\rho_s = \frac{j_{MN}}{j_0}\rho_{MN} \tag{4-25}$$

式中:j_{MN} 为实际情况下 MN 间的平均电流密度;ρ_{MN} 为 MN 范围内岩石的平均电阻率;j_0 为假设地形平坦、介质均匀情况下 MN 处的正常电流密度。

式(4-25)是电阻率法中的一个非常重要的公式,对于定性分析各种情况下 ρ_s 曲线十分方便。从公式中可以看出, ρ_s 与 j_{MN}/j_0 有关,即 ρ_s 或 j_{MN}/j_0 的变化说明有不均质体存在。

(三)影响视电阻率的因素

当地下岩石为均质各向同性、地形平坦时,无论电极的位置如何排列,极距的大小如何变化,其测量结果都不会改变,即恒等于岩石的真电阻率。但如果地下有不均质体存在或地形不平时,则测得结果为视电阻率。而视电阻率的大小将受不均质体的电性、产状和大小以及电极位置、极距大小等的影响。下面结合部分典型情况分别讨论。为简便起见,在讨论某一影响因素时,把其他条件视为相同。

1. 不均匀体电性不同,其视电阻率也不同

图4-10 是不同电性的不均质体对 ρ_s 的影响。(a)为高阻球体的干扰,由于高阻排斥流线,地表附近的电流密度增大, $j_{MN} > j_0$,根据 $\rho_s = \dfrac{j_{MN}}{j_0}\rho_{MN}$ 可知, $\rho_s > \rho_{MN}$;(b)为低阻球体的干扰,由于低阻吸引电流域,地表附近的电流密度减小, $j_{MN} < j_0$,故 $\rho_s < \rho_{MN}$ 。

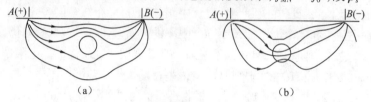

（a）　　　　　　　　　　　　　　（b）

图4-10　不同电性的不均质体对 ρ_s 的影响

2. 不均质体的产状对视电阻率的影响

图4-11 所示为一岩脉(ρ_2)相对于围岩(ρ_1)成高阻反映,由于岩脉排斥电流,在岩脉两侧布置测点,所观测出的视电阻率也不同。如布置在右侧,由于电流线被岩脉强烈排斥,使 $j_{M_2N_2} > j_{M_1N_1}$,故有 $\rho_{s_2} > \rho_{s_1}$ 。

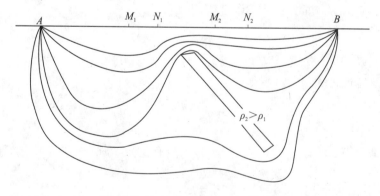

图4-11　不均质体产状对 ρ_s 的影响

3. 极距不同对视电阻率的影响

如图4-12 所示,由两种介质组成的电性层,其电阻率分别为 ρ_1 、 ρ_2 ,且 $\rho_1 < \rho_2$ 。当采用 A_1B_1 供电极距测量时,电流场的范围还没有达到 ρ_2 电性层中,所以 $j_{MN} = j_0$,即 $\rho_s = \rho_1$;而当增大供电极距时,电流场范围扩大,由于电流受排斥, $j_{MN} > j_0$, $\rho_s > \rho_1$ 。

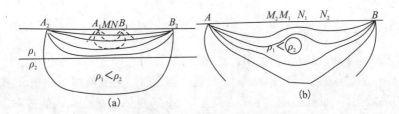

图 4-12 不同极距对 ρ_s 的影响

4. 地形对视电阻率的影响

在图 4-13(a)中,由于地形起伏,$j_{MN} < j_0$,而 $j_{M'N'} > j_0$,ρ_{MN} 不变,故 $\rho_s < \rho'_s$。而在图 4-13(b)中,由于地形起伏 $j_{MN} < j_{M'N'}$,故 $\rho_s < \rho'_s$。

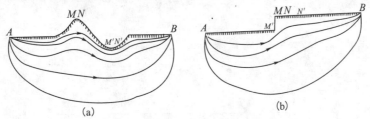

图 4-13 地形起伏对 ρ_s 的影响

总之,影响视电阻率的因素,可以归纳为如下三个方面:

(1)不均质体的电性(指地质体与围岩的电阻率差异)、规模大小(相对埋深而言)、产状(走向、倾向、埋深)。

(2)电极(包括 A、B 和 M、N)相对不均匀体的位置、布极方向、极距大小等。

(3)地形起伏。

掌握视电阻率的影响因素和规律,可以帮助分析视电阻率的变化规律,了解不均质体的存在与否及其电性、规律、产状等。

第四节　垂向电测深法找水

电测深法就是在地表同一测点上、从小到大逐渐改变供电电极之间的距离,进行视电阻率测量,来研究测线中点地下不同深度岩层的变化情况,确定不同地层的埋藏深度及其性质的方法。电测深法是电法勘探中最常用的方法之一。具体到电测找水工作中,电测深法可以用来解决以下任务:

(1)确定含水层的分布情况、埋藏深度、厚度及圈定咸、淡水的分布范围。

(2)查明裂隙含水层的存在情况,寻找适于储存地下水的断层破碎带,岩溶发育带以及古河床等。

(3)在区域水文地质调查中,用来探明地质构造情况,如查明拗陷、隆起、褶皱、断裂等地质构造。

一、电测深法的基本原理

电测深法最常用的地面装置是四极对称装置(见图4-14),即两个供电电极 A、B 和两个测量电极 M、N 对称的分布于测点 O 的两侧。测量时通过变换供电电极 A、B 的方法进行电阻率的测定工作,也就是说,当 M、N 固定时,A、B 对称于 O 点向两侧按一定的倍数不断扩大,由于勘探深度与 AB 极距的大小成正比,因此随着 AB 极距的增大,勘探深度逐渐加深,于是便可在观测点 O 处得到沿垂直方向由浅到深的视电阻率 ρ_s 的变化曲线。ρ_s 曲线的变化反映了地下电性层的厚度、电阻率大小及层数的多少等,于是便可以了解垂直深度上地质剖面的特点。

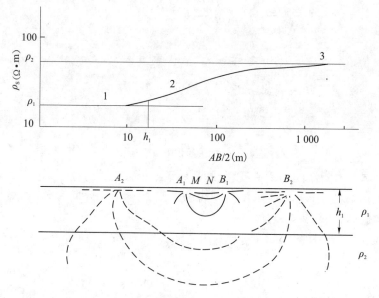

图4-14　电测深二层曲线物理分析

为阐明电测深原理,下面通过一个具有两个水平电性层的地电断面(所谓的地电断面是指由不同电性层组成的地质剖面)来说明电测深法的实质。

假设有两层地电剖面,第一电性层电阻率为 ρ_1,厚度为 h_1;第二层电阻率为 ρ_2,且 $\rho_2 > \rho_1$;第二层厚度很大,相对第一层厚 h_1 而言,可以认为是无穷大($h_2 \to \infty$)。由于供电极距 $AB/2$ 由小逐渐按一定比例增大,因此:

(1)当采用较小极距测量时,即 $AB/2 \ll h_1$,根据勘探体积的概念,可认为装置处于均匀介质 ρ_1 中,供电电流的分布不受 ρ_2 介质的影响,这是由于下部高阻层 ρ_2 的埋藏深度远大于 $AB/2$。在这种情况下,有 $j_{MN} = j_0$,$\rho_{MN} = \rho_1$,所以 $\rho_s = \dfrac{j_{MN}}{j_0}\rho_{MN} = \rho_1$。

由此可见,当 $AB/2$ 相对第一层厚度 h_1 很小时,所测得的视电阻率即为第一层的真电阻率,ρ_s 曲线的左支出现 ρ_2 的水平渐近线。

(2)当增大供电极距 $AB/2$ 时,电流场的影响范围开始增大,即电流穿透深度增大,此时 ρ_2 介质开始影响电场的分布,由于 ρ_2 为高阻层,对电流有向上排斥的作用,MN 间的电

流密度比没有 ρ_2 介质存在时大,即 $j_{MN} > j_0$,因为 $\rho_s = \dfrac{j_{MN}}{j_0}\rho_1 \uparrow$,所以 $\rho_s > \rho_1$,并且随着 $AB/2$ 的不断增大, ρ_2 的影响越来越显著,所以 ρ_2 比 ρ_1 也就越来越大,则 ρ_s 曲线开始上升 (见图 4-14)。

(3)当 $AB/2$ 增大到相当大,即 $AB/2 \gg h_1$ 时,相应的勘探体积主要为第二层,此时 ρ_1 层相对极距而言被看作十分薄,因而影响电场分布起主导作用的是 ρ_2 介质,这时可近似地认为装置相当于在均匀的第二个电性层 ρ_2 介质中,于是观测到的视电阻率 $\rho_s \rightarrow \rho_2$ 。

图上绘出了 ρ_2 随 $AB/2$ 变化的关系曲线, ρ_s 的变化反映了垂直深度上断面的变化,利用 ρ_s 曲线可以确定各层的电阻率及厚度。

二、电测深法的分类

根据供电电极 A 、 B 和测量电极 M 、 N 的相互排列关系,电测深法可分为如下几种类型。

(一)四极对称电测深法

A 、 B 、 M 、 N 四极布置在一条直线上,且 $AM = BN$, $AN = BM$ (见图 4-15),这种装置工程上应用较多,装置系数 $K = \pi \dfrac{AM \cdot AN}{MN}$ 。

(二)三极电测探法

三极电测深是将一个供电电极 C (无穷远极)放在 MN 的中垂线上,使 $CO \geqslant (3 \sim 5)AO$,并逐渐加大 $AB/2$,以达到增大勘探深度的目的,如图 4-16 所示。

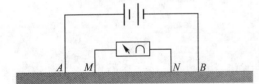
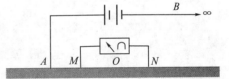

图 4-15　四极对称装置电测深　　　　　　　　　图 4-16　三极装置电测深

在均匀介质中,三极测深与四极测深所测结果相同,这是因为:

$$\rho_s^{AB} = K_{AB} \frac{\Delta U_{MN}^{AB}}{I_{AB}} = K_{AB}\left(\frac{\Delta U_{MN}^{A}}{I_A} + \frac{\Delta U_{MN}^{B}}{I_B}\right)$$

在均匀介质中: $I_A = I_B = I_{AB} = I$, $\Delta U_{MN}^{A} = \Delta U_{MN}^{B} = \Delta U_{MN}$,所以 $\rho_s^{AB} = 2K_{AB}\dfrac{\Delta U_{MN}}{I}$ 。

因为 $K_{AB} = \pi \dfrac{AM \cdot AN}{MN}$, $K_A = 2\pi \dfrac{AM \cdot AN}{MN}$,则 $\rho_s^{A} = K_A \dfrac{\Delta U_{MN}}{I} = 2K_{AB}\dfrac{\Delta U_{MN}}{I}$,故有 $\rho_s^{AB} = \rho_s^{A}$ 。

在非均质介质中,特别是沿测线方向电性变化不对称时,因为 $\Delta U_{MN}^{A} \neq \Delta U_{MN}^{B}$,所以两种装置测得的结果并不相同。

三极测深主要用于避开测点附近的障碍物(如河流、冲沟、陡岩、建筑物或避开某一方向上的不均质地质体)。

（三）十字测深法

十字测深的实质就是在同一测点上，采用互相垂直的布极方向，测出两条电测曲线。十字测深法可以排除旁侧不均质体的干扰，判断曲线低阻反映是基岩含水层的反映，还是地形或不均质体的旁侧影响，以提高成井率。采用十字测深法时应平行及垂直岩层或断层的走向布极。在分析解释电测深曲线时，应重点分析平行于断层走向或地层走向的曲线，因为该曲线反映构造更清楚。

（四）环形测深法

环形测深的实质是在同一个测深点上，沿几个不同方位布极进行四极测深。该方法可以了解岩石的各向异性，并能测定岩石裂隙的主导发育方向。环形测深的测量成果除用电测深曲线表示外，还可用极形图表示。

极形图的绘制方法如下：通过测深点画出各条表示布极方向的直线，按一定比例尺以各方位线的长度表示该方位所观测的 ρ_s 值，把同一极距各方位的 ρ_s 值相连，便得到极形图（见图 4-17）。

当极形图是圆形时，表示为各向同性介质；当极形图呈椭圆形时，表示为各向异性，其短轴方向代表裂隙（断层破碎带）发育的主导方向。

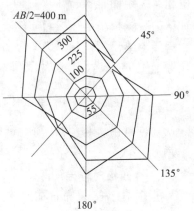

图 4-17　环形电测深极形图

第五节　电测深野外工作

一、电测仪器

电阻率法是通过研究地下岩石电阻率 ρ_s 的变化规律，以达到找水的目的，而激发极化法则是通过研究地下岩石的半衰时、衰减度、充电率等参数的变化规律，以达到找水的目的。要完成这些参数测定，必须要通过一定的仪器和设备，下面介绍一下目前生产中常用的仪器和设备。

在电阻率法（或激发极化法）的野外工作中，实际上是通过测量 M、N 电极之间的电位差 ΔU_{MN}（或二次场电位差）及供电的电流 I，然后利用相应的公式计算各点的电阻率。由于作为导电介质的岩石，其导电性能很差，同时在地下又存在着天然的或人工的电磁场，这些都对电法勘探构成一些不利因素。因此，电阻率法的仪器在性能方面必须满足以下条件才能准确地测量微弱的电位差和电流：

（1）灵敏度高。仪器的灵敏度越高，测得的 ΔU_{MN} 值就越精确。由于在岩石电阻率一定的前提下，ΔU_{MN} 与供电电流成正比，所以仪器的灵敏度高，可以减小供电电流的强度，从而有利于减轻供电电源的重量并采用较细的导线，使整套装备轻便化。

（2）抗干扰能力强。电法勘探的野外工作，经常会遇到诸如大地电流、工业游散电流的干扰，因此电测仪器对上述随机变化的电场，必须具有较强的抑制能力，从而保证所观测信号的可靠性。

（3）较高的稳定性。电法勘探的野外工作环境比较恶劣，温度、湿度变化比较大。因此，要求电测仪器能适应各种气候条件，并在一定的温度、湿度变化范围内保持性能的稳定性。

在电法找水中，使用的仪器种类较多，有 DDC - 2 型电子自动补偿仪、UJ - 18、UJ - 4 型电位差计、CTE - 1 型智能直流电法仪。这些仪器除能进行电阻率测量外，还能进行充电和自然电场法测量。激发极化法找水，开始大都使用 DDC - 2A 型电子自动补偿仪，由于该仪器较笨重，操作复杂、成本高、效率低，近几年各地研制出了许多新仪器。如山西省研制的 JJ - 1、JJ - 2 型积分式激电电位仪，它除能测定一次场的 ΔU、I 外，还可测量二次场的变化情况，可以计算极化率、衰减度、激发比，用以推断地层是否富水。山东水利科学研究院所研制的 SDJ - 1、SDJ - 2、SDJ - 3 型积分式电测仪，采用了国产较新的组件组成的可控硅供电电路、积分记忆电路等。该仪器具有灵敏度高、输入阻抗大、稳定性好、抗干扰性强、自动化程度高、结构简单、操作方便等优点。下面主要介绍 CTE - 1 型智能直流电法仪的性能及使用方法。

CTE - 1 型智能直流电法仪采用了当前最新微电子、计算机、自动测量和控制等技术，实现了电路的集成化、数字化、智能化，具有高精度的自动补偿功能，可直接显示所测得的参数值，如自然电位值、视电阻率 ρ_s、供电电流 ΔI 和电位 ΔU 等。该仪器可广泛用于寻找地下水源、工程物探、环境地质及金属与非金属矿产资源勘探。下面主要介绍 CTE-1 型智能直流电法仪。

（一）仪器主要特点和功能

（1）发射、接收一体化。

（2）全部采用 CMOS 大规模集成电路，整机体积小、耗电低、多功能。

（3）采用多级滤波及信号增强技术和数字滤波，抗干扰能力强，测量精度高。

（4）自动进行自然电位、漂移及电极极化补偿。

（5）接收部分有瞬间过压输入保护能力，发射部分有过压、过流及 AB 开路保护功能。

（6）触摸面板，采用一键功能，操作极为方便，避免下拉菜单的烦琐操作。

（7）可任意设定供电时间，多种野外常用工作方式选择。

（8）测量参数存储回调、掉电保护功能，能存储 1 000 个数据。

（9）技术性能稳定可靠，抗震、防潮、防尘、寿命长等。

（二）仪器技术指标

1. 接收部分

电压测量范围：±2 000 mV；电压测量精度：±0.1%；电流测量范围：±2 000 mA；电流测量精度：±0.1%；输入阻抗：>30 MΩ；50 Hz 工频干扰压制优于 110 dB。

2. 发射部分

最大供电电压：700 V；最大供电电流：2 A；供电脉冲宽度：自由设定。

3. 其他技术指标

仪器电源：9 V 直流电源（-40% ~ +20%，1 号干电池 6 节）；工作温度：-10 ~ +40 ℃；储存温度：-20 ~ +50 ℃；相对湿度：不大于80%；整机静态电流：小于 50 mA；仪器的外形尺寸：270 mm×200 mm×190 mm；整机质量：约 3.5 kg。

（三）CTE－1 型仪器的使用方法

1. 面板布局图

CTE－1 型面板布局见图 4-18。

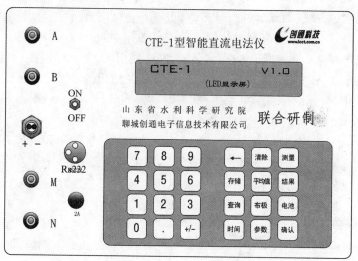

图 4-18　CTE－1 型面板布局

2. 操作面板配置说明

(1) 仪器供电开关。

(2) 供电电源接线夹（红线＋、黑线－）。

(3) RS232 通信接口。

(4) 保险丝座（2 A）。

(5) A、B 接线柱。

(6) M、N 接线柱。

3. 功能键说明

(1) 0…9 . +/- 数字功能键。

(2) ← 删除键　用于删除已输入的数字。

(3) 清除键　用于清除存储空间已存数据。

(4) 测量键　用于仪器进行自动测量。

(5) 存储键　用于每次测量所得数据的存储。

(6) 平均值键　用于观察测量数据电压、电流的显示。

(7) 结果键　用于观察自然电位、视电阻率的显示。

(8) 查询键　用于已存储数据的回调查询。

(9) 布极键　用于常用布极方式的选择。

(10) 电池键　用于仪器自身所用电池电量的检测。

(11) 时间键　用于供电脉冲宽度的设定。

(12) 参数键　用于布极参数的选择。

（13）⬚确认键　用于已选参数或已输数据的确认。

4.基本操作步骤

（1）将测线按顺序依次接好,如图 4-19 所示。把仪器开关打开在 ON 的位置,显示屏则显示 CTE－1,然后进行参数预置设定和测量。

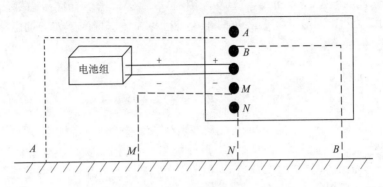

图 4-19　布极方式

（2）进行供电脉冲宽度时间设定:首先按时间键,如显示供电时间 TIME＝200,可用数字键改入设定数并按确认键,确认后,如显示一次场测量时间 V－DLY＝100,同样可用数字键改入,如显示停电时间 DLY＝60,用数字键改入设定数完成时间设置(注意:TIEM≥200、V－DLY≥100、DLY≥60,否则仍然显示默认值)。

（3）按布极键选择电极排列方式(详见表 4-6),按确认键选择所需布极方式后,再按参数键设定布极参数,如显示 $AB/2＝××$、$MN/2＝××$,均用数字键改入所需参数并按确认键进行确认。然后进行测号的选择输入 PROFIL＝? 用数字键改入并按确认键。设置完成即可测量。

表 4-6　仪器预置常用电极排列参数

电极排列	No.	电极排列参数			
四极垂向电测深(4P－VES)	1	AB/2	MN/2	PROFIL	
三极垂向电测深(3P－VES)	2	OB	MN/2	PROFIL	
WENNER 垂向电测深(W－VES)	3	AB/2	PROFIL	×	
四极动源剖面(4P－PRFL)	4	AB/2	MN/2	×	PROFIL
三极动源剖面(3P－PRFL)	5	OB	MN/2	×	PROFIL
WENNER 动源剖面(W－PRFL)	6	AB/2	×	PROFIL	
K	7	K 值输入法			

（4）按测量键,仪器即开始自动跟踪测量。

（5）几秒钟后即显示所测得数据电压单位为 mV,电流单位为 mA。

$$V＝67.50$$
$$I＝394.34$$

$$SP＝11.98$$
$$\rho_s＝22.65$$

（6）按结果键即可读取自然电位及视电阻率（单位为 $\Omega \cdot m$）。

（7）如需要存储所测结果，按存储键，则显示 STORE = ×，请输入存储号（输入的存储号不能大于 1 000，否则显示 MAX 提示重新输入），再按确认键即可将当前测量结果数据及测量线号、电极参数和电极排列方式等值保存在存储号所指向的存储空间中。

如需查询已测数据，按查询键，则显示 RECALL ×，请输入存储号，在输入存储号后再按确认键即显示 RECALL × OK，这时即可进行相关数据查询。如查询电压、电流值按平均值键、查询视电阻率则按结果键。

二、电极选择

（一）电极材料

电阻率法找水中所采用的电极一般是导电性较好的铜电极，铜电极有紫铜、黄铜两种。紫铜纯度较高，质地较软，耐磨性差，野外极易损坏，但紫铜导电性好。因此，在野外测量过程中，测量电极最好使用紫铜棒，在山区地电阻较大、大极距供电电流较小情况下，供电电极也采用紫铜电极，以减少接地电阻率。黄铜是铜与锡的合金，它的导电性比紫铜差，但强度大，耐磨损。

（二）电极尺寸

电极尺寸的大小影响着接地电阻的大小，而接地电阻大小不但影响供电电流强度，而且当供电电极电阻加上测量电极电阻之和大于仪器的输入阻抗时，将对测量的电位产生分压，使读数产生较大误差，同时指针运动迟缓，造成观测困难。

电极入土深度增大，打入拔出都较困难；电极直径大，过于笨重，搬运不便，所以电极一般是用直径 2 cm、长度 50 ~ 70 cm 的铜棒做成，入土深度 30 ~ 50 cm。

（三）电极布设

野外测量过程中，会遇到各种地质条件，电极的布设对测量结果影响很大。为减少接地电阻，提高观测精度，应注意以下问题：

（1）测量电极必须使用同一类型电极，且供电与测量电极不能混用。电极应保持清洁、无锈，不得使测量电极置于有流水或脏污的地方。电极应垂直地面接地，并注意使电极和土壤接触良好，入地深度不应大于 $AB/10$。

（2）加大电极与土壤接触面积，如果电极处的土处于松动状态，接地电阻会增大，为减少接地电阻的影响，应使电极与周围的土紧密接触；使用表面积大的电极，加大电极入土深度，除去电极表面的铁锈。不要将电极打在电阻率较大的碎石、砂子附近；测量电极一般打在干净的地方。若有植物碰到电极的金属部分，会引起电极电位跳跃性变化，因此必须清理电极附近的植物，防止风吹动时植物与电极接触；电极遇到新填土时，应将填土压实，然后打电极。

（3）减小电极附近介质的电阻率，在测量精度允许情况下，尽量将电极打在潮湿的地方；在电极附近浇水，减少接地电阻。由于在电极附近的电位降减弱较快，接地电阻主要表现在靠近电极附近的电极中，故只在电极附近浇水即能达到减小接地电阻的目的。需要注意的是，由于降雨或因地面干燥而浇水，在短时间内会引起随时间变化的渗滤电场，这种电场会引起指针缓慢漂移，为避免这种干扰，一是雨后不要立即进行观测；二是浇水后，应间隔半小时再进行观测;电极不能打在流水中,否则指针随水流摆动,影响观测精度。

(4)电极穿透冻土层。电阻率的大小与温度有关,温度上升,水的溶解度增加,使水中的离子含量增加,致使水的导电性增强,岩石电阻率下降;温度下降,岩石电阻率升高,尤其在 0 ℃ 以下,水将结冰,会使岩石电阻率急剧增高。在寒冷地区或冰冻季节进行电法勘探找水时,温度降低造成近地表的土或岩石电阻率增高,因此电极一定要打穿冻土层,以减小接地电阻。

(5)多根电极并联。当接地电阻较大或供电线路需要较大电流时,接地应采用并联组合装置。电极组的排列应对称地垂直测线,相邻电极间的距离应不小于电极入地深度。

(6)提前打极,交替使用。采用四极对称剖面、联合剖面法测量时,为减少电极产生的极化电位对测量结果的影响,一般使用 8 根或 12 根电极,沿测线方向提前打入电极,四根电极作为一组,交替使用,以减少电极与土壤产生的极化电位。

(四)电极极距选择

1. 供电极距

在测量中,AB 距选择应满足以下要求:

(1)要使电测曲线前支出现渐近线,其渐近值能较准确地反映第一层电阻率 ρ_1。为此,小极距应小于第一层厚度 h_1。在平原地区,多数电测深曲线都不易测出前支渐近线,小极距按接近线小于第一含水层的埋藏深度或地下水位的埋深来确定。

(2)要使电测深曲线尾支出现渐近线,其渐近值能反映下部岩层的电阻率。为此,大极距的选择能保证曲线上层支渐近线上有 2 ~ 3 个极距。

(3)在测量过程中,逐渐增大 AO、BO 的距离时,两个相邻极距在双对数纸上的水平距离不要太大,一般应在 0.5 ~ 2 cm,通常取 $\left(\dfrac{\overline{AB}}{2}\right)_{i+1} / \left(\dfrac{\overline{AB}}{2}\right)_i = 1.2 ~ 1.5$。供电极距过密,不但费时费电,而且较小的量测误差也能从曲线上反映出来,使曲线出现不应有的起伏,增加了分析难度;如极距过稀,所测绘电测深曲线不能有效正确地反映地下岩层的地质情况,不易分析使用。一般极距可按下列选择:

$AB/2$:4、6、9、12、16、20、25、32、40、50、60、74、90、110、140、170、210 m……。

2. 测量极距

MN 极距选择有两种:固定装置、等比装置。

(1)固定装置。

固定装置即 MN 固定,使 $1/30 \leq MN/AB \leq 1/3$,即始终使 MN 位于均匀场范围内,一般采用 $MN/2 = 5$ m、10 m。用该法测量时,其电位差较稳,同时受地表不均体影响较小。该法适用于地形起伏较大、岩性变化复杂的山丘地区。

(2)等比装置。

采用等比装置时,AB 改变一次,MN 也随之改变一次,测量过程中 MN/AB 的比值始终保持不变,一般可取 $MN/AB = 1/3$、1/5、1/8 几种。

平原地区勘探找水时,一般采用等比装置。在淡水地区,当勘探深度较小时(一般在 100 m 以内),以较小的比值为宜,即 $MN/AB = 1/8$;在咸水地区,当勘探深度较大时(一般超过 200 m),采用较大的比值,即 $MN/AB = 1/3$。

三、导线

（一）电线选择

电法勘探所用电线要具备绝缘性好、抗张拉力大、电阻小、轻便等性能，一般采用军用电话线。电线电阻应不大于 10 Ω/km，绝缘电阻应不小于 2 MΩ。

（二）布线方法

不同布线方向、布线方法，对观测成果影响很大，在野外测量中应注意以下问题：

（1）放线时，导线应沿地面布设，当导线通过水田、池塘、河渠、沼泽、公路等地区必须架空时，应将导线拉紧，以免摇摆产生感应电动势，造成极化电位不稳。穿越公路条件许可时可将导线埋设于地下。

（2）在山丘地区，当地形倾角较大时，应沿等高线布线，并尽量少穿越较深沟谷和陡坎；如果岩层倾角较大，一般沿岩层定向布线。如果存在断层，则应沿断层定向布线，这样能够正确反映地下岩层的地质情况；在平原地区，由于地层在水平向比较稳定，布线方向可任意选择，如地层在水平向变化较大，布线方向尽可能与古河道延伸方向一致。

（3）由于接地条件困难或地物等因素的影响，电极位置可以移动；移动的方向一般应垂直放线方向，移动距离不应大于该点到中心点距离的 1/20；若电极只能沿放线方向移动，则移动距离不得大于该点到中心点距离的 1%，否则应改变极距。

（4）必须保证电极排列方向的一致性，电极实际放线方向与预定方向的偏差不得大于 5°。

（5）在潮湿地区跑极，应注意导线与大地的绝缘。当导线被水浸湿后，应采取措施，严防漏电，为避免导线漏电，不能将铺设导线浸入水中。

四、电源

电源电压视勘探深度和电位差的大小而定，电阻率法一般为 45 ~ 450 V，激发极化法最大可达 1 000 V。一般采用 45 V 乙电组成的电池组，蓄电池组和发电机用的不多。乙电池是由 30 节 1 号电池串联组成，每块乙电池的电压为 45 V，新电池的内阻约 15 Ω。

整个供电回路上的总电阻主要由电池内阻、供电导线内阻和接地电阻组成。一般情况下，供电导线的内阻是不变的，而电池内阻、接地电阻是可以改变的。野外测量中，可以根据具体情况，通过调整电池的工作方式，增大供电电流。

（一）并联电池

在接地条件较好时，尤其是电池用旧后，电池内阻增大，使用并联电池，可增大供电电流。

（二）串联电池

在接地条件较差的山区，电极的接地电阻很大时，而电池的内阻相对较小，使用串联电池，反而可以增大供电电流。

【例】单块电池内阻 $R_1 = 20$ Ω，单块电池电压 $U = 40$ V，导线电阻 $R_2 = 30$ Ω，接地电阻 $R_3 = 70$ Ω。

（1）并联电池：

10 块乙电池先串联作为一组，然后两组再并联，则总电压为 40 × 10 = 400（V），每组的内阻为 20 × 10 = 200（Ω），两组并联后的内阻减半，为 100 Ω，总电流 $I = 400/(100 + 30 + 70) = 2$

（A）。

（2）串联电池：

采用 20 块乙电池串联使用,则总电压为 $40 \times 20 = 800$ V,电池内阻为 $20 \times 20 = 400$（Ω）,电流 $I = 800/(400 + 30 + 70) = 1.6$（A）,电流明显减少。

【例】单块电池内阻 $R_1 = 20$ Ω,单块电池电压 $U = 40$ V,导线电阻 $R_2 = 30$ Ω,接地电阻 $R_3 = 430$ Ω。

（1）并联电池：

10 块乙电池先串联作为一组,然后两组再并联,则总电压为 $40 \times 10 = 400$（V）,每组的内阻为 $20 \times 10 = 200$（Ω）,两组并联后的内阻减半,为 100 Ω,总电流 $I = 400/(100 + 30 + 430) = 0.71$（A）。

（2）串联电池：

采用 20 块乙电池串联使用,则总电压为 $40 \times 20 = 800$（V）,电池内阻为 $20 \times 20 = 400$（Ω）,电流 $I = 800/(400 + 30 + 430) = 0.93$（A）,使用串联电池比并联得到的电流大。

供电电源与地之间必须有可靠的绝缘。观测时,最低电压应不小于 15 V,最高电压和最大电流不得超过所使用仪器和电源的额定值。在观测中应随时注意供电电源的稳定性。

五、测点工作

布置好测线后,经检查确认线路连接无误,可与跑线员联系进行跑线。记录员要注意听取操作员读数,并回报读数,确认无误后记入本中,按公式计算 ρ_s 值,并及时绘制曲线,如发现突变点应通知操作员重复观测。记录员应认真填写记录各资料,如将原始资料记错,不得涂改,只允许划改并说明原因。

六、电测深测量结果的计算及电测深曲线的绘制

在电测深工作中,每一个测点上将得到与 $AB/2$ 相对应的 ρ_s 值。根据这些资料,以 $AB/2$ 为横坐标,ρ_s 为纵坐标,在模数为 6.25 cm 的双对数坐标纸上标出不同 $AB/2$ 的 ρ_s 值,并连成曲线。采用双对数坐标绘制 ρ_s 曲线的目的是完整的把 ρ_s 曲线绘在一张图纸上（因为 $AB/2$ 由小变大,通常由几米增大到几十米,甚至几千米,这样大的变化范围,一般的算术坐标是很难把曲线清楚地绘出来的）,同时也为了便于在定量解释时将实测曲线与理论曲线进行对比,因为绘制的理论曲线也是采用了模数为 6.25 cm 的双对数坐标系统。

第六节　电测深曲线类型和曲线解释

电测深曲线解释的主要任务是:通过对各电性层的分析、辨认含水层,解释界面深度、推测地下含水层的性质、部位、厚度、水质等,以便为选定井位和确定井深提供第一手资料,它是电测深工作中的最重要工作,因此必须要认真地分析研究。

一、电测深曲线类型

电测深曲线的类型,是由电性层（所谓电性层是指由电性相同的介质组成的导电层）

的层数和各电性层电阻率之间关系决定的。一般可分为二层曲线、三层曲线、多层曲线，而曲线又根据上下层的电阻率的大小，分为不同的类型。

（一）二层曲线

$\rho_2 > \rho_1$，称为 G 型曲线，为一上升曲线，见图 4-20（a）；$\rho_2 < \rho_1$，称为 D 型曲线，为一下降曲线，见图 4-20（b）。

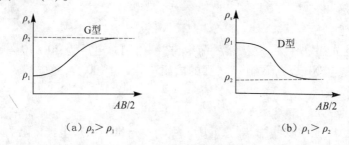

图 4-20　二层曲线

（二）三层曲线

反映三个电性层的曲线称为三层曲线。三层曲线根据三个电性层电阻率的关系，分为 4 种类型：$\rho_1 < \rho_2 < \rho_3$，称为 A 型曲线；$\rho_1 > \rho_2 > \rho_3$，称为 Q 型曲线；$\rho_1 > \rho_2 < \rho_3$，称为 H 型曲线；$\rho_1 < \rho_2 > \rho_3$，称为 K 型曲线，见图 4-21。

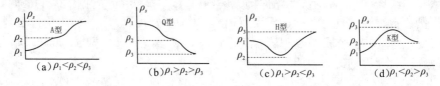

图 4-21　三层曲线

（三）多层曲线

反映四个电性层及以上的曲线称为多层曲线。多层曲线的分类原则：前三层作为一个三层曲线，确定出曲线类型第一个字母，再将二、三、四层作为一个三层曲线，确定第二个字母，以此类推。如 HK 型曲线，前三层 $\rho_1 > \rho_2 < \rho_3$ 为 H 型，后三层 $\rho_2 < \rho_3 > \rho_4$，为 K 型，故总称为 HK 型。四层曲线共分为八种类型：HA 型（$\rho_1 > \rho_2 < \rho_3 < \rho_4$）；HK 型（$\rho_1 > \rho_2 < \rho_3 > \rho_4$）；KH 型（$\rho_1 < \rho_2 > \rho_3 < \rho_4$）；KQ 型（$\rho_1 < \rho_2 > \rho_3 > \rho_4$）；AA 型（$\rho_1 < \rho_2 < \rho_3 < \rho_4$）；AK 型（$\rho_1 < \rho_2 < \rho_3 > \rho_4$）；QH 型（$\rho_1 > \rho_2 > \rho_3 < \rho_4$）；QQ 型（$\rho_1 > \rho_2 > \rho_3 > \rho_4$）。

曲线类型能反映水平地层的各电阻率的关系，故在进行定性解释时，首先要看曲线类型。然而，野外实际情况非常复杂，例如水平方向电性不均匀（包括大倾角岩层、不同电性层接触带、局部不均质地质体、断裂破碎带、高阻岩脉等）和地形起伏的影响，都会导致上下电性层电阻率关系的变化，进而改变曲线的类型和形态。

二、电性层电阻率及岩层界面深度的解释

根据实测曲线解释各电性层的电阻率和岩层界面深度，主要有以下几种方法。

（一）理论量板法

理论量板法是电测深曲线解释的最基本方法。它是在假定各层电阻率都是均匀的和各向同性的、各电性层的界面与地面都是平行的条件下,给出一定地电断面参数(ρ_1、ρ_2、ρ_3、… 及 h_1、h_2、h_3、…)代入理论公式,便可计算出许多理论曲线,将这些曲线汇集起来,就是理论量板。按两层计算出来的称为二层量板,按三层计算出来的称为三层量板,制作量板的目的是用它与实测曲线对比,然后求出实测曲线所反映的地电断面参数。如二层量板中的 G 型量板,它是以 $AB/2h_1$ 为横坐标、$\dfrac{\rho_2}{\rho_1}$ 为纵坐标的一簇理论曲线。

G 型曲线的解释具体方法步骤如下:

（1）二层曲线绘在双对数透明纸上,然后放在 G 型量板上与理论曲线 ρ_2/ρ_1 对比,保持两者相应坐标平行移动,使测曲线与某一条理论曲线重合或均匀地介于两条理论曲线之间(见图4-22)。

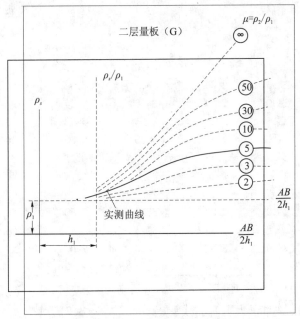

图 4-22　用 G 型量板解释二层曲线

（2）曲线的坐标原点投到透明纸上,得到 O_1。

（3）横坐标为 h_1(第一层厚度)、纵坐标为 ρ_1(第一层电阻率),根据 μ($\rho_2 < \rho_1$)可以求出第二层电阻率 $\rho_2 = \mu\rho_1$。

实际上,由于地形起伏、地下不均质体的存在,很难满足理论曲线的假定条件,这样解释结果很难与实际情况相符,因此理论量板法一般与其他解释方法配合使用。

（二）拐点切线法

过去用拐点切线法分析电测深曲线,是从曲线的第一层开始,逐层向下分析。通过实践证明,在多层曲线中,可以只选取某一层(目的层)曲线进行解释,这是一种简化拐点切线法,下面将解释步骤说明如下:

（1）作出与目的层(含水层)曲线段重合最长的拐点切线 ρ_1,以及上部相邻电性层拐

点切线 ρ_2，ρ_1 与 ρ_2 相交于 O_1，O_1 点的纵坐标为 ρ_0，其横坐标为上部电性层的底板埋深（也是下部电性层的顶板埋深）。

（2）求出 α 角，曲线上升段，α 为正；曲线下降段，α 为负。根据 α 值，从 $\alpha \sim \mu$ 相关表（见表4-7），查 μ 值，则目的层的真电阻率 $\rho = \mu\rho_0$。

表 4-7　$\alpha \sim \mu$ 相关表

$\alpha(°)$	μ	$\alpha(°)$	μ	$\alpha(°)$	μ	$\alpha(°)$	μ
0.0	1.00	17.0	1.84	28.0	3.30	39.0	10.80
4.0	1.10	17.5	1.88	28.5	3.40	39.5	11.90
6.0	1.20	18.0	1.91	29.0	3.50	40.0	13.0
6.5	1.23	18.5	1.96	29.5	3.63	40.5	14.65
7.0	1.25	19.0	2.00	30.0	3.75	41.0	16.30
7.5	1.28	19.5	2.05	30.5	3.88	41.5	18.55
8.0	1.30	20.0	2.10	31.0	4.00	42.0	20.80
9.0	1.33	20.5	2.15	31.5	4.20	43.0	27.50
10.0	1.35	21.0	2.20	32.0	4.40	43.5	32.75
10.5	1.40	21.5	2.25	32.5	4.60	5.0	0.83
11.0	1.43	22.0	2.30	33.0	4.80	10.0	0.71
11.5	1.45	22.5	2.36	33.5	5.02	15.0	0.61
12.0	1.48	23.0	2.40	34.0	5.24	20.0	0.52
12.5	1.51	23.5	2.48	34.5	5.43	25.0	0.45
13.0	1.54	24.0	2.55	35.0	5.80	30.0	0.38
13.5	1.57	24.5	2.63	35.5	6.25	35.5	0.33
14.0	1.61	25.0	2.70	36.0	6.70	40.0	0.28
14.5	1.64	25.5	2.79	36.5	7.15	45.0	0.23
15.0	1.67	26.0	2.88	37.0	7.60	50.0	0.18
15.5	1.70	26.5	2.97	37.5	8.30	60.0	0.10
16.0	1.74	27.0	3.05	38.0	9.00		
16.5	1.81	27.5	3.18	38.5	9.90		

【例】ρ_s 曲线如图 4-23 所示，分别做切线 ρ_1、ρ_2，交于 O_1 点（$AB/2 = 90$ m、$\rho_0 = 78$ $\Omega \cdot$ m、$\alpha = 30°$），该曲线为上升曲线，查表4-7 得 $\mu = 3.75$，则目的层的真电阻率：$\rho = \mu\rho_0 = 3.75 \times 78 = 292.5(\Omega \cdot \text{m})$。

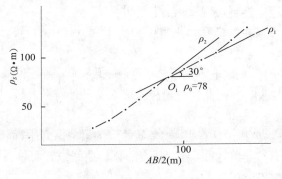

图 4-23　视电阻率 ρ_s 曲线

（三）界面深度的修正

电性层分界面的实际深度与曲线转折点的横坐标 $AB/2$ 有一定的关系。一般规律是：电性层的界面深度一般小于或等于曲线转折点横坐标。其实际深度与曲线转折点的 $AB/2$ 值的比值叫做深度修正系数。深度修正系数越小，实际深度比转折点处 $AB/2$ 越提前。所以实际界面的埋藏深度 = 深度修正系数 × $AB/2$，深度修正系数取值见表4-8。

表4-8　基岩地区深度修正系数

$AB/2$ （m）	修正系数		备注
	转点前曲线上升角 <25°	转点前曲线上升角 >25°	
<50	1	0.95 ~ 1	曲线下降有最低点时，该点的修正系数为1
50 ~ 150	0.85 ~ 0.95	0.75 ~ 0.85	
150 ~ 500	0.65 ~ 0.75	0.50 ~ 0.65	

第七节　电测深法在山区找水中的应用

一、辨认含水层

对于高阻岩层地区（包括石灰岩、大理岩、脆性砂岩、花岗岩），凡是相对富水的构造破碎带、裂隙岩溶带，在电测深曲线上均呈低阻反映。主要表现为缓（缓升）、平（水平）、降（下降）3 种变异特征，可作为辨认含水层、进行定性分析的依据。但在分析时，要注意结合地质条件，排除矿体、地形或其他干扰引起的假异常。

（一）缓升变异

根据电测深曲线上缓升变异段埋藏深度的不同，可划分为以下 3 种类型：

（1）急剧上升前的缓升是比较可靠的含水层。当地下水位埋藏较浅，而且浅部的裂隙岩溶比较发育时，曲线往往具有此类特征。

【例】某井的电测曲线如图4-24 所示，15 m 以上为黏土，下伏白云质石灰岩，曲线前端以31°缓升，尾支以 42°上升，估计上部为含水表现。钻探结果表明，上部岩芯破碎，64 m 终孔，出水量为 80 m^3/h。

（2）夹在两个急剧上升段之间的缓升段，一般是较好的含水层。

【例】图4-25 是历城县某农业井，13 m 以上黏土，下伏中奥陶统灰岩，测深曲线在55 ~ 100 m，以 42°直线上升，135 m 以后以 45°上升、缓升段角度只有 32°，应是相对富水反映。钻探结果表明，60 ~ 121 m，岩芯破碎，159 m 终孔，出水量为 62 m^3/h。

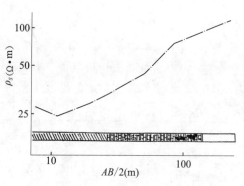

图 4-24　含水层为急剧上升前的缓升段　　　图 4-25　含水层为夹在两个急剧上升段之间的缓升段

（3）急剧上升段后的缓升段，可视为含水层。在高阻岩层地区，当含水层埋藏较深，而且具有一定的厚度较薄，上升曲线一般不会出现 45°上升的渐近线，往往是在急剧上升段后出现一缓升段，缓升段一般是深部破碎或岩溶裂隙发育的反映。

【例】泰安某地农业供水井（见图 4-26），25 m 以上为土层，下伏石灰岩和白云质灰岩，前段曲线较陡，上升角度达 40°，显示了上部灰岩的完整性。90 m 开始变缓、110 m 以后为一缓升的电性层。推测在相应的深度上，灰岩较破碎，是较好的含水层。钻探结果表明，98.2 m 以后岩芯破碎，岩溶裂隙发育，140 m 终孔，水位下降 13 m 时，出水量为 80 m³/h。

（二）水平变异

根据水平段在电测曲线上位置的不同，划分为以下 3 种类型。

（1）尾支变平的水平段是含水层的反映。若根据地层岩性分析，如果深部没有低阻岩层的干扰，则曲线尾支变平的水平段是岩溶裂隙发育的反映。但一定要进行水文地质分析，要排除低阻岩层的干扰。

【例】图 4-27 是泰安某地电测深曲线，开孔为馒头组灰岩，曲线在 110 m 后变平，经证实，自 90 m 岩芯破碎，138 m 终孔，降深 25 m，出水量为 50 m³/h。

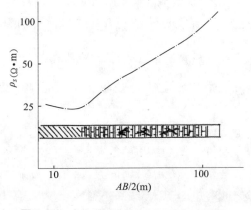

图 4-26　含水层为急剧上升段后的缓升段

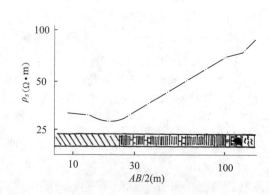

图 4-27　含水层为尾支变平的水平段

（2）两个上升段之间的水平段视为含水层。这类曲线的前支及尾支的急剧上升线段，一般是完整基岩的反映，水平段是岩溶裂隙或破碎带的反映。

【例】山东肥城某地农业供水井,26 m 以上为土层,底部含有砾石,下伏中奥陶统石灰岩。根据地层资料分析,水平段正是 O_2 泥质灰岩的位置,但根据当地成井曲线分析,完整的泥灰岩虽呈低阻,但没有这么明显,推断该段是相对富水反映。钻探结果表明,39~72 m 岩心破碎,150 m 终孔,涌水量为 50 m^3/h(见图 4-28)。

（3）整个曲线近似水平,是岩溶裂隙富水反映。

【例】泰安某地第四系覆盖层厚度 6~8 m,下伏奥陶系石灰岩、泥灰岩。电测曲线如图 4-29 所示,从 25~110 m 曲线近似水平,为含水层的反映。钻探结果表明,25~80 m 岩溶十分发育,涌水量达 140 m^3/h。

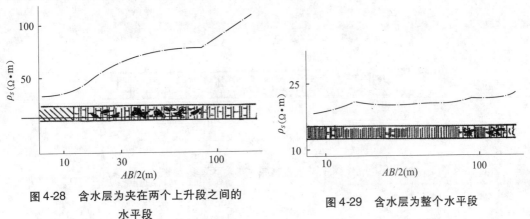

图 4-28　含水层为夹在两个上升段之间的
水平段

图 4-29　含水层为整个水平段

（三）下降变异

下降变异因出现在测深曲线上不同部位,也有以下 3 种形态。

（1）尾支下降段可视为含水层。根据地层分析,如果不是低阻岩层或地形等因素干扰,曲线尾支的下降段往往是深部岩溶裂隙发育,且范围较大的反映。

【例】某井 7 m 以上为土层,下伏中奥陶统灰岩,测深曲线如图 4-30 所示。曲线前支上升角度达 45°,反映下部基岩完整,170 m 后曲线开始变缓并逐渐下降。钻探证明,165 m 见 0.5 m 溶洞,岩芯破碎,194 m 终孔,水量 40 m^3/h。

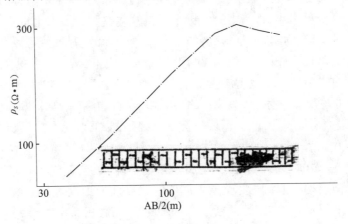

图 4-30　含水层为尾支下降段

（2）两个急剧上升段之间的下降段可视为含水层。

（3）只有尾支急剧上升，前段下降的曲线，下降段是中上部岩溶裂隙发育相对富水反映。

【例】山东宁阳某地一灌溉井，上覆 5 m 左右的砂层，下伏为馒头组砂质灰岩（如图 4-31 所示）。该井深 43 m，静水位 8.0 m，水稳定后，动水位 10.5 m，涌水量 80 m³/h。

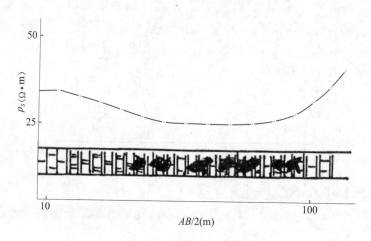

图 4-31　含水层为前段下降段

二、含水层电阻率的解释

根据视电阻率曲线特征辨认含水层是曲线解释过程中的定性分析，至于定性分析确定的含水层是否就是含水层、富水程度如何，还需要根据解释出的真电阻率的大小，再作进一步分析推断，才能得到正确的结论。真电阻率解释的方法有理论量板法，简化拐点切线法等，野外一般采用简易拐点切线法。

解释出目的层的真电阻率后，可根据目的层的地层岩性特征对照表 4-9 所给资料（或称背景值）分析判断是否是含水层？富水程度如何？在参照表中资料判断含水层富水程度时，可根据用水量的大小，将表中的资料作适当的调整。如果用水量不大，主要解决人畜和点种用水，则背景值可以适当提高；如果用水量较大，则背景值可以适当降低。如山东新汶某村，地处低山丘陵区，所处地层为上寒武统凤山组灰岩，为一弱含水岩组，水文地质条件极差，打井的目的主要是解决人畜吃水和抗旱点种用水。经电测深知，110 ～ 170 m 出现一水平段，应该为一含水层，但该目的层解释出的真电阻率高达 500 Ω·m，而表中所给出背景值的最大值是 300 Ω·m。根据背景值判断，似乎是无水的反映，考虑到该村水源条件较差，且用水量较小，故确定下井位。实际钻探，91 ～ 128 m 岩芯较破碎。195 m 终孔，出水量为 20 ～ 25 m³/h。但无限制地将背景值放宽，也会造成出水量减少，甚至干孔的现象。如山东周村某地在脆性砂岩和辉长岩脉穿插的地层上，测深曲线自 260 m 由 45°变为 34°，为一下降曲线，定性判断是含水层的反映，但解释电阻率高达 500 Ω·m，又是无水的反映。钻探结果表明，180 m 以下连续出现小裂隙，有的被充填，透水不良，出水量很小。

表 4-9　主要岩层破碎富水解释电阻率范围

地质时代		裂隙岩溶含水层 解释电阻率(Ω·m)		备注
		最小值	最大值	
中石炭统	草埠沟、徐家庄组	100~250	300	石灰岩
中奥陶统	马家沟组	300~400~500	600	
下奥陶统	冶里、亮甲山组	200~300	400	
上寒武统	凤山、长山组	<300	300	
中寒武统	张夏组	200~300	400	
下寒武统	馒头组	200~300	400	
白垩、侏罗统、二叠、石炭统		<200	300	脆性砂岩为主

由此可见,只根据电测深曲线上的变异特征来辨认含水层,只是曲线分析中的定性分析工作。定性分析确定的含水层(曲线缓升、水平、下降),并不一定就是可靠的含水层,还应根据解释出的真电阻率结合背景值作进一步的分析,只要所属岩性的真电阻率在表 4-9 范围内,成功的概率就会比较大。

第八节　电测深法在平原地区找水中的应用

平原地区找水主要是指如何找第四系孔隙水。由于平原地区地形平坦,地质构造、岩石性质单一,地形及旁侧电性不均对电测结果的影响较弱,因此只要采用正确的测量方法,所测数据可靠,往往都能得到理想的结果。但是,由于平原地区咸、淡水层广泛分布,介质的层次多、厚度薄,而电阻率值又比较接近,给电测分析工作带来很多不便,往往造成分析方面的错误。因此,要想充分发挥电测的作用,必须要掌握影响电法勘探效果的地电条件。

一、平原地区影响电法勘探效果的主要地电条件

平原地区影响电法找水的主要地电条件如下。

(一)砂层与非含砂层电阻率差异

平原地区岩土的电阻率一般比较低,而且是随着土颗粒的粒径的减小而递减的,相邻粒径之间的电阻率差异不明显。若电阻率差异明显,则含砂层表现的清晰,也便于分析;若没有差异或差异很小,就无法将它们区别开来。如细砂层与含有姜石的黏土,电阻率差异较小,就很难用电测将它们区分开来;对于含咸水的砂层与土层,有时其视电阻率差异也较小,曲线分析时也难以将其区分。但这两种情况有一个共同结论,就是不适于打井,因此也没有必要区别了。

（二）砂层的厚度

从视电阻率的概念来分析,砂层必须有足够厚度,才能在电测曲线上反映出来,否则将被勘探体积内低阻的土层所屏蔽。

（三）屏蔽层的影响

屏蔽层是指位于含砂层的上方,分布较广、电阻率较高或较低的电性层。屏蔽层对电法勘探不利,如上层电阻率较大(将造成高阻屏蔽),含砂层往往被曲线的急剧下降所掩盖而反映不明显;如上层电阻率较小,有时砂层很少或没有,曲线也会急剧上升,造成假象。

（四）地电断面的复杂程度

所谓地电断面,是指由电阻率相同的介质层所组成的断面。显然,在一定的勘探体积内,电性层数愈多,厚度愈薄,其地电断面愈复杂,分析的误差愈大。如黏土层中夹有数层姜石时,其综合表现可能为砂层的反映,则造成假象,认为是较厚的砂层反映,导致分析错误。

二、电测深曲线的解释

电测深的目的就是通过对各电性层的研究分析(如辨认含砂层、解释其电阻率),确定测点下的水质及砂层的厚度,根据砂层厚度与出水量的关系及作物对水质的要求,判断该地点是否可以成井,并确定打井的适宜深度。

（一）电测深曲线的类型

电测深曲线的类型与电性层的层数及各电性层电阻率之间的相互关系有关,显然深度(或称厚度)愈大,电性层层数愈多,曲线类型也就愈复杂。就不同埋藏深度的平原地下水而言,其常见的电测深曲线有以下9种类型(见图4-32)。

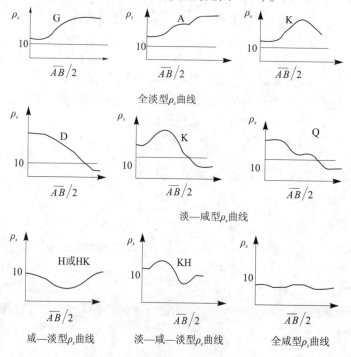

图4-32 平原地区电测深曲线类型

在实际工作中遇到的大多数是一些形状与之相类似的曲线或是多层结构的更为复杂的曲线,如不易辨认曲线类型,也可以不对整条曲线分类命名,只要辨认出含砂层之后,把与含砂层相邻的电性层的定名确定下来就可以了。

(二)辨认含淡水的砂层

根据曲线特征定性分析时,辨认淡水砂层的最基本的原则是:砂层必须是具有一定埋深的高阻层(所谓的高阻层是指视电阻率曲线上的上升段或视电阻率值较高的下降段)。一般以高阻层的下界面 16 m 为界,大于 16 m,可以考虑是含水砂层,小于 16 m 的高阻层一般不作为砂层分析。

应该指出,根据曲线特征判断出的砂层,仅仅是有可能包含砂层的电性层。至于它是否真的是砂层及砂层厚度有多大,还需进一步分析计算。

(三)砂层电阻率的解释

如果某一段曲线,通过定性分析确定为含砂层后,还应该解释该层的电阻率。如果解释电阻率很小,就意味着矿化度较高,即使砂层再好,也不宜定井。可见,辨认含砂层与解释电阻率应相辅相成,缺一不可。曲线解释方法有理论量板法、简易拐点切线法。一般采用简易拐点切线法即可满足要求。

【例】图 4-33 为一电测深曲线,经分析判断,20 ~ 40 m 的上升段可能是砂层,做该目的层的切线 ρ_1,以及上部电性层的切线 ρ_2,ρ_1 与 ρ_2 相交于 O 点,其 $\rho_0 = 10 \ \Omega \cdot m$,$\alpha = 25°$,查表得 $\mu = 2.70$,则 $\rho = \rho_0 \mu = 10 \times 2.7 = 27 (\Omega \cdot m)$,真电阻率较大,判别是一个较好的砂层。

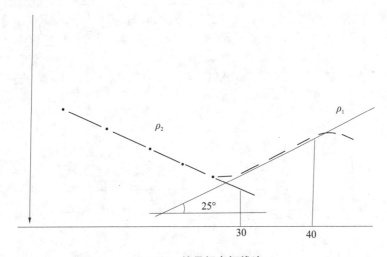

图 4-33　简易拐点切线法

(四)地下水水质分析

在平原地区,地下水水质较复杂,因此进行水质分析和预测,是电法勘探的一个重要任务。

1. 浅层淡水的分析

浅层淡水的水质一般是根据含砂层的真电阻率 ρ 来确定的,若 $\rho > 15 \ \Omega \cdot m$,一般为淡水;若 $10 \ \Omega \cdot m < \rho < 15 \ \Omega \cdot m$,水的矿化度 C 一般大于 1.5 g/L。

2. 咸水层在电测深曲线上的特征

咸水层在电测深曲线上,主要反映为视电阻率小于 15 Ω·m 的低阻异常,且地下水矿化度愈高,相应的视电阻率就愈低。对于矿化度大于 2 g/L 的咸水层而言,ρ_s 主要取决于矿化度,而与土质关系不大。表 4-10 反映了含砂层视电阻率与矿化度的关系,有了这些关系,就可以近似地估算出某砂层的矿化度,为定井提供主要依据。在实际工作中,也可以根据 ρ_s 曲线的以下特征,定性地将咸水层辨认出来。

表 4-10　含砂层电阻率与矿化度关系

含砂层电阻率 ρ	矿化度 $C(g/L)$	
	一般值	最大值
10	2.5 ~ 3.5	5.0
12	1.9 ~ 2.8	4.0
14	1.6 ~ 2.4	3.3
16	1.4 ~ 2.2	2.8
18	1.2 ~ 1.8	2.5
20	1.0 ~ 1.5	2.2
22	0.9 ~ 1.4	1.9
24	0.8 ~ 1.2	1.7
26	0.75 ~ 1.1	1.5
28	0.75 ~ 1.0	1.4
30	0.6 ~ 0.9	1.3

(1) ρ_s 曲线中极小值小于 10 Ω·m 的下降段,其真电阻率肯定不会大于 10 Ω·m (因为 $\rho = \mu\rho_s$,当 $\alpha < 0$ 时, $\mu \leqslant 1.0$),不用解释真电阻率,便可以确定该段为咸水层(见图 4-34)。

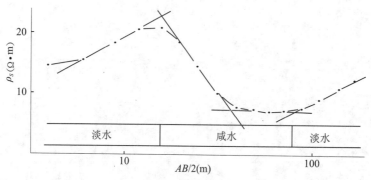

图 4-34　咸淡水的划分

(2)曲线中 ρ_s 的极小值大于 10 Ω·m 的下降段,如果解释出该段真电阻率仍小于 10 Ω·m,则该段也是咸水层。如 $\rho_{s.min} = 15$ Ω·m, $\alpha = -20°$,则 $\mu = 0.52$,则 $\rho = 15 × 0.52 = 7.8$ (Ω·m) < 10 (Ω·m),则该下降段为咸水层。

(3)曲线中 ρ_s 值小于 10 Ω·m 的水平段,一般也是咸水层。

3. 水的矿化度沿垂向变化规律

平原地区的地下水根据所处的水文地质单元的不同,地下水的水质沿垂向变化规律常见的有以下几种类型：

（1）全淡型：从地面向下全部为淡水，一般分布于山前冲洪积平原的中、上部。电测深曲线类型有 G、A、K 等几种。

（2）全咸型：在 600～700 m 深度内，从上至下全部为咸水，主要分布在黄河三角洲的垦利、利津、沾化，电测深曲线呈低阻（$\rho_s \leq 10\ \Omega \cdot m$）的平直曲线型。

（3）淡—咸型：上部为淡水、下部为咸水，电测深曲线为 D、Q 型曲线。

（4）咸—淡型：上部是咸水、下部是淡水。由于含咸水岩组上覆电阻率较高的非饱和带，因此电测深曲线为 H 型。H 型曲线前支下降，表明低阻含咸水岩组的存在，尾支上升，反映深部出现了相对高阻含淡水岩组。

（5）淡—咸—淡型：浅部为淡水，中部为咸水，深部又是淡水。电测深曲线为 KH 型，K 型曲线前支上升段，表明浅部有含淡水岩组；K 型曲线下降段，反映中部存在着含咸水岩组，曲线尾支上升段，表明深部为含淡水岩组。

咸水层与淡水层之间的接触关系有两种类型：一种是渐变型，即在咸水层与淡水层之间比较厚的（几十米或一二百米）隔水层，水质的变化呈渐变的关系，华北冲积平原的下游一般属于这种情况，其视电阻率测深曲线表现为规则的三层或多层曲线；另一种是突变型，即咸水层与淡水层之间的隔水层较薄，在电测过程中，其往往被其他电性层所屏蔽，所以电测深曲线表现为 K 型（尖顶式）、H 型（尖底式）。

（五）含砂层埋藏深度的确定

高阻层的顶界面，提前量一般较小，深度修正系数一般为 0.9～1.0。实际使用时，深层淡水电性层起始点的横坐标 $AB/2$ 值乘以 0.9～0.95，作为咸淡水界面的解释深度。经与测井资料对比，其误差一般少于 10%，少数达到 15%。

第九节　电测找水野外常见干扰及处理措施

电阻率法是观测供电时在 MN 间产生的稳定的电位差，这种正常信号传到仪器后，指针应该是稳定的。但是由于各种干扰，使指针有规律或无规律地摆动，影响观测质量，这些干扰一般有以下几种。

一、野外电测常见干扰

（一）不稳定地电场

稳定的地电场（如金属硫化矿、石墨以及炭化岩层所形成的自然电场等），可以在测量前补偿掉，不构成干扰；而变化的地电场（如大地电流、工业游散电流、随时间变化渗滤电场等），在测量 Δu 过程中造成指针摆动，严重时无法读数。

1. 大地电流场

这种电场强度一般较小，有一定方向性，夏季强冬季弱。在一天中，中午强夜间弱，但周期性较复杂，是一种随机干扰，可采取以下措施避免或减少：①在大地电流较弱时间观测（如避开中午）；②加大供电电流，以增大信噪比；③进行多次观测，合理地读数。

2. 游散电流

在城市、矿山、电气化铁路等用电量很大的地区,由于接地线的存在,大地有强大的游散电流。另外,在变压器、有线广播线附近,接地线也能产生游散电流。由于用电量大小、时间和地点变化,游散电流的分布、强度和方向变化多端,因此游散电流场的存在会引起指针无规律的摆动,解决方法如下:①在停电或用电低峰时间观测;②加大供电电流,以提高信噪比;③尽量使布极方向垂直于游散电流方向;④多次观测,合理取数。

3. 随时间变化的渗滤电场

由于降雨或因地面干燥而浇水,在短时间内会引起随时间变化的渗滤电场。这种电场会引起指针缓慢漂移,为避免这种干扰,一是雨后不要立即进行观测;二是浇水后,应间隔半小时以后再进行观测。

(二)感应电动势

当测量导线悬空随风摇动切割地磁场或其周围存在变化的磁场时,都会在测量线路内产生感应电动势,形成干扰。在测量过程中应注意以下问题:

(1)测量导线切割地磁场磁力线,引起指针左右摆动。消除方法是:使测量导线尽量不要悬空;在无法实现时也要将导线拉紧,使之不能随风摆动。

(2)供电回路接通或断开的瞬间,由于电流突然变化,在周围产生变化的磁场,因而在测量回路产生瞬间感应电流。供电瞬间感应电动势加入仪器后与 Δu 方向相同,因此使读数增大。但只能维持很短时间,因此在观测读数时,应读其稳定读数。

(3)当测量导线邻近并平行于高压、低压输电线或通信电缆时,都会产生感应电动势,前者使指针抖动,后者使指针产生脉冲性偏转。消除方法主要应使测量线垂直于输电线,远离后再平行铺放。

(三)变化的电极电位干扰

金属电极与土壤接触产生电极电位。土壤中的溶液性质或浓度改变,都会引起电极电位的变化,从而导致极化电位差的变化。如电极打在流水中,则指针表现为随水流摆动;有时由于测量导线漏电,导线裸露部分在风的吹动下,指针产生脉动式摆动。克服方法:一是采用不极化电极;二是清理电极附近的植物,防止风吹动时植物与电极接触;三是严防测量导线漏电。

二、接地电阻

供电电极的接地电阻大小不仅影响供电电流强度,而且影响漏电程度。测量电极接地电阻大小影响着漏电电位差的大小。总之,减少接地电阻是节省电源、提高工效、保证观测精度的有效措施。

(一)影响接地电阻的因素

野外常用电极是棒状金属电极,其接地电阻为

$$R = \frac{\rho}{2\pi L}\ln\frac{2L}{r_0} \tag{4-26}$$

式中:R 为接地电阻,Ω;L 为电极入土深度,m;r_0 为电极的半径,m;ρ 为介质的电阻率,$\Omega \cdot \mathrm{m}$。

从式(4-26)可以看出,接地电阻与介质的 ρ 成正比,与 L、r_0 近似成反比。如果电极处的土处于松动状态,接地电阻会增大,所以为减少接地电阻的影响,应使电极与周围的土紧密接触。R 随电极入土深度的增大及电极与周围土接触面积的增大而减小,但电极入土深度大了,打入拔出都较困难;电极粗了过于笨重,搬运不便;所以电极一般是用直径 2 cm、长 50~70 cm 的铜棒做成,打入土的深度一般为 30~50 cm。

(二)减小接地电阻措施

1. 加大电极与土壤接触面积

使用表面积大的电极,加大电极入土深度,除去电极表面的铁锈,电极打入地下后,将电极周围的土压紧。

2. 减小电极附近介质的电阻率

(1)在规范允许情况下,将电极打在潮湿的地方。

(2)在电极附近浇水。根据点电源的电场分布可知,在电极附近的电位降较快,可见接地电阻主要表现在靠近电极附近的介质中,故在电极附近浇水即能达到减少接地电阻的目的。另外,不要将电极打在电阻率大的砂子、石子附近。

(3)供电时间较长,也会增大接地电阻,即电流随时间减少。原因是通电后,电极表面析出的电解产物主要是各种气体,电极表面气体增加会导致接地电阻的增加。可在电极附近浇一些硫酸铜溶液,以减少电极上气体析出量。

三、漏电的影响

在野外观测中,尤其是在雨后潮湿的环境中观测,或者电线长久老化,有可能产生漏电。漏电可能发生在供电线路、测量线路和仪器部位。漏电部位和漏电程度不同,对观测结果影响也不相同。当漏电部位位于供电线路和测量线路时,电测深曲线会出现严重畸变,具体表现为:在某一个供电极距测量时,电阻率很大或者很小,电测深曲线出现明显的拐点。如果排除高阻或低阻岩体的影响,有可能是漏电造成的。

(一)供电线路漏电

1. 漏电影响

由于存在漏电点,在测量电场内又多了一个点电源 F,由漏电影响而产生的电位差为

$$\Delta u = K\frac{\Delta U}{I} + \frac{\alpha I\rho}{2\pi}\left(\frac{1}{x_{AN}} - \frac{1}{x_{AM}} - \frac{1}{x_{FN}} + \frac{1}{x_{FM}}\right) \qquad (4\text{-}27)$$

式中:α 为漏电系数,漏电点流入地下电流占总供电电流的百分比;x_{AM}、x_{AN} 分别为供电电极 A 到测量电极 M、N 的距离;x_{FM}、x_{FN} 分别为漏电点 F 到测量电极 M、N 的距离;K 为装置系数;ρ 为视电阻率;ΔU 为总的电位差;I 为供电电流。

由式(4-27)可知,后一项是漏电误差引起的。由此看来漏电影响主要取决于两方面因素:一是漏电量的大小(α 的大小);二是漏电的位置 F。

1)漏电系数 α

漏电系数 α 由下式计算:

$$\alpha = \frac{R_A}{R_A + R_F} \qquad (4\text{-}28)$$

式中：R_A、R_F 分别为 A 极和漏电点的接地电阻，Ω。

α 与 R_A、R_F 有关，在 R_F 一定条件下，R_A 越小，α 越小，漏电引起的电压误差也就越小；因此在实际工作时，应尽量减少 A、B 极的接地电阻。

2）漏电位置

漏电位置 F 愈靠近测量电极，产生的影响也愈大，这是因为 F 点靠近测量电极时，相当于在测量电极附近打了一个附加电极，此电极产生的电场强度，对 M、N 极的电位影响较大。漏电位置越靠近供电电极，则影响较小。当漏电位置一定时，漏电影响随装置系数 K 的增大而增大，K 值大，即供电电距大，而 MO、NO 的距离相对较小，此时 Δu 较小，故漏电影响较大，因此在大极距工作时，应特别注意供电线路漏电问题。

2. 预防、消除漏电的方法

（1）保持导线干燥、清洁、防止老化，发现漏电处，及时用绝缘胶布包好，导线通过湿地、水田、河沟时要架空，另外尽量减少供电电极的接地电阻。

（2）在野外观测中，应该经常按规范要求进行漏电检查，特别是曲线上出现畸变时，一定要进行漏电检查。

（二）测量线路漏电

当测量导线漏电时，由于导线金属接地产生新的极化电位加入仪器，使观测电位差减少，计算的视电阻率偏小，造成低阻的假象，对电测深曲线的解释影响很大，在野外电测过程中，必须高度重视。减少漏电影响的方法主要有：

（1）加大测量线路漏电点的接地电阻。

（2）减小 M、N 的接地电阻。

（3）野外观测中经常进行漏电检查，发现问题及时处理。

（三）仪器漏电

观测仪器使用较久，或密封破坏，或天气较潮湿，使仪器内供电或测量回路发生漏电，将造成较大误差。有时因手触仪器，出现指针乱摆现象，也是仪器本身漏电缘故。

（四）漏电检查

（1）供电系统漏电检查。一般可轮流断开供电导线与供电电极的接头，同时观测供电线路中的等效漏电电流和测量线路等效漏电电位差。要求两端等效漏电电流的总和不超过该点供电电流的 1%；两端等效漏电电位差的总和不超过该点观测电位差的 2%，进行漏电检查的电源电压一般不超过 300 V。

（2）测量系统漏电检查。一般可轮流断开测量导线的测量电极的接头，供电时测量等效漏电电位差。要求两端等效漏电电位差的总和不超过该点观测电位差的 1%。

（3）仪器漏电检查。在仪器断路的情况下，用 500 V 兆欧表分别测定 A、B 插孔，M、N 插孔，仪器外壳三者之间的绝缘性能，要求测定的电阻值不小于 100 MΩ，若测定的值小于 100 MΩ，则认为仪器绝缘性质不合乎规定要求，其漏电影响不容忽视。

第十节　地形及特殊地质条件对电测深找水的影响

电测深法找水是建立在地面水平，下部介质均匀且水平的假设条件下。野外电测时，常会遇到各种地形、地貌等特殊地质条件,当地形起伏变化、下部介质是不均匀的或非水平的,均与理论假设条件不符合,这样对电测深的结果就会造成一定的影响,如果在电测深曲线分析时不能排除这些影响,往往会误判,造成找水定井失败。因此,必须探讨不同地形、不同岩层产状、不同布极方式对电测找水的影响,提高电测找水的成功率。

一、地形对电测深的影响

地形对电测深的影响,主要会产生电阻率降低、电阻率增加两种结果,主要与供电极距在地形中的不同位置有关。根据多年的电测实践经验,凡供电电极 A、B 连线以上有土体存在时,由于土体吸引作用,故测量的电阻率偏低;凡供电电极 A、B 连线以下存在大气时,由于空气为绝缘体,引起电流的聚集,故测量的电阻率偏高。

当地面坡角小于 20°时,地形起伏变化对电测深曲线影响较小,此时测线方向可任意选择。若地面坡度大于 20°,或者测线方向极距跨越山谷或山脊时,地形起伏变化对电测深曲线影响较大。

当测点位于斜坡时,所造成的地形异常较小,而测点位于山顶或谷底时所造成的地形异常最大;对于同一种地形而言,垂直于地形等高线的方向布置测线时,地形所造成的异常比平行等高线方向布置测线时所造成的异常要大,并且所造成的异常随极距 $AB/2$ 的增大而增大。平行于地形等高线的方向布置测线时,地形所造成的异常较小,且所造成的异常随极距 $AB/2$ 的增大而趋于稳定;异常主要出现在 $AB/2$ 小于 $3a$ 的极距上,其中 a 为山脊或山谷宽度。当 $AB/2$ 大于 $3a$ 后,无论山脊、山谷,也无论平行或垂直走向布极,地形异常均较小。野外遇到的地形主要包括沟谷、山坡、陡坎等,对电阻率的影响各不相同。

(一)沟谷

1. 沿沟谷走向布极

1)沿谷底走向布极

当沿谷底走向布极时,测量电极、供电电极皆在沟底(见图 4-35(a)),在野外电测工作中比较常见。在这种情况下,供电电极 A、B 连线所构成的平面以上有土体存在,由于土体对供电电流的吸引作用,故测量的视电阻率偏低,有可能将地形干扰误判为含水构造,必须高度重视。沟谷的深度越大,影响越大;沟谷的宽度越小,影响越大;供电小极距越小,影响越大,随着供电极距的增大,这种影响逐渐减小。

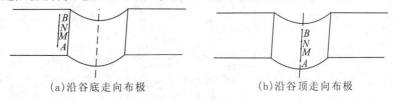

(a)沿谷底走向布极　　　　　　　　　　(b)沿谷顶走向布极

图 4-35　沿沟谷走向布极

2)沿谷顶走向布极

当沿谷顶走向布极时,测量电极、供电电极沿走向布置皆在谷沿附近(见图 4-35(b)),会引起视电阻率增大。电极 A、B、M、N 越靠近谷沿,影响越大;越远离谷沿,影响越小。

2. 垂直沟谷走向布极

当测量电极、供电电极需要跨越沟谷、陡坎时,布极的方向垂直沟谷的走向。根据电极 A、M、N、B 的具体位置,分为以下几种情况:

(1)A 极在沟顶,M 极、N 极、B 极在谷底。供电电极 A、B 连线所构成的平面以下有空气存在,由于空气的绝缘作用,引起电流的聚集,会引起视电阻率增大(见图 4-36(a))。

(2)当沟谷的宽度比较大,小极距供电时,A、M、N、B 垂直沟谷全部布置在沟底(见图 4-36(b)),供电电极 A、B 连线所构成的平面以上有土体存在,会引起视电阻率降低,有可能将地形干扰误判为含水构造。供电电极 A、B 越靠近沟谷的坡脚,影响越大;供电电极 A、B 越远离沟谷的坡脚,影响越小。

(3)在沟谷宽度不大或大极距供电情况下,供电电极在谷顶,测量电极在谷底,会引起视电阻率增大(见图 4-36(c))。

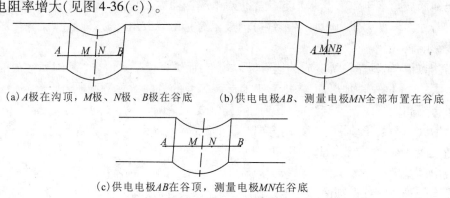

(a)A极在沟顶,M极、N极、B极在谷底　　　(b)供电电极AB、测量电极MN全部布置在谷底

(c)供电电极AB在谷顶,测量电极MN在谷底

图 4-36　垂直沟谷走向布极

(二)山坡

1. 沿山坡走向布极

当测量电极、供电电极沿山坡走向布极时,A、M、N、B 可布置在坡脚、坡腰、坡顶等不同位置,对视电阻率的影响不同。

1)沿坡脚走向布极

电极 A、M、N、B 在坡脚附近沿山坡走向布极(见图 4-37(a)),由于供电电极 A、B 连线所构成的平面以上有土体存在,因此会引起视电阻率降低。越靠近坡脚,影响越大,因此在野外布线时,尽可能远离坡脚。

2)沿坡腰走向布极

电极 A、M、N、B 在坡腰附近沿山坡走向布极,即沿地形等高线布极(见图 4-37(b))。以布极方向为界,供电电极 A、B 连线所构成的平面,上坡方向为岩土体,吸引电流,引起视电阻率降低;下坡方向为空气,排斥电流,引起视电阻率增大。如电极 A、M、N、B 恰好位于半山坡处,基本上正负抵消,对电测影响不大;越靠近坡脚布极,视电阻率降低幅度越大;越接近坡顶布极,视电阻率增加幅度越大。因此,在野外布线时,尽可能在半山坡处沿等高线布极。

3)沿坡顶走向布极

当沿着坡顶走向布线时,会引起电阻率升高(见图 4-37(c))。山顶越陡峻,这种影响越大;山顶越浑圆,这种影响越小。

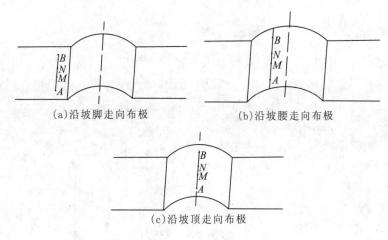

(a)沿坡脚走向布极　　　　　(b)沿坡腰走向布极

(c)沿坡顶走向布极

图4-37　沿山坡走向布极

2.垂直于山坡走向布极

当测量电极、供电电极跨越山坡时,A、M、N、B在山坡的不同位置,对视电阻率的影响不同。

1)电极A、M、N、B全部布置在山坡上

当电极A、M、N、B全部布置在山坡上(见图4-38(a)),A靠近坡脚,引起电流密度减少,B极在坡顶附近,引起电流密度增加,综合反映可能对电阻率影响不大。

2)供电电极布置在两侧坡腰,测量电极布置在坡顶

当供电电极布置在两侧坡腰上,而测量电极布置在坡顶附近(见图4-38(b)),在供电电极A、B连线所构成的平面以上有土体存在,以下有空气存在,综合反映对电测影响不大。

3)供电电极布置在坡脚,测量电极布置在坡顶

在跨越高度不大的山坡时,有时候将测量电极布置在坡顶,而供电电极在坡脚附近(见图4-38(c)),会引起视电阻率降低,在这种情况下地形影响最大。随着供电极距的增大,这种影响始终无法消除,会严重干扰电测成果,造成误判,野外测量时需高度重视。

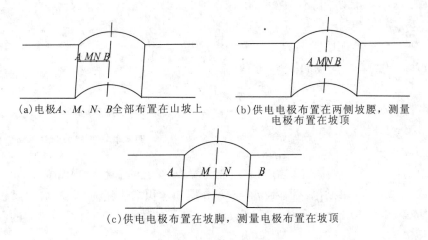

(a)电极A、M、N、B全部布置在山坡上　　(b)供电电极布置在两侧坡腰,测量
电极布置在坡顶

(c)供电电极布置在坡脚,测量电极布置在坡顶

图4-38　垂直山坡走向布极

二、特殊地质条件对电测深的影响

电测深法适用的地质条件是:电性层水平且分布无限。一般认为若岩层倾角不大于20°,电性层水平宽度大于埋深的10倍时,地质条件影响不大,岩层倾角、电性层水平宽度的影响就不可忽略。如果不符合这些条件,称为特殊地质条件,主要影响有以下几种情况:

(一)直立界面的影响

当存在两种不同的介质,且其接触面为垂直时,在界面的一侧进行电测深,电场的分布特征必然会受到界面另一侧介质的影响,由此造成异常。

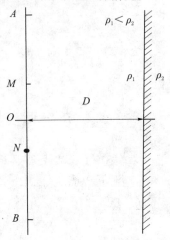

图4-39　测线方向与界面平行

1. 测线方向与界面平行

当测线方向与界面平行时(见图4-39),设界面两侧介质的电阻率分别为ρ_1、ρ_2,且$\rho_1 < \rho_2$。当测点位于ρ_1介质内,测点O至界面的距离为D。由勘探体积的概念可知:

当$AB/2 \ll D$,此时勘探体积范围内相当于均匀介质,不存在界面影响,$\rho_s \rightarrow \rho_1$。

当$AB/2 = D$,受ρ_2介质的排斥作用,勘探体积内的电流密度开始增大。但由于j_D太小(勘探体积边缘D点的电流密度$j_D = 0.89 j_0$),勘探体积内M、N处的电流密度j_{MN}增加得很少,由$\rho_s = \dfrac{j_{MN}}{j_0}\rho_{MN}$知,$\rho_s > \rho_1$,曲线开始上升。随着$AB/2$的增大,$\rho_2$介质的排斥作用越强烈,$j_{MN} \uparrow\uparrow$,$\rho_s \geqslant \rho_1$。

当$AB/2 \geqslant 10D$,勘探体积内,ρ_1与ρ_2介质的体积之比随$AB/2$的增大而趋近于常数(当$AB/2 = 10D$时,ρ_1介质的体积为$6D$、ρ_2介质的体积为$4D$),所以界面的影响也逐渐趋于稳定。

2. 测线方向与界面垂直

同样,假定界面两侧介质的电阻率分别为ρ_1、ρ_2,且$\rho_1 < \rho_2$(见图4-40)。当测点位于ρ_1介质内时,测点O至界面的距离为D。由勘探体积的概念可知(也可有均匀场的概念分析):

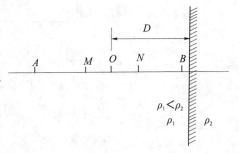

图4-40　测线方向与界面垂直

当$AB/2 \leqslant D/2$时,勘探体积位于均匀介质内,此时不存在界面的影响问题,$\rho_s \rightarrow \rho_1$。当$D/2 < AB/2 \leqslant D$时,由于$B$电极逐渐靠近界面,电场的分布特征开始受$\rho_2$的影响,并逐步增大,当$AB/2 = D$时(位于界面两侧时),影响达到最大,在$\rho_s$曲线上往往出现畸变点。

当$AB/2 \geqslant 10D$时,勘探体积内,ρ_1与ρ_2介质的体积之比随$AB/2$的增大而趋近于常数(当$AB/2 = 10D$时,ρ_1介质的体积为$11D$、ρ_2介质的体积为$9D$),所以界面的影响也逐渐趋于稳定。

(二)倾斜界面的影响

测线方向垂直于界面比平行于界面影响大,所以应尽量与界面平行布极(见图4-41)。当极向平行于界面时,如果界面露出地表,即使界面的倾角不大,对曲线也有影响。只有 $AB/2 < D$,影响较小,即电测深曲线左支渐近线为 ρ_1,可利用这一点解释 h_1,但应注意解释深度 h_1,是测点到界面的法线距离。如果界面不出露地表,当倾角大于25°时,应该使用带倾斜界面的量板来解释曲线。当倾角小于25°时,对曲线影响不大,但解释深度为法线深度。

三、测点附近高阻岩脉对电测深的影响

设覆盖层的厚度为 h_1,下部岩层的电阻率 ρ_1,岩脉的电阻率为 ρ_2,且 $\rho_1 < \rho_2$。测点到岩脉的水平距离为 D,见图4-42。

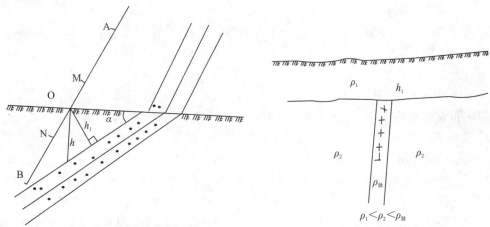

图4-41　倾斜界面影响　　　　　　　图4-42　高阻岩脉对电测深影响

(一)垂直于岩脉的走向布置测线

当供电电极远离岩脉时,无影响;当供电电极 A(或 B)在岩脉两侧的附近时,影响较大,并在 $AO = D$ 处, ρ_s 曲线出现最大畸变点。

(二)平行于岩脉的走向布置测线

当 $D \gg h_1$ 时,曲线从 $AB/2 = h_1$ 起开始上升,从 $AB/2 = D$ 起上升角度可能大于45°,当 $D = (10 \sim 20)\, h_1$ 时,对曲线无影响。

四、狭窄古河道对电测深的影响

设古河道内砂层的平均宽度为 D,埋藏深度为 h_1,厚度为 h_2,如果 $D > 10\, h_1$,可以认为砂层在水平方向是稳定的,测线方向可以任意布置,对电测深曲线无影响。如果 $(h_1 + h_1) < D < 10\, h_1$,极向与古河道平行时,影响较小;测线方向与古河道垂直时影响较大,砂层反映不明显。

五、排除各种干扰的措施

使用电测深法测量时需要一定条件,如地形倾角不能太大,岩层倾角小于20°,目的

层在水平向和垂直向较稳定等。具备这些条件,电测深曲线就能反映下部介质垂向变化情况,不具备这些条件,曲线上异常不一定是地电条件的变化,而可能是各种因素的干扰造成的。在山区电测找水中,常因各种干扰造成曲线畸变,导致解释错误,降低成井率。

干扰异常产生的原因,主要有三个方面:

(1)地形影响。在最大 AB 范围内,地形起伏较大,或测点附近 MN 范围内有沟谷陡崖。

(2)地表不均匀体的影响。在最大 MN 范围内,地表附近有透镜状的砂砾石层或基岩埋藏浅而且起伏较大。

(3)旁侧地层的影响。在最大 AB 范围内,地层在水平向不稳定,如覆盖层不均,高阻或低阻岩脉等。

为了减少或排除以上影响,一般采用如下几种方法。

(一)采用不同的电测装置

经过多年的野外电测实践经验,采用联合电测深、十字电测深、测量电极采用梯度装置对排除地形干扰非常有效。

1.采用联合电测深

联合电测深就是用两个三极电测深和一个四极对称电测深的联合测量,在垂直于测线方向布设 C 极,要求 $CO \geq (5 \sim 10)AO$,测点要尽量远离大的沟谷。在每个极距上,用 A、C 和 B、C 依次供电,分别测出 ρ_s^{AC}、ρ_s^{BC} 和 ρ_s^{AB},三条曲线绘在同一坐标系内。如果地形、地层、岩层倾角在最大 AB 范围内变化不大,则 3 个视电阻率值应近似相等,且 ρ_s 位于 ρ_s^{BC}、ρ_s^{AB} 两曲线之间。若 A 或 B 电极受地形或不均匀体的旁侧影响时,曲线形状不一致,出现干扰异常。因此,三条曲线可以相互检查测量误差,解释时以受干扰最小一条曲线为主,其他作为参考。这种方法对减少地形和旁侧影响效果较好,特别适用于地形复杂山区,缺点是设备复杂,观测工作量大。

2.采用十字电测深法

方法是在同一测点上,两次测量时放线方向基本垂直,两条曲线绘于同一坐标内。如果两类曲线类基本一致(特别是含水段),只是电阻率和曲线斜率大小稍有不同,基本上认为曲线上异常是垂向地电变化反映,反之可能是地形、旁侧不均质体影响造成的干扰异常。

十字电测深曲线,如果只在一条上出现含水异常,不论其反映如何明显,尤其是含水性较差地层,定井都没有把握。如果遇到此种情况,应加强水文地质调查工作。十字电测深,它也能减少地形和旁侧地层的影响,效率较联合电测深高。

3.测量电极采用梯度装置

由于山区地表电性不均匀体对测量电性的影响很大,基岩出露地区尤为严重。为了减少这种影响,现逐步采用梯度装置。方法是固定供电电极 AB,MN 极在 AB 范围内移动,进行视电阻率的观测。梯度装置的电测深,异常反映明显。

(二)选择正确的布极方向

地形及特殊地质条件对电测深、联合剖面曲线都会造成一定的影响,引起曲线出现畸变。要克服或减小地形及特殊地质条件对电测曲线的影响,在测量过程中将测线方向平行于山脊或山沟的走向布置或平行于岩层的走向；当地形倾角较大时，应沿等高线布线，并尽量少穿越较深沟谷和陡坎；如果岩层倾角较大，一般沿岩层定向布线；如果存在断层，则应沿断层定向布线可以大大地减小它们的影响；如地层在水平向变化较大，布线方向尽可能与古河道（砂层）延伸方向一致，这样能够正确反映地下岩层的地质情况，尽可能地排除地形、特殊地质体对电测成果的干扰，提高测量精度。

第十一节　电法勘探找水的局限性

电阻率法作为一种基本找水方法之一，在山区物探找水中发挥着重要作用，但任何方法都存在一定的适用条件。电阻率法是一种体积勘探方法，在含水构造规模较小，地电条件不利时，其找水效果就会受到很大的影响。今后，山区找水的难度将会愈来愈大，在一些找水难度大的地区，还要采用其他一些先进的技术和方法，充分发挥综合物探的优势，进一步提高找水成井率，使山区找水技术为社会经济的发展做出更大贡献。

（1）电性差异的问题。电阻率法要求目的层的电阻率与围岩的电阻率差异要明显，而且差异愈明显，电测效果愈理想。若目的层的电阻率与围岩的电阻率差异不大，则电阻率法就无能为力了。例如，砂质的土与粉细砂，砂卵石与风化岩石，其电阻率相差很小，单纯根据电阻率的大小，就不易将它们分开。再如，石灰岩层中被黏土充填的溶洞、裂隙以及石灰岩层中的页岩层和泥灰岩夹层都呈低阻异常，二者在电阻率上接近或相等，根据电阻率的大小，也不易将它们分开，往往误判为充水溶洞，造成定井的失败。所以，在应用电阻率法找水时，一定要与地质分析相结合，方能得到正确的结论。

（2）被测体（或称目的层）的规模问题。从视电阻率的定义可知，在电场体积内，被探测体必须要有一定的规模，才足以引起电场分布规律发生明显的变化，而且其体积愈大，电场分布规律的变化也就愈明显，电测效果也就愈好，否则反之。所以，当被探测体（或目的层）埋藏深度越大，而体积较小时，由于屏蔽作用的影响，被探测体（或目的层）则反映不出来。例如在平原地区，当浅层淡水中砂层厚度小于其埋藏深度的5%时，一般反映不出来。

（3）旁侧不均质体的问题。电阻率法的理论是在一定的假设条件下建立的，即电场体积范围内的介质水平成层且分布无限，同时是各向同性。对于分布范围较大的、岩层未经强烈构造变动的地区近似于理想情况，而对于构造变动强烈的岩石地区以及呈带状分布的裂隙、岩溶、狭窄古河道地带就不符合理论假设条件了。所以，在曲线分析过程中，如果还用理论量板去套用，就有可能造成判断失误。

（4）电法勘探找水属于间接找水，存在着多解性的问题。因此，在利用电阻率法找水的过程中，要加强水文地质、地形、地貌的分析研究，排除各种干扰造成的假异常，以提高定井成功率。

第五章　电阻率剖面法找水

电阻率剖面法的工作原理是：保持供电电极及测量电极之间的距离不变，几个电极同时沿测线向某一方向移动，逐一测出测线上各测点某一深度的视电阻率，并绘出视电阻率沿剖面线的变化规律，以了解沿剖面线水平方向电性的变化情况。电阻率剖面法的优点是可用于大范围的选择异常点，工作效率高；缺点是不能进行定量解释。如能与电测深法相结合，就成为一种目的性强、速度快、效率高的物探方法。因此，在找水过程中，两种测量方法经常配合使用。

电剖面法按供电电极和测量电极排列关系的不同可分为四极对称剖面法、复合四极对称剖面法、联合剖面法、中间梯度法、偶极剖面法等。

第一节　四极对称剖面法找水

一、四极对称剖面法装置

四极对称剖面法是由 A、M、N、B 四个电极组成，以 MN 的中点为对称中心布置的，工作时保持各电极间的距离不变，整个装置沿测线方向一起移动进行观测。因此，所测 ρ_s 值的变化反映了沿剖面线一定深度内岩石视电阻率的变化情况（见图5-1）。在野外工作时，整个装置同时向前移动，电极之间的距离保持不变，沿着剖面进行视电阻率测量，绘出一条随测点位置而变化的视电阻率曲线。

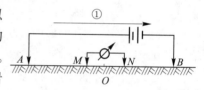

图5-1　四极对称剖面装置

二、四极对称剖面法原理

以测点距为横坐标，以 ρ_s 为纵坐标，将各测点的 ρ_s 点在该坐标中并连成曲线即得视电阻率剖面曲线（见图5-2）。设地层有两层，电阻率分别为 ρ_1、ρ_2，且 $\rho_1 < \rho_2$，用电流线被"吸引"或"排斥"的现象很容易分析四极对称剖面法 ρ_s 曲线的变化。

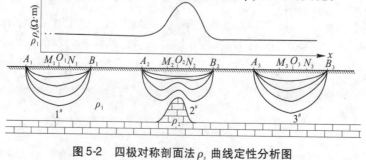

图5-2　四极对称剖面法 ρ_s 曲线定性分析图

（1）$1^{\#}$点远离高阻体,由于高阻体对电流线不起排斥作用或排斥作用微弱,因此j_{MN}等于或略大于j_0。故由$\rho_s = \dfrac{j_{MN}}{j_0}\rho_{MN}$,得知$\rho_s = \rho_1$或略大于$\rho_1$。

（2）$2^{\#}$点由于高阻体埋藏较浅,对电流排斥比较强烈,$j_{MN} > j_0$,故$\rho_s > \rho_1$。

（3）$3^{\#}$点与$1^{\#}$点条件相同,故$\rho_s = \rho_1$或略大于ρ_1。

三、四极对称剖面法极距选择

（一）供电电极

供电电极的大小主要取决于覆盖层厚度或地下水埋深,一般$AO = BO = (2 \sim 3)H$,H为覆盖层的厚度或地下水的埋藏深度。

（二）测量电极

测量电极一般$MN < AB/3$,为测量方便起见,一般采用MN等于测点距离。

四、野外工作方法

沿某方向布设一测线,测线上各测点号分别为0、1、2、3、…,测点间距一般为$10 \sim 20$ m,间距过大,可能漏过某些异常点;而间距过小,测试工作量大,故一般取点距为20 m即可。

【例】山东省诸城市侏罗系砂页岩地层,布置的测点间距为20 m,若A极设在O点,B极设在7点,M、N分别设在3、4点(见图5-3),则勘探深度$AB/2 = 70$ m,$AM = 60$ m,$AN = 80$ m,$MN = 20$ m,装置系数$K = \pi\dfrac{AM \cdot AN}{MN} = 3.14 \times \dfrac{60 \times 80}{20} = 753.6$,根据观测的电位和电流由式(4-15)计算3、4测点之间,深度为70 m处的视电阻率,然后整个装置(A、M、N、B)沿测线向某一方向平移,逐点测量,即可得该测线各点的视电阻率。

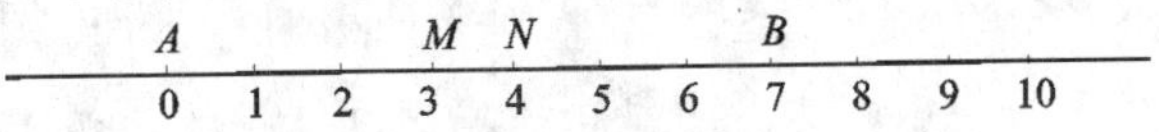

图5-3　四极对称剖面法测点布置

四极对称剖面法在平原地区主要用来寻找砂层和寻找淡水,在山丘地区可以了解土层厚度的变化规律和查明基岩破碎带和不同岩石接触面的位置。当然,这些问题也可以用电测深法来解决。由于对称四极剖面法速度快,测点可以增多,工作可以做得更细,也就可以从更多的测点中选出最好的井位来。

五、电测曲线类型及含水构造分析

以测点距为横坐标,以ρ_s为纵坐标,将各测点的ρ_s点连成曲线即得视电阻率剖面曲线。电阻率剖面曲线主要有曲线平直、曲线呈锯齿状、曲线呈高阻异常、曲线呈低阻异常等形式,其含水构造与曲线的形态有关。

（一）曲线平直

在岩性均匀的地区,沿测线方向,视电阻率变化不大,视电阻率剖面曲线往往表现为曲线平直,地下岩层富水性较差,含水构造不明显,一般可判为贫水地段,不宜成井。

（二）曲线呈高阻异常

四极对称剖面法视电阻率剖面曲线上的高阻异常点，一般是高阻岩脉的表现。在岩性软弱的泰山群变质岩地区，如遇到岩性较脆的高阻岩脉，如石英岩脉、花岗岩脉，在岩脉附近，成岩裂隙和风化裂隙一般较发育，在岩脉附近富含一定数量的裂隙水，往往是较好的含水构造。一般采用大口井方案，截断岩脉，出水量往往较大。

（三）曲线呈低阻异常

视电阻率剖面曲线上的低阻异常点，一般为岩石破碎带、断裂带，可初步判断为含水层异常，然后通过电测深、激发极化法加以验证。

【例】五莲某地的四极对称剖面曲线（见图5-4），在7~8测点之间有一明显的低阻异常点，推测为小型断裂构造，后在该点做四极对称电测深加以验证，土层厚度15 m，在15~32 m岩性破碎，含水构造明显。

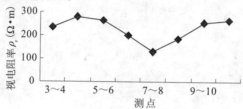

图5-4　山东省五莲县四极对称剖面曲线的低阻异常

第二节　复合四极对称剖面法

一、复合四极对称剖面法原理

在缺少地下岩层之间的电性关系资料时，对于四极对称剖面 ρ_s 曲线中的上升段，既可解释为高阻基岩隆起，又可解释为低阻基岩拗陷，造成四极剖面曲线的多解性（如图5-5所示）。如果在一条测线上同时采用两种大小不同的供电极距进行测量，大极距 AB 供电测得的电阻率为 ρ_s ，小极距 $A'B'$ 供电测得的电阻率为 ρ'_s 。用较小的 $A'B'$ 了解浅层地质情况；用较大的 AB 了解深层的情况。这样，在野外观测中对应于两组供电电极测得 ρ'_s 和 ρ_s 两条曲线，这种剖面叫作复合对称剖面法。

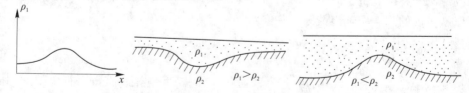

图5-5　对称四极剖面法具有多解示意图

若 $\rho_s > \rho'_s$ ，则说明 $\rho_2 > \rho_1$ ，故可以判断 ρ_s 曲线所对应的上升段下部是高阻基岩隆起的地电断面（见图5-6(a)）；如果 $\rho_s < \rho'_s$ ，则说明 $\rho_2 < \rho_1$ ，故可以判断 ρ_s 曲线所对应的上升段下部是低阻基岩拗陷（见图5-6(b)）。

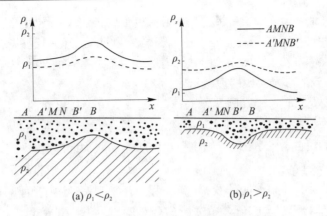

图5-6　复合四极剖面法减少多解性示意图

二、野外工作方法

供电极距应根据目的层顶板的平均埋藏深度 H 来选择,一般要求 $AB/2 = (3 \sim 5)H$, $A'B'/2 = (1 \sim 2)H$,在山丘地区勘测基岩及平原地区勘测深层淡水,按此标准选择极距较好。勘测浅层淡水的砂层时,电极距最好根据井旁电测深曲线来确定。如果没有已成井,可以先做一次普通电测深,划分出主要的含砂层,以含砂层的起始极距作为 $A'B'/2$,以含砂层的末极距作为 $AB/2$;如果有两个含砂层,则以第二个含砂层的末极距作为复合对称剖面法的第三个极距。复合对称剖面法的极距间隔,应比电测深法的极距间隔稀一些,两个相邻极距在双对数纸上的水平距离,可以选用 $1.5 \sim 2$ cm。这样不仅控制的深度大一些,也不致过多地增加工作量,且 ρ_s 值的变化较为明显,反映出的砂层较可靠。测量极距可以用固定装置,K 值的计算方法及 ρ_s 值的计算方法与电测深法相同。

MN 的中间即测点,测点的布置,可沿一定的方向,构成勘探线,也可以不构成勘探线,结合在勘测过程中掌握的地质条件的变化规律灵活布置。

三、曲线的解释分析方法

结合找水工作的特点,复合对称剖面法的测量结果可以绘制成以下几种图件进行分析。

(一)简易电测深曲线图

与绘制电测深曲线一样,在双对数坐标纸上,以 $AB/2$ 为横坐标,以 ρ_s 值为纵坐标,每个测点都绘制一条简单的曲线。

如前所述,在平原地区电性层的电阻率越大,说明水质越好。在水质基本一致的前提下,电阻率越大则砂层越好。电性层电阻率的大小可从两个方面显示出来:第一,ρ_s 值的大小;第二,曲线下降的快慢。某一段末极距的 ρ_s 值越大,曲线下降越慢(或上升快),说明该段电阻率越大,即水质或砂层越好。

(二) ρ_s 剖面图

在方格坐标纸上,以横坐标表示各测线上的测点,以纵坐标表示 ρ_s 值,将各测点的 ρ_s 值点在图上,极距相同者连成曲线。小极距的曲线主要反映目的层以上岩层电性的变化,大极距的曲线既受目的层的影响,又受上覆岩层电性的影响。对于大极距曲线上的异常,应首先根据小极距曲线考虑该异常是否由上覆岩层电性的变化引起的,排除这个因素之后才能得出目的层有所变化的结论。例如,为了查明某地基岩的起伏情况,采用复合对称剖面法,初步了解该地基岩大致的埋藏深度为 20~40 m。选取 $A'B'/2 = 20$ m,$AB/2 = 90$ m。在小极距曲线上只有一个高阻地段,显然它是由于覆盖层岩性的变化引起的,不说明基岩的起伏。在大极距曲线上有 3 个高阻地段,中间一个与小极距曲线上的异常相对应,仍为上层的影响,其他两个高阻地段则主要反映了基岩表面的隆起。

(三)等 ρ_s 平面图

在平面图上,标出各测点的位置,在测点旁边注上某一个极距的 ρ_s 值,然后像绘制地形等高线一样,用内插法画出 ρ_s 相等数值的连线,就得出了等 ρ_s 平面图。这种图可以作为解释的辅助图,对了解大面积的地质构造有一定帮助,小范围内找水可在低阻区选择测深点。即用电剖面法初选井位,再用电测深法进行复测,按照电测深法分析确定井位。

四、复合对称剖面法在水文地质中的应用

复合四极对称剖面法可以用来确定基岩的起伏情况、探测岩层接触界面等。

(一)确定基岩的起伏情况

【例】某地覆盖层厚 20~40 m,曾作复合四极对称剖面法了解基岩起伏情况(见图 5-7)。从 ρ_s 剖面曲线上看,小极距 ρ'_s 曲线上只有一个高阻异常,它只反映覆盖层中存在局部高阻体(砂砾石),而大极距 ρ_s 曲线上有 3 个高阻地段,中间一个显然为浅层电性层不均匀的影响,其他两个高阻段才是反映基岩的隆起。

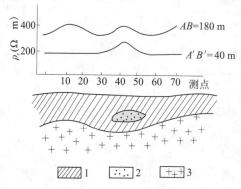

1—覆盖层;2—砂砾石;3—花岗岩

图 5-7 复合四极对称剖面法了解基岩起伏情况

(二)探测岩层倾斜界面

【例】图 5-8 是横穿岩层倾斜界面的复合四极对称剖面法 ρ_s 曲线,曲线呈明显的阶梯状,而且小极距的 ρ'_s 曲线的界面特征点位置向反倾向方向上位移。喀斯特多沿界面一侧的石灰岩发育,反映在 ρ_s 曲线上表现为 ρ'_s 曲线数值较低。

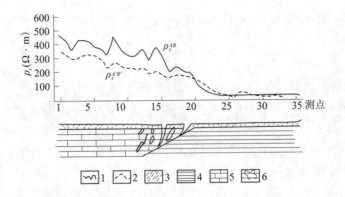

1—$AB/2 = 75$ m 的 ρ_s 曲线；2—$A'B'/2 = 42.5$ m 的 ρ'_s 曲线；3—覆盖层；
4—灰质泥岩；5—石灰岩；6—喀斯特发育带

图 5-8　用复合四极对称剖面法探测岩层倾斜界面

第三节　联合剖面法

一、联合剖面法装置形式

联合剖面法也是电剖面法中经常采用的一种定性分析的测量方法，其装置形式如图 5-9 所示，它是由两个对称的三极装置（A、M、N 和 B、M、N）联合而成的，其公用供电电极 C 垂直于测线方向（或者说是垂直于装置的中心，测点 O），通常称 C 极为无穷远极。

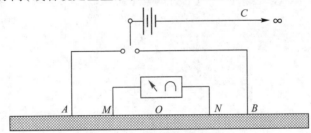

图 5-9　联合剖面法装置图

在每一测点分别用 A、C 及 B、C 轮流供电，分别测出 M、N 电极之间的电位差值 ΔU^{AC}、ΔU^{BC}，并按下式计算视电阻率：

$$\rho_s = 2\pi K^C \frac{\Delta U}{I} \tag{5-1}$$

式中：K^C 为三极装置系数，按下式计算：

$$K^C = 2\pi \frac{AM \cdot AN}{MN} \tag{5-2}$$

由于联合剖面法在每一测点可以测得两个视电阻率，为使二者区分清楚，所以分别用 ρ_s^A、ρ_s^B 表示。

联合剖面法是建立在一个点电源场的理论基础上的（假定 C 极对点电源场的电场分

布特征无影响）。因此，其极距大小选择的正确与否，将直接影响到测量结果的可靠程度，因此要慎重对待。

二、联合剖面法原理

由前述可知，采用联合剖面法测量时，在同一测点上可测得两个视电阻率 ρ_s^A、ρ_s^B。若将二者点绘在以测点距离为横坐标，以 ρ_s 为纵坐标的方格纸上时，则可得到 ρ_s^A（用实线表示）和 ρ_s^B（用虚线表示）两条曲线。根据两条曲线相交时电阻率之间的关系，可将交点分为矿交点和非矿交点两种类型：若在交点左侧 $\rho_s^A > \rho_s^B$，在交点右侧 $\rho_s^A < \rho_s^B$，此类交点称为矿交点；若在交点左侧 $\rho_s^A < \rho_s^B$，在交点右侧 $\rho_s^B > \rho_s^A$，此类交点称为非矿交点（见图 5-10）。矿交点的位置一般是构造破碎带或岩溶带的反映。

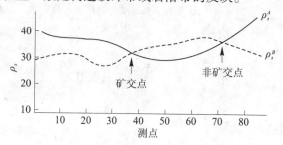

图 5-10　联合剖面法的矿交点与非矿交点

联合剖面法常用来确定构造破碎带、岩溶带的位置。为什么联合剖面法能够确定构造破碎带、岩溶带的位置呢？下面以石灰岩地层中的断层为例来说明。

设完整石灰岩的电阻率为 ρ_1，断层破碎带岩石的电阻率为 ρ_2，且 $\rho_1 > \rho_2$（见图 5-11）。

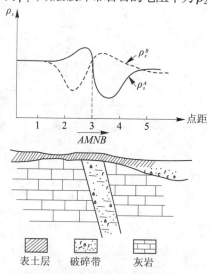

图 5-11　联合剖面法原理

（1）当测点位于断层左侧 $1^{\#}$ 时，由于此时远离断层，点电源 A 或 B 所形成的电场不会受到断层的影响，故此时所测得的 $\rho_s^A = \rho_s^B = \rho_1$。当测点向右移动时，断层开始产生影响,此时由 A 供电,M、N 测量时,由 A 流出的电流被断层吸引,使得 M、N 处的电流密度增大,ΔU_{MN} 增大,ρ_s^A 曲线开始上升;由 B 供电,M、N 测量时,由于断层对电流的吸引作用,M、N 处的电流密度减小,ΔU_{MN} 减小,ρ_s^B 开始下降,两曲线逐渐分离。当 B 电极跨过断层后,B 供电时,由于受低阻带的吸引作用,M、N 附近的电流密度增大,ΔU_{MN} 增大,ρ_s^B 开始上升;A 电极供电时,受低阻带的吸引作用,反而使得 M、N 附近的电流密度减小,ΔU_{MN} 减小,ρ_s^A 开始下降,两曲线逐渐靠近。

(2)当测点位于低阻带中间(即 $3^{\#}$ 点)位置、A 和 B 电极分别位于两侧时,此时不论是 A 供电还是 B 供电,流出的电流均受到低阻带同等程度的吸引,M、N 之间的电流密度相等,所以此时所测得的 $\rho_s^A = \rho_s^B$,联合剖面曲线上两曲线相交于一点。此点为矿交点。

(3)当测点跨过断层带位于 $4^{\#}$ 点附近时,由于受低阻带吸引电流的作用,A 供电时,M、N 之间的电流密度减小,ΔU_{MN} 减小,ρ_s^A 曲线下降;B 供电时,M、N 之间的电流密度反而增大,ΔU_{MN} 增大,ρ_s^B 曲线上升,两曲线逐渐分离。

(4)当整个装置远离断层,但 B 电极的前方又靠近低阻的断层或岩层时,受低阻层的影响,ρ_s^B 开始下降,并随着向低阻层的靠近而逐渐减小;而此时 A 远离低阻层,不受低阻层的影响,$\rho_s^A = \rho_1$。此时两曲线又会在某一点相交,此交点为非矿交点。

由此可见,在低阻的破碎带附近,用联合剖面法进行测量时,在其 ρ_s 曲线上,可以得到两种交点,矿交点和非矿交点。从前述分析可知,矿交点是低阻破碎带在地表所对应的位置,而非矿交点是整个装置摆脱断层影响,B 电极前方又靠近低阻层而出现的一个必然的过程,而并非是低阻层的反映。

三、联合剖面法野外工作方法

(一)供电极距的选择

供电极距 AB 相对于测点中心 O 对称布置,即 $AO = BO$,AO 的大小应根据覆盖层的厚度或地下水的埋深 H 来确定,一般应大于 $(3 \sim 5)H$。如果 AO 选择的过小,测量结果受覆盖层或地下水位以上岩层影响太大,无法真实反映地下含水层的情况。

无穷远极 OC 的距离应选择大于 AO 的 5 倍,使 C 极所形成的电场与 A、B 极所形成的电场相比而言可忽略不计。

(二)测量极距的选择

山区找水实质上是寻找构造破碎带,一般断层破碎带的宽度不很大,如果 MN 过大,则断层反映不明显,过小则信号较弱且易受地形条件的干扰。根据我们的实践,$MN/2$ 的距离取 10 m,测点距离取其与 $MN/2$ 的距离相等,工作起来既方便,效果也较好。

(三)测线方向的选择

测线方向即为布极方向,其方向的选取应尽量垂直或斜交于预计的断层破碎带的走向。联剖测量的 A、B 两个电极中,沿测线前进方向的前方一个为 B 极,另一个为 A 极。为了减小工作量,尽快的找到断层位置,当第一个测点测毕后,看一下哪一边的 ρ_s 值小,将 ρ_s 值小的作为 ρ_s^B,即作为前进方向,另一个作为 ρ_s^A。改变测点时,仪器可以随 A、M、N、B 逐点移动,也可以仪器不动只移动 A、M、N、B。在测线长度不是很大时,无穷远极 C 一般固定不动。

四、确定富水构造

不同地层、不同地质构造的联合剖面曲线的形态多样。根据多年的野外实践经验,对变质岩地层,联合剖面曲线主要有同步升降、正交点、反交点、正反相交"麻花"、V 字形等形式,其含水构造与曲线的形态有关。

(一)同步升降

若联剖曲线的两支同步升降,且升降的幅度不大,表明在勘测范围内,地层岩性均匀,地下水富水性较差,含水构造不明显,一般可判为贫水地段,在此范围内不宜再进行电测深等其他勘探找水工作。

(二)正交点

在联剖曲线上,若在交点左侧 $\rho_s^A > \rho_s^B$,右侧 $\rho_s^A < \rho_s^B$,此类交点称为正交点。正交点分为低阻正交点和高阻正交点两种。产生正交点的原因很多,有富水性较好的断裂带、破碎带产生的正交点,也有地形、覆盖层、低阻岩体等各种干扰产生的正交点。在野外测量时应加以分析,排除各种干扰异常,寻找含水构造。

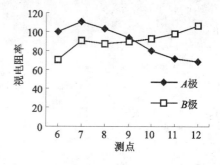

图 5-12　井位定在联剖曲线的低阻正交点处

在联合剖面曲线上,两条曲线出现交点。若在交点左侧 $\rho_s^A > \rho_s^B$,在交点右侧 $\rho_s^A < \rho_s^B$,此类交点称为正交点;若在交点左侧 $\rho_s^A < \rho_s^B$,在交点右侧 $\rho_s^A > \rho_s^B$,此类交点称为反交点。若联剖曲线的正交点两支分离不大,在低阻交点处一般为断裂带富水构造,井的位置选择在交点处(见图 5-12)。

【例】日照市某村的联剖曲线见图 5-12。从图中可以看出,联剖曲线的两支分离不大,9#和 10#测点之间出现一低阻正交点,推测为小型断层富水构造。在交点处定一钻孔,孔深 60 m,出水量为 34 m³/h。

(三)"V"形低阻异常富水构造

在联合剖面曲线上,如果 ρ_s^A、ρ_s^B 同步下降,到达某一个极小值后,又同步上升,形成 V 字形曲线,这种也称为尖底低阻凹斗异常。规模较窄的断层破碎带在联合剖面曲线上常表现为尖底的 V 形低阻异常,是含水地带的反映,井的位置应选择在凹斗的底部。

【例】山东省日照市东港区某村布置一条东西向的联合剖面,其联合剖面曲线见图 5-13。由 2#、3#、4#、5#、6#、7#组成一个宽大的 V 字形曲线,推测为一条小型断层。在凹斗底部(4#测点)布置一钻孔,井深 63 m,出水量为 30 m³/h。

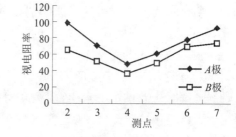

(四)"麻花"低阻异常

在联合剖面曲线上,如果 ρ_s^A、ρ_s^B 同步　图 5-13　井位定在联合剖面曲线的 V 形低阻异常处平行距离较大,而在 2 ~ 3 个测点上,双支产生正反相交时,称为"麻花"低阻异常。由于地质体的规模较小或埋藏较深,故地电反映不甚明显,只能使两支略有接近形成"麻花"状。"麻花"低阻异常一般是含水地带的反映,井的位置应选择在"麻花"中间部位。

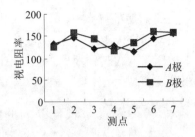

图 5-14　井位定在联合剖面曲线的"麻花"低阻异常处

【例】山东胶南市某村的联剖曲线,在 3#、4#、5# 三个测点出现正反两个交点,形成"麻花"低阻异常,见图 5-14。在"麻花"低阻异常的中间 4# 测点打井一眼,井深 52 m,出水量 32 m³/h。

(五)"U"形低阻异常

当联剖曲线有 2 ~ 3 个测点组成较宽的低阻凹斗时,称为 U 形低阻异常。引起宽大低阻凹斗的原因很多,有宽大的断裂带、厚层低阻岩层、横跨规模较大的压性断层时,也会产生类似的反映。胶南群变质岩一般不具备较大规模的断裂带,野外出现的较宽的低阻凹斗一般是低阻岩层,或压性断裂的断层泥等非富水构造形成的,井位一般不能选定在凹斗的底部,可在断裂构造的两侧寻找低序次构造选定井位。因此,对曲线中的该种异常现象,应加强水文地质分析,综合判断分析。

(六)反交点

在联剖曲线上,若在交点左侧 $\rho_s^A < \rho_s^B$,右侧 $\rho_s^A > \rho_s^B$,此类交点称为反交点(见图 5-15)。反交点分为高阻反交点和低阻反交点两种。高阻反交点一般为高阻岩脉的表现。片岩岩性软弱,呈低阻反应,而石英岩脉、长石岩脉、花岗岩脉岩性较脆,一般富含少量的裂隙水,井出水量一般较小,只能用于解决群众饮用水和点种问题。需要注意的是,在野外测量中应排除山脊部分形成低阻反交点假异常,提高成井率。

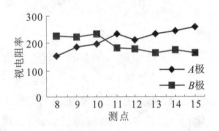

图 5-15　井位定在联合剖面曲线的反交点处

五、联合剖面法确定断层的产状

在地形平坦又无其他异常体干扰的情况下,联合剖面法除用来确定构造破碎带的位置外,还常常用来确定断层的走向、倾向、倾角等产状。

(一)断层的走向

将各条测线按一定比例绘在平面图上,然后将每条测线上矿交点的位置在平面图上绘出来,将各矿交点连接成直线即为断层的走向,见图 5-16。

(二)断层的倾向

在实际工作中,可以采用两个极距大小不同的联合剖面装置,同时在一条测线上进行测量。大极距可以确定断层在深部的位置,小极距可以确定断层在浅部的位置。将测量结果点绘在同一坐标系的剖面图上,如果大小极距曲线上的矿交点的位置一致,说明断层是直立的;不一致则说明断层面是倾斜的,两个矿交点的连线即为断层面的倾向。

（三）断层的倾角

假设两个极距之差为 ΔH，两个正交点在平面上的距离为 Δx，则根据 $\tan\alpha = \Delta H/\Delta x$，可以求出断层的倾角 α。

六、各种因素对联合剖面曲线的影响

由于联合剖面法采用的测量装置形式是两个对称的三极装置，点电源 A 及 B 分别位于测点两侧，所以地形的变化或低阻岩层的存在，都会给测量结果带来很大的影响，使得所测联剖曲线产生严重畸变，造成判断错误。所以在对联剖曲线进行分析推断时，应考虑地形、低阻岩层、覆盖层布均匀等因素的影响，克服减小地形及低阻岩层对联剖曲线的影响，一方面要在布置测线时考虑它们的影响，在测量过程中将测线方向平行于山脊或山沟的走向布置或平行于岩层的走

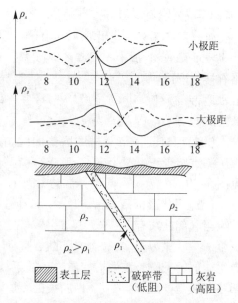

图5-16　联合剖面法确定断层的产状

向，可以大大地减小它们的影响；另一方面，在资料解释时，要注意分析它们的影响。

由于联合剖面法采用的测量装置形式是两个对称的三极装置，点电源 A 及 B 分别位于测点两侧，所以地形的变化或低阻岩层的存在，都会给测量结果带来很大的影响，使得所测 ρ_s 曲线产生严重畸变，以至于真伪难辨。所以，在对 ρ_s 曲线进行分析推断时，对地形及低阻岩层的影响应给予充分的重视，否则就会得到错误的结论。

（一）地形对影响联合剖面曲线的影响

图5-17表示联合剖面通过与地面成45°角的山脊或山沟时，ρ_s 曲线的畸变。联合剖面通过山脊时，ρ_s 曲线在山脊所对应的位置上出现 ρ_s 为极小值的交点；在山坡脚所对应的位置上，对称地出现两个不典型的矿交点。联合剖面通过山沟时，ρ_s 曲线在沟底所对应的位置上出现 ρ_s 为极大值的交点；在山沟的两侧对称地出现两个非矿交点。这些交点均随着极距的增大而逐渐变得不明显。产生畸变的原因可用 M、N 处电流密度的变化规律来说明。

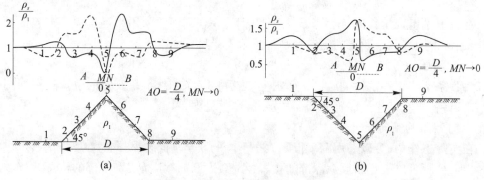

图5-17　地形对联合剖面产生的干扰

（二）低阻岩层对联合剖面曲线的影响

岩层电阻率的变化使联合剖面曲线复杂化，出现矿交点与非矿交点。但高阻岩层在 ρ_s 曲线不会出现矿交点，不会成为寻找断层的干扰因素。而低阻岩层有时会使曲线出现矿交点，因此必须注意低阻岩层对曲线的影响。

1. 巨厚层的低阻岩层的影响

当低阻岩层厚度 $H > 3AO$ 时为巨厚岩层。在高、低阻岩层接触面上，ρ_s^A、ρ_s^B 曲线发生突变，有时两条曲线变得十分靠近，但不出现交点。远离接触面后，两曲线靠拢，在高阻岩层一侧 ρ_s 大，低阻层一边 ρ_s 小（见图5-18）。

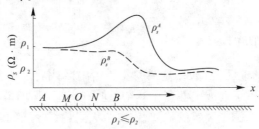

图5-18　巨厚层低阻岩层对联剖曲线的影响

2. 厚层低阻岩层的影响

当 $AO < H < 3AO$ 时为厚层岩层。厚层低阻岩层会使曲线出现矿交点。当低阻岩层直立时，ρ_s 极大值出现在高阻岩层一侧，ρ_s 极小值出现在另一侧，并在低阻岩层中间出现矿交点，ρ_s^A、ρ_s^B 曲线对称（见图5-19）。

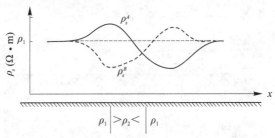

图5-19　厚层低阻岩层对联剖曲线的影响

当低阻岩层倾斜时，ρ_s 曲线不对称。两条曲线的极大值均出现在低阻岩层的上界面上，极小值均出现在下界面上，在极小值附近出现矿交点，岩层从极大值向极小值倾斜。

3. 薄层低阻岩层的影响

当 $H < AO$ 时，为薄层岩层，薄层低阻岩层的存在有时也会使曲线出现矿交点，ρ_s 特征与厚层低阻岩层曲线相似，只是异常带宽度小一些。

（三）覆盖层的影响

覆盖层电阻率一般小于坚硬岩层的电阻率，覆盖层愈厚，低阻屏蔽现象愈严重，ρ_s 曲线愈平缓，基岩中的异常反映越不明显。如当 $AO < 3H$ 时，在土层变厚处及土层电阻率变小地方都会出现矿交点；在覆盖层厚度相对较大时，尽管 AO 很大，也会出现假的矿交点。根据模型试验结果，一般当用 $AO \geqslant 3H$ 时，可大大降低覆盖层的影响。

通过上述分析可以看出,地形及低阻岩层的影响对联合剖面曲线都会造成一定的影响,在曲线上出现矿交点或非矿交点。若要克服或减小地形及低阻岩层对 ρ_s 曲线的影响,一方面要在布置测线时考虑它们的影响;另一方面在资料解释时,要注意分析它们的影响。然而,在测量过程中将测线方向平行于山脊或山沟的走向布置或平行于岩层的走向,可以大大地减小它们的影响。这不仅仅是联合剖面法在野外工作时应注意的问题,也是其他剖面法野外工作时应注意的问题。

第四节　中间梯度法

一、中间梯度法原理

在地质情况复杂的地区(例如在复杂的变质岩地区或岩溶发育的石灰岩地区)测量时,因为水平方向地层的岩性或电性变化复杂,地下介质很不均匀。所以,应用一般的电剖面法测量时,随着整个测量装置的移动,供电电极附近将会遇到岩性或电性不均匀的地层,从而对电流的分布产生严重的影响(吸引或排斥),使所测的 ρ_s 曲线产生畸变,造成真假难辨。为克服以上问题,野外测量时经常采用中间梯度法。

中间梯度法的装置,就是在测量过程中供电电极 A、B 固定不动,使测量电极 M、N 在 AB 中间 1/3 的范围内移动,进行测量,每移动一次 M、N,分别测得 ΔU_{MN} 和 I,即可求得 ρ_s(见图 5-20):

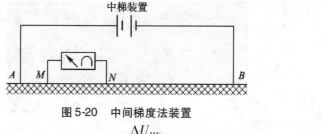

图 5-20　中间梯度法装置

$$\rho_s = K \frac{\Delta U_{MN}}{I} \tag{5-3}$$

其装置系数按下式计算:

$$K = 2\pi \frac{AM \cdot AN \cdot BM \cdot BN}{MN(AM \cdot AN + BM \cdot BN)} \tag{5-4}$$

中间梯度装置还可在离开 AB 连线一定距离($AB/6$ 范围内)且平行 AB 的旁侧线上进行观测,如图 5-21 所示。

其装置系数的表达式为

$$K = \frac{2\pi}{\dfrac{1}{AM} - \dfrac{1}{AN} - \dfrac{1}{BM} + \dfrac{1}{BN}} \tag{5-5}$$

图 5-21　旁侧中间梯度法装置

其中:$AM = \sqrt{y^2 + (AB/2 + x - MN/2)^2}$, $AN = \sqrt{y^2 + (AB/2 + x + MN/2)^2}$

$\qquad BM = \sqrt{y^2 + (AB/2 - x + MN/2)^2}$, $BN = \sqrt{y^2 + (AB/2 - x - MN/2)^2}$

在进行大面积的普查工作时,为提高工作效率,可在一条测线的两侧,分别布置数条测线同时进行 ρ_s 观测,装置形式如图 5-22 所示,两侧最远的测线至中间测线的距离不得超过 $AB/3$。

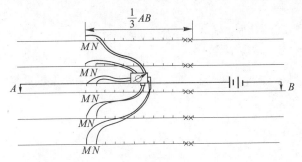

图 5-22　旁侧中间梯度法测线布置

这样,对于每一次固定的 A、B,都可在 AB 的中间地段构成一个长、宽均为 $AB/3$ 的正方形测区。此时,位于测区一侧的测线上,某条测线的 K 值按下式计算:

$$K = 2\pi \frac{\sqrt{(AM^2 + D^2)(AN^2 + D^2) + (BM^2 + D^2) + (BN^2 + D^2)}}{MN[\sqrt{(AM^2 + D^2)(AN^2 + D^2)} + \sqrt{(BM^2 + D^2)(BN^2 + D^2)}]} \qquad (5-6)$$

式中:D 为某条测线与中间测线之间的垂直距离。

野外测量时,测线方向要大体与被探测物的走向相垂直,AO 极距的大小要略大于或等于被探测物的埋藏深度,MN 极距等于测点之间的距离。需要注意的是,由于测量极距是变化的,其装置系数也是变化的,测量电极每移动一次要计算一次 K 值。

二、中间梯度法的应用

在电测找水过程中,将中间梯度法与其他的测量方法配合,可以了解灰岩区岩溶发育带的位置,追索高阻岩脉和构造破碎带、探测地裂缝等。中间梯度的测量结果,可绘成 ρ_s 剖面图或等 ρ_s 平面图。

(一)追索高阻岩脉

中间梯度法由于在测量过程中 A、B 固定不动,所以供电电极附近的不均质影响或地形的影响就是一个常数,这时移动 M、N 电极所测得的 ρ_s 曲线再有明显的变化时,必然是反映 M、N 电极附近介质的变化情况。在变质岩地区,由性质较软岩性组成的岩石,裂隙发育差,构造不发育,而分布于其中的脆性岩石如石英岩脉、花岗岩脉,往往裂隙发育,富水性好,是山区地下水主要蓄水构造。对于这类高阻体,由于其排斥电流作用,在高阻岩脉的上方呈现突出的高峰。

【例】山东日照市某村岩性为片岩,岩性呈塑性,富水性很差。布置一中间梯度测线,测点间距为 10 m,$AB/2 = 80$ m,$MN/2 = 5$ m,其中间梯度曲线见图 5-23。视电阻率一般在 240 $\Omega \cdot$ m 左右,在 12#、13# 测点之间呈高阻突出,视电阻率达 380 $\Omega \cdot$ m,推测为高阻岩脉,经钻井验证为石英岩脉,出水量为 9 m³/h。

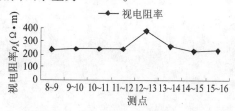

图5-23　中间梯度曲线确定高阻岩脉

【例】图5-24 是用中间梯度法测得的 ρ_s 剖面平面图。图中两条连续的 ρ_s 高峰值是由含铅锌矿的石英岩脉引起的。周围花岗岩已风化含水,电阻率较低。

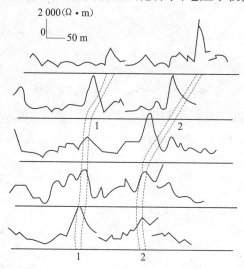

1—已知石英脉;2—新圈定的石英脉

图5-24　用中间梯度法追索高阻石英岩脉($AB=600$ m,$MN=10$ m)

【例】图5-25 是用中间梯度法追索伟晶岩脉的实例,利用 ρ_s 曲线半极值点间的宽度 q 值计算脉顶埋深 $H=0.5q$,求得 H 为 4~5 m,与实际相符。

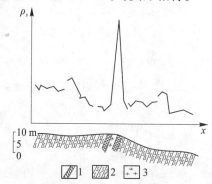

1—伟晶岩;2—石榴子石片麻岩;3—黑云母片麻岩

图5-25　伟晶岩脉上的中间梯度法 ρ_s 曲线

（二）探测地裂缝

在西安市曾用中间梯度法探测地裂缝的分布位置和产状要素,取得良好效果(取 $AB=30\sim60$ m,测点距 $0.5\sim2$ m)。图 5-26 表明小寨商场大院中心剖面出现 3 个高阻异常是有未充水地裂缝引起的。经探槽验证,上部为杂填土,下部为黄土,地表下 0.4 m 有 3 条近直立的地裂缝,宽 $0.5\sim2.5$ cm。

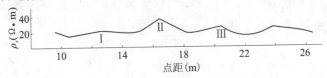

图 5-26　西安市小寨商场大院中心剖面图

第五节　偶极剖面法

一、偶极剖面法原理

以上讨论的各种剖面法中,供电电极 A、B 之间的距离均比测量电极 M、N 之间的距离大许多倍,可以把 A、B 看成是两个点电源,所以上述测量方法都是以研究点电源所形成的电场为基础而建立的测量方法。而偶极剖面则是将 A、B 电极之间的距离设置成与 M、N 电极之间的距离相等或接近,而 A、B 电极中心与 M、N 电极中心的连接的距离,要比 A、B 之间的距离大许多倍,所以偶极剖面法是以研究成对供电电极所形成的电场为基础而建的一种测量方法。这种方法的优点是:所测 ρ_s 曲线能更灵敏地反映出被探测物的位置,所以常用来研究规模比较小、电阻率差异不大的地质体(如岩脉、破碎带、溶洞等),或用来确定不同地层的接触面、倾斜角度较小的断层等。然而,因为其太灵敏,所以地形起伏、旁侧不均质所造成的干扰也比其他剖面法大,另外还需要较强的供电电源。正是这方面的不足,影响了该方法的推广应用。

二、偶极剖面法类型及装置

在偶极剖面法中,根据成对供电电极与成对测量电极之间排列形式的不同,可分为轴向偶极剖面法和赤道偶极剖面法。

（一）轴向偶极剖面法

图 5-27 表示为轴向偶极剖面的装置形式,此时供电电极 A、B 与测量电极 M、N 处于同一直线上。如果只在测量电极 M、N 的一侧布置一对供电电极 A、B,此种装置形式称为单边偶极剖面法;如果在测量电极 M、N 两侧相等距离上各布置一对供电电极 A、B,则此种装置形式称为双边偶极剖面法。

（二）赤道偶极剖面法

如果供电电极 A、B 与测量电极 M、N 平行排列(见图 5-28),并始终保持一定的距离平行移动,则此种装置形式称为赤道偶极剖面法。目前在实际应用中,多采用单边偶极装置,故在此仅对单边偶极剖面法的有关问题做简单的介绍。

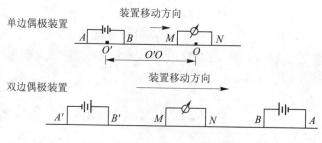

图 5-27　　轴向偶极剖面法装置

三、偶极距的选择

供电电极 A、B 与测量电极 M、N 之间的中心距 OO'（也称为偶极距）的大小，取决于覆盖层的厚度 H 及被探测物的埋藏深度，一般要求 $OO' \geqslant 3H$。

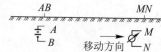

图 5-28　　赤道偶极剖面装置示意图

（一）测量极距的选择

测量极距的大小既取决于被探测物在 ρ_s 曲线上反映的准确程度，同时又取决于局部地形起伏的宽度。显然测量极距愈小，被探测物在 ρ_s 曲线上反映的准确程度愈高；但是过小的测量极距受局部地形起伏的影响愈大，同时测量极距过小时，ΔU_{MN} 数值较小不利于观测。因此，一般情况下采用 $MN = OO'/10 =$ 测点距。

（二）供电极距的选择

供电极距取决于地质条件的复杂程度，当地质条件复杂时，取 $AB = (2 \sim 3)MN$，当地质条件简单时，可取 $AB = MN$。

其视电阻率的计算公式为

$$\rho_s = K \frac{\Delta U_{MN}}{I} \tag{5-7}$$

装置系数按下式确定：

$$K = 2\pi \frac{AM \cdot AN \cdot BM \cdot BN}{MN(AM \cdot AN - BM \cdot BN)} \tag{5-8}$$

当 $AB = MN$ 时

$$K = \pi AM\left(\left(\frac{AM}{MN}\right)^2 - 1\right) \tag{5-9}$$

四、偶极剖面法的应用

偶极剖面法在找矿和追索陡倾断层破碎带和岩性界线时，效果很好。

【例】黑龙江某地用偶极剖面法追索陡倾分界面，如图 5-29 所示。采用 $AB = MN = 10$ m，测点距 10 m，$OO' = 30$ m。图中破碎带上的 ρ_s 曲线反映为低阻，并有明显的正交点。第三系砾岩、泥岩的电阻率更低，曲线呈凹槽，根据凹槽两侧曲线上升最陡处可划定它们与花岗岩的分界线。

【例】京广线范家园至汨罗的铁路，常因地下古代淘金洞穴引起路基塌陷，影响正常

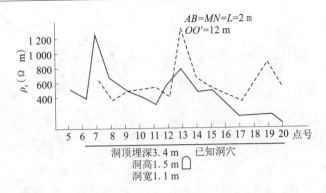

1—表土;2—玄武岩;3—花岗岩;4—破碎带;5—砂砾岩、泥岩

图 5-29　黑龙江某地用偶极剖面法追索陡倾分界面

运营。该段地表为黏土夹少量砾石,厚 1 ~ 10 m,其下为砂卵石,含黏土和金砂,淘金洞位于该层内,埋深 3 ~ 6 m,洞高 1 ~ 1.6 m,宽 0.8 ~ 2 m,断面呈拱形,无一定的方向,地表为低洼地带。

为查明路基下暗藏的洞穴分布,曾在几处已知洞穴处作物探试验,洞穴为位于地下水之上的空洞,电性反应为高阻反应,而砂卵石胶结紧密亦呈高阻反应。试验中发现对称四极剖面法、联合剖面法、中间梯度法,对高阻洞穴无明显反映。唯独采用偶极剖面法,采用 $AB = MN = 2$ m,$OO' = 12 ~ 14$ m 所测得的剖面曲线能获得明显异常(见图 5-30)。其异常特点是:在洞穴顶部,两条曲线同时出现高阻异常,在异常的前后两端相距 OO' 处,各出现一个高阻副异常,呈镜像反映。

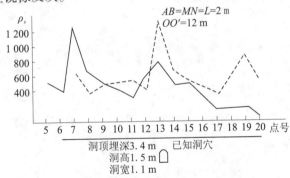

图 5-30　用偶极剖面法探测洞穴

四极对称剖面法、复合四极对称剖面法、联合剖面法、中间梯度法、偶极剖面法等剖面法,其装置各不相同,野外工作方式也不相同,在解决水文地质问题方面各有特点和优势。应当指出,在电测找水的过程中,无论是那种电阻率剖面法,它只是一种定性的分析方法,既无法确定含水层的部位、厚度,更无法评价含水层的富水程度,所以一般不单独用于找水定井。野外工作中,常常是通过剖面法选择相对富水的异常点,然后再辅以电测深工作。

第六章　激发极化法找水

在电阻率法测量时,人们常常发现这样一种现象:在向地下供入稳定电流的情况下,地面两个测量电极之间的电位差值随着时间的延长而增大,并经过相当长的时间(一般约几分钟)后才趋于某一稳定的饱和值(这一过程相当于充电过程);断开供电电流后,在测量电极之间仍然存在一个随时间的延长而逐渐减小的电位差,并在相当长的时间后衰减趋近于零(这一过程相当于放电过程)。在充电和放电过程中,由电化学作用引起的这种附加电场随时间缓慢变化的现象,称为激发极化效应。激发极化法就是通过观测、研究地质体的激发极化特性,以达到找水、找矿目的的一种物法勘探。

激发极化法简称为激电法,它是通过观测、研究地质体的激发极化特性及其在外电流场作用下产生的二次电场的变化规律,达到找水、找矿和研究有关地质问题的目的。激电法最早是用于找矿,在寻找金属矿床的效能方面具有一些独特的优点,目前已成为我国金属矿床勘探中的一种重要方法。应用激电法进行找水的研究,国外从 20 世纪 50 年代就已经开始,但大都处于室内研究阶段,并未大量推广应用。在国内,陕西省第一物探队从 1969 年开始试验,提出了应用激发极化衰减时法寻找地下水源的方法。山西省于 70 年代初期亦开展了此方法的研究,并研制开发了激电法找水的专门仪器。在 70 年代中期,山东省水利科学研究院在山东省内率先开展了激电法找水应用的研究,针对山东找水的特点,研制了 SDJ 型激电法找水专门仪器,进行了大量的试验研究和应用推广工作。

第一节　直流激发极化法的基本原理

根据所用场流和观测技术的不同,激发极化法可分为直流激发极化法和交流激发极化法。由于直流激发激化法设备简单,操作方便,所以目前大多数采用直流激发极化法。

一、激发极化现象

何谓激发极化现象?下面用一个试验装置来说明这个问题。在水槽里放上焦炭块和石块混合物,灌水淹没,然后设置 A、B、M、N 四个电极,接通电源开关,向水槽内供电,在装满焦炭块和石块的槽内形成电流场;在测量电极 M、N 之间形成电位差。若保持供电电流不变继续供电,可以发现 M、N 间的电位差逐渐增大,开始增加快些,后来逐渐减慢,数分钟后达到饱和。断开供电开关后,可以发现 M、N 间的电位差迅速减小,但不是零,而仍具有一定数值随着时间的延长逐渐衰减,最后趋于零,如图 6-1 所示。

刚供电的瞬间,在测量电极间产生的电位差不包含激发极化效应(它只与介质的电阻率、观测装置以及供电电流的大小有关),称为一次场电位差 ΔV_1;供电一段时间后测量电极间的电位差除 ΔV_1 外,还包含激发极化效应产生的二次场电位差 ΔV_2,即 $\Delta V = \Delta V_1 + \Delta V_2$,称为总场(或极化场)电位差。断电后,$M$、$N$ 间存在的电位差称为"二次场电位差",

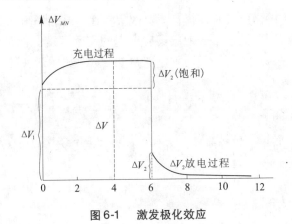

图6-1　激发极化效应

以 ΔV_2 表示，ΔV_2 减少的过程称为"放电过程"。

在外电流场的激发下，地质体被极化而产生的持续一段时间的现象，叫作激发极化现象，简称 IP 效应。

二、激发极化找水机理

激发极化现象在地质体中是一种客观存在。当把四个电极 A、M、N、B 插入地下，进行通断一次的电流强度 I 和电位差 ΔV 的记录，在突然通电和断电时，电位差 ΔV 都不会立刻达到稳定值或零值，而是随时间变化趋于渐近值，这种瞬态现象可延续几秒或几分钟。

地质体的激发极化效应一般可分为两大类。一类是金属矿物引起的电子导体激发极化效应，其激电效应的机制问题的看法比较一致，认为是电子导体同围岩中的水溶液界面上产生的电极极化和氧化还原作用引起的，这种极化电位跳跃又称为超电压；另一类是离子导体的激发极化效应，对大多数沉积岩以及其他不含金属矿物的岩石来说，都属于此类，激电找水也在此类之中。关于离子导体激发极化效应的解释，比电子导体要复杂得多，假说也很多，有偶电层变形假说、黏土的薄膜极化假说，等等，目前还没有一个统一的认识。

地质体的激发极化效应产生的原因，可采用电学中的电容器进行解释。由于岩石颗粒一般可视为绝缘体，其中没有电子导电，也阻止离子通过。所以，在岩体表面迎着电流方向的一面，外电场一方面推来大量的正离子，同时又带走了大量的负离子，因此就形成了正离子的堆积。而在背着电流方向的一面，情形与此相反，外电场一方面带走了大量的正离子，同时又推来大量的负离子，于是就形成了负离子的堆积。这样，就好像电容器的充电一样，岩体就像是电容器的绝缘体介质，岩体两边的溶液就像电容器的两片极板，充上了相反符号的电荷，当外电场消失后，被极化了的岩体就通过周围介质放电，从而观测到放电过程中的二次场电位场，也就是激电效应。

地质体是复杂多变的，但一般的造岩矿物都是不导电的，大部分通过非矿化岩石的电流是由裂隙中的溶液来传导的。因而，地质体产生激发极化现象，必须具备两个条件：一个是岩石必须存在裂隙；二是裂隙中还须存在水溶液，只有这两个条件都具备了，才有可能观测到较明显的激电效应。而这两个条件，亦正是基岩裂隙水的赋存条件，从这个意义上讲,激电法具备基本的山区找水前提。激电效应存在与基岩裂隙水具有较密切的关系。激电效应显著的地方,则可能预示着地层具有一定的富水程度。但从地质体的充分复杂性以及产生激电效应的机理来分析,还不应把激电参数与出水量直接联系起来。

第二节　激发极化法野外工作方法

激发极化法采用的测量装置形式及野外工作方法和技术,基本上与电阻率法相同,可分为激电剖面法、激电测深法等。

一、测量电极的选择

由于二次电位差 ΔV_2 的数值一般仅几毫伏,要准确地测量它的大小和随时间衰减的规律,除要有精度较高的仪器外,还要求测量电极极化电位差小而稳定,所以测量电极的极化电位必须使用不极化电极,其极差应小于或等于 ± 2 mV。目前常用的是瓷瓶不极化电极,其结构如图6-2所示。瓷瓶的上部内外都是上釉部分,其下部是没上釉的素瓷,具有适当的孔隙度和渗透率,允许导电离子的通过。瓶内装满饱和的硫酸铜溶液,并插入紫铜棒。这样,在测量时紫铜棒就可以通过硫酸铜溶液与土壤接触,从而保证了极差小而稳定。

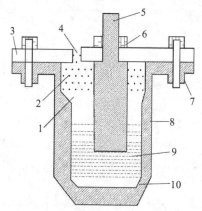

1—胶木隔板;2—蜡;3—胶木盖板;4—注蜡孔;5—紫铜棒;6—铜螺母;
7—瓷釉;8—素烧瓷缸;9—硫酸铜溶液;10—未溶解的硫酸铜

图6-2　不极化电极结构示意图

二、测量极距 MN 的选取

与电阻率法不同的是,激电法测试中测量极距 MN 的距离一般选取的比较大。这一方面是为了取得较强的信号强度;另一方面根据有关研究成果,激电法二次电场的等位线向外的发散程度较大,如图6-3所示,即使 MN 值较大,也同样能够较准确地反映出二次场的情况。根据实际情况,MN/AB 之间比值,可在 $1/5 \sim 1/3 \sim 2/3$ 区间选取。

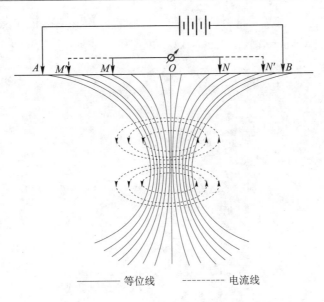

图 6-3　二次场电流线与等位线形态示意图

三、测量方法

视电阻率法测量的装置形式都可以用于激电法测量。但由于激电法工作效率较低，故凡是能用其他方法解决问题的，尽量不采用。在实际工作中，一般只在已发现的异常中心布置个别的激电测深点（常作十字测深），主要任务是确定极化体的埋深和判断极化体与围岩的相对导电性。

第三节　激发极化法参数的测定

激发极化法主要是从以下两个方面来研究地下介质的地质情况：一是二次场强度，二是二次场的衰减速度。采用不同的激发激化仪，所描述激发极化现象的参数也不同。SDJ－X 系列积分式激发极化仪是用半衰时 $S_{0.5}$、衰减度 D、充电率 M 等参数来描述激发极化现象的；JJ－X 系列积分式激发电位仪是用极化率 η、激发比 J、衰减度 D 等参数来描述激发极化现象的。下面以 SDJ－3 型积分式激发极化仪为例，来说明参数的确定方法。

在每一个极距 $AB/2$ 上，一次供电，仪器板面上两个表依次显示 6 个数据，即一次场的 ΔV、I 和二次场衰减过程中的 4 块面积（见图 6-4）：

$$\Delta A_1 = \int_{0.1}^{0.6} V_2(t)\,dt$$

$$\Delta A_2 = \int_{0.6}^{1.6} V_2(t)\,dt$$

$$\Delta A_3 = \int_{1.6}^{2.6} V_2(t)\,dt$$

$$\Delta A_4 = \int_{2.6}^{3.6} V_2(t)\,dt$$

4 块面积的单位是 mV·s。每一积分时段内的平均电位差即可求出,即 $\Delta V_{2-1} = 2\Delta A_1$,$\Delta V_{2-2} = \Delta A_2$,$\Delta V_{2-3} = \Delta A_3$,$\Delta V_{2-4} = \Delta A_4$,单位为 mV·s。

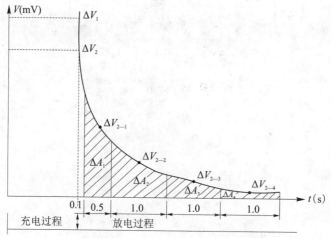

图 6-4　二次场的衰减曲线

一、衰减度 D

衰减度 D 是二次场电位衰减速度的反映,由于不同时间衰减速度不同,所以用 3 个不同时间的衰减速度来表示其衰减过程,即

$$D_1 = \frac{\Delta V_{2-2}}{\Delta V_{2-1}} \tag{6-1}$$

$$D_2 = \frac{\Delta V_{2-3}}{\Delta V_{2-1}} \tag{6-2}$$

$$D_3 = \frac{\Delta V_{2-4}}{\Delta V_{2-1}} \tag{6-3}$$

由图 6-4 可知,衰减度 D_1 对应的时间为 $0.1 + (0.5 + 1.0)/2 = 0.85(s)$,同理可求出 D_2、D_3 对应的时间为 1.85 s、2.85 s,见表 6-1。

表 6-1　衰减度与时间的关系

衰减度(%)	D_1	D_2	D_3
时间(s)	0.85	1.85	2.85

平均衰减度 D 为

$$D = \frac{1}{3}(D_1 + D_2 + D_3) \tag{6-4}$$

衰减度 D 越大,说明二次场衰减的过程越慢,地质体的含水性越好。

二、半衰时 $S_{0.5}$

半衰时 $S_{0.5}$ 是二次场电位衰减至 50% 时所需的时间,单位为 s。半衰时 $S_{0.5}$ 的确定有理论计算、量板法量取两种方法。

(一)理论计算法

由图 6-4 可知,二次场电位衰减为曲线分布,假设二次场电位衰减度与时间为对数分布,半衰时 $S_{0.5}$ 计算公式如下:

$$S_{0.5} = 10^{\frac{b-50}{a}} \tag{6-5}$$

式中:a、b 为两个待定参数,按下述步骤确定。

(1)根据 D_1、D_2、D_3 计算出两个参数:

$$R = D_1 + D_2 + D_3 \tag{6-6}$$

$$T = 0.453D_3 + 0.267D_2 - 0.071D_1 \tag{6-7}$$

(2)根据最小二乘法原理,对表 6-1 衰减度与时间进行拟合,得到参数 a、b 计算公式:

$$a = (0.651R - 3T)/0.425 \tag{6-8}$$

$$b = (R + 0.651a)/3 \tag{6-9}$$

(二)量板法量取

以衰减度为纵坐标(算术坐标),时间为横坐标(对数坐标),将 D_1、D_2、D_3,$t_1 = 0.85$ s、$t_1 = 1.85$ s、$t_1 = 2.85$ s 点绘一条曲线,半衰时 $S_{0.5}$ 从量板上量取(见图 6-5),即衰减度为 50% 对应的时间即为半衰时 $S_{0.5}$。

半衰时 $S_{0.5}$ 越大,二次场衰减速度越慢,则说明地质体的含水性越好。

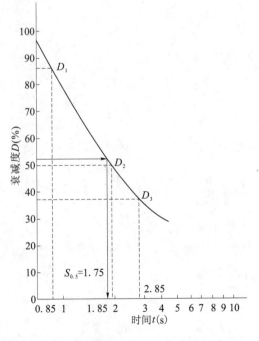

图 6-5　量板法确定半衰时 $S_{0.5}$

三、充电率 M

充电率 M 是第一块积分面积所对应的电位 ΔV_{2-1} 与一次场电位 ΔV_1 的比值。

$$M = \frac{\Delta V_{2-1}}{\Delta V_1} \tag{6-10}$$

M 值可以用来反映二次场信号的可靠程度,同时还可以鉴别矿体的干扰。

山西省水利系统所用的 JJ – X 激发极化电位仪所测定的参数为极化率 η、衰减度 D、激发比 J,其定义如下。

（一）极化率 η

$$\eta = \frac{\Delta V_2}{\Delta V_1} \times 100\% \tag{6-11}$$

式中: ΔV_1 为一次场电位差,mV; ΔV_2 为停止供电后 0.25 s 时二次场的电位差,mV。

η 越大,表明二次场强度越大,则含水性越好。

（二）衰减度 D

$$D = \frac{\Delta \overline{V}_2}{\Delta V_2} \times 100\% \tag{6-12}$$

式中: $\Delta \overline{V}_2$ 为停止供电后 0.25 ~ 5.25 s ($\Delta \overline{V}_2 = \frac{1}{5} \int_{0.25}^{5.25} \Delta V_2(t)\,\mathrm{d}t$) 二次场电位差的平均值。

（三）激发比 J

$$J = \frac{\Delta \overline{V}_2}{\Delta V_1} = \frac{\Delta \overline{V}_2}{\Delta V_2} \times \frac{\Delta V_2}{\Delta V_1} = D\eta \tag{6-13}$$

在利用激发极化法测定参数时,应当注意,由于各型号的仪器所给出参数的积分区间不同,定义不同,所测定的参数就不一致,不便进行比较。如衰减度 D,SDJ – X 系列积分式激发极化仪和 JJ – X 两种型号的仪器所确定的 D 概念相同,但定义不同,所以在同一测点上进行观测时相差就很大。在使用不同仪器测量时类似这种情况一定要慎重对待。

第四节　激发极化法在找水中的应用

采用激发极化法寻找地下水,主要是利用半衰时 $S_{0.5}$、衰减度 D、充电率 M、极化率 η、激发比 J 数值,找出含水异常,再结合地质分析确定井的位置。

一、观测资料整理

（一）衰减度 D、半衰时 $S_{0.5}$、充电率 M 曲线图

在一个测点测量时,对每一个极距,有一个 D、$S_{0.5}$、M,以 $AB/2$ 为横坐标,以 D、$S_{0.5}$、M 为纵坐标,即得到 D、$S_{0.5}$、M 与 $AB/2$ 的关系曲线。

（二）含水因数剖面图

在一个测区内,沿某一剖面可绘制含水因数 M_s 剖面图。在 $S_{0.5}$ 与 $AB/2$ 的关系曲线

上,曲线与横坐标围成的面积称为含水因数,即

$$M_s = \int_{x_1}^{x_2} S(x)\,\mathrm{d}x \tag{6-14}$$

式中:x_1、x_2 为极距间距。

　　x_1、x_2 选择不同,则反映不同深度上的含水性大小。M_s 越大,则含水性越好;M_s 越小,则含水性越差。

(三)等 $S_{0.5}$(或 D)和等 M_s 平面图

　　将某一测区内的测网按一定比例绘于平面图上,在每一测点上将某一极距(对应于某一高程平面)的 D、$S_{0.5}$、M_s 标出,然后勾绘等值线图(见图6-6),此图反映了某一深度平面上的变化情况。

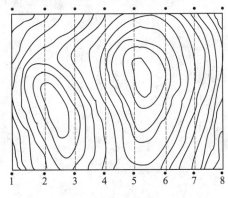

图6-6　$S_{0.5}$(或 D)等值线图

(四)等 $S_{0.5}$(或 D)和等 M_s 剖面图

　　以测点为横坐标,$AB/2$ 为纵坐标(对数坐标),把每个测点上对应各个极距的 D、$S_{0.5}$、M_s 标出,然后勾绘等值线图(见图6-7),此图反映了某个剖面地下水的富集情况和变化规律。

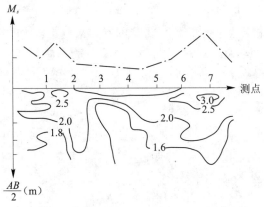

图6-7　衰减度 D、半衰时 $S_{0.5}$ 等值剖面图

二、观测成果的解释与分析

（一）背景值

所谓背景值，是指地下岩层不含水时衰减参数值的大小，即半衰时的背景值、衰减度的背景值、充电率的背景值等。即将覆盖层、隔水层、含水层综合在一起时，所测定的参数的临界值。背景值的大小，对分析含水层，评价地下水的富水程度非常重要。

在同一测区内（地层岩性组合相同），背景值的变化不会太大。但当测区面积较大时，由于地质条件的变化，背景值可能会有较大的变化，因此应考虑背景值的不均匀性。

确定背景值的方法有以下几种：

（1）利用干孔确定背景值。在无水的干孔附近，做激发极化法的井旁测深，从 $S_{0.5}$、D、M 的测深曲线上，求出 $S_{0.5}$、D、M 的大致平均值，作为该测区的 $S_{0.5}$、D、M 背景值。根据多年的野外实践经验，泰山群变质岩地层，如果半衰时 $S_{0.5}$ 小于 $1.5 \sim 2.0$ s，一般是无水或含水性较差，可作为背景值的参考值。

（2）在无干孔测区，可利用视电阻曲线的无水段确定背景值。

（3）利用出水量 Q 与 M_s 相关图确定背景值。在已知孔较多地区，用含水因数与出水量进行回归分析，绘制 Q 与 M_s 相关图（见图6-8），可确定背景值。

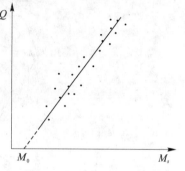

图6-8　Q 与 M_s 相关图

（二）确定含水构造

将观测成果点绘成 $S_{0.5}$、D、M 曲线，根据曲线特征确定含水异常。一般来讲，大于背景值的部分或激电测深曲线（$S_{0.5}$、D、M 曲线）呈峰值变化的线段是含水层的反映，即没有遇到含水层时，曲线比较平直，参数大小接近背景值；遇到含水层后，参数逐渐增大，达到极大值后，又逐渐降低，形成一个高值异常，此高值异常则对应含水层部位。

工程实用上一般用半衰时 $S_{0.5}$、衰减度 D 的异常来辨别含水构造。半衰时 $S_{0.5}$ 主要有单峰异常、多峰异常，根据每个峰值的宽度大小，又分为窄幅单峰异常、宽幅单峰异常、窄幅多峰异常和宽幅多峰异常4种形式；衰减度 D 曲线的变化规律基本上和半衰时 $S_{0.5}$ 曲线相同。

1. 窄幅单峰异常

如果激电测深曲线上有 $2 \sim 3$ 个极距组成单峰形态，称为窄幅单峰异常。窄幅单峰异常峰值对应的一般是较小的含水体，如裂隙密集带、小型断裂带。其富水程度主要取决于峰值幅度的大小，如果异常幅度很大，出水量还是比较可观的。

【例】山东省宁阳县某村岩性为泰山群变质岩，群众吃水非常困难。为解决该村吃水问题，进行了联合剖面、四极对称电测深和激电测深分析。在村北作一联合剖面，在 $6^{\#}$ 点附近有一不明显的正交点，如图6-9所示。同时进行了四极对称电测深，视电阻率 ρ_s 曲线反映不明显，无法判别是否有水。后在该测点进行了激电测深，半衰时 $S_{0.5}$ 曲线见图6-10，衰减度 D 曲线见图6-11。从图6-10可以看出，半衰时 $S_{0.5}$ 明显呈单幅异常，

$20 \sim 50\ m$ 为单峰异常,半衰时 $S_{0.5}$ 最大值为 $2.8\ s$,而该地区半衰时的背景一般为 $2\ s$ 左右,从图 6-11 可以看出,衰减度 D 和半衰时 $S_{0.5}$ 的变化规律基本同步,在 $30\ m$ 左右,衰减度 D 达到峰值(76%),之后又开始下降。根据半衰时 $S_{0.5}$ 和衰减度 D 最大值位置,推断为小型断层。经钻探岩芯破碎,井深 $50\ m$,出水量为 $32\ m^3/h$,解决了该村吃水问题。

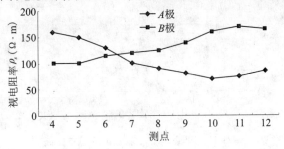

图 6-9　联合剖面曲线

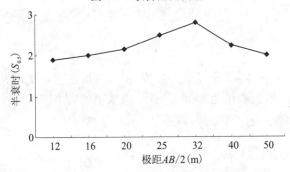

图 6-10　半衰时 $S_{0.5}$ 单峰异常曲线

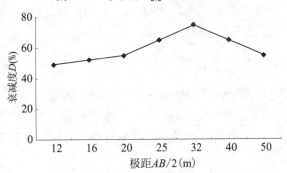

图 6-11　衰减度 D 曲线单峰异常曲线

2. 宽幅单峰异常

一般由 $4 \sim 5$ 个高值点组成,这类异常对应的含水层一般较厚。异常值越大,上升角度越大,幅度越宽,含水越丰富。在泰山群变质岩中,出现这种异常的可能性不大,仅在规模比较大的断裂中偶尔出现。如果出现宽幅单峰异常,同时排除地阻矿体的干扰,一般为较好的含水构造。

【例】山东省泰安市某地的激电测深曲线,为典型的宽幅单峰异常,见图 6-12,半衰时 $S_{0.5}$ 最大值达 $3.7\ s$,衰减度 D 最大值达 89%。考虑到该测点地处泰山大断裂的次生断裂带内,推断为大型断裂富水构造,经施工证实,花岗片麻岩岩石破碎,坍孔严重,出水量达 $80~m^3/h$,在变质岩地层中罕见。

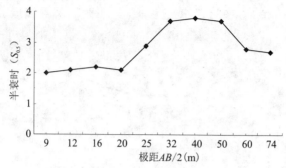

图 6-12   半衰时 $S_{0.5}$ 宽幅单峰异常曲线

3. 窄幅多峰异常

窄幅多峰异常一般由 2~3 个极距急升急降,呈多峰形态。这种异常与窄幅单峰异常无本质区别。

4. 宽幅多峰异常

宽幅多峰异常一般由 4~5 个高值点组成,呈多峰形态。这类异常是由连续出现的两个以上缓升缓降的小型异常组成,反映了多个含水层的存在,每一个峰值对应一个含水层,一般来讲含水比较丰富。在变质岩地区出现的概率也很小。

三、确定含水层的埋深

含水层的界面深度可按前述经验系数法进行修正,即以高值异常的拐点分别作为含水层上、下界面,界面深度 $h = s \cdot AB/2$,修正值系数为一经验数值,不同地区、不同地层 s 的取值略有不同,一般情况下取 $s = 0.9 \sim 1.0$。

四、不同地层激电法找水应用

激电法在找水工作中,既可以单独实施,也可以配合其他物探方法综合使用。如与联合剖面法相结合,以联合剖面曲线图圈定出构造的范围和走向,再施以激电测深确定井位,两种方法相互验证,综合分析,取长补短,从而获得较好的找水效果。

(一)石灰岩地层

石灰岩地区岩溶裂隙发育,含水条件较好。但在补给区却山高水深,历来是群众吃水最困难的地区;而在径流排泄区又是工农业供水的主要含水层,所以石灰岩一般是找水工作的重点。

【例】图 6-13 是山东临沂城关附近两个钻孔的孔旁测深对比曲线。该处地势平坦,土层厚度 3~8 m,下伏中奥陶统灰岩,裂隙发育,地下水埋深仅 3 m,成井条件较好。该处化肥厂 3# 井 117 m 终孔,单井出水量大于 $100~m^3/h$;而由于裂隙发育不均,相隔不远的七里沟村却打了一个深 150 m,单井出水量为 $5~m^3/h$ 的废孔。从试验结果分析,两孔的电阻率曲线均基本呈 45° 角上升,显示不出任何差别,而激电法的 $S_{0.5}$ 和 D 曲线的异常反映却十分明显。富水孔的 $S_{0.5}$ 和 D 从 40 m 开始上升,90 m 时出现极大值,分别为正常值的 3.1

和 1.4 倍,而废孔曲线平直无明显异常。从这个实例可以看出,激电参数 $S_{0.5}$ 和 D 对石灰岩地区的基岩裂隙水呈现较好的探测效果。

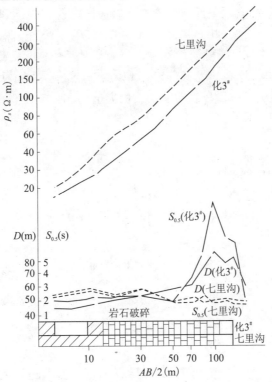

图 6-13　山东临沂城关附近两个钻孔的孔旁测深对比曲线

(二)碎屑岩地层

这种地层在山东省分布较广泛,岩性主要有砾岩、砂岩、粉土岩、页岩等,且多为砂、页岩互层,富水条件极不均匀。由于此种地层岩性变化大、电性不均,储水构造与围岩电性差异不大,电阻率法找水极为困难。

【例】图 6-14 为在白垩系王氏组砂岩上进行的两个孔旁测深对比曲线,有水无水电阻率测深曲线差别不明显,但半衰时异常十分显著。干孔 $S_{0.5}$ 最大值在 1.4 s 左右,含水部位的 $S_{0.5}$ 都在 2 s 以上,极大值 3.3 s,为干孔的 2.36 倍。

(三)变质岩地层

这类地层在山东省有泰山群、胶东群和粉子山群。由于地层较老,历受地壳运动影响,构造多而复杂,有的经过多次活动,又为后期岩浆充填,岩性变化较大,含水条件差,利用水文地质分析与电阻率法确定井位一般较困难。而与激电法测试相结合,则可收到良好的找水定井效果。

【例】图 6-15 是威海后双岛村的定井曲线,在地质踏勘和进行电阻率测深后已基本清楚的基础上,又进行激电测深。根据半衰时 $S_{0.5}$ 曲线分析,预计 25 ~ 40 m 和 50 m 左右有两个含水层,实打 80 m 终孔,单孔出水量 72 m³/h,主要含水层在 28 ~ 31 m,分析结果与施工情况基本相符。

（四）火山岩地层

山东火山岩地层主要有第三系玄武岩、凝灰岩、白垩系的玄武岩夹层、青山组的安山岩等。火山岩时代越晚,含水条件越好。玄武岩地层较易成井,而安山岩地层成井很少。这种地层的含水,电阻率法反映不是很好,而激电法测深曲线上却较明显。

【例】图6-16为青岛四曲村的供水井井旁测深曲线,该井深85 m,实打地层为安山岩,埋深21～32 m,46～52 m岩芯破碎,70 m以后开始裂隙发育,从钻孔岩芯分析有一张性构造。在激电曲线上这一段反映明显,$S_{0.5}$极大值为3.1 s,是正常值的2倍以上;而电阻率测深曲线却无明显异常。该井试抽涌水量为70 m^3/h,主要含水层在70 m以下,与曲线反映一致。

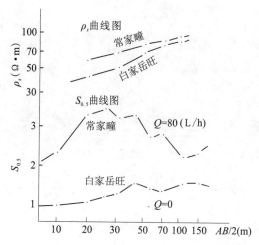

图6-14　两个孔旁测深对比曲线

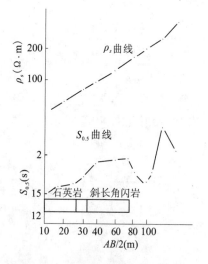

图6-15　威海后双岛村定井曲线

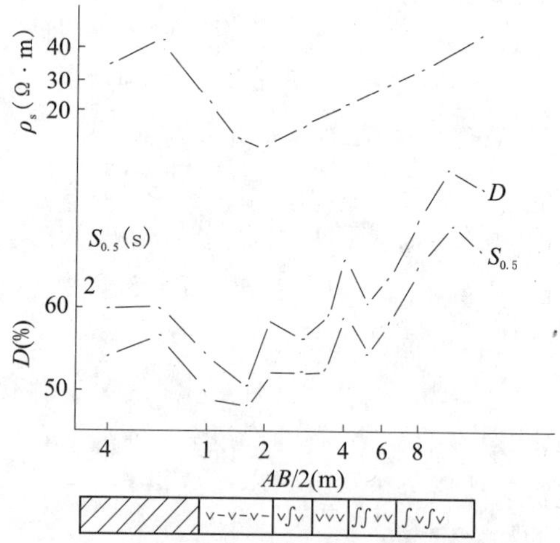

图6-16　青岛四曲村的供水井井旁测深曲线

（五）侵入岩地层

这类地层在胶东地区有大片分布,鲁中南也有零星片状出露,地下水多赋存于风化裂隙和构造裂隙中,富水性差,成井困难。

【例】图6-17为威海轮胎厂的实际激电测深定井曲线,地层岩性为花岗岩。当时主要依据半衰时 $S_{0.5}$ 从15~60 m这一段呈现高值富水异常的反映而确定的井位。实打结果表明,11~64 m区间玲珑期花岗岩破碎含水,打到井深90 m终孔,单孔涌水量25 m³/h。

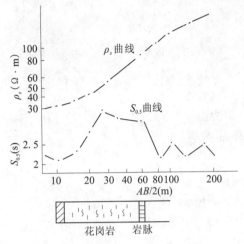

图6-17　威海轮胎厂激电测深定井曲线

第五节　激发极化法找水野外常见干扰及处理措施

在激发极化法找水野外测量过程中,经常会遇到供电电流不稳、极化不稳定、电磁耦合干扰、不稳定的地电场、感应电动势、观测信号弱、低阻矿体干扰等各种因素的影响,影响到观测精度,降低成井率。因此,有必要对这些干扰和影响因素进行分析,探讨排除各种干扰的方法,提高观测精度。

一、供电电流不稳

在激发极化法测量中,由于供电时间较长且供电电流强度较大,往往会出现电流随时间的延长而逐渐减小的现象(极少数也有增大现象)。这主要是由于电极表面的电化学反应(在电极表面形成电解产物,或周围溶液变化)造成接地电阻的变化引起的。在使用干电池时,由于超过其额定电流,引起电池内阻增大,也会导致电流随时间延长而减小。

消除供电电流不稳的现象,可采取以下措施:

(1)增加电极数目或加大电极入土深度,以减小电极表面的电流密度,当电极表面电流密度 <0.5 mA/cm² 时,由于电化学反应缓慢,不会引起接地电阻的明显变化,从而保证电流足够稳定。

(2)当用干电池时,应把电池组并联使用,使之不超过额定电流,并及时更换新电池以保证电池内阻的稳定。

二、极化不稳定

极化电位虽采用了不极化电极,但仍存在着一定的极化电位。尤其是当极化电极制作不良时,更会产生较大的极化电位。此外,当接地条件较差时,如表层土壤较干燥或为粗砂砾石时,就会产生较大的极化电位差,对测量产生严重干扰。极化不稳定对观测质量的影响与极化不稳定程度和被测信号的大小有关。如果极化电位不稳定,但线性变化,则可以通过零点改正消除或减小干扰。如果是非线性变化,则必须设法减小这种干扰,方法如下:

(1)保证不极化电极足够稳定,即制作时应严格保证各电极的所有条件一致。

(2)通过加大供电电流或增大 M、N(在不漏掉有意义异常的前提下)之间的距离来增大有用信号。

(3)当有植物碰到电极的金属部分或测量导线漏电时,也会引起电极电位跳跃性变化,因此必须严防这些现象的发生。

三、观测信号弱

激发极化法测量的二次场电位数值很小,一般只有 $1 \sim 3$ mV,有时候由于受到各种干扰,观测信号弱,导致观测误差较大。

二次场电位 ΔV_2 的值为

$$\Delta V_2 = \frac{\rho_s \eta I}{K} \tag{6-15}$$

式中:ρ_s 为岩石的电阻率;η 为极化率;I 为供电电流;K 为装置系数。

对于四极对称激电测深,装置系数由下式确定:

$$K = \frac{\pi}{4} \frac{AB^2 - MN^2}{MN} \tag{6-16}$$

由(6-15)可知,二次场电位 ΔV_2 主要与岩体的视电阻率、极化率、供电电流、装置系数有关,岩体的视电阻率、极化率主要取决于岩土的性质,在观测中无法改变其大小;供电电流越大、装置系数越小,二次场电位 ΔV_2 越大,在野外观测时,可通过加大供电电流、减小装置系数来增大二次场电位 ΔV_2。

(1)加大供电电流。

①在电源功率允许的条件下,通过加大电压来加大 I,因而可以增大二次场电位 ΔV_2;

②采用串并联的电池组、截面大导电性强的导线,以减小供电电极的接地电阻,这一措施不但能使小功率电源获得大电流,而且还能减小漏电影响。

(2)减小供电极距 AB 或增大测量电极。

由式(6-16)可知,减小供电极距 AB,可减小装置系数 K,因而可以增大 ΔV_2;加大 MN,可有效地减小装置系数 K,因而有效提高二次场电位 ΔV_2。

【例】保持供电极距 $AB/2 = 25$ m 不变,$MN = 10$ m,装置系数 $K = 188.4$;如 $MN = 20$ m,则装置系数 K 减小为 82.4,可大大提高二次场信号。

四、电磁耦合干扰

激电法测量是通过观测断电后二次场衰减过程中电压的变化,研究地下岩(矿)石的激电特性,以达到其地质目的的。实际上,除激电效应外,各种电磁耦合效应也会影响断电后电场的衰减过程,将对激电法测量造成干扰。

(一)电磁耦合的内容和特点

电磁耦合是指供电回路和测量回路间的电容耦合和电感耦合。

1.电容耦合

供电导线、测量导线与大地以及供电导线与测量导线之间存在分布电容,电流通过它们形成电容性漏电,这种漏电随直流脉冲的充、放电时间而变,因而形成极化率异常。电容耦合的规律是:

(1)供电导线与测量导线之间的电容耦合通常较小,且随两导线之间的距离的增大而减小;当两者之间有一定距离时则完全可以忽略。

(2)导线与大地间的分布电容随电极接地电阻的增大而增大。

总的来说,在激电法中,电容耦合一般不会构成严重干扰,但在地表很潮湿时,导线与大地分布电容较大时,仍要注意和消除电容耦合的干扰影响。

2.电感耦合

供电导线和测量导线本身及相互间存在自感和互感,它们与大地之间也有互感效应。这些感应耦合效应均与非稳定电流随时间的变化密切相关,使得在向地下供入直流脉冲时,电场有一个形成和衰减过程,因而也形成极化率异常。

(二)减少电磁耦合的方法

野外工作中,为减少电磁耦合对激电法的干扰,可采取以下措施:

(1)在研究深度允许的条件下,尽量采用小的电极距。

(2)合理布置导线和电极,让供电导线与测量导线尽量远离,必须交叉时,宜相互正交通过;可架空导线和降低接地电阻,以减少电容耦合。

五、不稳定的地电场

在地球内不断流通着微弱而变化的电流,它们的流向也可以变化,但一般平行于地面,浅部有高频成分,随深度而衰减。不规则的大地电流常常是外空因素导致地磁场微小变化感应而引起的。在测量 ΔV 时,不稳定的地电场(如大地电流、工业游散电流、随时间变化渗滤电场等)会造成指针摆动,甚至无法读数。

(一)大地电流场

电场强度一般较小,有一定方向性,夏季强冬季弱,中午强夜间弱,但周期性较复杂,是一种随机干扰。可采取如下措施避免或减少:在大地电流较弱时间观测(如避开中午);加大供电电流,以增大信号噪声比(简称信噪比);进行多次观测,合理地读数。

(二)游散电流

在城市、矿山、电气化铁路等用电量较大的地区,因接地线的存在,有强大的游散电流。另外,在变压器、有线广播线的附近,接地线也能产生游散电流。由于用电量大小、时间和地点变化,游散电流的分布、强度和方向变化多端,因此游散电流场的存在会引起指针无规律的摆动,解决方法为:在停电或用电低峰时间观测;加大供电电流,以提高信噪比;尽量使布极方向垂直于游散电流方向。

（三）随时间变化的渗滤电场

降水或灌溉等在短时间内会引起渗滤电场的变化,进而引起指针缓慢漂移。为避免这种干扰,雨后不要立即进行观测;浇水后,应半小时以后再进行观测。

六、感应电动势

（1）测量导线切割地磁场磁力线,引起指针左右摆动。测量导线应尽量不要悬空,无法实现时要将导线拉紧,使之不能随风摆动。

（2）供电回路接通或断开的瞬间,在周围产生感应电流,供电瞬间感应电动势加入仪器后与 ΔV 方向相同,导致读数增大,但维持时间很短。因此,在观测读数时,应读其稳定读数。

（3）当测量导线邻近并平行于高压、低压输电线或通信电缆时,都会产生感应电动势,前者使指针抖动,后者使指针产生脉冲性偏转。消除方法主要为使测量线垂直于输电线,远离后再平行铺放。

七、低阻矿体干扰

在激电法勘测中,电子导电性矿物或人工电子导体是一个不利的干扰因素,往往造成错误的分析判断。因此,在测量过程中,要注意排除电子导体的低阻矿体的干扰,正确地辨认含水层,提高定井的成功率。如果充电率 M、η 过大,往往意味着地下有电子导体存在。根据泰山群变质岩地区野外电测经验,当充电率 M 大于 3 ms 时,一般是电子导体的反映;离子导体极化率 η 值较低,一般不会超过 5%。若 η 值过大,超过了 5%,往往意味着地下有电子导体存在,应结合地质分析的方法,判断有无矿体的存在。

（一）天然低阻矿体的干扰

在采用激发极化法找水时,要特别注意天然低阻矿体（金属矿体）产生的干扰。如果充电率 M 曲线平直,则基本上可以排除低阻矿体的存在;但是若 M 值过大,则可能是矿体的反映。

【例】山东省泰安市某村激电测深曲线,M 曲线从 $AB/2 = 16$ m 开始上升,至 74 m 处达 3.3 ms,钻探证实,30 m 处开始出现含铁质片麻岩,井深 60 m,出水量只有 0.5 m³/h。

（二）人工电子导体的干扰

在无天然低阻矿体的地区,虽然不存在天然低阻矿体的干扰,但也应该注意人工电子导体的干扰。

【例】山东省临沂市某变质岩地层中,测得一组激电测深曲线,M 值超过 4.0 ms,初步分析认为应该可能是电子导体引起的高值异常。后经钻探验证,岩层为花岗片麻岩,52 m 终孔。从岩芯上看,裂隙并不发育,也未发现有金属矿物存在,出水量只有 4 m³/h。后经详细调查,发现在距钻孔 5 m 远处有一金属供水管道,由于测线方向平行于管道方向布设,且管道又位于勘探体积内,所以造成了假异常,导致找水定井的失败。

（三）天然低阻矿体和含水层同时存在

如果天然低阻矿体和含水层同时存在,其半衰时、衰减度、充电率等激电参数是对低阻矿体和含水层的综合反映,一般来讲不容易将其区分开来。在实际工作中,应加强地质分析,分析有无低阻矿体存在,必要时可采用小口径地质钻孔来鉴别岩芯。在这种情况下,可采用四极对称电测深法、联合剖面法、甚低频法等物探方法综合分析,排除低阻矿体的干扰,正确辨认含水层,提高找水定井的成功率。

　　激发极化法找水,仍属于间接找水,目前其机理尚不成熟,同时由于设备复杂,耗电量大,测量工作烦琐,所以限制了其推广使用。但该法受地形影响小,曲线反映异常直观。解释方便,是一种很有前途的找水方法。只有采取综合物探、物探与水文地质相结合,进行综合的分析研究,才能够取得较好的找水效果。

第七章 放射性探测法找水

放射性探测法是通过测量岩石中天然放射性元素的含量及种类的差异，以及在人工放射源激发下岩石核辐射特征的不同，来寻找矿产资源的一种地球物理方法。该方法用于找水起源于 20 世纪 60 年代，我国于 70 年代中期在不同地区、不同地质条件下进行了广泛的试验，并取得了一定的成效。

第一节 放射性探测法找水原理

一、放射性探测法找水机理

放射性探测法找水，利用的是含水岩层与不含水岩层之间存在放射性的差异这一特征，来达到找水的目的的。而含水岩层与非含水岩层之间是否存在放射性差异，取决于地质构造条件，这是因为在构造带内，岩石破碎，裂隙发育（在未胶结充填的前提下），是地下水运动的良好通道及储存的场所。而地下水在运动过程中，又将地下深部的放射性元素挟带至地表附近，在地表造成岩石中的放射性差异。这些构造带存在的裂隙，既为放射性元素的迁移提供了良好的通道，同时又为放射性元素的富集提供了有利的条件，所以作为放射性探测法找水来讲，实际上就是找含水的构造裂隙带。由于含水的构造带有利于放射性元素的运移、溶解，或者使地下深部的放射性元素通过地下水挟带至地表附近，从而造成放射性的正异常；或者由地表水的冲刷而造成含水构造中的放射性元素被挟带走，从而造成放射性的负异常，从而可被地面上的放射性仪器所探测，通过分析曲线的异常来识别含水的构造，以达到找水的目的。

二、放射性元素分布规律

岩石中含有的天然放射性元素主要有铀（U）、钍（Th）、镭（Ra）、氡（^{222}Rn）及其衰变产物，它们的原子核能自发地衰变并放射出 α、β、γ 射线，^{218}Po。这三种射线实际上是三种高速运动着的粒子。α 射线为氦核，带两个正电，穿透能力弱，在空气中只有几厘米；β 射线为电子流，穿透能力较强，在岩石中可达百分之几厘米；γ 射线是光子电磁波，穿透能力最强，在空气中可达百米，在岩石中亦有 1 m 左右。^{218}Po 是 ^{222}Rn 衰变的第一代子体。

氡（^{222}Rn）浓度在自然界的分布以矿体岩石最高，地下水次之，地表水和大气降水更低，大气中最低。然而，^{222}Rn 在地壳岩石和第四系松散沉积物中的分布也很不均匀。平原地区很厚的第四系沉积物之表层土层土壤和山区基岩上覆的薄层土壤中，由于含 ^{222}Rn 很少的大气降水、地表水的渗透、溶解、溶滤和 ^{222}Rn 自身的衰变、扩散、逸出等作用，一般来说，^{222}Rn 的浓度是不高的。但在下伏基岩中存在富水断裂构造的情况下会出现高值异常。这是因为富水的断裂构造，岩石破碎，裂隙、裂缝、孔隙等微小构造发育，而又开启性好,连通性强,再加上充填物少、结构疏松等特点,不仅是地下水汇流运移的良好通道和赋存富集空间,也是^{222}Rn汇集运移的通道和富集场所。

第二节 放射性测量方法

岩层的断裂带、构造带中,裂隙发育,是地下水赋存或迁移的场所。地下水在这些裂隙中运动时,将地下岩石中的铀、镭、氡等元素溶解,使之迁移和析出,在地面上可形成放射性元素富集的异常;在不同岩性的接触带中,由于不同岩性中放射性元素含量的差异,也会引起放射性元素富集的变化。因此,通过地面对放射性元素的测量,可以发现与地下水有关的蓄水构造,从而达到间接找水的目的。

放射性探测可分为两大类:一类是天然放射性方法,主要有γ测量法、α测量法、^{218}Po测量法等;另一类是人工放射性方法,主要有X射线荧光法、中子法、光核反应法等。在水文物探中,目前使用的主要是天然放射性方法。

一、γ测量法

(一)γ测量法原理

γ测量法是利用仪器测量地表岩石放射性核素发生的γ射线,根据γ射线强度(或能量)的变化,发现异常或γ射线强度(或能量)的增高地段,借以寻找矿产资源、查明地质构造或解决水文地质问题等。

测量法分为γ总量测量和γ能谱测量。γ总量测量简称γ测量,它探测的是地表γ射线的总强度,其中包括铀、钍、钾的辐射,无法区分它们。γ能谱测量探测的是特征谱段的γ射线,根据测量资料可以区分出是铀的γ辐射,还是钍或钾的γ辐射,故能解决较多的地质问题。但由于其测量成本较高,应用不及γ测量广泛,所以这里只介绍γ总量测量法。

γ总量测量法测量使用的仪器是闪烁辐射仪,其主要部分是闪烁计数器,它是一种把γ射线变成电信号的转换元件,闪烁计数器由荧光闪烁体和光电倍增管组成,其转化原理如下:

当γ射线进入闪烁体后,γ射线与荧光体物质作用的结果,产生具有一定能量的带电离子,这些带电离子可以使荧光物质中的电子由稳定的正常能态跃迁到不稳定的较高的能态。当被激发的荧光物质中的电子恢复到正常能态时,就会把多余的能量以光子的形式释放出来,出现闪烁现象。因此,每当一个γ射线射入荧光体后,荧光体就闪光一次,入射的γ射线愈多,闪烁体的闪光次数就愈多。光子通过光导体到达光电倍增管,光电倍增管的作用是把来自荧光体的闪光转换成电脉冲信号输出。因此,对于整个闪烁计数器来说,就是起到把入射的射线转变成电脉冲输出的转换作用,测量输出电脉冲的数目就可以反映出物质的放射性强度。

(二)γ测量法找水应用

【例】四川某地位于背斜北端的山前盆地中,分布着白垩系砂岩和页岩,其中发育有含水层。为了寻找裂隙水,沿着近南北方向布置了三条剖面,结果均有γ异常显示,并由此推断出裂隙带的位置和范围(见图7-1)。抽水试验表明,裂隙带中的ZK1钻孔的涌水量达1 000 m³/d。

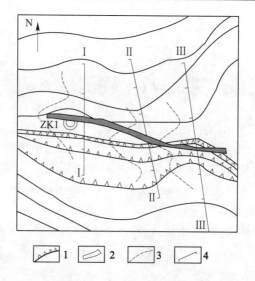

1—陡坎;2—推断裂隙;3—γ异常曲线;4—测量剖面曲线

图7-1　四川某地裂隙含水带γ强度剖面平面图

【例】在某些情况下,例如表层浮土中的放射性元素经雨水的冲刷、淋滤,并沿着断裂带被地表径流挟带走,这时地面γ测量出现负异常。图7-2为广西都安清水地区γ测量结果,该区地层为茅口灰岩、栖霞灰岩、岩溶、漏斗发育,在漏斗暗河上出现γ强度低于背景值的负异常。

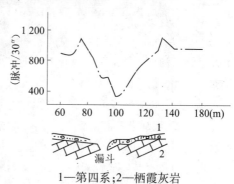

1—第四系;2—栖霞灰岩

图7-2　广西都安清水地区γ测量的一条剖面

二、α测量法

α测量法是指通过测量氡及其衰变子体产生的α粒子的数量来寻找铀矿、地下水及其他地质问题的一类放射性勘探方法。这类测量方法的种类很多,这里只对水文地质工作中用的较多的α径迹测量法和α卡方法作一个概略的介绍。

(一)α径迹测量法

具有一定动能的带电粒子以及裂变碎片射入固体绝缘物质中时,在它们经过的路径上会造成物质的辐射损伤,留下微弱的痕迹,称为潜迹(其直径相当小,为×～××Å,1 Å = 10^{-10} m)。潜迹只有在电子显微镜下才能观察到。但如果把这种受到辐射损伤的材料浸泡到一定的化学溶液中,则损伤的部分能较快地发生化学反应而溶解到溶液中去,使潜迹扩大成一个小坑,称为蚀坑,这种化学处理过程称为蚀刻。随着蚀刻时间的增长,蚀坑不断地扩大。当其直径达到微米(1 μm = 10^{-6} m)级时,便可以在光学显微镜下观察到这些经过化学腐蚀的潜迹,它们就是粒子射入物质中形成的径迹。能产生径迹的绝缘固体材料称为固体径迹探测器。α径迹测量就是利用固体径迹探测器探测径迹的放射性物探方法。

α径迹测量时,要将探测器置于探杯内,杯底朝天埋在小坑中,岩石(或土)中的放射性元素氡,通过扩散、对流、抽吸以及地下水渗滤等复杂作用,沿裂隙破碎带逸出地表,并进入探杯,就在探测器(常用醋酸纤维和硝酸纤维薄膜)上留下了氡及其各代衰变子体发射的 α 粒子形成的潜迹。经 20 d 后取出杯中的探测器,用 NaOH 或 KOH 溶液进行蚀刻,再用光学显微镜观察、辨认和计算蚀刻后显示的径迹的密度(所谓径迹密度是指每平方毫米面积内的径迹数,用符号 j/mm^2 表示)。

【例】无锡某地的上志留统砂岩和石英砂岩,产状为 NW70°,区内裂隙发育,有两组密集带,以 290°一组为主。为了寻找地下水,布置南北向 α 径迹测量剖面,α 径迹曲线出现双峰异常(见图 7-3),推测主峰是含水裂隙密集带的反映,将井定在段磊构造上盘位置,井深 130 m,静水位 5.9 m,降深 50.8 m,出水量 30.71 m^3/h。

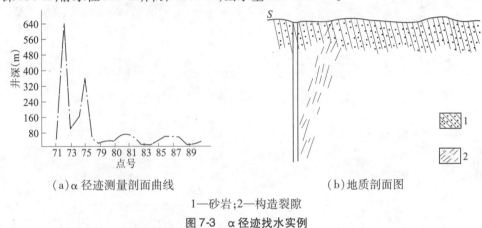

(a)α 径迹测量剖面曲线　　　　　　　(b)地质剖面图

1—砂岩;2—构造裂隙

图 7-3　α 径迹找水实例

(二)α 卡法

α 卡法是一种短期积累测氡的方法。α 卡法是用对氡的衰变子体(^{218}Po 和^{214}Po 等)具有强吸附力的材料(聚酯镀铝薄膜或自身带静电的材料)制成的卡片,将其放置在倒置的杯子里,埋入地下聚集土壤中氡子体的沉淀物,数小时后取出卡片,在现场用 α 辐射仪测量卡片上沉淀物放出的 α 射线的强度,便能发现微弱的放射性异常(见图 7-4)。

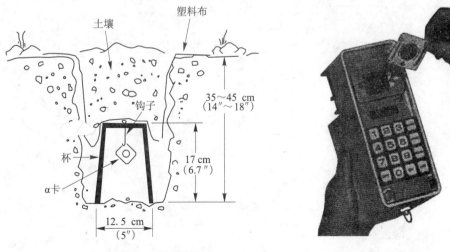

(a)α 卡的埋设和悬吊示意图　　　　　　(b)α 卡读数仪

图 7-4　α 卡法测量方法

【例】安徽黄山在燕山期花岗岩与下元古界变质岩的接触带中有温泉发育,水温约40℃。图7-5为黄山温泉40线静电α卡测量与其他放射性测量成果的对比。由于该地浮土覆盖较薄,所以γ测量、α径迹测量和静电α卡法都能明显示出花岗岩与变质岩的接触带。与前两种方法相比,静电α卡法在反映地质岩性变化的基础上,还能清楚地显示地下构造的存在。图中ZK301孔正是布置在与电法推测一致的主要断裂带上。

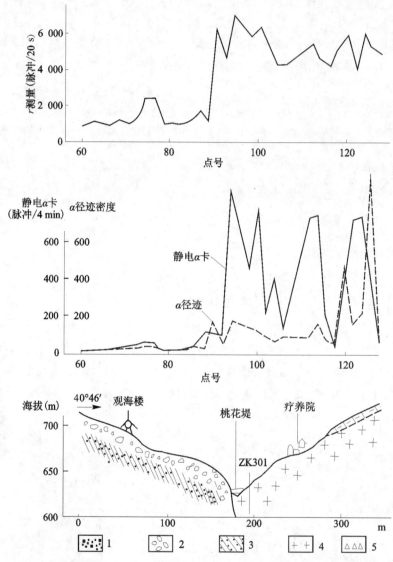

1—第四系浮土;2—第四系冰碛砾石层;3—下元古界铺岭组变质岩;
4—燕山期花岗岩;5—破碎带

图7-5 黄山温泉40线综合剖面图

三、^{218}Po 测量法

它通过直接测定^{222}Rn衰变的第一代子体——^{218}Po的计数率,间接地了解平面上或某一方向的水平剖面上各点土壤中^{222}Rn的瞬时浓度及其各点间的变异情况,在基岩裸露区鉴别断裂、岩脉、裂隙发育带、背斜和向斜轴部等构造的富水构造性和富水部位。在基岩隐伏区寻找各种富水构造和富水部位,从而可更加准确地确定出比较理想的井位来。

该方法具有以下特点:

(1)仪器轻便,操作简单,性能稳定,灵敏度较高,精确度能满足找水要求。

(2)测量快速高效,省时省力,现场可直接获取测量成果。这种方法无需拉线,节省劳力,一般情况下,平均每测一个点只需数分钟的时间即可完成。条件较好的找水区,只需几十分钟或几小时即可定出较好的井位来。

(3)适应性很强,在任何地层和地形地貌条件下都能适用。特别是用水单位所具备的找水区范围很小时,用其他方法都施展不开,用该法便可进行测量。

(4)干扰因素较少,水文地质效果好,方法不受地电、地磁和化学要素的影响,也不存在探测器污染和钍射气干扰等问题,测量数据准确可靠,与地下水关系密切,找水定井成功率高。

(一)仪器与操作方法

一般使用 FD – 3017RaA 型测氡仪。这种仪器是一种新型的瞬时测氡仪,主要由操作台和抽气泵两部分组成。抽气泵除完成抽取地下土壤中的气体外,还能起到贮存收集^{222}Rn子体^{218}Po的功能,当含^{222}Rn的气体由取样器经橡皮胶管、干燥器被抽入抽筒内后,随即开始衰变,并产生新的子体^{218}Po。^{218}Po初始形成的瞬间是带正电的粒子,本仪器就是利用它的这一带电特征,使^{218}Po粒子在电场作用下,被浓集在带负高压的金属收集片上。在经过一定时间(一般为 2 min)的加电收集后,取出金属收集片放入到操作台上的测量盒内,便很快测算出^{218}Po的α计数率。α计数率与^{222}Rn的浓度成正比,按下式可计算出^{222}Rn的浓度:

$$C_{Rn} = J \cdot N_{\alpha^{218}Po} \tag{7-1}$$

式中:C_{Rn}为^{222}Rn的浓度,Bq/L;$N_{\alpha^{218}Po}$为^{218}Po的α计数率,cpm;J为换算系数,Bq/L/cpm。各仪器J值不同,由标定确定。

为研究测量剖面内不同点基岩裂隙岩溶发育情况,达到鉴定断裂构造富水性以至选定井位之目的,只需要了解一个测量剖面上各测点^{222}Rn浓度的绝对值。又因为同一部测氡仪的J为常数,^{222}Rn的浓度C_{Rn}与^{218}Po的α计数率成正比,一个剖面上各测点C_{Rn}的相对大小比率与$N_{\alpha^{218}Po}$的相对大小比率一样,亦即两者在同一剖面上不同点间的相对大小变化是同步的、平行的、对应的。故而,利用$N_{\alpha^{218}Po}$的数值在剖面上不同点之大小变化规律,鉴定断裂构造富水性,与用C_{Rn}的分析结果是一致的。由此,在利用^{218}Po测量法鉴定构造富水性和找水定井时,只用$N_{\alpha^{218}Po}$,而不用C_{Rn},省略了计算过程,测量效率高,效果也很好。

FD – 3017RaA 测氡仪的操作方法,有逐点测量法和连续测量法两种。逐点测量法容易掌握,但效率较低,需4~5 min完成一个测点,使用这种仪器的初期可以采用。连续测量法掌握起来有一定难度,初学者容易出错,但工作效率较高,只需 2 min 多即可完成一个测点,其效率比逐点测量法高40%～50%。该仪器的具体结构和操作步骤,仪器出厂时所带的说明书,均有详细说明,按其施行即可。

(二)测量剖面的选择和点距的确定

合理地选择测量剖面和测点点距,是有效地鉴定构造富水性,确定断裂构造富水部位和选取最优井位的重要环节。不同的地质和水文地质条件,测量剖面位置的选择方法不尽相同。但前提都要作好工作区及其周围的地质与水文地质调查,大量收集前人资料却是一致的。

1. 测量剖面的选择

1)基岩裸露区

地层岩性和地质构造也能比较清楚地看出来。所以,在这种条件下,首先要根据地质和水文地质踏勘所得资料,进行综合分析,选择有富水可能和成井条件的地方布测剖面和测点。一般应遵循以下原则:

(1)优先选择张性、张扭性和扭性的断层,两盘为脆性、可溶性地层的新构造或形成较晚的断裂构造作为测量对象。

(2)有些压性、压扭性断裂,旁侧构造发育,有张性、张扭性小构造和裂隙发育密集带等,选择剖面时也不容忽视。

(3)因断裂上的不同地段,力学性质和两盘岩性,即所谓张中有压,压中有张,脆中有柔,柔中有脆。所以,对同一条断裂也要择其有利地段布测剖面和测点。

(4)有的背斜、向斜轴部和岩脉、接触带等也有富水的可能,也可作为测量剖面的选择对象。

总之,要把测量剖面选定在各种类型的富水蓄水构造的富水部位上。并且要加以比较,优中选优,取其最好者作为测量对象。应要求测量剖面必须通过构造线及两盘影响带,并一直延长到正常地层中一定距离,剖面方向尽量与构造线走向垂直。

2)基岩隐伏区

尽管地形地貌看得清楚,但由于第四系地质的覆盖,下伏基岩的地层岩性和地质构造都不可能直接观察得到,这给剖面选择和点距确定造成一定困难。在这种条件下,首先是寻找断裂构造,然后才是鉴定其富水性。为此,应首先调查前人在工作区及其周围的地质、水文地质研究历史和研究深度,尽量收集有关钻探、物探、化探及其他勘探资料和井泉调查、长期观测资料,对区域地质和工作区的地层岩性和地质构造有所了解。特别要重点研究工作区内构造线的走向和大体展布位置。

(1)如果工作区面积较大,前人资料丰富,研究程度较深,经分析认为地层适宜,又有构造线通过时,使测量剖面尽量布设在隐伏构造线的展布位置上,并使测量剖面方向与构造线走向垂直。若测得的第一条剖面资料能反映出构造线的地面位置及富水特征,可在构造线的走向上布测 1~2 条剖面,进一步查清隐伏构造位置和富水部位。这种情况下,点距可稍大些,如 10~20 m。但应注意,在测量剖面曲线上出现高值异常,即峰值点的两侧,采用插补法加密测点,如点距可为 3~5 m 或 1~2 m,使峰值出全,峰形完整,较准确地反映构造富水部位和富水特征。

(2)如果前人对工作区的地质、水文地质工作知之较少,研究不深,缺乏资料,也要根据区域地质概况作以简要分析,起码对隐伏基岩的地层岩性和形成期有个大体估计和评价,尽量减少测量工作的盲目性。这种情况下,常常根据工作区形状,将测线、测点布成宽

U 字形,如图 7-6(a)所示。并使测线、测点位于工作区边界内又接近边界,以工作区的长边作为 U 字形的底(见图 7-6(a)中 BC),两短边作为 U 字形的两边(见图 7-6(a)中 AB 和 CD)。

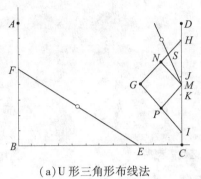

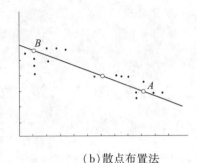

(a)U 形三角形布线法　　　　　　　　　　　(b)散点布置法

图 7-6　基岩隐伏区测线与测点布置示意图

(3)有时,在整个 U 形测线上只出现一个峰,为了查明构造线的走向,可在出峰点附近选布 2 条辅助测线(见图 7-6(a)中 HG 和 IG),使其与原测线大体上构成等腰直角三角形(见图 7-6(a)中 RtHGI),原测线为三角形之边(HI),两辅助线之夹角等于 90°左右(图 7-6a 中∠HGI,两辅助线与最大峰值点的垂直距离(见图 7-6(a)中 MN 和 MP),为原测线出峰宽度(见图 7-6(a)中 JK)的 3 倍左右,这样辅助线上出现峰值的点 S 与原测线上的峰值点之连线(MS)便是构造线的大体位置和走向。为验证其正确性,可在 MS 连线及延长线上选布几个测点,看其测值大小是否符合规律。有时在工作区只布测一条测线,就出现了^{218}Po 的峰值点,也可用上述三角形布线法确定构造线位置与走向。

(4)有的工作区,面积很小,并有很多障碍物影响,无法选布测线,只能将测点无规律地布置在有测量条件的地方,使测区的测点呈散点状,如图 7-6(b)所示。这种情况下,也应将各点测值作以比较,突出大者作为峰值,两个峰值点连线方向即为可能的构造线走向(图 7-6(b)中 AB)。有时为了验证峰值点的可靠性和代表性,在出峰点周围近处选测若干点,其测值可供分析参考。

2. 点距的确定

点距的确定,实际上是测点的选择,坚持点距服从点位的原则。其原则是在断裂的不同构造岩性带;断裂破碎带两侧与两盘岩石的接触带;背斜、向斜的轴部;岩脉中间及两侧接触带;脆性、可溶性沉积岩与岩浆岩、变质岩的接触带等都应尽量选布测点,且点距要小些。如点距为 3 ~ 5 m 或 1 ~ 2 m。断裂构造的影响带和正常地层中,也应选布测点,但点距可相对大些,如点距为 5 ~ 10 m 或更大些。总之,应使测量剖面上各点的^{218}Po 之 α 计数率测值,构成一条较为完整的曲线,将构造上不同部位的富水性较为全面地反映出来。

(三)资料整理与分析方法

1. 峰顶形态曲线类型

将每条测量剖面上各点测得^{218}Po 的 α 计数率 $N_{\alpha^{218}Po}$(cpm),按照一定比例绘制在垂直坐标系内(可用方格纸),纵坐标表示^{218}Po 的 α 计数率 $N_{\alpha^{218}Po}$(在此用 N_α 代替);横坐标表示测线长度和点距(在此用 L(m)代替),每个测量剖面可作一条曲线。各不同剖面之曲线,都有各自的具体形态,形形色色,多种多样。但从总体上可以归纳为三大类型,即高值异常峰顶型、低值异常凹斗型和无异常平缓型,如图 7-7 所示。

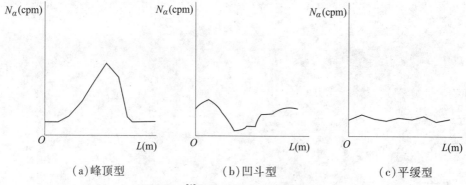

（a）峰顶型　　　　　（b）凹斗型　　　　　（c）平缓型

图 7-7　^{218}Po 测量剖面区线类型图

1）高值异常峰顶型曲线

高值异常峰顶型曲线,按出峰个数又可分为单峰型(一条剖面曲线上只出现一个峰)、双峰型(一条剖面曲线上出现两个峰)、多峰型(一条剖面曲线上出现三个或更多个峰)。每个单峰按峰顶形态还可分为尖顶峰、平顶峰、斜顶峰、弧顶峰和凹顶峰(峰顶两侧高,中间低)等,如图 7-8 所示。按峰顶在断裂上出现的部位,也可分为上盘峰(峰顶出在断裂之上盘)、下盘峰(峰顶出现在断裂之下盘)、断面峰(峰顶出现在断裂破碎带内)。断裂破碎带宽大时,按峰顶出现在断裂破碎带的位置不同,断面峰又可分为断中峰(峰顶出现在断裂破碎带之中部)、上侧峰(峰顶出现在断裂破碎带靠上盘的一侧)、下侧峰(峰顶出现在断裂破碎带靠下盘的一侧)。

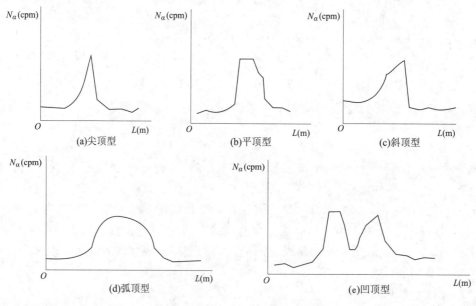

(a)尖顶型　　　　　(b)平顶型　　　　　(c)斜顶型

(d)弧顶型　　　　　　　　　(e)凹顶型

图 7-8　峰顶形态曲线类型图

2）低值异常凹斗型曲线

低值异常凹斗型曲线是因断裂破碎带为断层泥、糜棱岩等挤压胶结密实的物质充填,^{218}Po 的 α 计数率测值较小,甚至低于两盘正常地层的测值(背景值),在曲线形态上构成凹斗状。按斗底形态也可分为尖底斗、平底斗、斜底斗、弧底斗、凸底斗等。低值异常凹斗型曲线,斗底两侧有时也可能出现高值异常峰顶型曲线段,即上盘峰或下盘峰。

3)无异常平缓型曲线

无异常平缓型曲线,就是断裂破碎带及两盘影响带的整个剖面曲线,形态平缓,其上各点测值变化不大,既没有突出的高峰,也没有明显的凹斗。

2. 富水构造

(1)凡是在剖面曲线上出现高值异常峰顶形的部位,都是断裂相应富水的部位。无论是整个断裂破碎带,还是断裂破碎带的中部及靠近上盘的一侧和靠近下盘的一侧,也不论是断裂的上盘或下盘,只要曲线明显出峰,就一定富水。也就是说,前面所提到的断面峰、断中峰、上侧峰、下侧峰、上盘峰、下盘峰,都是相应部位富水的反映和标志。

(2)峰顶极值越大,峰形越突出,峰顶、峰腰、峰底的平均宽度越大,富水性越强,单井出水量越大。

(3)断裂的出峰部位越多,各峰顶极值之和越大,各峰形平均宽度(峰顶、峰腰、峰底的平均值)之和越大,断裂构造总体富水性越强;水井穿过断裂的出峰部位越多,相应的峰顶极值之和越大,峰形平均宽度之和越大,单井出水量越大。

(4)一个峰的峰背比(峰顶极值与背景值之比)越大,相应部位富水性越强;水井穿过各出峰部位的相应峰背比之和越大,单井出水量就越大;整个断裂各出峰部位相应的峰背比之和越大,整个断裂的总体富水性越强。峰背比或峰背比之和与单井出水量之间近乎成正比关系。

(5)在第四系覆盖层中,如有结构非常密实而厚度较大的重黏土大面积分布,或断裂上部被黏泥等物质充填得很密实,而下部没有充填或充填很少,或断裂带及其两侧岩溶非常发育时,由于^{222}Rn 气体上移受阻,在表土中形成的异常明显减弱,使曲线之峰形、峰宽、峰顶极值和峰背比与断裂富水性失去一一对应关系,即它们不能将其富水性全部反映出来,根据异常分析估算出单井出水量比实际出水量明显减少。

(6)低值异常凹斗型曲线,斗底部位常为断层泥、糜棱岩或紧密挤压的构造岩带,是很不富水的部位。穿过斗底相应部位的井,出水量很少,甚或是干井。但斗底两侧之曲线明显出峰时,往往也是富水的反映。

(7)无异常平缓型曲线,各测点测值又很小(等于接近背景值)时,不仅整个断裂带的所有部位均不富水,而且整条曲线平缓段所对应的所有地段都不富水。打在这上面的井,不是干井,出水量也非常小。但若平缓型曲线,各点测值普遍很大,曲线上峰点多而密集,峰值均很大者,一般是剖面线大体于富水断裂走向平行,而又非常靠近富水断裂的反映,或者是剖面通过了相距很近的富水断裂带的表现。

第八章　其他物探方法找水

前面所介绍的物探找水的方法,都是从岩石的电学性质的角度来研究水文地质问题的。这些勘测方法虽说应用的最早,而且也最为广泛,但是有它一定的局限性。当地下介质电性不均匀或含水岩层与不含水岩层之间的电性差异不明显时,那么仅用电法勘探就很难将它们加以区分。所以,在一些地质条件复杂,而岩石的电性特征又不明显时,就很容易造成分析判断方面的错误,导致找水定井工作的失败。近几年出现了许多找水新技术,如甚低频电磁法、瞬变电磁法、双频激电法、地质雷达、声频大地电场法、核磁共振法等,这些新方法有的仍属于电法勘探范畴,如声频大地电场法、双频激电法;有的属于磁法勘探范畴,如甚低频电磁法、瞬变电磁法、核磁共振法,本章主要介绍甚低频电磁法、瞬变电磁法、地质雷达、声频大地电场法等找水技术原理、野外测量、室内资料整理、找水应用实例等。

第一节　甚低频电磁法找水

甚低频(VLF)电磁法是一种被动源的电探方法,它利用超长波通信电台发射的电磁波为场源,通过在地表、空中或地下探测电磁场参数的变化,从而来达到解决有关水文地质问题的目的。超长波通信电台的功率一般比较强大,通常为 $n \times 10^2 \sim n \times 10^3$ kW,工作频率为 15 ~ 25 kHz。我国重庆地质仪器厂所生产的·DDS – 1 型甚低频电磁仪,就是以设在日本和澳大利亚海军通信电台发射的电磁波为场源的,其工作频率分别为 17.4kHz 和 22.3kHz。显然,把这种频段称为甚低频,纯属无线电工程中的一种分类,就电探方法而言,这已属于高频电磁法所采用的频段。

甚低频电磁法用于水文地质调查的时间不长,国外 20 世纪 70 年代才有比较广泛的应用。由于该方法不需专门建立磁场源,根据地质任务的不同即可探测磁分量,因而近年来在地质调查方面得到了比较广泛地应用。

一、甚低频电磁法的基本原理

甚低频电台发射的电磁波空间分布如图 8-1 所示。在远离电台的地区可以把它视为典型的平面电磁波。由于发射天线是垂直的,所以在垂直于电磁波的传播方向有磁场的水平分量。当地下存在良导体时,因受磁场分量的作用,在地质体中将感应出涡旋电流及相应的二次磁场。若良导体(如图 8-1 中的 D_1)的走向与电磁波的传播方向一致,由于一次场垂直作用于良导体,则感应的二次场较弱。因此,根据具体的地质情况,选择合适的甚低频电台作为场源,才有可能观测到较强的二次场信息。

甚低频电磁法主要是采用剖面法测量,按所测参数的不同,其测量方法可以分为倾角法和波阻抗法。通常采用波阻抗法,其测量的参数有磁场水平分量 B_Y、电场水平分量

E_X，按下式计算视电阻率：

$$\rho_s = \frac{2 \times 10^5}{f} \times \left(\frac{S_a}{r}\right)^2 \times \left(\frac{E_X}{B_Y}\right)^2 = K\left(\frac{E_X}{B_Y}\right)^2 \quad (8\text{-}1)$$

式中：f 为所选电台的工作频率（若为 NDT 台，则 $f =$ 17.4×10^3 Hz）；S_a 为磁性天线的灵敏度，μV/Pt；r 为测量电极 MN 间的距离，m；K 为装置系数，$K = \frac{2 \times 10^5}{f} \times$ $\left(\frac{S_a}{r}\right)^2$；$E_X$ 为电场水平分量的读数，格；B_Y 为磁场水平分量的读数，格。

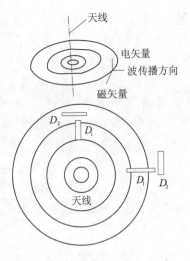

图 8-1　甚低频电磁法电磁场空间分布示意图

甚低频法在野外工作时，必须先将接收机校准于所选电台的频率。其方法是：使接收机的线圈面对准电台方向转动，以寻找最大接收信号。当寻找到最大接收信号时，线圈面所指的方向即为电台方向。然后照准该方向（以该方向为水平轴）观测 B_Y、E_X。

甚低频法的资料解释主要是定性地确定出低阻体（断裂带或岩溶发育带）的位置。从甚低频法的理论曲线分析可知，利用极化椭圆倾角 D 曲线的零值点及磁场水平分量极值点的位置均可确定断层带及低阻发育带的位置。

二、甚低频法在找水中的应用

【例】广西某地岩溶区为 10 m 厚的黏土所覆盖，下部基岩为泥盆系石灰岩，地下岩溶发育，地表可见塌陷地形。工作区测线方位为 NE70°，选择 NDT 台作为场源，用 DDS–1 型甚低频电磁仪观测电场水平分量 E_X 和磁场水平分量 B_Y，并用式（8-1）计算了视电阻率。同时还用 NWC 台观测极化椭圆倾角 D 及磁场水平分量 B_Y 和垂直分量 B_X。图 8-2 展

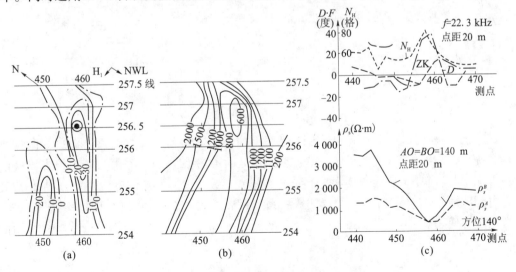

图 8-2　广西浪桥堡 13 线综合勘探剖面图

示了该区 B 线上甚低频法及联合剖面法的观测结果,由图可见,在该线上甚低频法有明显的极化椭圆倾角及磁场水平分量异常,而联合剖面法及甚低频视电阻率法却只反映出存在较宽的低阻异常带。经钻探验证,在 $100^{\#}$ 点处见到岩溶发育带,$95^{\#}$ 点位黄土充填的岩溶塌陷。此实例说明,甚低频电磁法在岩溶区寻找浅层含水裂隙带是有效的。

【例】柳州市西南部利用甚低频法配合电阻率法寻找岩溶水取得了良好的效果。该测区内,浅部覆盖有 8 m 厚的黏土、亚黏土层,下部为石炭系的灰岩、白云质灰岩。甚低频法采用频率为 22.3 kHz,测量方式主要为倾角法。测线方向 SE140°,点距 20 m。从该区 VLF 滤波倾角(F)平面等值线图上,发现一条长轴为 NE50° 的异常带(见图 8-3(a)),而且与 ρ_s 平面等值线的低阻异常带(见图 8-3(b))基本吻合。从 256.5 剖面上(见图 8-3(c))来看,位于 458 点附近,D 曲线出现零值点,且两侧对称;F 曲线出现极大值,其峰值达 890;NH 曲线亦出现极大值,峰值为 80 格。从联合剖面曲线上看,位于 458 点附近,两条曲线同步下降、同步上升,呈低阻的凹槽状,并出现正交点。经综合分析,推断该异常为岩溶引起。根据 D、F 曲线推断,其岩溶发育带的顶板埋深为 40 m 左右。经钻孔验证,在 43～46 m 处见到溶洞,其充填物为黏土、粗砂和少量灰岩岩块。抽水结果,涌水量达 1 800 m^3/d。

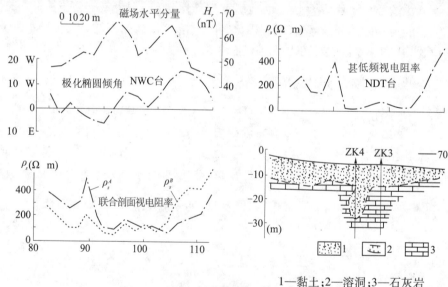

1—黏土;2—溶洞;3—石灰岩

图 8-3　柳州利用甚低频寻找岩溶水实例

甚低频法受地形、表部高阻层和电阻率不均匀的影响较小,而且具有简便、工作效率高等优点,故在寻找岩溶地下水及基岩裂隙水方面得到了广泛的应用。但是,该方法也存在着测量方法单一(仅能作剖面法测量)、测线方向受发射台位置的制约,测量结果受岩石电磁特性、覆盖层厚度变化的影响等一系列问题。所以,在找水过程中,要与其他勘探方法配合使用。

第二节　瞬变电磁法找水

瞬变电磁法属时间域感应电磁法,近年来已在资源勘探、水文地热、工程勘探、灾害检测和环境调查中成为新的勘探技术,探测效果显著,应用领域极其广泛。我国于20世纪70年代初开始研究瞬变电磁法,投入研究的单位主要有中南工业大学、长春地质学院、地矿部物化探研究所、西安地质学院、有色金属工业总公司矿产地质研究院等。近几年国产仪器在研制方面取得了某些进展,研制出的仪器主要有 SD - 1、WDC - 11、SDC - 1 及 LC 系统等。

一、瞬变电磁法的基本原理

瞬变电磁法属时间域电磁感应方法,其数学物理基础是基于导电介质在阶跃变化的激励磁场激发下引起涡流场的问题。其测量的基本原理是,利用不接地回线或接地线源向地下发送一次脉冲磁场,即在发射回线上供一个电流脉冲波形,脉冲后沿下降的瞬间,将产生向地下传播的瞬变一次磁场,在该一次磁场的激励下,地下导电体中将产生涡流,在一次场消失后,这种涡流不会立即消失,它将有一个过渡过程,随之将产生一个变化的感应电磁场(二次场)向地表传播中,在地表用线圈或接地电极所观测的二次场随时间变化及剖面曲线特征,将反映地下导电体的电性分布情况,如图8-4所示,从而判断地下不均匀体的赋存位置、形态和电性特征。

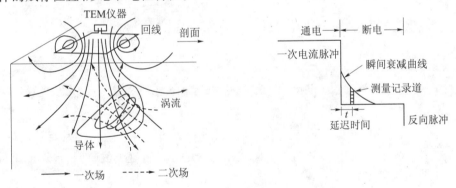

图8-4　瞬变电磁法测量原理示意图

瞬变电磁法与频率域电磁法(FDEM)同属研究二次涡场的方法,并且两者通过变换相互关联。在某些条件下,一种方法的数据可以转成为另一种方法的数据,但是就一次场对观测结果的影响而言,两种方法并不具备相同的效能,TEM法是在没有一次场背景的条件下观测研究纯二次场的异常,大大简化了对地质体所产生异常场的研究,提供了该方法对目标层的探测能力。此外,TEM法一次供电测量各电磁场分量随时间的变化,相当于频率域测深各频点测点的结果,使工作效率大大提高。

二、瞬变电磁法的找水工作方法

（一）工作装置的选择

按瞬变电磁法的应用领域，可把工作装置分为以下四种。

1.剖面测量装置

常用的剖面测量装置分为重叠回线装置、中心回线装置、偶极分离回线装置和大定源回线装置四种，如图 8-5 所示。它是被用来勘察良导电地质体、进行地质填图及水工勘察的装置。其中，最常用的为重叠回线装置，它是指发射回线 Tx 与接收回线 Rx 相重合敷设的装置。

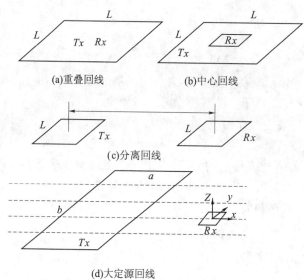

图 8-5　瞬变电磁法剖面测量装置

2.测深装置

常用的测深装置为中心回线装置，电偶源、磁偶源和线源装置，中心回线装置是使用小型多匝 Rx（或探头）放置于边长为 L 的发送回线中心进行观测的装置，常用于探测 1 km 以内浅层的测深工作。

3.井中装置

井中装置是指发射线圈铺于地面，而接收线圈（探头）沿钻孔逐点移动观测磁场井轴分量的装置。井中 TEM 方法的地质目的在于探测分布于钻孔附近的深部导电地质体，并获得地质体形态、产状及位置等信息。

4.航空装置

航空装置主要应用于大面积范围内快速普查良导电地质体及地质填图。

在以发现异常为目的的普查工作中，一般认为偶极装置轻便灵活，它可以采用不同位置和方向去激发导体，提高了地质解释能力和可靠性，尤其是对于陡倾薄板状导体，有较好的耦合及分辨能力。重叠回线装置具有接收电平较高、穿透深度大及便于分析解释的特点。因此，目前我们在进行野外找水勘察时，均采用重叠回线装置。

(二)影响瞬变电磁法探测深度的因素

影响瞬变电磁探测深度的因素很多,这些因素之间彼此相互联系又相互制约,只有在假定了某些条件之后,才能得出该条件下确切的探测深度。

1. 瞬变电磁系统中的电磁噪声

瞬变电磁系统的噪声主要是来自外部的电磁噪声,这种噪声限制了观测弱信号的能力,从而限制了探测深度。一般情况下,外部噪声来源于天电及工业电的干扰,其平均值为 0.2 nV/m^2 左右,在干扰比较强的地区,噪声电平可达 5 nV/m^2,主要是工业用电的干扰。我们在野外找水勘察过程中,对山东各地的电磁噪声电平进行了测量(频率 25 Hz、叠加次数 256 次),具体数据如表 8-1 所示。

表 8-1　山东各地电磁噪声电平的平均值

地点	日期	噪声 (nV/m^2)	地点	日期	噪声 (nV/m^2)
泗水泉林	1993 年 7 月	0.426	广饶	1995 年 6 月	0.662
临朐五井	1994 年 6 月	0.635	肥城仪阳	1995 年 7 月	0.444
泰安城关	1994 年 11 月	1.019	崂山仰口	1995 年 7 月	4.011
东阿牛店	1995 年 3 月	0.142	平邑东阳	1995 年 9 月	1.138
长清平安	1995 年 4 月	2.048	费县岩坡	1995 年 10 月	1.156
淄川寨里	1995 年 5 月	0.405	寿光王高	1995 年 11 月	1.072

2. 功率—灵敏度

电磁系统中,功率—灵敏度是衡量仪器系统探测能力的一个重要指标,它是指当发送与接收线框间距为 100 m 时在接收线圈中感应的电动势。该指标与抑制噪声的措施有关,为仪器本身所固有。

3. 回线边长

对于某一固定的发送磁矩、测道及导电体综合参数而言,导电体的异常幅度随边长的增加而成线性地增加,最后达到某一饱和值。然而,在实际工作中我们总希望回线边长不要太大,同时随着回线边长的增大使局部导电体的横向分辨能力也变差,因此根据理论计算和野外实际工作情况,定义最佳回线边长为达到 0.8 V_{max} 时的回线边长值。

4. 地质噪声

在导电围岩或导电覆盖层较厚的条件下,随着回线边长的增大,围岩响应的增加率要比导电体响应快,使用较大的回线工作有可能导致信噪比降低,因此不宜再按高阻围岩区的边长选择原则,应尽可能减小边长以减弱与围岩的耦合,突出导电体的响应异常,此时必须靠增大发送电流及增加观测的叠加次数来提高观测精度,以保证在信号的“时间窗口”内观测值的可靠性。

(三)野外工作的程序

瞬变电磁法的应用前提是欲测对象与周围介质存在一定的电性差异。由于瞬变电磁法测量涡流产生二次场,因此该法对低阻体的探测能力优于高阻体。野外工作时,应注意以下几个方面的问题。

1.回线边长及测网的选择

回线边长对异常响应是一个比较复杂的函数关系。回线边长一般依据被测对象的规模、埋深及电性来选定。一般选择的原则是回线边长与探测对象的埋深大致相同,因为回线边长的增大使局部导体的分辨能力变差,且受旁侧地质体的干扰增大。剖面点距一般选等于回线边长或回线边长的一半,对异常进行详查时,点距可以等于回线边长的1/4。

依据山区找水的特点和找水实践,回线边长可选取 50 m 或 100 m,点距为 20 m 或 25 m较为适宜。

2.布线原则

野外布线时,测线方向应与可能的构造走向垂直,远离铁路、地下管道和电力线等地电干扰。

3.干扰电平的观测

各个观测点的干扰电平并不完全一致,为了确定各个观测点观测值的观测精度,一般要求在每个测点上或相间几个测点上实测干扰电平。

4.叠加次数和观测时间范围的选择

仪器的叠加次数、时间范围的选择主要取决于测区的信噪比及其灵敏度。我们通过多次试验对比后认为:在干扰电平不太大的情况下,叠加 256 次或 512 次时,既能保证观测质量,又能保证观测速度,能够取得较好的效果。在基岩地区进行测量,一般采用仪器的高频档 25 Hz,其时间范围为 0.087 ~ 17.5 ms,内分 20 道。

(四)资料整理与成果图件

1.资料整理

野外工作中,资料整理除要求检查验收原始记录数据、对原始记录数据进行整理外,还要对数据进行滤波处理、绘制各测点的衰减曲线和各测线的多测道剖面曲线图以及根据需要计算各种导出参数(ρ_τ、S_τ、h_τ、τ_S、a_S 等)。

对数据进行滤波处理,通常采用下列三点自相关滤波公式:

$$V_i' = V_i/2 + (V_{i+1} + V_{i-1})/4 \tag{8-2}$$

式中:V_i'为第 i 测道滤波后的值;V_i、V_{i+1}、V_{i-1}分别为第 i 测道及相邻两测道的原始观测值。

2.成果图件

工作成果报告一般应提交下列主要图件:①实际材料图;②几个选定测道的 $V(t_i)$ 平面图;③综合剖面图,它包括多测道 $V(t)$ 异常剖面曲线图、$\rho(t)$ 拟断面图。

3.资料的解释分析方法

一般采用线计算机正反演解释方法。

三、瞬变电磁法找水应用实例分析

【例】某村庄地处石灰岩山区,长期缺水严重制约了当地的经济发展。我们应用瞬变电磁法在该村进行了剖面法测量,通过分析测量结果后认为该处适合打深井,最后定井 1 眼,解决了该村的生产生活用水问题。该处土层仅数米,下伏地层为中寒武统的灰岩、页岩互层,区域地下水位 10 m 左右。

　　本次测量采用 50 m×50 m 重叠回线装置进行,点距 25 m,频率为 25 Hz,叠加次数取 256 次。如图 8-6、图 8-7 所示,分别为该剖面的多测道 $V(t)/I$ 异常剖面曲线图和等视电阻率拟断面图。从测试曲线的对比分析可以看到,有一明显的向西倾斜的板状导电体(断层)存在,经计算可得其倾角约为 67.5°,且异常点与背景点的时间特性曲线差异明显。对井位测点应用瞬变电磁测深进行正反演的计算结果如图 8-8 所示,由图中可以看出,在 140 m 深度附近,有一明显的低阻异常。

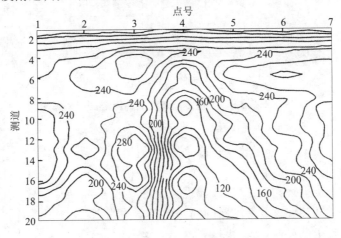

图 8-6　多测道 $V(t)/I$ 异常剖面曲线图

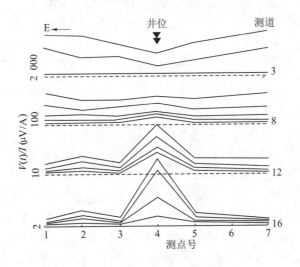

图 8-7　等视电阻率拟断面图

　　该井的实打结果,160 m 以上为张夏灰岩、页岩互层,128~155 m 裂隙发育,为主要含水层;160 m 以下是徐庄组页岩、灰岩及砂岩,岩石完整,裂隙不发育,钻至 240 m 终孔,为一自流井,自流量为 20~30 m³/h。

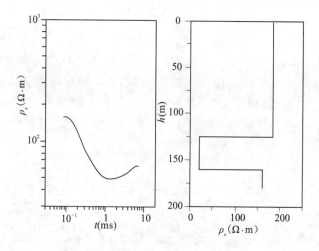

图8-8　井位测点正反演解释结果

第三节　地质雷达

　　地质雷达也称为探地雷达,其工作原理与探空雷达基本相同,都是利用高频电磁波束在界面上的反射来达到探测有关的目的物的。所不同的是,地质雷达是利用高频电磁波束在地下电性界面上的反射,从而来达到探测有关地质对象的一种电波勘探方法。雷达技术用于地下目标的探测虽然提出较早,但由于仪器、设备的限制,长期以来其应用范围却十分有限。近年来,随着电子技术的飞速发展,地质雷达在技术装备上也有了很大进步。目前,地质雷达已在地质及水文地质调查、洞穴探测、考古研究等领域获得了广泛的应用。

一、基本原理

　　地质雷达所用的电磁波频率在 50～900 MHz,频段远大于一般的地面电磁波,属于分米波。图 8-9 为地质雷达探测原理图,发射天线和接收天线紧靠地面,由发射机以脉冲的形式发射短脉冲电磁波,一部分电磁波沿着空气或介质(如岩层)的分界面传播,经过一段时间 t_0 后到达接收天线,为接收机所接收,此波称为直达波;另一部分电磁波传入地下介质中,在地下传播过程中遇到电性不同的另一个介质(如岩层的层面、洞穴、裂隙等)的分界面后便被反射或折射,经过一段时间 t_s 被反射回地面并被接收天线所接收,此波称为回波。显然,根据回波信号及其传播时间便可判断电性界面的存在及其埋深。

　　接收机接收到回波的时间为

$$t_s = \Delta t + t_0 \tag{8-3}$$

式中:t_0 为直达波传播的时间,可按发射天线与接收天线之间的距离计算;Δt 为回波与直达波的时间差。

　　然后按照下式计算回波的行程:

$$D = vt_s \tag{8-4}$$

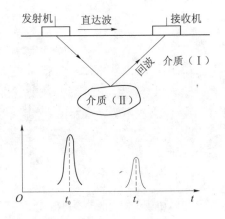

图8-9　地质雷达探测原理图

式中:v 为电磁波在岩石中的传播速度,m/s。

其中,$v = \dfrac{c}{\sqrt{\varepsilon_r}}$,$c$ 为空气中电磁波的速度,m/s;ε_r 为地下岩层的相对介电常数。

如果有多个测点的 D 值,便可以确定反射面的位置和形状,再结合已知的地质条件,即可判断反射面(体)的地质性质。

地质雷达现场测量时,通常采用剖面法、宽角法两种方式来进行,如图8-10 所示。

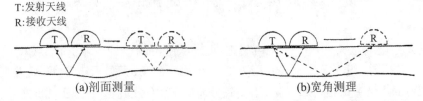

图8-10　地质雷达的观测方法

(1)剖面法。剖面法的测量方式是将发射天线(T)与接收天线(R)之间的距离固定,沿测线同步移动进行观测的一种测量方式。其记录的是一种时间剖面图,这种测量方法可以反映地下同一深度介质的反射信号。

(2)宽角法。宽角法的测量方式是将发射天线固定在地表某点,接收天线沿地表逐点移动进行观测的一种测量方式。此时记录的是电磁波通过地下不同深度的传播时间,从而反映了不同层次介质的速度

二、地质雷达的应用

地质雷达接收的是来自地下目的物反射的信号,现有的地质雷达设备一般都配备有图像记录仪,可在现场及时地显示地下断面的二维图像。目前地质雷达的图像识别方法主要是采用目视判读法,得出关于地下目的物的形状、大小及其空间位置。图8-11 为一个地下洞穴的图像模型。当洞穴在剖面上为椭圆形时,在测量剖面通过洞穴时,地质雷达中回波的图像相应地成拱形,只是拱形曲线的曲率变大。其他地质对象如坑道、掩埋古河道、断层错开的水平地层等均有比较规则的图像模型。认识和分析这些已知目的物的图像模型,对地质雷达实测图像记录的判读有重要意义。

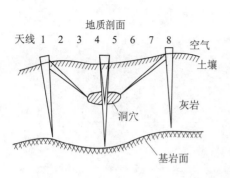 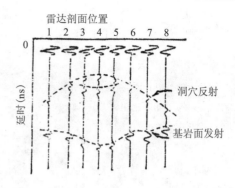

图 8-11　　洞穴的图像模型

地质雷达不仅具有很强的抗干扰能力和极高的采样率,而且由于数据处理技术的高度开发,其探测成果具有高精度的表现能力。这些进步在推动探测方法发展的同时,大大地拓展了其应用的领域范围,如地基调查、地下空洞探测、考古研究等。但由于地质雷达所发射的电磁波(频率在 50~900 MHz)只能在岩层内传播,而且由于岩层具有强烈的吸收作用,其衰减较大,因而探测深度较小。在较好的条件下,其探测范围已拓展为 30~50 m,探测的分辨率可达到数厘米,深度符合率小于 5 cm。

第四节　声频大地电场法

声频大地电场法是 20 世纪 70 年代后期推广使用的一种找水方法,使用的仪器为 SDD－1 型声频大地电场仪,该法利用天然存在的电磁场,无需人工电源,只需观测天然电磁场在地面上产生的电分量异常,不测磁分量,利用电分量与视电阻率的关系,分析岩石的特性,从而达到找水的目的。该法具有受地形影响小、仪器简单、测量迅速、资料解释直观,效率高等特点。

一、声频大地电场法基本原理

产生天然电磁场的原因很多,也十分复杂,如电磁场的微变、宇宙射线、磁暴发生、雷雨时大地放电、工业电流等,这些电磁场的频率很低,电场强度很弱。

利用仪器测出电磁场中的电分量,然后按下式换算为视电阻率:

$$\rho_s = \frac{f}{\mu\omega}\left(\frac{E_x}{H_y}\right)^2 \tag{8-5}$$

式中:E_x 为 x 轴方向的电场强度,V/m;H_y 为 y 轴方向的磁场强度,A/m;ω 为角频率,千周/s;ω 为导磁率,H/m。

从式(8-5)可以看出,视电阻率与电场强度成正比,电场强度 E_x 越大,视电阻率 ρ_s 越大。电场强度可按下式计算:

$$E_x = \frac{\Delta V_s}{MN} \tag{8-6}$$

式中:ΔV_s 为仪器读数电位差,V;MN 为测量极距的间距,m。

二、测量方法与曲线分析

(一)测量方法

一般采用电剖面法,在原异常区选一相对电位零点,埋设固定电极,另将 MN 沿所设剖面线移动,每隔一定距离测一点,测出各点与相对电位零点之间的电位差 ΔV_s ,绘制整条剖面的自然电位曲线,根据 ΔV_s 异常,分析构造或含水体位置。如果平行布置多条测线,就可以利用异常对应关系,确定含水体在平面上的分布规律。

(二)曲线异常分析

电场强度异常值按下式计算:

$$\eta = \frac{\Delta V_{smax} - \Delta V_{smin}}{\Delta V_{smax} + \Delta V_{smin}} \times 100\% \tag{8-7}$$

式中: ΔV_{smax} 为电位差最大值; ΔV_{smin} 为电位差最小值。

一般断裂富水带或灰岩含水层,在曲线上呈低阻反映。在土层覆盖地区,如覆盖层较厚,曲线反映较差。当土层较厚而水位埋深较浅时, ΔV_s 曲线成低值反映明显。水位深而断裂规模较大时,剖面线反映也较明显。对于土层较厚、水位深、含水层薄、断裂规模小的地区, ΔV_s 曲线反映往往不明显。

【例】山东省泰安市土产西仓库机井,位于泰山大断裂带内,岩石破碎,异常值 $\eta = 142\% \sim 119\%$, ΔV_s 曲线在 $3^{\#} \sim 13^{\#}$ 点出现低阻异常,分析 $3^{\#}$ 点 $\eta = 142\%$,为灰岩含水反映(见图 8-12)。经钻探验证,覆盖层厚 10 m, $3^{\#}$ 点孔深 150 m,31 ~ 41 m 为下寒武统灰岩,岩芯破碎,出水量 100 m^3/h 。

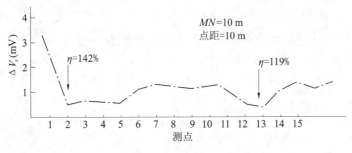

图 8-12　电场强度异常曲线

(三)异常分析注意的问题

(1)该法用天然大地电流作为场源,电源不稳定,往往会导致剖面曲线发生畸变。

(2)由于大地电磁场是不稳定的,其频率、振幅都随时间变化,因此读数应迅速,尽量在最短的时间内读完,以减少大地电磁场瞬时变化所造成的影响。

(3)当测线接近高压线、变压器、电缆时,曲线会产生畸变,当天气有雷电或广播电台工作时,不宜测量。

(4)地形的起伏对该法影响很大,当剖面线接近悬崖、沟谷时,曲线都会产生低阻异常,因此要求剖面线布置在平坦的地形上。

(5)声频大地电场法是一种剖面法,用于在平面上查找脉状含水体,效果很好。但不能解决垂向深度上的变化,必须配合电测深来解决。

第九章 自然电场法和充电法

第一节 自然电场法

在自然条件下,无需向地下供电,地面两点通常能观测到一定大小的电位差,这表明地下存在着天然电流场,简称自然电场。产生自然电场的原因较多,本节主要研究自然电场的成因,以及利用观测到的自然电场分析解决有关水文地质问题,如确定地下水流向,确定抽水半径大小,查明水库土坝漏水等。由于该方法设备简单,无需电源,在水文地质和勘探供水方面得到广泛的使用。

一、自然电场产生的原因

自然电场产生的原因十分复杂,其机理尚不成熟,目前主要有以下几种。

(一)电化学电场

野外观测资料表明,在金属矿床的地面上观测的电位差达几十至几百毫伏,其电场类似于地下存在一个"原电池"电场。这种自然电场,主要是由电子导体与离子溶液接口上的氧化还原作用形成的,称为电化学电场。

电化学电场形成的过程如图9-1所示,如良导体一部分位于地下水位以上,一部分位于地下水位以下。此时,含有大量氧化地表水到达矿体上部周围,溶液具有较强的氧化作用。氧化作用使原来呈中性的溶液带负电,出现过多负离子,处于水面以下的矿体,由于矿体及周围岩石本身的风化程度低,质地较密实,地表水与氧化不易进入,具有还原作用,还原作用使溶液中出现过多正离子,而矿体上部带正电,下部带负电,矿体为一个天然电池,电流由矿体内部由上向下流,而围岩为一回路,电流由下向上流,形成自然电场。所以,在矿体顶端地面上,常常可以观测到反映矿体存在的氧化还原,利用这种氧化还原电场,可进行金属或其他电子导体矿的普查和勘探,在找水中一般为干扰因素。

(二)过滤电场

地下水流经岩石的孔隙、裂隙时,由于岩石颗粒对正负离子有选择的吸附作用,便出现正、负离子的不均衡,从而形成自然电场(见图9-2)。

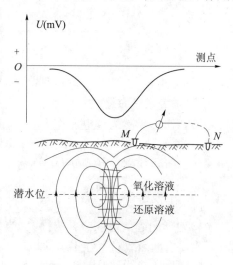

图9-1　电化学电场形成示意图

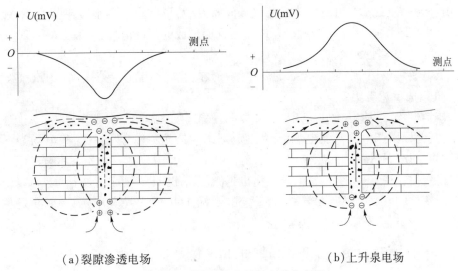

（a）裂隙渗透电场　　　　　　　（b）上升泉电场

图9-2　裂隙渗透电场及上升泉电场

由于岩石颗粒的晶格在其表面出现过剩的离子价键,它将吸引水中的异性离子,是吸附正离子还是吸附负离子,主要取决于岩石的成分。试验表明,石英晶体、硫化物、泥质颗粒以及所有含泥质成分的岩石均具有吸负离子作用,而碳酸岩类的石灰岩、白云岩则吸附正离子。一般来讲,沉积岩中大多数具有吸附负离子的作用,故通常谈到岩石对离子的吸附作用,一般仅指吸附负离子特性。

由于地下水的流动作用,流动中的水带正电,而不动的水带负电,这种由岩石吸附作用形成的电场,称为过滤电场,方向与水流向相反。

由地形起伏形成的过滤电场称为山地电场,这是潜水由山顶向山谷渗流产生的,在山顶形成负电位,在山谷形成正电位(如图9-3所示)。

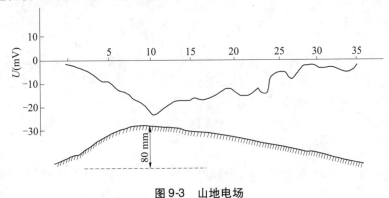

图9-3　山地电场

(三)扩散电场

当两种不同浓度的溶液接触时,便会发生扩散现象。溶质由浓度大的一侧移向浓度小的一侧,以达到浓度平衡。水中正、负离子也一起移动,由于其迁移速度不同,一般来讲负离子运动较快,因此浓度较小溶液中就有多余的负离子,而浓度大的溶液中就出现多余正离子,形成扩散电场。

在自然条件下,扩散电场常与过滤电场同时发生,扩散电场场强较小,例如在地面观测地表水(如河水)与地下水接触处于浓度不同而形成的扩散电场,一般为 10~20 mV,由于地表水处于浓度小的状态,故为负电位。

扩散电场可以用于圈定矿化水的分布区,为农业灌溉、工业寻找卤水提供依据。

(四)其他自然电场

电位学电场、过滤电场、扩散电场,一般都是稳定场,是不随时间变化的。除上述电场外,还有其他原因产生的自然电场,如大地电流场、雷雨放电电场等,这些电场为不稳定场,随时间变化,另外由于光照作用,土层温度和湿度发生变化,从而引起水分蒸发、迁移,引起电场变化。温度变化越大,电场变化也越激烈,有时日变化可达数十到数百毫伏。这种随时间变化的电场,对观测结果具有一定的干扰作用,为避免其影响,一般要避免在阴雨天或雨后测量,可在晴天的早晨、傍晚工作。

二、自然电场法的仪器设备和野外工作方法

(一)仪器设备

所有用于电阻率法的仪器设备都可以用于自然电场法,由于自然电场场强较小,故必须采用与激发极化法一样的弱极化电极。

(二)野外工作方法

自然电场法测量,有电位法和梯度法两种,目前一般采用电位法。

1.电位法

电位法是在测线外选择一个固定的电位零点(N 极),而另一电极(M 极)沿测线方向移动,观测每一测点与相对电位零点之间的电位差,得出整个测线的自然电位曲线。相对电位零点,应选在不受所探测异常影响的地带。电位法是自然电场的基本观测方法,用来探测地下水流向和影响半径。

2.梯度法

在测区内,如存在强烈干扰,无法采用电位法测量,可采用梯度法测量。梯度法是测量相邻两个电极之间电位差的测量方法。测量过程中,与仪器 M 极相连的电极始终在前方,而 N 极始终在其后,并保持平行移动,观测沿着测线方向两测点之间自然电场的变化情况。按其排列形式可以分为直线法和环形法(如图9-4所示)。

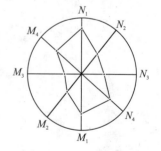

图9-4　梯度法观测影响半径

三、自然电场法在水文地质中的应用

过滤电场是自然电场法解决水文地质问题的前提。通过观测过滤电场,即可以探测地下水的流向、抽水时的影响范围、确定地下水与河水的补给关系、水库漏水地段的位置。

(一)确定地下水的流向

以观测点 O 为中心,并以 P 为半径布置一条环形测线(圆的半径由 P 点地下水的埋藏深度确定,通常为水深的2倍),然后通过测点中心对称地布设4条测线,并与环形测线相交,得8个交点(如图9-4所示)。测量过程中,将 M、N 电极依次放在同一直径的两个

交点上,测量出两点的自然电位差,然后将 MN 测线旋转 45°再进行测量,直到测完一圈。将各方位测量的结果按一定的比例画在相应的直径延长线上(在观测点 O 的两侧各取观测值的一半),即得到"8"字形自然电位曲线。该曲线的长轴方向即代表地下水流向,因为在水的流向方向产生的电位差最大。但该法要求地下水埋深浅,测量精度要求较高。

【例】图 9-5 为河南荥阳地区地下水流向实测结果,图中显示潜水总的流向为北东向,但在图的西北部黄河附近,地下水因为补给河水而转成北西向。

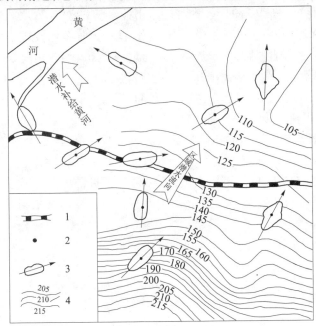

1—铁路;2—测点;3—"8"字形电位曲线;4—等水位线

图9-5　河南荥阳地区潜水流向图

(二)测定抽水试验的影响范围

在农业灌溉及工业水源地的水文地质工作中,为计算地下水的出水量或某一地区地下水资源的评价,都需要知道水井在抽水时的影响范围,即抽水影响半径。为了确定影响半径,常需在抽水孔附近布置许多水位观测孔,这样既浪费资金又消耗大量的时间,而利用自然电场法观测,则是一种行之有效的方法。

在抽水孔进行抽水时,地下水从四周向钻孔流动,因而产生过滤电。其特点是距离抽水井愈近,则电场强度愈大,远离抽水孔的地方,场强较小,在抽水影响半径以外,场强不受抽水影响,因此可以根据抽水前后场强的变化来确定抽水的影响半径。

测量方法可分为电位法和梯度法两种。

1. 电位法

电位法的相对电位零点,一定要选在预计影响半径以外的地方。在抽水孔的两侧布置一条或几条测线,测线上设置测点。抽水前、后,沿着该测线分别测量各个测点与相对零点之间电位差,并绘出各自的自然电位剖面曲线。在影响半径范围之内,抽水前后的电位曲线分离,在影响半径之外地段,则两曲线基本重合,两曲线的分离点到抽水孔距离即影响半径。

2. 梯度法

以井孔为中心分别布设数条环型测线,在抽水前和抽水期间,分别观测各条环型测线上两个测点之间的电位差,并绘出"8"字形的自然电位曲线。在抽水半径影响范围内,抽水前后水流发生变化(抽水前为自然流向,抽水时流向抽水孔),导致过滤电场强度发生变化;而影响半径以外,地下水流向不变,其过滤电场强度不发生变化,通过比较数条环型测线上的"8"字形的自然电位曲线,即可确定出抽水影响半径。

在松散的冲积层中,由于含水层的透水性比较均匀,分布比较广泛,抽水影响范围多为圆形或椭圆形。在基岩地区,由于地下水的通道多为带状分布,故在抽水孔周围,其抽水半径很不均匀。因此,在测量地区,应布置多条测线,以了解不同方向上的影响范围。

梯度法反映明显,并且在自然电位曲线上可以了解抽水所形成的降落漏斗形状和特性,故野外一般采用梯度法测量。

（三）确定地表水与地下水的补给关系

利用自然电场法可以确定地表水与地下水的互为补给关系。当地下水补给地表水时,地面上能观测到自然电位的正异常,图9-6(a)为石灰岩与花岗岩接触带上的上升泉,观测到明显的自然电位正异常;反之,如地表水补给地下水,则观测到自然电位的负异常,如图9-6(b)所示。

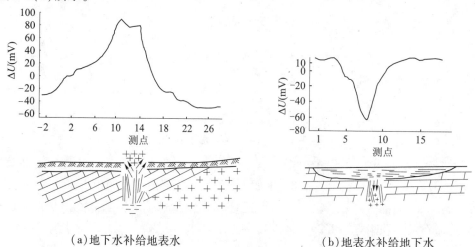

(a)地下水补给地表水　　　　　　　(b)地表水补给地下水

图9-6　地表水与地下水的补给关系

（四）查明土坝漏水地段

确定土坝漏水地段时多采用电位法观测。在土坝的漏水地段,由于水向下游流动,产生过滤电场,在地表附近就有多余的负电荷积累,产生负电位异常;而不漏水的地段,则不会产生负电位异常,曲线是平均的。

（五）寻找断层破碎带

由于断层带基岩破碎,地下水渗透性显著增加,形成了地下水排泄通道,因此在断层破碎带上方,会出现自然电场异常。

第二节　充电法

充电法是以研究地质体被充电以后一次场电位的变化为基础的一种电测方法。它既可以用来确定地下水的流向和流速、滑坡体的滑动方向和滑动速度，又可以用来确定良导体的形状、大小和位置。过去测定地下水的流向和流速时，是在主孔旁边打几个副孔，在主孔内注入各种试剂，然后在副孔中不断采取水样进行化验，用主、副孔之间的距离除以指示剂由主孔流至副孔的时间，求得地下水的流速。用该方法既浪费资金又耗费时间，如果采用充电法测量，仅需一个钻孔及少量试剂即可解决问题，故效率较高。

一、充电法的基本原理

将供电电极 A 放在井下含水层的位置上，供电电极 B 远离井口（可视为无穷远处），使它产生的电场对 A 极附近电场的影响可忽略不计。

将地下水充电，电流充满了含水体，使地下水成为一个等电位的带电体，在地下水周围的岩石中形成电场。在井口周围测定各点的电位，并绘出等电位线。然后在供电电极 A 处，注入电解质溶液（食盐水），带电的电解质溶液随着地下水流动时，将形成一个电解质溶液带，等电位线沿着水流的方向被拉长，由原来的圆形等位线变成椭圆形，等电位线移动方向即地下水的流动方向（如图9-7所示）。

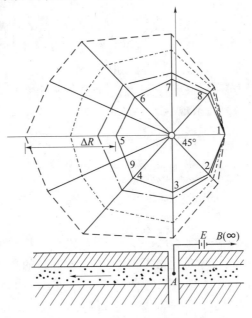

图9-7　地下水流向、流速的测定

二、野外工作方法

(一)测线布置

1.供电线路

将供电电极 A 放入含水层中部，B 电极一般位于远离井口$(20 \sim 50)L$ 的任意方向，L 为地表到 A 电极的距离。供电电极用铁电极，A 电极用单根电极或电极组，而 B 极一般采用并联电极组，以减小接地电阻，增大供电电流。

2.测量线路

测量电极 M、N 一般使用单根铜电极。

(二)观测方法

测线网一般由环行测线与四条测线相交的八个测点构成，按 M、N 之间的排列关系，可分为下列几种方法。

1.电位法

设 N 级为相对零点电位，直接用 M 极在测线上观测各个测点的电位，最后绘出剖面电位曲线和平面等位线图。应该注意，N 级要位于在无穷远处，并在 B 极相反方向，以减少 B 电极对 N 极的影响。

电位法能直观地反映电场的特征，受周围岩石及覆盖层电阻率不均匀的影响较少。

2.梯度法

梯度法测量时不需设电位相对零点，在测量过程中，测量电极 M、N 沿着测线的方向并保持固定的距离移动$(MN = C)$，以观测电位梯度值变化的方法称梯度法。测量过程中，M、N 极的前后次序要保持不变，以免搞错电位差符号。

梯度法优点是分辨力较强，缺点是受围岩和覆盖层电阻率不均匀的影响较大，在表土电阻率低，点距较小时，观测较困难。

三、充电法在水文地质方面的应用

(一)测定地下水的流向和流速

利用充电法测定地下水的流速、流向，只需一个钻孔或水井，不需另设观测孔，具体工作方法如下：

(1)将供电电极 A 置于井下含水层的中间部位，电极 B 应放置在预计水流的下游方向无穷远处。N 极大致在地下水的上游方向固定，其至井口的距离等于 A 极至地表的距离(井内有套管时应为 A 电极至地表距离的 $2 \sim 3$ 倍)。供电后地下水周围的岩层中形成电场。这时以井口为中心呈放射状移动 M 极，逐一测量各点的电位，并连成等位线，这时的等位线大致为圆形。

(2)在 A 电极绑上食盐袋，并放回原来的位置。食盐被溶解并使含水层中的地下水盐化，则等电位线沿水流方向上发生改变，由原来的圆形变成椭圆形(如图9-8所示)。

等电位线图中等位点移动最大的方向即为地下水的流向，中心点移动速度的 2 倍即为地下水的流速：

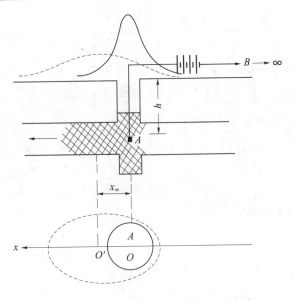

图9-8　充电法测定地下水的流向和流速

$$v = \frac{2S}{t} \tag{9-1}$$

式中: v 为地下水的流速, m/h; t 为加盐后到测量时的时间间隔, h; S 为等电位线的中心点移动的距离, m。

实践证明, 等电位线的圆心随着岩层倾角大小有关, 向倾斜方向偏移, 等电位线的形状也与倾角大小有关, 向倾斜方向偏移, 等电位线的形状也与岩层走向有关。采用中心移动距离计算流速误差较大, 所以一般按下式计算流速:

$$v = \frac{L}{t} \tag{9-2}$$

式中: L 为圆至椭圆最远端之间的距离, m。

【例】加盐以前电位等位线图的直径 $D_1 = 7.57$ m, 加盐以后电位等位线图(椭圆)的长轴 $D_2 = 8.61$ m, 则圆至椭圆最远端之间的距离 $L = 8.61 - 7.56 = 1.05$ m, 观测时间间隔 2 h, 则 $v = L/t = 1.05/2 \approx 0.5$ (m/h)。

用向量法观测时, 测出在一定时间内等位点在各测线上向外延长的距离, 然后以各方向的伸长值, 用矢量作图的方法求出伸长最大的方向, 即为地下水的流向。流向方向上伸长的距离 (ΔR) 除以两倍时间间隔 (Δt), 即可求出地下水流速:

$$v = \frac{\Delta R}{2\Delta t} \tag{9-3}$$

【例】根据表9-1所测资料, 将相对方向相减得各方向的相对伸长量为: 北为 1.4 m, 北东为 1.58 m, 东为 1.0 m, 北西为 0.5 m, 矢量合成后得 $\Delta R = 3.6$ m, 方向为北东36°(如图9-9所示), 地下水流速为 $v = \dfrac{\Delta R}{2\Delta t} = \dfrac{3.6}{2 \times 7} = 0.26$ (m/h)。

表9-1 观测资料

观测时间	相对位移							
	北	北东45°	东	南东45°	南	南西45°	西	北西45°
5月4日08:00~15:00	1.75	1.58	1.33	0.60	0.35	0	0.33	1.10

（二）探测地下暗河

充电点放在地下暗河的露头上,垂直暗河的可能走向布置测线,并进行电位或梯度测量。作电位法观测时,N 极要放在异常场之外。图 9-10 即为观测结构,暗河上方附近出现电位极大值和梯度零值。把各剖面上电位极大值点和电位梯度曲线的零值点连接起来,这个异常轴就是地下暗河在地面上的投影。

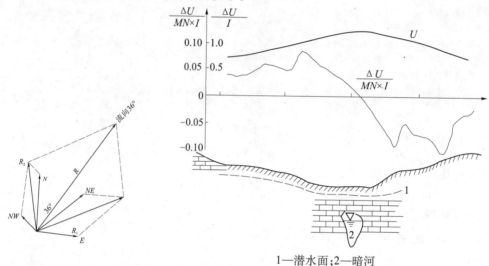

1—潜水面;2—暗河

图9-9 用矢量法求地下水流速、流向 图9-10 充电法探测地下暗河

（三）测定滑坡体的移动方向、移动速度和滑坡厚度

在钻孔中每隔一定的距离放一个铁球,由导线接到地面,作为供电电极 A_1、A_2、A_3、…,然后用土填满。另一供电电极 B 放在无穷远处。分别用 A_1B、A_2B、A_3B、…供电,在钻孔附近测定其等位线。如果没有滑坡现象,所测等位线都呈圆形,而且重合在一起,相隔一定的时间再测量时,其结果还是一样。如果有滑坡存在,这时的等位线就不再重合了,从等位线位移的方向及距离,便能确定移动方向和移动速度。观测出等位线是从第几个 A_i 极开始位移的,大概能估算出滑坡厚度。如 A_i 电极以上的等位线产生位移,而 A_i 以下电极的等位线不产生位移,说明滑坡体厚为 A_i 电极到地面的距离。

下篇　地下水开采方法

地下水取水构筑物的型式多种多样,综合归纳可概括为垂直系统、水平系统、联合系统和引泉工程四大类型。当地下水取水构筑物的延伸方向基本与地表面垂直时,称为垂直系统,如管井、筒井、大口井、轻型井等各种类型的水井;当取水构筑物的延伸方向基本与地表面平行时,称为水平系统,如截潜流工程、坎儿井、卧管井等;将垂直系统与水平系统结合在一起,或将同系统中的几种联合成一个整体,便可称为联合系统,如辐射井、复合井等。

第十章　管　井

管井是指直径较小、深度较大和井壁采用各种管材加固的井型。因为这种井型必须采用各种专用机械设备施工和深井泵抽水,为了与人工开挖的浅井相区别,故习惯称之为机井。管井是地下水取水构筑物中应用最广泛的一种,按其过滤器是否贯穿整个含水层,可分为完整井和非完整井。管井质量的好坏,取决于管井和结构的设计是否合理、正确否,必须认真对待。

第一节　管井的结构形式

管井因水文地质条件、施工方法、配套水泵和用途等的不同,其结构形式也相异。但大体上可以分为井口、井身、进水部分和沉砂管四个组成部分(见图10-1)。

一、井口

通常把管井上端靠近地表的部分称为井口,为了安全和便于管理,在一般情况下,可密封置于户外或与机电设备同设在一泵房内。相对来说,井口并非管井的主要结构部分,但如果设计施工不当,不仅会给管理工作带来很多不便,甚至会影响井的质量和寿命,所以在设计时应考虑以下几点:

(1)管井出水口处的井管应与水泵的泵管连接紧密,以严防污水或杂物进入,同时又要便于安装和拆卸。通常井管的井口需高出泵房地面或地表0.3~0.5 m,以便加套一节直径略大于井管外径的护管。护管宜采用钢管或铸铁管,以能承受震动和附加截载。

(2)井口要有足够的坚固性和稳定性,以防因承受电动机和水泵等的重量与震动而

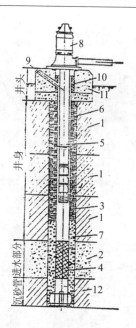

1—非含水层;2—含水层;3—井壁管;4—滤水管;5—泵管;6—封闭物;
7—滤料;8—水泵;9—水位观测孔;10—护管;11—泵座;12—不透水层

图 10-1　管井示意图

发生不均匀沉陷。为此,应在井口周围半径不小于 1.0～1.5 m,将原土挖掉并分层夯实回填粉土或灰土,然后在其上按要求浇混凝土井口。

(3)在井管的盖法兰盘上,或在泵座的一侧,应预留 ⌀30～50 mm 的孔眼,以备在设备管理过程中,测量静、动水位的变化。应注意,此孔眼应有专制的盖帽保护,以防掉入杂物而被卡死失效。

二、井身

通常将井口以下非进水部分称为井身。如果管井是分层取水,则井身为对应于各隔水层部分的井柱。井身是要求不进水的,在一般松散地层中,应采用各种密实井管加固,以防止井壁坍塌。井身虽然是管井的过渡段,但因其长度所占比例较大,故在设计及施工中是不容忽视的。

如果井身部分的岩层是坚固稳定的,基岩或其他岩层,也可不用井管加固。但如要求隔离有害的和不计划开采的含水层,则仍需用井管封闭隔离,且要有足够的强度,以承受井壁侧压力。同时,井身部分常是安装各种水泵管的处所,为保证水泵的顺利安装和正常工作,所以要求其轴线要端直。

三、进水部分

管井的进水部分是使所开采含水层中的水,通畅进入管井的结构部分,因此它是管井的心脏,它的结构合理与否,对整个管井来说是至关重要的。因为它直接影响着管井的质量和使用寿命,所以对其设计和施工要给予足够的重视。

除在坚固的裂隙岩层外,一般对松散含水层,甚至对破碎的和易溶解成洞穴的基岩含水层,均须安装各种形式的滤水管。

滤水管的安装长度,应根据当地水文地质条件和总体规划中,计划开采的含水层厚度而定。如含水层集中或开采一层含水层,可安装一整段;如同时开采数层含水层,且各层之间又相隔较远,则滤水管要对应各含水层分段装设。

在完整井中,对于承压含水层,应对计划开采的含水层全部厚度安装滤水管;而对于集中开采的潜水含水层,则应按设计动水位以下的含水层厚度装设滤水管。在非完整井中,对于承压含水层,按钻入含水层的深度来安装滤水管;对于潜水层水层,则应按设计动水位至井底(除沉砂管外)的长度装设滤水管。不论是完整井还是非完整井,都没有必要从静水位开始一直到井底全部安装滤水管。

四、沉砂管

管井最下部装设的一段不进水的井管称为沉砂管。它主要用来沉淀管井运行过程中随机带入井内的砂粒(未能随水抽出的部分),以备定期消除。管井如不设沉砂管,便有可能使沉淀的砂粒逐渐淤积滤水管,导致滤水管的进水面积减小,从而增大了水头损失,也相应增加了扬程,或者减小了管井的水量。

沉砂管的长度,一般按含水层的颗粒大小和厚度而定。如管井的开采含水层的颗粒较细且厚度较大,沉砂管可取长一些,反之则可取短一些。一般含水层的厚度在 30 m 以上且为细粒时,其沉砂管的长度不应小于 5 m。

若井为完整井但是含水层较薄,为了尽量增大管井的出水量,应尽量将沉砂管设在含水层底板以下的不透水层内,不要因为装设沉砂管而减小了滤水管的长度。

第二节　井管的类型及连接

一、井管的类型

管井在结构中所使用的井管,按其作用可以分为两种。一种是加固井壁的井壁管;另一种是专供拦砂进水的滤水管。井管是管井结构中用量最大,也是最基本的材料。如果没有符合规范要求的井管,就无法造出高质量的管井。

用作井壁管的材料类型十分广泛,一些发达国家采用各种渗碳钢管、不锈钢管、铝管、玻璃钢管等优质材料。我国多采用钢管作井壁管,对农用管井,当井的深度较小时,也有采用非金属材料的管材作井壁管,如混凝土或钢筋混凝土井壁管、石棉水泥管等。

采用普通钢管或铸铁管作为井壁管的优点是机械强度高,尺寸较标准,重量相对较轻,施工安装方便,但其缺点是造价高,且易产生化学腐蚀和电化学腐蚀,因而其使用寿命较短(如果地下水中含有大量的二氧化碳、过饱和氧等,或矿化度较高时,则会加速腐蚀,因而就更缩短了其使用寿命)。

在非金属井管中,当前主要采用混凝土和石棉水泥井管。这种井管的优点是耐腐蚀,使用寿命长,容易制作,可就地取材且价格低。其缺点是机械强度相对较低,限制了其使用深度,施工安装工艺较复杂。但只要井管质量能保证要求,并合理施工安装,也可用于200 m 以内的管井。

井管虽然种类繁多,强度和特性不一,但均须符合下列的基本要求:

(1)单根井管保证不弯曲,连接后应能保证端直,以保证井管能顺利安装下井,并保证不影响在井管中装设各种水泵。

(2)井管的内、外壁均应保持光滑圆整,既便于施工维修和安装水泵,又可减少管内水头损失。

(3)井管的强度要适应使用的深度,能承受围岩的外侧压力,施工下管时的抗拉(压)、抗剪切、抗冲击等。

现将常用的各种井管的性能、规格和适用条件简介如下。

(一)钢井管

用作井管的钢管,可分为焊接钢管和无缝钢管。而在焊接钢管中,又可分为直缝焊接和螺旋缝焊接两种,对钢管几何尺寸的要求:弯曲公差每米不超过 1/1 000;外径的公差:无缝钢管不大于 ±1% ~ 1.5% ,焊接钢管不大于 ±2% 。其规格参见表 10-1。

表 10-1　钢井管规格

公称规格 (in)	井壁管							管箍				
	内径 (mm)	外径 (mm)	壁厚 (mm)	管长 (mm)	丝扣长 (mm)	每英寸丝扣数	每米质量 (kg)	外径 (mm)	长度 (mm)	搪孔		质量 (kg)
										直径 (mm)	长度 (mm)	
6	153	168	7.5	3 000 ~ 6 000	66.5	8	31.6	186	194	170	12	8.4
8	203	219	8	3 000 ~ 6 000	73	8	41.6	236	203	221	12	10.8
10	255	273	9	3 000 ~ 6 000	79.5	8	58.6	287	216	275	16	12.9
12	305	325	10	3 000 ~ 6 000	86	8	77.7	340	229	327	16	17.3
14	355	377	11	3 000 ~ 6 000	86	8	99.3	391	229	379	16	18.3
16	404	426	12	3 000 ~ 6 000	86	8	112.6	441	229	428	16	22.4

注:表中 1 in = 25.4 mm,下同。

普通钢管在井下容易生锈和腐蚀,所以国内外研究出新型钢管,如渗碳钢管、不锈钢管和铝管。钢管多用于 400 m 以下的深机井。

(二)铸铁管

铸铁管一般多采用 HT 15# ~ 32# 铸铁浇铸而成,其极限抗拉强度约为 150 MPa,远较钢管低,但较耐腐蚀,所以使用寿命比钢管长。然而铸铁性脆,管壁较厚,自重也较大,故使用的深度便受到一定限制(目前使用多在 400 m 范围内)。对其质量的要求:长度公差 ±5 mm(管长 3 ~ 4 m);弯曲公差每米不大于 2.5 mm;内、外径公差 ±3 mm;管壁厚公差 ±2.5 mm,管子和连接管箍的椭圆度不得大于 0.15 mm。

管材每端的丝扣上允许的砂眼不得多于 3 个,而且砂眼之间的间距不得小于 60 mm;砂眼的深度不得大于 3 mm 且其直径不得大于 8 mm。

管壁上的铸瘤,在内壁不得高于 2.5 mm,外壁不得高于 4 mm,其面积不得大于 30 mm²。常用铸铁管的规格见表 10-2。

铸铁管较耐腐蚀,使用寿命比钢管长,但其抗拉强度低,性脆、管壁较厚、自重较大,因而下管深度受到一定限制,一般只适于 200～400 m。

表 10-2　铸铁井管、管箍规格

公称规格(in)	井管								管箍							
	内径(mm)	外径(mm)	壁厚(mm)	管长(mm)	丝扣外径(mm)	丝扣长(mm)	每英寸丝扣数(mm)	圆挡箍		每米质量(kg)	内径(mm)	外径(mm)	壁厚(mm)	长度(mm)	丝扣长(mm)	每英寸丝扣数	质量(kg)
								外径(mm)	宽(mm)								
6	152	172	10	4 000	178	55	8	196	15	41	178	204	13	135	60	8	9
8	203	225	11	4 000	231	55	8	253	15	60	231	259	14	138	60	8	13
10	253	275	11	4 000	281	60	8	307	20	74	281	312	15.5	150	65	8	19
12	305	329	12	4 000	335	70	8	361	20	96	335	372	18.5	175	75	8	29
14	356	380	12	4 000	390	82	5	418	25	112	390	429	19.5	210	90	5	42
16	406	432	13	4 000	442	97	5	476	25	138	442	481	19.5	240	105	5	53
20	508	536	14	4 000	546	110	4	586	25	185	546	585	19.5	250	120	4	69

(三)混凝土井管

混凝土井管是在我国当前机井建设中使用最广泛的一种。其生产方法大致可分为震捣法和离心法两种。由于各地原料、生产条件和工艺的不同,所以产品的质量、规格很不统一。一般井管的壁厚 30～50 mm,随深度增大而增大,长度 1～3 m 不等。在生产中有加细钢筋网的,也有使用纯素混凝土的,不过按实践鉴定,加有细钢筋网的,不论是在使用中,还是在装卸和运输过程中,其损坏率均降低。通常其纵向钢筋多采用直径为 5～6 mm 的钢筋 6～8 根,螺旋环筋采用 3～4 mm 的低碳冷拉钢丝,螺距 120～150 mm。

关于混凝土井管、当前国家尚未公布统一标准,根据调查与试验研究,建议参考表 10-3 提供的资料。

经试验和实践检验,井管主要受力是轴向的自重压力。因管径较小,侧向土压力一般多小于轴向压力,故只要井管符合表 10-3 的规定,强度多能满足。

表 10-3　混凝土井管推荐使用

机井深度(m)	混凝土强度等级	井管规格(mm)					备注
		内径	外径	壁厚	纵筋 5～6 mm	环筋的螺距	
100	C15	250～280	310～340	30	6	120～150	构造钢筋易于点焊
200	C20	250～280	320～360	35～40	6～8	120～150	
300	C30	250～280	330～360	40	8	120～150	

(四)石棉水泥井管

石棉水泥管是一种比较新型的井管材料。它具有强度高、质量轻、耐腐蚀、易加工和造价低等优点。

当前在生产中由于所用的原材料性能和生产工艺不同,因而其配料比例也不完全相同。但大致水泥占 80%～85%、石棉纤维占 17%～18%、其余附加材料如玻璃纤维和纸浆等占 1.5% ~2.0%。由此可见,该种井管的主要材料为水泥和石棉。

石棉水泥管的质量要求是:长度公差 ±20 mm,弯曲公差每米不大于2 mm,内、外径公差 ±3 mm;管壁厚公差 ±2 mm。管内不得有残缺、孔洞及大块脱皮,脱皮面积最大不超过 300 mm²,沟深不得超过3 mm,两端管口要平整。抗压强度,井壁管不小于3.6 kN/cm²,滤水管不小于 3.1 kN/cm²,规格见表10-4。

表 10-4　石棉水泥井管规格

公称规格（in）	内径（mm）	外径（mm）	壁厚（mm）	管长（mm）	每米长质量（kg）	轴向抗压强度（kN/cm²）
8	189	221	16	4 000	24	3
10	236	274	19	4 000	31	3
12	276	325	23	4 000	50	3

石棉水泥管具有耐腐蚀、自重轻、管壁光滑、价格便宜、容易加工等优点。但由于管壁较薄,接头如处理不好,易漏砂、淤井,适用的井深在200 m 以内。

（五）塑料井管

塑料井管是将聚氯乙烯等塑料及稳定剂、润滑剂、充填剂、着色剂等充分混合和塑化,挤压成型制成的,其规格见表10-5。

表 10-5　塑料井管规格

公称规格（in）	内径（mm）	外径（mm）	壁厚（mm）	单根管长（mm）
7	169	180	5.5	4 000 ~6 000
8	188	200	6	4 000 ~6 000
9	211	225	7	4 000 ~6 000
10	235	250	7.5	4 000 ~6 000

塑料井管具有很强的抗腐蚀性能,滤水管发生化学堵塞时,可反复进行酸处理,不损坏井管;质量轻,仅为钢管的1/5,运输方便,安装容易,易于进行机械加工。它的缺点是:热稳定性差,线膨胀系数大,一般在温度超过60 ℃时,强度将大为降低,80 ℃时,开始软化,在低温下变脆,因此塑料井管在储存、运输、使用中应注意其温度适应范围。塑料井管一般适用于200 ~300 m 的深井中。

二、井管的连接

出厂的井管都是短管,因管材不同,长度为1 ~4 m 不等。在下管时需要将每节短管严密加固连接在一起,形成一光滑、端直的管柱。在连接时,不允许产生错口、弯曲、漏洞等现象,否则会造成管井涌砂、污水进入。

井管的连接因管材不同,有以下几种连接形式。

（一）管箍丝扣连接

管箍丝扣连接多用于金属管材,特别是铸铁管均采用管箍丝扣连接,塑料井管也有采用丝扣连接的。

(二)焊接

焊接多用于金属管的连接,也可用于混凝土管、石棉水泥管、塑料管等非金属管的连接。焊接混凝土等非金属管,须在预制井管时,在管端预埋宽度为 40 ~ 50 mm 的铁环、短节金属管或 4 ~ 6 块铁片(见图 10-2)。在焊接时,先在下管端均匀涂抹黏结材料,再将上管口对正,使其黏结在一起,然后用 4 ~ 6 篇短节扁钢或圆钢,对称地焊接在上下管端预埋的铁件上,或将管端两头的钢管箍焊接在一起,即完成焊接操作。

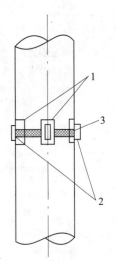

1—预埋铁片;
2—圆钢;
3—黏结材料

图 10-2　焊接接头

(三)黏结

黏结用于非金属井管的连接。适用于井管黏结材料很多,主要有以下几种。

1. 沥青黏结材料

石油沥青是井管黏结最常见的材料,它具有较好的防水性、黏结性、柔软性,在井下也不会在短期内老化。为了改善沥青的性能,提高黏结性和稳定性,在实际使用时,通常掺加一定剂量的掺合料——粉末状或纤维状的矿粉和细砂,配制成沥青胶和沥青砂浆。

1)沥青胶

沥青胶是采用 30 号沥青和一定数量的掺合材料配制而成的。掺合材料通常采用水泥、滑石粉、石棉粉、石棉纤维等,其粒度越细越好。因为水泥来源广,一般采用水泥作为掺和材料,其配比为沥青: 水泥 = 1: 2(质量比)。

2)沥青砂浆

在沥青胶中加入一定数量的纯净细砂即成沥青砂浆。其配比为沥青: 水泥: 细砂 = 1: 1: 2(质量比)。

在使用时,应注意以下几点:

(1)黏结缝宽以 1 cm 左右为宜,过厚、过薄都会影响黏结强度。

(2)管口黏结面处,应清理干燥洁净,平整光滑。

(3)为了提高黏结强度,黏结前应在管口黏结面上预涂冷底子油,并使其干燥。

2. 树脂黏结材料

在井管黏结中,使用较多的为环氧树脂和不饱和树脂两种。常用的环氧树脂有 6101、634 两种,其性能比较接近。树脂在常温下不易固结,所以在使用时,还须掺入一定剂量的化学添加剂,以改善其性能。

3. 硫黄黏结剂

硫黄黏结材料是工业粉状或块状硫黄,加入水泥等粉末状填料及聚硫橡胶、矿蜡等加热熬制的一种热塑冷固性黏结剂,常见的参考配方见表 10-6。

硫黄水泥黏结剂具有硬化快、黏结力强等优点,与混凝土黏结强度可达 4 MPa,使用方便。但在配制时要缓慢加热、勤搅拌,并注意防毒。施工中涂抹要快,以防冷却硬化,影响黏结质量。

表 10-6　硫黄黏结剂参考配方

类别	硫黄(%)	水泥(%)	细砂(%)	聚硫橡胶(%)	矿蜡(%)
硫黄水泥	60	38~39	—	1~2	—
硫黄水泥砂浆	50	17~18	30	2~3	—
硫黄水泥砂浆	30	23	46	—	1

第三节　滤水管的设计

滤水管是管井最主要的组成部分。它的结构要求是:地下水由含水层通过滤水管流入井内时受到的阻力最小,即透水性大;同时又要求在工作过程中能有效地拦截含水层中的细小颗粒,以防止随水进入井内,即拦砂的能力要强。这是一对对立统一的矛盾。因此,一定要根据含水层的特征来设计滤水管,才能满足上述结构要求。

管井滤水管一般应满足以下要求:

(1)能有效地防止涌砂产生,滤水管的进水孔眼和滤料孔隙直径必须充分根据含水层的颗粒大小予以合理确定,这是防止涌砂的首要条件。

(2)具有与含水层透水性相适应的尽可能大的进水面积和最小的进水阻力,进水孔眼尽可能均匀分布。

(3)具有有效防止机械堵塞的优良结构。

(4)具有抗腐蚀、抗锈结的能力。

(5)具有一定的强度和耐久性,以防止运输、施工和管理中损坏。

(6)在满足上述要求的情况下,其结构简单、易操作,造价尽可能低廉。

一、滤水管的类型

管井滤水管的结构类型繁多,概括起来大致可分为不填砾类和填砾类两种。

(一)不填砾类

不填砾类的滤水管主要适用于粗砂、砾石以上的粗颗粒松散含水层和含有泥沙的基岩破碎带及石灰岩溶洞等的含水层。常用者有下列数种。

1. 穿孔式滤水管

穿孔式滤水管是在井管上构成一定几何形状和一定规律分布的进水孔眼构成。因其进水孔眼的几何形状不同,可分为圆孔式滤水管和条孔式滤水管两种形式。

1)圆孔式滤水管

这种滤水管是最古老而又最简单的一种形式。其进水孔眼根据材料的不同可用不同的方法制成。对于金属井管可用钻孔或冲压而成;对混凝土井管可在浇筑成型时预留孔眼。其进水孔眼的大小主要取决于所开采含水层的颗粒直径的大小,一般按下式计算:

$$t \leqslant \beta d_{50} \tag{10-1}$$

式中:t 为井水孔眼的直径,mm;d_{50} 为含水层取样标准筛选时,累积过筛量(或累积筛余量)占 50% 的颗粒粒径,mm;β 为换算系数,与含水层的颗粒直径有关。

进水孔眼在管壁上,通常采用相互交替的梅花形布设(见图10-3)。

井水孔眼的相互位置,还可以分为等腰三角形和等边三角形两种。

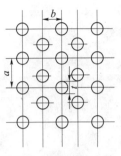

图 10-3　圆孔式滤水管孔眼的布置

等腰三角形:水平孔距 $a = (3 \sim 5)t$,垂直孔距 $b = \dfrac{2}{3}t$。

等边三角形:水平孔距 $a = (3 \sim 5)t$,垂直孔距 $b = 0.866a$。

经初步计算,选定出孔眼布置的水平与竖直孔距后,还应按照不同管材强度要求的开孔率再加以调整,并使其孔眼之间的距离基本为整数以便于加工。

这里所谓的开孔率 A_P(或孔隙率),是指 1 m 长的滤水管上孔眼的有效总面积与管壁外表面积之比的百分比。开孔率愈大,表示滤水管的进水面积愈大,透水性愈强。但是,滤水管开孔率的大小,与管材的强度有密切的关系。虽然开孔率愈大,会增强透水性和减小进水阻力,但却会大大损伤滤水管的强度,以至于影响井的质量,甚至导致水井建设的失败,尤以强度低的井管更为显著。所以,一般钢管的开孔率约为30%;钢铁管为15%～25%(塑料管、玻璃管与铸铁管相近);石棉水泥管为8%～18%;混凝土管为12%～15%。

另外,根据国内外试验资料,当滤水管的开孔率大于15%时,其进口阻力的减小便不十分明显。因此,为了不至于使滤水管的强度减弱过多,同时又能满足进水的要求,就不一定要追求过高的开孔率。当然,如井管强度允许,适当提高开孔率也是必要的。设计时应视具体条件而定。

圆形孔眼的优点是易于加工,对脆性材料较为适宜。但由于颗粒的形状与进水孔眼的形状接近,所以易于堵塞,使得进水阻力增大。当外开孔率增大时,对滤水管强度的减弱影响较大。目前,国外直接使用圆孔滤水管者已逐渐减少。

2)条孔式滤水管

由于这种滤水管进水孔眼的几何形状呈细长矩形,故称为条孔式滤水管。多用金属类井管冲压、烧割或用楔形金属杆条和支撑环焊接组成。条孔式滤水管比圆孔滤水管要优越得多,在强度有保证的前提下,其开孔率可高达30%～40%,不易堵塞且进水阻力也较小。条孔滤水管根据条孔在滤水管上的布置排列形式不同,还可分为垂直条孔和水平条孔。垂直条孔相对稳定细颗粒的能力较差,故多用水平条孔,但水平条孔(见图10-4)的进水阻力却相对略大。

条孔的宽度(或缝的宽度)可按下式估算:

$$t \leqslant (1.5 \sim 2.0)d_{50} \qquad (10\text{-}2)$$

式中:t 为条孔的宽度,mm;其余符号含义同前。

2.缝式滤水管

条孔式的滤水管虽比圆孔式的滤水管有很多优点,但加工须有专门的设备或冲床,且冲压对滤水管的强度影响较大。对脆性非金属井管,尤其水泥类井

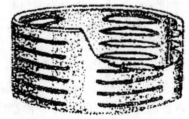

图 10-4　水平条孔式滤水管示意图

管,要加工成规则而又均匀的条孔较为困难。鉴于这种原因,如利用易于加工的圆孔井管,在其外侧再缠绕以各种金属和非金属线材,或用毛竹篾织成竹笼,用以构成合适的进水缝(犹如条孔),一般将这种形式的滤水管称为缝式滤水管(见图10-5)。

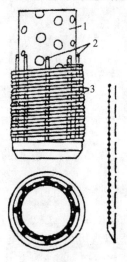

1—骨架管;2—纵向垫条;3—缠丝

图10-5　缠丝的缝式滤水管

缠绕各种线材的缝式滤水管的结构,一般是在选好的圆孔管(俗称花管)的外周,点(或粘接)∅6~8 mm纵向垫条(金属或非金属),其间距为50~70 mm。然后在垫条外侧缠绕金属丝或非金属丝以构成螺旋状的缝隙。为了防止所缠绕的金属丝偶有一根折断后,不致造成全部缠丝松脱,故还必须在其外周对应于纵向垫条,再用锡焊(或粘接)将缠丝与垫条固定在一起。缠丝的截面可用圆形,但不如专门加工成梯形或楔形者佳。因后者可构成外小内大的进水通道,从而减小了进水阻力。

3. 网式滤水管

在粗砂以下颗粒粒度较细的含水层中,若直接使用穿孔式滤水管,便会在抽水的同时产生大量的涌砂。如果在穿孔式滤水管的外侧焊接纵向垫条,并包裹以各种材料的网,如用铜丝、镀锌细铁丝和尼龙丝等所编织成网子或天然棕网,即构成网式滤水管(见图10-6)。

网眼尺寸的大小应以含水层的粒径级配特征为依据,由此所确定的滤网应在洗井除砂的过程中,在滤网外侧能够形成以中、粗颗粒为主要组成部分的天然过滤层,而同时又保证在井内不会出现大量涌砂现象。根据经验,所选网眼的尺寸(t)与含水层颗粒粒径的质量百分数($d_\%$)的关系为:粗砂:$t=d_{20\sim25}$;中砂:$t=d_{30\sim40}$;细砂:$t=d_{40\sim60}$。更为详细的要求可参阅有关的水文地质手册。

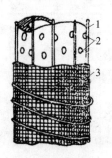

1—垫条;2—进水孔眼;3—滤水网

图10-6　网式滤水管

网式滤水管也是历史上使用最悠久的一种型式。由于制造滤网的材料不同,其耐久性也不一样,但均有易被砂粒堵塞的缺点,致使水井的寿命减少,故在目前生产中使用较少,有被其他滤水管代替之势。

(二)填砾类滤水管

1.砂砾滤水管

众所周知,天然的砂砾石是一种良好的滤水材料(简称滤料或填料)。若将滤料均匀地围填于上述各种滤水管与含水层部位相对应的井孔间隙内,构成一定厚度的砂砾石外罩,故称为砂砾滤水管。此时,滤料便成为滤水管的重要组成部分,对滤水效果起着决定性作用,而与之配合使用的滤水管便退居第二位,成为进水、维护井壁作用的骨架(管)(见图10-7)。骨架管是配合滤料工作的,因而其结构就需要根据滤料的特征来决定。

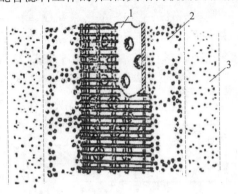

1—砂砾滤料;2—骨架管;3—含水层

图10-7　砂砾滤水管示意图

砂砾滤水管是机井建设中一大改革,问世已有百年之久,但广泛地采用和大力地研究,还只是在20世纪五六十年代。合理地采用砂砾滤水管,可以有效地增大骨架管进水孔眼的直径,降低滤水管的滤水阻力,从而减小了机械堵塞与化学堵塞,增大了其透水性,使管井的单位出水量显著增加。砂砾滤水管的出现,使水井建设产生了一次飞跃的发展,对于细颗粒的、透水性很弱的含水层也可以有效地开采。

尽管从理论上分析,对一些粗颗粒含水层是可以不填滤料的,但在生产中,为了安全可靠,实际上大多都采用了砂砾滤水管。

既然砂砾滤水管的主要组成部分是砂砾石滤料,为了正确设计砂滤水管,就必须首先明确应怎样合理地设计滤料。

1)滤料设计

由于滤料是密切配合含水层而工作,起着拦砂、透水作用的,所以在设计滤料时,必须先将含水层的特征分析清楚,然后针对其特征予以计算和选择。

为了查明含水层的特征,可在专用探孔或在井孔钻进过程中,按规范要求采取砂样。尤其要注意在同一含水岩组中,夹于两粗颗粒含水层之间的细颗粒的薄层的含水层,更应特别注意采样,以作标准筛分析。这是因为滤料粒度的选择,常常是按细颗粒夹层的粒度来确定的,如果忽略了细颗粒的含水层,就有可能造成井的涌砂现象。

选择滤料的粒径大小遵循一个最基本的原则,即针对某一含水层所选配的滤料,要使得在强力洗井或除砂的条件下,能将井孔周围含水层中的额定部分的细颗粒和泥质等冲出抽去,以形成反滤层;同时又能保证在正常工作的条件下,不会产生任何的涌砂。

上面所指含水层额定部分的细颗粒和泥质是允许在强力洗井时,被洗出的部分占标准筛分试样总重量的百分数,这是一种人为的设计量,即意味着选配的滤料,并不要求将含水层中大小颗粒全部拦住,而只希望拦住其中较大颗料的一部分。这一部分留于滤料层之外,又是一层天然滤料层,或者是滤料与含水层之间的缓冲过渡层。一般将此设计冲出额定部分的最大颗粒粒径(或剩余部分的最小颗粒粒径)称为含水层的标准颗粒粒径。

在选择滤料时,一般多按下式进行计算:

$$D_b = Md_b \qquad (10\text{-}3)$$

式中:D_b 为对应含水层标准颗粒粒径的滤料标准颗粒粒径,mm;d_b 为含水层的标准颗粒粒径,mm;M 为滤料对应含水层颗粒粒径增大的倍数,通常称为倍比系数。

含水层的标准颗粒粒径曲线如图 10-8 中所示的虚曲线(标准颗粒曲线),它取决于含水层颗粒的大小和均匀程度。即对不同含水层,其标准颗粒粒径的大小也是不相同的。

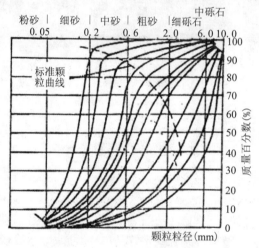

图 10-8　含水层的筛分曲线

含水层(或滤料)的均匀程度,可用含水层(或滤料)的控制粒径(d_{60}、D_{60})与有效粒径(d_{10}、D_{10})的比值来表示:

$$\eta = \frac{d_{60}}{d_{10}} \left(\text{或} \frac{D_{60}}{D_{10}} \right) \qquad (10\text{-}4)$$

η 愈大,即表示该含水层和滤料的级配愈分散(粒径大小差别较大);反之,则含水层和滤料的级配愈集中(粒径大小比较接近)。

一般将 $\eta < 2.5$ 的含水层或滤料称为均匀的,而将 $\eta > 2.5$ 的称为非均匀的。也有人将 $\eta < 1.5$ 者称为均匀的,$\eta = 1.5 \sim 3$ 者称为半均匀的,$\eta > 3$ 者称为非均匀的。

根据国内外试验资料,大多认为当含水层与标准颗粒曲线图的粒度较小(细、粉砂)且均匀系数较大($\eta > 3$)时,含水层的标准粒径最大可采取 $d_{90} \sim d_{95}$;当 $\eta < 3$ 时,可采取 $d_{75} \sim d_{85}$。反之,当含水层的粒度较大(细砾石以上)和 $\eta < 3$ 时,含水层的标准粒径可采取 d_{30}、d_{40} 或 d_{50}。诺尔德提出应按含水层的级配曲线特征,全面考虑其 d_{10} 或 d_{15}、d_{50} 或 d_{60}

和 d_{85} 等来设计滤料;但大多数人主张以 d_{50} 作为含水层的标准颗粒粒径,即滤料的平均粒径:

$$D_{平均} = Md_{50} \tag{10-5}$$

关于倍比系数 M 的取值,均是在试验的基础上得出来的,有的还通过多年生产实践考核验证,才最后确定的。但限于各试验者试验条件的不同,所选标准颗粒的不同。因此,所取用的倍比系数值便不相一致。

由于不均匀的滤料在围填时存在较为严重的离析现象,也是造成井内涌砂的诸多原因之一。鉴于这一点,大多数人认为:采用均匀的滤料,并降低倍比系数可以有效地减少离析现象,因此建议倍比系数 $M = 5 \sim 7$ 为最佳。这样既不影响滤水管的透水性,又能保证含砂量也最低。在具体选用时,一般对均匀含水层 $M = 5$,非均匀者 $M = 7$。

【例】 某含水层为中砂,其中 d_{10}、d_{50}、d_{60} 和 d_{85} 的各为 0.25 mm、0.38 mm、0.40 mm 和 0.64 mm,试选配其合适的滤料粒度。

解: 该含水层的均匀系数为 $\eta = \dfrac{d_{60}}{d_{10}} = \dfrac{0.40}{0.25} = 1.6 < 2.5$(应视为均匀的含水层),拟采用均匀的滤料,取滤料的倍比系数 $M = 5$,则: $D_{10} = Md_{10} = 5 \times 0.25 = 1.25$ (mm), $D_{60} = Md_{60} = 5 \times 0.40 = 2.00$ (mm),(或平均粒径 $D_{50} = Md_{50} = 5 \times 0.38 = 1.90$ (mm)), $D_{85} = Md_{85} = 5 \times 0.64 = 3.20$ (mm)

通过上面的计算,可看出该含水层滤料的粒径在 1.25 ~ 3.2 mm 的范围内。为了备料方便,可选取 1 ~ 3 mm。为了不使滤料的级配过于集中,宜选用 1 ~ 2 mm 和 2 ~ 3 mm 的颗粒粒径各占 50%,掺和均匀使用。

2)滤料的厚度

滤料的围填厚度,需要考虑几方面的因素。如果仅从实验室的理想条件出发,只要有 15 ~ 20 mm 的厚度,就能得到满意的滤水效果。但在实际生产中,还必须考虑到井下的复杂情况和施工围填的困难。

如果滤料的厚度过于薄,围填的质量就很难保证,往往会产生若干"空白点"和疏密不均的现象。如果骨架管在井孔中的同心度不够,还可能使围填的滤料的厚度不一,就有出现难以保证有效厚度的可能,这些情况均易于产生严重的涌砂。但这也并不意味着愈厚愈好,如果过厚,就会造成洗井的困难,对井的单位出水量增加不显著,同时也会造成浪费。

滤料的厚度,根据试验和实践检验,一般最薄为 75 mm,最厚可达 250 mm(印度有人提出 300 mm),平均为 100 ~ 150 mm。对于浅井,如果为了增大管井的单位出水量,可适当增加滤料的厚度。一般认为:对粉、细砂等细粒的含水层中,可取 150 ~ 200 mm;对粗砂以上的粗粒含水层中,可取 100 ~ 150 mm。当厚度增大时,倍比系数 M 便可适当放大。

3)滤料的几何形状和成分

滤料的质量,不仅取决于选取的粒度和围填的厚度,同时还与其几何形状和成分有着密切的关系。因为等圆的球形滤料形成的孔隙直径,要比同直径带棱角者所形成的孔隙直径大,且孔隙率也较高,故其透水性较强、滤水效果也较好。所以,一般在生产中,应尽量选取磨圆度高的砾石和卵石,而不宜采用碎石和石屑作为滤料。

滤料的质地一般以石英为最佳,长石次之,河床石灰石也可,但不适宜于含硫酸根离子较高的水中,因易被侵蚀而胶结。泥灰岩和姜石是不宜作为滤料的,因其有变软和胶结之弊。

4) 骨架管

砂砾滤水管的骨架管,本来采用前面所述的穿孔式和缝式滤水管,只要其圆孔直径、条孔的宽度和缝宽与选用的滤料的粒度相适应,就可以满足拦砂滤水的要求。但在生产中,很少再采用穿孔式的骨架管。因为这里有一个过滤面积和进水面积需要探讨的问题,如果采用穿孔式骨架管,其过滤面积就基本上等于孔眼(圆孔或条孔)的面积,即进水面积。在二者相等的情况下,就要求骨架管的开孔率愈高愈好,因为这样就可以增大其过滤面积。过滤面积增大后,其滤水量便可以相应增大。但开孔率超过一定限度时,对井管强度的减弱影响也相应增大,这在一般情况下是不允许的。

鉴于上述情况,目前的砂砾滤水管多采用金属缠丝的缝式滤水管或网式滤水管作为骨架管。当采用缝式滤水管时,由缠丝所形成的缝的宽度只要满足下面的要求,就能满足拦砂滤水的要求:

$$t \leq D_{\min} \qquad (10\text{-}6)$$

式中:t 为缠丝的缝宽,mm;$D_{\min}$ 为选配滤料的最小颗粒粒径,mm。

缠丝所形成的缝隙率可按下式计算:

$$A_P = \left(1 - \frac{d_1}{m_1}\right)\left(1 - \frac{d_2}{m_2}\right) \qquad (10\text{-}7)$$

式中:A_P 为缠丝的缝隙率(%),其概念同开孔率;d_1 为纵向垫条的直径,mm;m_1 为垫条的中心间距,mm;d_2 为缠丝或纬条的直径或宽度,mm;m_2 为缠丝或纬条的中心间距,mm。

骨架管一般采用穿孔,因圆形孔眼易加工,又可增大直径,故多采用圆孔式滤水管,并以圆孔的外缘小、内缘大的锥形孔眼较佳(可有效地减小孔道堵塞现象)。其开孔率可用下式计算:

$$A_P = C \frac{\pi d^2}{4ab} \qquad (10\text{-}8)$$

式中:A_P 为穿孔管的开孔率(%);d 为圆孔眼的直径,mm;a 为孔眼沿轴向的中心间距,mm;b 为孔眼沿横向的中心间距,mm;C 为纵向垫条的遮蔽系数,$C = 0.9 \sim 0.95$。

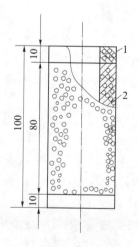

这里还要补充说明,缠丝骨架管的穿孔管,其孔眼面积只作为过滤后的清水进水面积,其进水流速远较过滤流速大得多,通常可允许达到 3 cm/s 以上,故可按具体井管材料的强度情况,不要求过高的开孔率。一般能达到 15% 便可满足其基本要求。

2. 多孔混凝土滤水管

利用一定规格的砂砾滤料和适量高标号水泥作为黏结剂制成的滤水管称为多孔混凝土滤水管(见图10-9),又称为水泥砾石滤水管或无砂混凝

1—密实混凝土管端;2—多孔混凝土管体

图 10-9　多孔混凝土滤水管　(单位:cm)

土管。这种滤水管具有天然砾石滤料透水性强的特点,原料来源广,制造工艺简单,造价比较低。

水泥砾石滤水管的骨料为天然砾石,其粒径大小和级配应与含水层的颗粒大小和级配相适应。由于含水层颗粒大小和级配是多种多样的,要满足各种含水层的需要是不可能的。实际上,按表10-7所列骨料级配选择,即能满足要求。

表10-7　多孔混凝土滤水管骨料粒度

含水层类别	粉细砂	中砂
骨料粒度(mm)	3 ~ 8	5 ~ 10
含水层类别	粗砂	黄土类含水层
骨料粒度(mm)	8 ~ 12	5 ~ 10

水灰比对多孔混凝土滤水管的强度及孔隙率影响很大,水灰比过大,滤水管的强度和透水性能减少;水灰比太小,和易性差,砾石胶结不牢,也会影响强度和透水性。提高滤水管的强度,不能单靠增加水泥用量来实现,水泥用量过多,滤水管的透水性就会显著下降。实践证明,只要采用合格的骨料、高标号的水泥,合理减小水灰比,搅拌均匀,合理振捣,蒸汽养护,强度是可以提高的,其极限强度可达$2 ~ 2.5 \text{ kN/cm}^2$(见表10-8)。

表10-8　多孔混凝土滤水管的水灰比、灰砾比、强度参考值

骨料级配 (mm)	适用深度 (m)	灰砾比 (质量比)	水灰比 (质量比)	极限强度 (kN/cm²)	轴向强度 (kN/cm²)	侧向强度 (kN/cm²)	蒸养方法
1 ~ 5	≤100	1:5	0.38	1.5	0.6	0.75	闭模蒸养
	100 ~ 200	1:4	0.34	2.0	0.8	1.10	
3 ~ 7	≤100	1:5	0.35	1.5	0.6	0.75	闭模蒸养
	100 ~ 200	1:4.5	0.30	2.0	0.8	1.10	
5 ~ 10	≤100	1:5	0.30	1.5	0.6	0.75	闭模蒸养
	100 ~ 200	1:4.5	0.28	2.0	0.8	1.10	

一般敞模蒸养生产的滤水管强度较闭模蒸养低,只能用于深度小于150 m的管井,闭模养护可以提高强度20%,如能采用内水加压闭模蒸养,则强度可提高30% ~ 40%。为了增加滤水管的强度,在管的两端各浇筑10 cm长的密实混凝土,密实混凝土的用料配比为1:3 ~ 1:4(灰砂比)。

制作多孔混凝土滤水管时,除严格按设计要求称料外,尚需注意以下几点:

(1)砾石必须符合规格,尽可能少含或不含杂质,用前充分用水洗净。

(2)水泥标号必须满足设计要求,且不可使用过期失效或标号不稳定的产品。

(3)严格控制温度,冬季制管,应在蒸汽养护的室内进行。

(4)严格遵守养护规程,一般蒸模养护时间不低于4 ~ 6 h,然后洒水养护7 ~ 10 d,28 d后才能出厂使用,冬季养护时间还应适当加长。

由于多孔混凝土滤水管在配制时,所用水灰比较低,故在目前只能采用振捣法生产。一般生产如图10-9所示的1 m长的短节管,其两端各有10 cm长的密实混凝土保护端。

这种井管仅用于浅井和中深井,如用于深度在 200 m 以上的机井,其强度便不适应。

多块混凝土滤水管用于深井时,可将 3～4 节短节管粘接组成长节管,套于穿孔花管或纵向金属杆条和短管构成的骨架之外(见图 10-10),在滤水管管段的上下两端,各用法兰盘固定,依靠各管段的管箍丝扣与其他管段相连。

尽管多孔混凝土滤水管本身不需要再填滤料,但试验和经验表明,围填滤料能更有效地防止滤水管堵塞,增大滤水管的透水性,但填砾的厚度和围填质量,就不一定要求像砂砾滤水管那样高。

　3. 贴砾滤水管

将砾石滤料用一定剂量的树脂等高强度胶结剂拌和均匀,紧贴在穿孔骨架管外围构成的滤水管称为贴砾滤水管。这种滤水管实质上是多孔混凝土滤水管的另一种形式,其最大优点是将多孔混凝土的厚度减小 15～20 mm,其轴向应力主要由骨架管承受,贴砾层可起到加强作用。

贴砾滤水管的骨架多为钢管,也有用塑料管和石棉水泥管的。骨架管上有条孔进水缝隙。贴砾为洁净圆形的石英砾石。

贴砾滤水管因直径相应减少,故可用于深度较大的机井,特别适合于粉细砂含水层,可以节省扩孔和围填滤料的费用,其结构见图 10-11。

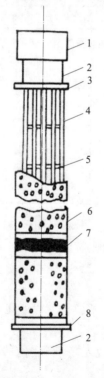

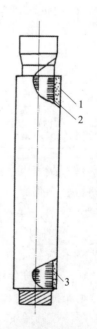

1—管箍;2—短管;3—上法兰盘;4—纵向杆条;
5—支撑环;6—多孔混凝土滤水管;7—黏结缝;
8—下法兰盘

图 10-10　深管井用多孔混凝土滤水管

1—贴砾层;2—骨架管;3—条孔
图 10-11　贴砾滤水管

二、滤水管的水力计算

(一)透水性

滤水管的透水性大小是衡量其质量优劣的主要指标之一,所谓滤水管的透水性,是指滤水管外的水进入井孔后,在正常工作状态下,既不发生涌砂,又能满足进水阻力最小的性能。

关于滤水管的透水性,分为以下四种:

(1)原始透水性——滤水管本身在清水中的透水性,用 K_0 表示。

(2)工作透水性——滤水管与其相适应的含水层接触,并正常工作时的透水性,用 K_s 表示。

(3)粘化透水性——滤水管外的水进入井孔后,因受钻进泥浆和洗井彻底是否影响后的透水性,用 K_n 表示。

(4)剩余透水性——滤水管在井中工作一段时间后,或堵塞平衡后,取出再置入清水中所测定的透水性,用 K_e 表示。

滤水管的这四种透水性,基本可以全面鉴定其质量好坏。一般是高透水性的滤水管,其原始渗透系数也大。但虽有大的原始透水性,并不一定表明这种滤水管就是对既定含水层合适,也就是说,脱离开含水层,单纯谈滤水管的透水性是没有实际意义的。

再好的滤水管与含水层接触工作后,一点不堵塞是不可能的。滤水堵塞可分为接触堵塞和孔道堵塞。一般高效的滤水管,其接触堵塞大于孔道堵塞。

还应指出,由于泥浆对滤水管的粘化堵塞,会减少滤水管的工作透水性,所以除滤水管的正确设计外,打井施工中彻底洗井是提高滤水管透水性的重要措施。

(二)水力计算

1. 滤水管的允许滤水速度

当管井抽水工作时,地下水从含水层中便以某一速度通过滤水管流入井孔内,该速度称为滤水速度。随着抽水量的增大,该速度也相应增大。但是该速度是不能任意增大的,若该速度过大,其扰动细砂的能力增大,轻者可使滤水管的堵塞加剧,从而降低了管井的单位出水量(或管井的效率);重者有可能扰动含水层,产生涌砂。所以,对滤水管的滤水速度要有一定的限制,针对不同含水层的滤水特征,该限定的滤水速度也不相同,一般将此限定滤水速度称为滤水管的允许滤水速度。在滤水管的设计中,该速度用以设计滤水管的滤水面积或校核设计出水量。

滤水管的允许滤水速度,一般可用修正的阿布拉莫夫经验公式计算:

$$v_允 = 56.67k^{0.411} \qquad (10\text{-}9)$$

式中:k 为含水层的渗透系数,m/d;$v_允$ 为滤水管允许滤水速度,m/d。

式(10-9)对各种滤水管经过验证均较接近,故也较常用。

英美各国习惯采用地下水通过滤水管的孔眼(或缝隙)的允许速度,即允许进水流速,作为设计或校核标准。此流速也为与含水层透水性有关的经验值(见表10-9)。

表 10-9　允许进水速度

含水层的渗透系数(m/d)	允许进水速度(m/s)
>120	0.03
80 ~ 120	0.025
40 ~ 80	0.020
20 ~ 40	0.015
<20	0.010

2. 滤水管工作滤水面积的校核

管井的滤水管经过初步设计后,其几何尺寸能否满足设计最大出水量的要求,尚须进一步校核计算,才能最后确定。如不能满足要求,应作必要的调整,或增大滤水管的长度,或降低管井的出水量。

水井在运行过程中,滤水管必然会产生各种堵塞现象(机械堵塞或化学堵塞),导致其滤水面积减小,使得水井的水头损失增大,出水量减少。因此,在设计滤水管的长度时,要考虑堵塞的影响,即

$$F = K\pi D_滤 L \tag{10-10}$$

式中:F 为滤水管有效的滤水面积,m^2;$D_滤$ 为滤水管的直径,m,一般应按滤水管的外径考虑,如为砂砾滤水管,则应包括滤料的有效设计厚度,如为安全考虑,也可按其骨架管的外径考虑;L 为滤水管的设计长度,m,如为安全考虑,只能按设计动水位以下的长度考虑,并应扣除滤水管或骨架管连接处无进水孔眼的部分,即应当为滤水管的有效长度;K 为滤水管滤水面积的改正系数。该值考虑到堵塞、粘化、锈结等不利因素的影响,一般取 0.3 ~ 0.4。

满足管井的设计最大出水量 Q_{max} 时,要求滤水管的最小滤水面积应为

$$f_{min}'' = \frac{Q_{max}}{v_允} \tag{10-11}$$

校核时的原则:滤水管有效的滤水面积,必须等于或大于设计最大出水量所要求的最小滤水面积,即

$$F_{有效} \geqslant f_{min} \tag{10-12}$$

式中:Q_{max} 为管井的设计最大出水量,m^3/d;f_{min} 为相应设计最大出水量要求的滤水管的最小滤水面积,m^2。

当滤水管的直径确定下来后,其有效长度应为

$$L \geqslant \frac{Q_{max}}{K\pi D_滤 v_允} \tag{10-13}$$

第四节　井出水量计算

根据地下水构筑物渗流运动的求解方法,井的出水量计算公式通常有两类,即理论公式与经验公式。在工程设计中,理论公式多用于根据水文地质初步勘察阶段的资料进行

的计算,其精度差,故只适用于考虑方案或初步设计阶段;经验公式多用于水文地质详细勘察和抽水试验基础上进行的计算,能较好地反映工程实际情况,故通常适用于施工图设计阶段。

　　井的实际工作情况十分复杂,因而其计算情况也是多种多样的。例如,根据地下水流动情况,可以分为稳定流与非稳定流、平面流与空间流、层流与流或混合流;根据水文地质条件,可分为承压与无压、有无表面下渗及相邻含水层渗透、均质与非均质、各向同性与各向异性;根据井的构造,又可分为完整井与非完整井。实际计算中都是以上各种情况的组合。管井出水量计算的理论公式很多,以下仅介绍几种基本公式。

一、稳定流情况下的管井出水量计算

(一)承压含水层完整井

承压含水层完整井(如图10-12所示)出水量为

$$Q = \frac{2\pi kms}{\ln(R/r)} = \frac{2.73kms}{\lg(R/r)} \tag{10-14}$$

式中:Q 为井的出水量,m^3/d;s 为出水量为 Q 时,含水层中距井中心 r 处的水位下降值;m 为含水层的厚度,m;k 为渗透系数,m/d;R 为影响半径,m。

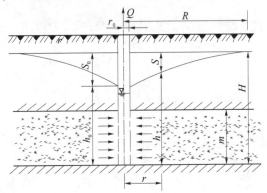

图10-12　承压含水层完整井计算简图

如已知井的出水量 Q,则可由式(10-14)求得含水层中任意点的水位下降值 s:

$$s = 0.37 \frac{Q\lg(R/r)}{km} \tag{10-15}$$

(二)无压含水层完整井

无压含水层完整井(如图10-13所示)出水量为

$$Q = \frac{\pi k(H^2 - h^2)}{\ln(R/r)} = \frac{1.37k(2Hs - s^2)}{\lg(R/r)} \tag{10-16}$$

式中:H 为含水层的厚度,m;h 为含水层中距井中心 r 处的水位值,m;s 为与 h 相对应的点的水位下降值;其余符号含义同前。

若已知出水量 Q,则由式(10-16)求得含水层中任意点的水位下降值 s:

$$s = H - \sqrt{H^2 - 0.73 \frac{Q\lg(R/r)}{k}} \tag{10-17}$$

　　计算时，k、R 等水文地质参数比较难以确定，并且 k 值对计算结果影响较大，故应力求符合实际。

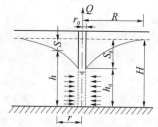

　　上述为 Dupuit 公式，它是在下列假设基础上用一般数学分析方法推导而得的，假设地下水处于稳定流、层流、均匀缓变流状态；水位下降漏斗的供水边界是圆筒形的；含水层为均质、各向同性、无限分布；隔水层顶板与底板是水平的。显然，自然是不可能存在上述理想状态的水井，而且公式的水文地质参数（k、R）也难以准确确定，因此理论公式在实际应用上有一定的局限性。

图 10-13　无压含水层完整井计算简图

（三）承压含水层非完整井

　　承压含水层非完整井（如图 10-14 所示）抽水时，流线呈复杂的空间流状态。Muskat 应用空间源汇映射和势流量叠加原理推导出下面的非完整井的理论公式：

$$Q = \frac{6.28kms}{\frac{1}{2\bar{h}}[4.6\lg(4m/r) - A] - 2.3\lg(4m/r)} \qquad (10\text{-}18)$$

式中：$\bar{h}$ 为过滤器插入含水层的相对深度，其中 $\bar{h} = \frac{l}{m}$，l 为过滤器长度，m；A 为根据 $\bar{h}$ 值确定的函数值，$A = f(\bar{h})$，其函数曲线见图 10-15；其余符号含义同前。

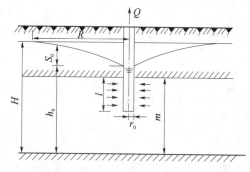

图 10-14　承压含水层非完整井计算简图

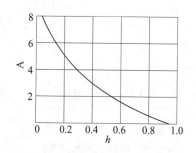

图 10-15　计算附助图表

　　同完整井相比，在相同条件下用非完整井取同等水量，水流将克服更大的阻力。若利用完整井出水量计算公式计算非完整井出水量，可将含水层中水位下降值（s）分解成两部分，即对应完整井该点水位下降值和附加水位下降值（Δs），根据式（10-14）和式（10-18）求得 Δs：

$$\Delta s = 0.16\frac{Q}{km}\xi \qquad (10\text{-}19)$$

其中，$\xi = 2.3(\frac{m}{l} - 1)\lg(4m/r) - \frac{2m}{l}A$；其余符号含义同前。

　　若插入含水层的过滤器长度与含水层厚度相比很小，即当 $\frac{l}{m} \leqslant \frac{1}{3}$ 时，则有：

$$Q = \frac{2.73kls}{\lg(1.32l/r)} \tag{10-20}$$

当 $\frac{l}{m} \leqslant \frac{1}{3} \sim \frac{1}{4}$，$\frac{r_0}{m} \leqslant 5/7$ 时，由式（10-20）求得的 Q 的误差不大于10%，且无需确定难以估计的 R 值。

（四）无压含水层非完整井

无压含水层非完整井可用下式计算：

$$Q = \pi ks \left[\frac{l+s}{\ln(R/r)} + \frac{2M}{\frac{1}{2h}(2\ln\frac{4M}{r} - A) - \ln\frac{4m}{r}} \right] \tag{10-21}$$

式中：$M = h_0 - 0.5l$；A 为根据 $\bar{h}$ 值确定的函数值，$A = f(\bar{h})$，其函数曲线见图10-16，其中 $\bar{h} = \frac{0.5l}{M}$；其余符号含义同前。

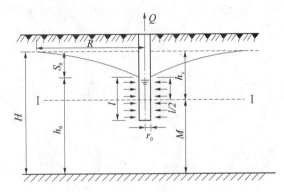

图10-16 无压含水层非完整井计算简图

式（10-21）表示井的出水量是根据分段解法由两部分出水量近似叠加而得的，即图10-16中I—I线以上的无压含水层完整井和I—I线以下的承压含水层非完整井出水量之和，由式（10-16）和式（10-18）组合而成。

若以式（10-16）计算无压含水层非完整井的出水量，附加水位下降值应为

$$\Delta s = H' - \sqrt{H'^2 - 0.37\frac{Q}{k}\xi} \tag{10-22}$$

式中：$H' = H - s_0$；ξ 函数计算式同前，其中 $m = H - \frac{s_0}{2}$，$l = l_0 - \frac{s_0}{2}$。

二、非稳定流情况下管井出水量的计算

自然界地下水运动过程中并不存在稳定态，所谓稳定流也只是在有限时间段的一种暂时的平衡现象。然而，地下水运动十分缓慢，尤其是当地下水开发规模与天然补给相比很小时可以近似地视为稳定流，故稳定流理论概念仍有广泛实用的价值。当开发规模扩大、地下水补给不足时，地下水位发生明显的、持续的下降，就要求用非稳定流理论来解释地下水的动态变化过程。

包含时间变量的Theis公式是非稳定流理论的基本公式。Theis公式除在抽水试验中确定

水文地质参数有重要意义外,在地下水开发中可以用于预测水源建成后地下水位的变化。

(一)承压含水层完整井的 Theis 公式

$$s = \frac{Q}{4\pi km}W(u) \tag{10-23}$$

$$W(u) = \int_u^\infty \frac{e}{u}du = -0.5772 - \ln u + u - \frac{u^2}{2\cdot 2!} + \frac{u^3}{3\cdot 3!} - \cdots \tag{10-24}$$

$$u = \frac{r^2}{4at} \tag{10-25}$$

式中: s 为抽水 t 时间后任意点的水位下降值,m; Q 为井的出水量,m³/d; r 为任意点至井的距离,m; t 为抽水延续时间,d; $W(u)$ 为井函数,可由专门编制的图表查得; a 为承压含水层压力传导系数,m²/d,其中 $a = \frac{km}{S}$,此处 S 为弹性贮留系数, a 或 S 由现场抽水试验测定;其余符号含义同前。

对于透水性良好的密实破碎岩石层中的低矿化度水而言, a 值一般为 $10^4 \sim 10^6$ m²/d;在透水性差的细颗粒含水层中, a 值为 $10^3 \sim 10^5$ m²/d。

当 u 很小,如 $u \leqslant 0.01$ 时,式(10-23)可简化为

$$s = \frac{Q}{4\pi km}\ln\frac{2.25at}{r^2} \approx \frac{Q}{2\pi km}\ln\frac{1.5\sqrt{at}}{r} \tag{10-26}$$

将式(10-26)同式(10-14)相比较可知,在非稳定流情况下,相当于式(10-14)中的 $R \approx 1.5\sqrt{at}$ 。

(二)无压含水层完整井的 Theis 公式

$$h^2 = H^2 - \frac{Q}{2\pi k}W(u) \tag{10-27}$$

$$u = \frac{r^2}{4at} \tag{10-28}$$

式中: h 为含水层任意点动水位高度,m; a 为水位传导系数,m²/d,其中 $a = -\frac{kh'}{\mu}$,此处 μ 为给水度; h' 为抽水期间含水层的平均动水位高度,m;其余符号含义同前。

在无压含水层中, a 值通常为 $100 \sim 5\,000$ m²/d。

当 u 很小,如 $u \leqslant 0.01$ 时,式(10-27)可简化为

$$h^2 = H^2 - \frac{Q}{2\pi k}\ln\frac{2.25at}{r^2} \tag{10-29}$$

在水文地质勘探中,通常可根据抽水试验资料获得 s 、 t ,利用 Theis 公式推算含水层常数 S (贮留系数)、 T ($T = km$),此种计算方法用普通的代数方法求解是困难的,但用图解法可取得满意的结果,有关算法可参看专门文献或有关手册。如已知 S 或 T ,也可利用 Theis 公式计算 s 或 Q ,多用于给水工程设计及运行管理,这种情况计算并不难,可直接由 Theis 公式进行计算。

Theis 公式是在以下假设的基础上推导的:含水层均质、各向同性、水平且无限广阔;含水层的导水系数 T (对无压地层 $T = kH$)为常数;当水头或水位降落时,含水层的排水

瞬时发生;含水层的顶板、底板不透水等。实际上,虽然不存在符合上述假定条件的情况,然而非稳定流理论的发展,已出现不少适应不同条件的公式,如越流含水层、存在延迟给水的无压含水层的计算公式,非完整井的计算公式等。

三、经验公式

在工程实践中,常直接根据水源或水文地质相似地区的抽水试验所得的 Q—s 曲线进行井的出水量计算。这种方法的优点在于不必考虑井的边界条件,避免确定水文地质参数,能够全面地概括井的各种复杂影响因素,因此计算结果比较符合实际情况。由于井的构造形式对抽水试验结果有较大的影响,故试验井的构造应尽量接近设计井,否则应进行适当的修正。

经验公式是在抽水试验的基础上拟合出水量 Q 和水位下降值 s 之间的关系,据此可以求出在设计水位降落时井的出水量,或根据已定的井出水量求出井的水位下降值。

Q—s 曲线有以下几种类型:直线型、抛物线型、幂函数型、半对数型。其对应的经验公式见表 10-10。

表 10-10　出水量经验公式

	Q—s 曲线及其方程		Q—s 曲线的转化		系数的计算公式	外延极限
直线型		$Q = \dfrac{Q_1}{s_1}s$				$< 1.5 s_{max}$
抛物线型		$s = aQ - bQ^2$		两边各除以 Q,则: $s_0 = a + bQ$ $\left(s_0 = \dfrac{s}{Q}\right)$ 可用直线 $s_0 = f(Q)$ 表示	$a = s_0 - bQ_1$ $b = \dfrac{s''_0 - s'_0}{Q_2 - Q_1}$ $\left(s_0 = \dfrac{s}{Q}\right)$	$(1.75 \sim 2.0)s_{max}$
幂函数型		$s = \left(\dfrac{Q}{n}\right)$		取对数,则: $\lg s = m(\lg Q - \lg n)$ 可用直线 $\lg Q = f(\lg s)$ 表示	$m = \dfrac{\lg s_2 - \lg s_1}{\lg Q_2 - \lg Q_1}$ $\lg n = \lg Q_1 - \dfrac{\lg s_1}{m}$	$(1.75 \sim 2.0)s_{max}$
半对数型		$Q = a + b\lg s$		可用直线 $Q = f(\lg s)$ 表示	$b = \dfrac{Q_2 - Q_1}{\lg s_2 - \lg s_1}$ $a = Q_1 - b\lg s_1$	$(2 \sim 3)s_{max}$

以上四种公式适用于承压含水层,但当无压含水层的抽水试验资料符合上述类型时,也可近似应用。

选用上述经验公式的方法如下:

(1)抽水试验应有三次或更多次水位下降,在此基础上绘制 Q—s 曲线。

(2)如所绘制的 Q—s 曲线是直线,则可用直线型公式计算;如果不是直线,须进一步判别,可适当改变坐标系统,使 Q—s 曲线转变为直线,见表 10-10,这样可以经过复杂的运算,选定符合试验资料(Q—s 曲线)的经验公式。

为了选择经验公式,须将所有的试验数据按表10-11列出。

表 10-11　抽水试验数据

抽水次数	s	Q	$s_0 = s/Q$	$\lg s$	$\lg Q$
第一次	s_1	Q_1	s_0'	$\lg s_1$	$\lg Q_1$
第二次	s_2	Q_2	s_0''	$\lg s_2$	$\lg Q_2$
第三次	s_3	Q_3	s_0'''	$\lg s_3$	$\lg Q_3$

然后根据表10-11的数据作出下列图形:

$$s_0 = f(Q)\ ;\ \ln Q = f(\ln s)\ ;\ Q = f(\ln s)$$

假如图形中 $s_0 = f(Q)$ 为直线,则井的出水量呈抛物线增长,这时可用抛物线型公式计算。

假如图形中 $\ln Q = f(\ln s)$ 为直线,则井的出水量按幂函数增长,这时可用幂函数型公式计算。

假如图形中 $Q = f(\ln s)$ 为直线,则井的出水量按半对数函数增长,这时可用半对数型公式计算。

四、单井计算中的几个问题

本节介绍单井理论计算公式中几个与实际情况出入较大而且在理论与实际中都十分复杂的问题。鉴于问题的复杂性,至今还缺少这方面比较系统和普遍适用的研究成果,但在工程实际中应予以关注。恰当地处理这些问题,会取得较好的技术经济效果。

(一)层状含水层中管井的计算问题

在天然情况下均质含水层并不多见,几乎所有的第四系地层中的含水层都是成层的,甚至是各向异性的。有时含水层的分层构造及其渗透特性对取水构筑物的影响不能忽视。解决这类问题比较简便的办法是:设法把非均质的层状地层或各向异性的地层近似地当作一个均质的各向同性的含水层,求得其平均渗透系数,进而利用相应的理论计算公式求解。

下面讨论的水平层状含水层的计算都以平面渗流及缓变流为基础,并且只限于各向同性的,其结果再用于管井计算也是一种近似作法。

1. 平行于含水层的渗流情况(见图10-17)

通过含水层的单位宽度流量应为

$$q = \sum_{i=1}^{n} k_i m_i \frac{h_1 - h_2}{l} \qquad (10\text{-}30)$$

式中: $h_1 - h_2$ 为水流流经地层经距离 l 的水头损失; k_i 为各层的渗透系数; m_i 为各层的厚度。

x 方向的渗流速度应为

$$v_x = \sum_{i=1}^{n} \frac{k_i m_i}{m} \frac{h_1 - h_2}{l} \qquad (10\text{-}31)$$

式中: m 为含水层总厚度。

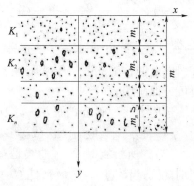

图 10-17　层状含水层

则沿水平方向的平均渗透系数为

$$k_x = \sum_{i=1}^{n} \frac{k_i m_i}{m} \qquad (10\text{-}32)$$

在地下水流有自由表面的情况下,相应含水层的厚度可近似地取平均值。

2. 垂直于含水层的渗流情况

根据渗流连续性方程,通过各层的垂直渗流速度应相等,故

$$v = k_y i = k_1 i_1 = k_2 i_2 = \cdots = k_n i_n \qquad (10\text{-}33)$$

式中：k_y 为沿 y 方向含水层的平均渗透系数；i 为垂直通过整个含水层的总水力坡降；i_n 为垂直通过各含水层的水力坡降。

另外,水流通过整个含水层的总水头损失应为通过各含水层水头损失之和,故

$$im = i_1 m_1 + i_2 m_2 + \cdots + i_n m_n$$

$$i = \frac{i_1 m_1 + i_2 m_2 + \cdots + i_n m_n}{m}$$

或

$$\frac{v}{k_y} = \frac{v\dfrac{m_1}{k_1} + v\dfrac{m_2}{k_2} + \cdots + v\dfrac{m_n}{k_n}}{m}$$

由此：

$$k_y = \frac{m}{\sum\limits_{i=1}^{n} \dfrac{m_i}{k_i}} \qquad (10\text{-}34)$$

由式(10-32)及式(10-34)可知, $k_x > k_y$。

上述计算的前提是,必须取得各含水层的 k_x 或 k_y,显然就目前的技术条件而言是难以做到的。用经验公式计算取水井就不存在这类问题。

(二)井径对井出水量的影响

由井的理论公式可知,井径 r_0 对井的出水量 Q 影响甚小。然而,实际测定表明,在一定范围内,井径对井的出水量有较大影响。图 10-18 为实测的 $Q - r_0$ 曲线与理论公式计算的 $Q - r_0$ 曲线的对比情况。实测曲线明显反映出井径对井出水量的影响,这是由于理论公式假定地下水流为层流、平面流,忽视了过滤器附近地下水流态变化的影响。实际上,水流趋近井壁,进水断面缩小,流速变大,水流由层流转变为混合流或紊流状态,且过滤器周围水流为三维流。在试验条件下,管径在 500 mm 以内时,井出水量受到紊流和三维流影响而下降,管径越小,则影响越大。

井径与井出水量的关系,目前仍采用经验公式计算。常用的有下列公式：

$$\frac{Q_1}{Q_2} = \frac{r_1}{r_2} \qquad (10\text{-}35)$$

在无压含水层,可用抛物线型经验公式：

$$\frac{Q_2}{Q_1} = \frac{\sqrt{r_2}}{\sqrt{r_1}} - n \qquad (10\text{-}36)$$

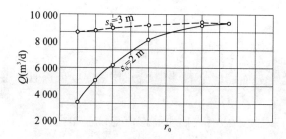

1—实测的 Q—r_0 曲线;2—用理论公式计算的 Q—r_0 曲线

图 10-18　实测的与理论公式计算的 Q—r_0 曲线

式中：Q_1、Q_2 为小井和大井的出水量,m^3/d；r_1、r_2 分别为小井和大井的半径,m；n 为系数，$n = 0.021(\dfrac{r_2}{r_1} - 1)$ 。

　　在设计中,设计井和勘探井井径不一致时,可结合具体条件应用上述或其他经验公式进行修正。

第十一章 成井工艺

管井是指采用机械施工的水井,这类水井的特点是井的直径较小、深度比较大。所谓管井的成井工艺,是指井孔建造过程中的施工程序和技术方法,主要包括井孔钻进、电测井、破壁与疏孔、安装井管、围填滤料、封闭隔离、洗井和抽水试验等一系列工序。实践证明,要建造一口高质量的机井,必须认真对待成井工艺中的每个环节,如果稍有疏忽,则往往会对机井的质量造成难以补救的缺陷。

第一节 井孔钻进

井孔钻进的方法很多,有冲击钻进、回转钻进以及反循环钻进和空气钻进等。但在农用管井施工中,目前普遍使用的方法多为冲击钻进和回转钻进,现分述如下。

一、冲击钻进

冲击钻进的基本原理是使钻头在井孔内作上下往复运动,依靠钻头自重来冲击孔底岩层。然后用抽筒捞出井底破碎的岩屑。如此反复,逐渐加深,而成井孔。

(一)冲击钻机的构造与性能

1.冲击钻机的构造

冲击钻机的构造常因型号不同而有差异,但基本构造比较相似,现仅以 CZ－22 型冲击钻机为例予以说明。其结构如图 11-1 及图 11-2 所示。

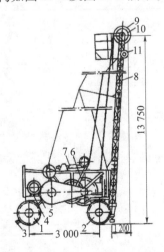

1—前轮;2—后轮;3—辕杆;4—底架;5—电动机;6—连杆;7—缓冲装置;
8—桅杆;9—钻进工具钢丝绳天轮;10—抽砂筒;11—起重用滑轮
图 11-1 CZ－22 型冲击钻机示意图

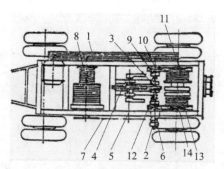

1—三角皮带;2—传动轴;3—摩擦离合器;4—大齿轮;5—冲击轴;
6—摩擦离合器;7—链条;8—钻进工具用卷筒;9—摩擦离合器;
10—齿轮;11—抽砂筒用卷筒;12—摩擦离合器;13—齿轮;
14—复式滑车用卷筒

图 11-2　CZ – 22 型钻机传动示意图

2. 冲击钻机的性能

常见的冲击钻机有冲击 150 型、丰收 120 型、CZ – 20 型、CZ – 22 型、CZ – 30 型等多种,各类钻常用冲击钻孔的机械性能规格见表 11-1。

表 11-1　常用冲击钻孔的机械性能规格

项目		冲击 150 型	丰收 120 型	CZ – 20 型	CZ – 22 型	CZ – 30 型
泥浆护壁的井孔直径(mm)		500	500	700	800	1 200
钻具最大冲程(mm)		800 760 630	750 350	1 000 450	1 000 350	1 000 500
钻具冲击次数(次/min)		38	40	40 45 50	40 45 50	40 45 50
泥浆护壁钻进深度(m)		150	120	120	150	180
工具卷筒起重(N)		13 000	15 000	15 000	20 000	30 000
工具卷筒上用钢丝绳直径(mm)		17	17	19.5	21.5	26
桅杆高度(m)		7.3	8.5	12.0	13.5	16.0
桅杆起重量(kN)		100	100	50	120	250
电动机	功率(kW)	14	10	20	20	40
	转速(r/min)	1 460	1 460	970	980	735
	电压(V)			220/380	220/380	220/380
柴油机	型号			3 110 ~ 4 110	4 110	6 108 ~ 6 135
	功率(kW)	14.7	14.7	20.1 ~ 29.4	29.4	44.1 ~ 58.8
	转速(r/min)	1 500	1 500	1 500	1 500	1 500
适应地层		各种土、砂层、砾石、卵石、石				

(二)冲击钻进的技术规程

1.冲程及冲击频率

冲程即钻头在冲击破碎岩层时,钻头提升离孔底的高度。冲击频率则是钻头每分钟冲击孔底的次数。冲程的大小及冲击频率的高低主要根据岩层的可钻性而定。在坚硬岩层中钻进应选大冲程、低频率。相反,在松软岩层中则应选小冲程、高频率。一般情况下,冲程可选择在 0.6 ~ 0.8 m。冲击频率可选择为 38 ~ 40 次/min。

2.钻具质量

钻具质量的大小,常视岩层软硬程度不同而定,坚硬岩层宜大,松软岩层宜小。一般在黏土、砂层中钻进,每厘米井孔直径应有 10 ~ 16 kg 质量;在卵石、漂石地层中钻进,每厘米井孔直径应有 15 ~ 25 kg 的质量。调整钻具质量的方法一是调换使用不同质量的钻头,二是在钻头上安装加重钻杆以增加其质量。

3.回次时间及回次进尺

每两次提钻倒泥沙间隔的钻进时间为一回次时间。在每一回次时间的进尺深度为回次进尺。一般在黏土、砂层中钻进时,回次时间短而回次进尺大。一般每一回次时间为 10 ~ 20 min,进尺为 0.5 ~ 1.0 m。但在卵石、漂石岩层中钻进时,回次时间长,而回次进尺小,一般每一回次时间 30 min,进尺 0.25 ~ 0.35 m。

4.回绳长度

回绳长度即在冲井钻进时,每次应放松钢丝绳的长度。回绳过短时会发生"打轻"或"打空"现象。这不但影响钻进效率,而且易于损坏机件。但回绳过长,也会降低钻头冲程,且会使钢丝绳冲击扎壁,容易引起坍塌,故回绳的长短应视进尺的快慢而定。一般情况下,每次回绳长度可控制在 10 ~ 30 mm。

此外,根据岩层的可钻性,选择适宜形状的钻头,也可提高钻进效率。冲击钻进常用钻头有一字形、十字形、工字形及抽筒钻头等。对可钻性差的坚硬岩石宜选用一字形钻头;裂隙岩层宜选用十字形或工字形钻头;松散岩层宜选用抽筒钻头。

冲击钻进法适合各种岩层,尤其适宜钻凿卵石、漂石地层。在塑性岩层中钻进效率高,基岩中钻进速度慢。

二、回转钻进

回转钻进的基本原理是钻头在一定的钻压下在孔底发生回转,进行切屑研磨和破碎孔底岩石,同时用具有一定流速的泥浆(冲洗液)通过空心杆向孔底压入,并从钻杆外反流出孔口,借其循环将孔底岩屑携出井外。如此不断循环,可使结头继续向下钻进,从而形成井孔。

(一)回转钻孔的构造与性能

1.回转钻机的构造

回转钻机的类型很多,构造不一,现仅以常用的大口径回转式钻机 SPJ - 300 型为例说明其构造,见图 11-3。

SPJ - 300 型钻机是一种大口径回转式钻机。它的主要优点是钻进效率较高,适于松

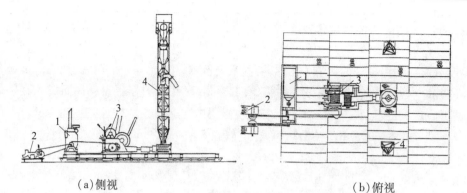

（a）侧视　　　　　　　　　　　　（b）俯视

1—柴油机;2—泥浆泵;3—主机;4—钻塔

图 11-3　SPJ–300 型钻机

散岩层,机械可拆性强,便于运输到交通不方便的地区。SPJ–300 型钻机的主要部件为泥浆泵、柴油机、卷扬机、绞车、转盘、钻塔等。

2.回转钻机的性能

国产的大口径回转钻机有 205 型、红星–300 型、500 型和 SPJ–300 型等多种,现将各类钻机的性能、规格列入表 11-2 中。

表 11-2　常用回转钻机的机械性能、规格

项目	205 型	红星–300 型	500 型	SPJ–300 型
最大开孔直径(mm)	560	560	500	500
钻井深度(m)	250	300	250	300
主卷扬机型式	摩擦式	摩擦式	游星式	游星式
卷筒直径(mm)			350	330
卷筒容绳量(m)	150	150	84	120
钢丝绳直径(mm)	19.5	19.5	19.5	20 或 19.5
单绳提升能力(kN)		20	30	30
副卷扬机				
卷筒直径(mm)			200	170
卷筒容绳量(m)	300	350	250	330
钢丝绳直径(mm)	12	12	16	14 或 33.5
单绳提升能力(kN)		5	12	20
塔架高度(m)	15	14	15	13
塔架承受最大负荷(kN)	180	200	180	240
泥浆泵型号	600/12	600/12	320/35	2 台 250/50
泥浆泵最大泵压(N)	117.6	117.6	343	490
泥浆泵最大排量(L/min)	600	600	320	250(15 m³/h)
钻杆直径(mm)	89	73.114	89	73.89
钻杆所需功率(kW)	44.1	44.1	44.1	39.7

适应地层:各种土,砂层,砾石,基岩

(二)回转钻进的技术规程

1. 钻压

钻压是指钻机加于钻头的轴向压力。它是回转钻进中一个重要的技术参数。对不同性质的岩层适当的调节钻压,不仅可提高钻进效率,而且可减免一些故障和事故。岩芯钻机是通过油压传动系统或手把给进的方式来调节钻压的;而磨盘钻机则是利用钻具的重量(自重)进行加压,并通过钻具卷筒刹把来调节钻压的。一般来说,因松散岩层研磨性小,进尺较快,所以要适当加压,以控制钻进速度;而对于坚硬的岩层来说,则因其研磨性大,进尺较慢,故应在保证安全的条件下,充分加压,以提高钻进速度。

2. 转速

转速对钻进速度影响很大,对研磨性小的岩层,其回转速度与钻进速度成正比,而对研磨性大的岩层,其回转速度与钻进速度成反比。一般钻机的转盘转速应控制为钻头圆周转速为 0.8 ~ 3.0 m/s 较合适。

3. 泵量

所谓泵量,是指钻孔所配置的泥浆泵单位时间的排水量。泵量的大小应随岩层的性质和研磨性的不同加以调节。一般在松散岩层中因进尺较快,排出岩屑也较多,故应采用大泵量;而在坚硬岩层中,因进尺较慢,排出岩屑的数量相应的也少,如泵量过大,则易引起钻孔内岩层稳定性较差部分产生塌孔现象,故应采用小泵量。泵量的大小还应根据井孔直径的大小而定,通常应保持在 10 ~ 15 L/min。

第二节　破壁与疏孔

一、破壁

破壁是清除钻进时在开采含水层处的井孔壁上所形成的厚泥浆,以利于地下水能畅通无阻地由含水层中流出并通过滤水管流入井内,因而它是保证机井减小进水阻力达到设计出水量的重要的一环。常用的破壁方法有三种。

(一)扩大钻头破壁

此法就是用直径比孔径大 20 ~ 30 mm 的扩孔钻头扩孔,以扩掉钻进过程所形成的厚泥浆皮。扩孔时宜采用稀泥浆并应轻压、慢转大泵量进行。在含水层处扩孔时,应用活动钻具反复扩孔,以达彻底破掉泥浆皮的目的。这种破壁方法,在上部如有含水层是不适用的。

(二)钢丝刷破壁

钢丝刷破壁,即在疏孔器上焊上钢丝,形如洗瓶的刷子。将其送至含水层处,边送水回转,边反复上、下提拉钢丝刷,使厚泥皮遭到破坏。

(三)双钩破壁器破壁

双钩破壁器如图 11-4 所示,使用时先将破壁器的双钩收于托盘内,用钻杆将其下入含水层处,送水回转,双钩在离心力的作用下自动甩开,并破坏泥皮,被破坏的泥皮碎屑,一部分被水冲出孔外,一部分通过托盘上的四个孔洞,漏于孔底。破壁时应在含水层处反复进行,并开最大泵量冲孔。破壁完成后,稍微倒转钻杆双钩即可收,然后提钻,再用稀泥浆冲净落于孔底的沉淀物。

上述三种破壁方法除钢丝刷破壁法外,其他两种都不能在基岩中的井孔应用。

如前所述,破壁是保证机井出水量的重要措施,因此使用浓泥浆钻进的孔眼,破壁应是必不可少的工序。如采用稀泥浆或清水钻进所形成的泥皮不厚,也可不必破壁,但必须彻底换浆来弥补未破壁带来的不足。

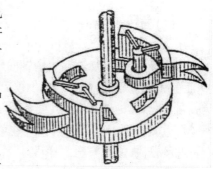

图 11-4　双钩破壁器构造示意图

破壁虽然对增加井出水量大有益处,但过量的破壁有可能造成孔眼坍塌,因此破壁一定要适当进行。

二、换浆

换浆的目的是将孔内泥浆及沉淀物排出孔外,换入稀泥浆,便于填料洗井。换浆可与破壁工作同时进行,即边破壁边送水换浆,换浆时一定要先浓后稀,逐步进行,否则不易使孔底的沉淀物排出孔外。破壁后应将钻具下至孔底继续换浆,直至将孔内泥浆变稀。但换浆和破壁一样,要适可而止。

三、疏孔

疏孔的目的是安装井管而扫清井下的障碍,保证井孔的垂直,以顺利地安装井管。疏孔多采用疏孔器,它是由在一根钻杆上焊接的 3 ~ 4 个导正圈所组成的,导正圈的直径应比井孔小 20 ~ 40 mm,导正圈的间隔为 2 m(如图 11-5 所示)。疏孔过程中,将疏孔器下入孔底,如通行无阻则说明孔眼圆直,方可以下管。如果中途遇阻,说明井下存在障碍或井孔偏斜,应提出疏孔器并重新修整孔眼,直至能通行无阻的下入疏孔器时,方能认为井孔已经修整完毕。

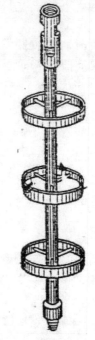

图 11-5　疏孔器构造示意图

第三节　井管的安装

井管的安装,简称下管,是管井施工中最为关键而且是最紧张的一道工序。常见的下管方法有如下几种。

一、钻杆托盘下管法

该法适用于采用非金属管材建造的管井,因下管易于保证井管垂直,故使用较为普遍,钻杆托盘下管法如图 11-6 所示。其主要设备为托盘、钻杆、井架及起重设备。托盘构造如图 11-6(b)所示。

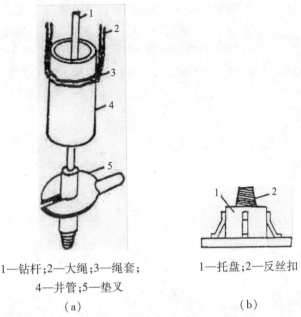

1—钻杆;2—大绳;3—绳套;　　　　1—托盘;2—反丝扣
4—井管;5—垫叉
(a)　　　　　　　　　　　　　　(b)

图 11-6　钻杆托盘下管法示意图

钻杆托盘下管法的方法步骤如下:

第一步:将第一根带有反丝扣接箍的钻杆与托盘中心的反丝锥形接头在井口连接好,然后将井管吊起套在钻杆上,徐徐落下,使托盘与井管正连接在一起。

第二步:把装好井管的第二根钻杆吊起后放入井内,用垫叉在井口枕木或垫轨上将钻杆端部卡住,另用提引器吊起另一根钻杆。

第三步:将第二根钻杆对准第一根钻杆上端接头,然后用另一套起重设备,单独将套在第二根钻杆上的井管提高一段,拿去圆形垫叉,对接好两根钻杆,再将全部钻杆提起一段高度,并使两根井管在井口接好之后,即将接好的井管全部下入井内。第二根钻杆上端接头再用垫叉卡在井口枕木上。去掉提引器,准备提吊第三根钻杆上的井管,如此循环直至下完井管。

待全部井管下完及管外填砾已有一定高度且使井管在井孔中稳定以后,才允许按正扣方向用力徐徐转动钻杆,使之与托盘脱离,然后将钻杆逐根提出井外。

二、悬吊下管法

悬吊下管法主要适用于钻机钻进,并且是由金属管材(钢管或铸铁管)和其他能承受拉力的管材建造而成的深井。该法是用钻机的起重设备提吊井管,全部井管的质量是由钻塔承担的,因此钻杆的抗拉强度、卷扬机的起重能力和钻塔的安全负荷是下管深度的控制条件。

该方法的特点是下管速度快、施工安全,并且容易保证井管垂直。悬吊下管法的主要设备有管卡、钢丝绳套、井架和起重设备(如图 11-7 所示)。井架及起重设备,通常多是用钻机上的井架和卷扬机,但当钻机的起重能力不足时,则可采用浮板下管法,利用泥浆浮力来减轻井管质量。

悬吊下管法的下管步骤较为简单,首先用管卡子(如图11-8所示)将底端没有木塞的第一根井管在箍下边夹紧,并将钢丝绳套套在管卡子的两侧,通过滑车将井管提吊起来下入孔内,使管卡子轻轻落在井口垫木上,随后摘下第一根井管的钢丝绳套,用同样的方法起吊第二根井管,并用绳索或链钳上紧丝扣,然后将井管稍稍吊起,卸开第一根井管上端的管卡子,向井孔下入第二根井管。按此方法直至将井管全部安装完毕。

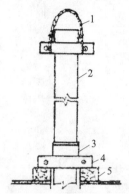

1—钢丝绳套;2—井管;3—管箍;4—铁夹板;5—方木

图 11-7　悬吊下管法示意图

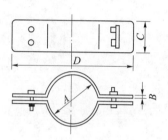

图 11-8　下管用管卡子

第四节　管外填封

一、管外围填的目的与方法

管外围填工作是指在下完井管以后,向井管外壁与井孔壁之间的环状空隙内围填滤料的工序。由于滤料一般多是选用砾石,故通常也将围填滤料的工作简称填砾。管外围填滤料的目的是通过在管壁与孔壁之间的环状空隙填入滤料,以形成人工过滤层,可以增大滤水管的进水面积,减少滤水管给进水阻力;防止孔壁泥砂通入井内,从而起到增大井水量,减少井水的含砂量及延长井的工程寿命的目的。

(一)围填滤料的要求

1.围填滤料的质量要求

除要求滤料的颗粒形状必须保证浑圆度好,不含泥土杂物,符合规格标准外,还要求在围填的过程中做到填砾及时和填砾均匀,以防止产生滤料的蓬塞或和离析等不良现象,从而满足填砾的设计标准。

2.围填滤料的数量要求

一般要求在围填滤料之前,应结合井孔和井管的规格及钻孔柱状图,对所准备的砾石进行估算,在数量上应具备10%~15%的安全富余量,以防止在围填过程中因产生超径现象而造成滤料数量不足。

3.围填滤料厚度的要求

在滤料质量符合标准的情况下,一般滤料有效厚度在 8 ~ 10 cm 时即可起到滤水拦砂的作用。但实践证明,在井壁管直径一定的前提下,增大滤料的厚度,不仅可以有效地防止井内涌砂,而且还可以增大水井出水量。因此,在不过分增加钻井费用的前提下,适当地加大井孔的直径,增大滤料的厚度是完全有必要的。

4.围填滤料高度的要求

围填滤料高度应根据滤水管的位置确定,要求对所有设置滤水管的部位必须进行填砾,而且高度要高出含水层的隔水顶板 5 ~ 10 m,以防止在洗井或抽水过程中因滤料发生下沉而产生滤水管涌砂等不良现象。

(二)围填的方法

在围填滤料的过程中必须随时测量深度,并记录其填入的数量。围填过程中,必须要做到从井管四周的井孔内慢慢均匀投撒,严禁从一侧大量集中倒入,以免形成柱塞或将井管拥斜。

一般每回填高度 3 ~ 5 m 后,须测量一次,用铅丝拎上一个长 0.5 ~ 1.0 m 的铁棍,其质量应是下入井内铅丝质量的 1 倍以上。不断测量的主要目的是核对填入滤料的体积与深度的关系是否对应。如果发现滤料没有下到预定位置,则说明发生了蓬塞现象。围填滤料时还应注意以下几点:

(1)当井管全部下入井孔后,应立即进行填料,以防止泥浆沉淀或孔壁坍塌。

(2)围填滤料的过程中,要防止滤料填不到预定位置,而中途蓬塞。

如果发现堵塞现象,可以采取适当的办法予以处理,通常采用的方法如下:

(1)荡法。在滤水管上部使用活塞或小型抽砂筒进行一定频率的抽动,可消除堵塞,使滤料继续下沉。

(2)冲水填料法。在井内下入水管(或)钻杆,然后将井口封闭,向井管内送入稀泥浆或清水,使井管泥浆向上流动,即可冲破堵塞。

(3)反循环填料法。采用一专用水泵,将吸水管置入井管中,而将其出水管置于井管与井壁之间的空隙中。当开动水泵时,井壁内水位下降,而井壁外水位固定,于是在井壁管内外水头压力差的作用下,井管外的液体便向下流动,通过滤水管又流入井管内,并不断循环。在这种情况下围填滤料,不仅可以防止滤料的蓬塞,而且也可减少或免除滤料颗料大小离析现象的发生。

二、管外的封闭与隔离

为保证取水层的水质、水量不受其他含水层的影响,而将其他含水层进行封闭,使其不会沿井壁管串通到取水层或涌出地面的一种措施,称为封闭隔离。

(一)封闭隔离常用的材料

1.水泥

水泥可用作封闭料,一般选用较高标号的硅酸盐水泥,使用时拌和成水泥浆,用钻杆或导管将水泥浆送至预定位置。一般在压力较高的含水层中用水泥封闭效果较差,并且会给以后井的修复造成困难,所以在一般情况下,不宜采用水泥封闭。

2.黏土

农田灌溉机井多采用黏土封闭,其封闭效果也较好,但作为封闭材料的黏土,必须是质地纯洁、含砂量小的优质黏土。

(二)黏土封闭材料的制作

1.天然状态的干黏土封闭

使用这样的黏土封闭时,要求使用经过分选的黏土碎块,块径3～5 cm,最好不要用黏土粉末,这是因为黏土粉末在下沉过程中会溶于泥浆中,影响封闭效果。经过筛选的干黏土块虽较黏土粉末好些,但其遇水后崩解的速度较快,所以也很少使用。

2.采用黏土球进行封闭

选用优质的黏土加水掺和均匀后,制成直径为2～3 cm的黏土球,并要求大小均匀,滚圆度要好,阴(勿暴晒),控制其含水量在10%左右。因为黏土经过人工拌和后,其颗粒间的结构较原始状态更为紧密,不再具有节理,所以在泥浆中的崩解速度远较原始状态的干黏土块为慢,一般超过30 min才能彻底崩解,能够较理想地围填到预定位置。经试验,当黏土球崩解后,初期其体积体被压缩10%时,其渗透系数为0.095 m/昼夜;经过一段时间,当体积被压缩15%时,渗透系数进一步降低至0.006 m/昼夜左右。由此可看出,使用黏土球比较易于控制,且有较好的封闭止水效果。

(三)封闭隔离的方法

1.连续封闭隔离

当所取含水层比较单一,或在某一含水层段集中取水时,常采用这种方式,即当含水层部位的滤料围填完毕后,在其上部直至井口完全封闭,称为连续封闭。这种方式施工较为简便,封闭位置也易于掌握。

2.分段封闭隔离

在多个含水层中取水时,若其中某个含水层因为某种原因而必须封闭隔离,多采用这种方式封闭。如图11-9所示,含水层Ⅰ、Ⅲ作为取水层要围填滤料,含水层Ⅱ为有害水层须封闭隔离,而含水层Ⅰ以上至井口又须进行封闭,这种分段交错隔离的方法即称为分段封闭隔离方式。它能保证含水层Ⅰ、Ⅲ充分进水,而又不致于使含水层Ⅱ的水通过井壁管串通到其他取水含水层。这种隔离方式施工要求较高,对于每一层的围填都应精确测量与计算,预留其沉陷量。使用黏土球时,应按25%的沉陷量来考虑,一般不致于发生错位现象,可以保证有较好的封闭隔离效果。为了确保封闭质量,应对所采用黏土进行试验,以确定投填时黏土球的适宜含水量与崩解时间,每填完一段后应停2～3 h,令其充分沉陷。

(四)高压含水层封闭

在高压含水层建井时,承压水会从井口涌出地面,若封闭隔离处理不好,不但会影响水质,而且还会造成井口附近地面的冲刷,因此封闭隔离必须采取一些专门措施以保证封闭质量。

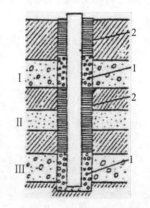

1—滤料;2—黏土封闭隔离

图11-9　分段封闭隔离示意图

高压含水层的封闭材料也是黏土或水泥浆,所不同的是,在相应于开始封闭部位的井管上绑扎数个棕皮或海带塞子,大小与井孔的直径相当,其作用是堵住井管与孔壁间的环状间,以减小承压水头,使封闭材料能落到封闭位置。

机井的井口封闭,也应给予特别注意。一般是在靠近井口2~3 m处,用黏土围填并予以夯实,在适当的位置处,于井管外焊接一个与井孔直径相当的铁盘,使黏土与铁盘紧密接触,井口地面要铺设一定厚度的混凝土,以防止井口地面被渗水冲刷,参见图11-10。

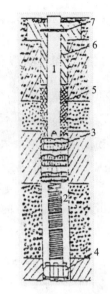

1—井管;2—滤水管;
3—棕皮或海带塞子;
4—扶正器;5—水泥砂浆;6—黏土;7—铁盘图

图11-10　承压含水层中机井封闭示意图

第五节　电测井技术

为了进一步了解含水层的性质和状况,在井孔打完之后,用电缆将电极系放于井内,通过仪器测量出不同深度的岩层的电性差异,根据测量结果分析推断出井孔的岩性和水质的变化情况,这种方法叫作电测井。

在打井工作中,电测井主要用来确定含水层的位置、厚度,划分咸、淡水的分界面,并估算成井后的水质和水量。开采深层淡水,电测井可以为井管设计和确定咸水层的封闭深度提供较为可靠的依据。

电测井根据电场的性质可以分为人工电场法和自然电场法。人工电场法在水文地质测井中以视电阻率法应用最广。本节介绍的梯度电极系、电位电极系、二极法都属于视电阻率法。

一、电测井的主要装备

除测试仪器外,电测井的主要装备有电缆、电极系、重锤、井口滑轮、绞车、地面电极等。

(一)电缆

电缆的作用是将电极系提放井内,并作为连接电极系、地面电源和地面仪器的导线。对电缆的要求是坚韧、柔软、绝缘好、缆芯电阻低。点测法所用的电缆以三芯含钢丝的电缆为最好,线径不需过粗,单芯截面在1.5~2.5 mm²即能充分满足要求。如果井深小于200 m,也可以用无钢丝的三芯动力电缆,或三条军用电话线合起来使用。电缆应绝缘材料性能良好,任一缆芯与水之间的绝缘电阻,都应不小于500 MΩ。

(二)电极系

1.电极系的概念

在井下使用的装在电缆上的3个电极,叫作电极系;另一个电极埋在地面上,叫作地面电极。这些电极中用以供电的,叫作供电电极,以字母A、B表示;用以测量电位差的,叫作测量电极,以字母M、N表示。在电极系中,供电或测量共用相同的两个电极,叫作成对电极,另外一个则叫作不成对电极。

电极系的表示符号,是表明电极自上而下的排列顺序,字母之间的数字表示两个电极之间以 m 为单位的距离(以电极中心为准)。例如 $A2.0M0.25N$ 表示电极系最上面的电极为 A,中间电极为 M,最下面的电极为 N,A 距 M 为 2.0 m,M 距 N 为 0.25 m。电极系一般将中间电极作为 A 极或 M 极。

成对电极为供电电极者,为双源电极系;成对电极为测量电极者,为单源电极系。成对电极间的距离小于不成对电极至中间电极的距离者,叫作梯度电极系。成对电极间的距离大于不成对电极至中间电极的距离者,叫作电位电极系。梯度电极系又分为底部梯度电极系和顶部梯度电极系。成对电极在下方的,叫作底部梯度电极系或正装梯度电极系。成对电极在上方的,叫作顶部梯度电极系或倒装梯度电极系(如图 11-11 所示)。不论是梯度电极系还是电位电极系,一律以距离较近的两个电极的中点作为记录点(测点)。该点在井内的深度,亦即测量深度。

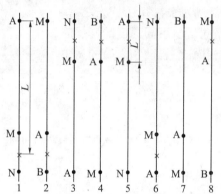

1.单源底部梯度电极系
2.双源底部梯度电极系
3.单源顶部梯度电极系
4.双源顶部梯度电极系
5、6.单源电位电极系
7.双源电位电极系
×.记录点

图 11-11　电极的类型

梯度电极系的电极距 L(相当于 $AB/2$),等于不成对电极至记录点的距离;电位电极系的电极距 L,等于不成对电极至中间电极的距离。

不论是梯度电极系还是电位电极系,电极系数又叫作装置系数,仅与源数有关,视电阻率 ρ_s 的计算公式为

对于单源电极系:

$$\rho_s = K \frac{\Delta V}{I} \tag{11-1}$$

装置系数为

$$K = 4\pi \frac{AM \cdot AN}{MN} \tag{11-2}$$

对于双源电极系,视电阻率 ρ_s 的计算公式同单源电极系,装置系数为

$$K = 4\pi \frac{AM \cdot BM}{MN} \tag{11-3}$$

2.电极系的制作

电极系中每个电极的长度一般为 $3 \sim 5$ cm,直径约 3 cm。电极材料以纯铅皮或纯铅丝为最好,也可以用 $20 \sim 25$ A 的保险丝代替。

电极系的做法有以下两种。

1) 极距离可以变动的电极系

先在电缆上套上一段硬塑料或硬胶皮管。管的内径应略大于电缆外径,管的外径3 cm左右,管长8~10 cm。在管的中间部分用铅丝紧密缠绕5~7 cm。管的两端用高压胶布缠成比电极直径略大的电极座。电极座应压住缠绕的铅丝1 cm左右(如图11-12所示)。

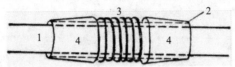

1—电缆;2—硬管;3—铅丝;4—高压胶布缠成的电极座

图11-12　电极的制作

电极与缆芯的连接是:将电缆下端扭转过来,用弦线或钢丝扎成环形,以悬挂重锤。将各电极与缆芯之间用软胶皮导线连接起来,连接点应严密绝缘,导线要从电极座里面穿过。为了减少导线的接头,确保绝缘良好,可以使扭转过来的电缆长一点,将缆芯直接与电极连接,连接导线要长一点,使电极可以上下挪动,挪动后的电极位置可以临时绑扎固定。

2) 电极距离固定的电极系

电极的做法同上。电极与缆芯的连接可以用上述方法,也可以用下面割断缆芯的方法,先将电缆外皮破开,割断一条缆芯,将下面的一个断头绝缘,把上面的断头与电极之间用胶皮连接起来。在电缆剖开部分注满生胶,外面用高压胶布缠牢,两端用弦线扎紧。为了防止水沿胶皮导线侵入电缆剖开处,再用高压胶布将导线全部包住。电极系中最下面的一个电极直接与缆芯连接,另外两根缆芯的尽头应予以绝缘。

(三) 重锤

当井内有泥浆,电极系的质量不能使电缆保持垂直时,可加一重锤,材料一般用铅制作。重锤的质量应视泥浆的比重而定,当泥浆比重小时,可用3~5 kg;当泥浆比重较大时可用5~10 kg。重锤与最下面的电极间的距离,不应小于电极距的1/4。

(四) 井口滑轮

点测法使用井口滑轮的作用,只是便于从井内提放电缆。

(五) 绞车

绞车是用来缠放和升降电缆的,分手摇和机械传动两种。

(六) 地面电极

地面电极如果是供电电极,可以用棒状铜电极或铁电极;如果是测量电极,可以将铅丝紧密地缠绕在电工用的穿墙瓷管上做成铅电极。

二、梯度电极系测井

(一) 工作方法

单源梯度电极是测井的线路连接,如图11-13所示,R 与电流表(mA)组成电流调节器。电极系的 M、N 极与仪器连接，A 极与仪器的任一个电源极插孔连接，地面电极 B 与另一个电源极插孔连接。在 A 极或 B 极与仪器连接的线路中，串联上供电电源、电位器和电流表，电位器的作用是调节供电电流的大小。地面电极打在井口附近的较湿润的地方，地面电极如果为铅电极，可挖一小坑埋入地下，并浇上水，使其接地良好。电极系的各个电极在下井前必须用砂纸擦干净，因为铅的表面极易生成一层氧化膜，容易使线路灵敏度达不到要求。

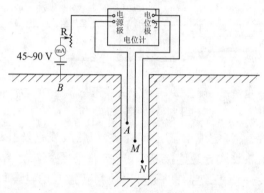

图 11-13　单源梯度电极系测井装置

测井时先将电缆放入井底，从下往上逐米进行测量，按式(11-1)计算视电阻率。如果用电位器将电流强度 I 调整到与 K 值相等或为 K 值的若干分之一，则可以使计算简化。例如当 $I = K$ 时，$\rho_s = \Delta U$；当 $I = K/2$ 时，$\rho_s = 2\Delta U$。在测量过程中一般 I 变化很小，可以间隔几十米调整一次，其他测点只做电位差测量。

底部梯度电极系，对高阻层的下界面和上界面反映都较明显，测井一般常用底部梯度电极系。

由于在测井时电极系是在井液当中，所以井液电阻率的大小对测出的视电阻率有一定的影响。电极距越大，井液电阻率的影响越小，测出的视电阻率越能接近于巨厚岩层的真电阻率。但在实际上，砂层的厚度是有限的，当电极距接近于或大于砂层厚度时，砂层上下的黏性土的影响随之增大，反而使测出的砂层的视电阻率偏小，甚至使砂层反映不明显。为此，在选择电极距时，必须考虑以下两个方面：

（1）井径越大，井液电阻率与地层电阻率相差越大，则井液电阻率对视电阻率的影响越大。例如，地层是咸水，而井液是淡水，如果电极距较小，则测出的视电阻率比地层的真电阻率大很多，会误认为地层水是淡水。在理论上，当地层电阻率为井液电阻率的 5 倍时，只有当电极距等于或大于井径的 3 倍时，井液的影响才可以不考虑。当地层电阻率为井液电阻率的 20 倍时，只有当电极距等于或大于井径的 5 倍时，井液的影响可以不考虑。例如，井液矿化度为 2 g/L，其电阻率约为 4.5 MΩ，淡水砂层的电阻率约计为 20 MΩ，相当于井液电阻率的 5 倍左右，如果井径为 0.5 m，则电极距应不小于 1.5 m。

（2）当电极距大于砂层的厚度时，砂层反映不明显。为此，电极距不宜过大。能划分出数目最多的岩层，受井液的影响又较小的电极系，叫作标准电极系。用标准电极系测出的曲线，在矿化度大于 3 g/L 的咸水层中曲线较平直，反映不出砂层，但在淡水层中对砂层反映很明显。

在平原地区测井，电极距一般取 2.0 ~ 4.0 m，例如 $A2.25M0.5N$，$A2.58M0.5N$，$A2.0M0.25N$，$A3.745M0.5N$ 等。在一般情况下，可用 $A2.58M0.5N$ 的电极系，其装置系数 $K=200$。若井液与地下水水质相差很悬殊，打井时间又很长，可以用 $A3.745M0.5N$ 的电极系，其装置系数 $K=400$。

双源梯度电极系测井方法与单源梯度电极系测井方法类似，区别在于其一个测量电极在地面，须采用铅电极。

（二）曲线分析

将观测结果绘到以 ρ_s 值为横坐标，以深度为纵坐标的方格纸上，即得到视电阻率曲线（见图 11-14）。纵向比例尺一般选用 1∶200，横向比例尺的选择应能使高阻岩层和低阻岩层在曲线上有明显的反映，但又不致将测量误差放的很大，使曲线复杂化。

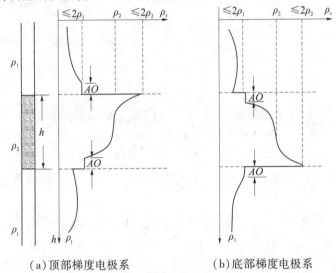

（a）顶部梯度电极系　　　（b）底部梯度电极系

图 11-14　视电阻率曲线

梯度电极系测出的 ρ_s 曲线如图 11-14 所示。当电极距小于岩层厚度时，正对着高阻层的视电阻率曲线是不对称的。对于底部梯度电极系，曲线的极大值对应砂层的下界面，曲线的极小值对应砂层的上界面。顶部梯度电极系所测出的 ρ_s 值曲线恰恰相反，曲线极大值出现在砂层的上界面，极小值出现在砂层的下界面。因为受井液电阻率的影响，ρ_s 极大值一般大于砂层的真电阻率。ρ_s 平均值的大小，能比较真实地反映出水水质的好坏，可以用它粗略地查出地下水的矿化度。因此，ρ_s 平均值又可以叫作"视电阻率的特征值"。

ρ_s 特征值可以用以下几种方法得到：

（1）底部梯度电极系曲线 ρ_s 特征值，可从砂层中点向下推一个电极距（L），该处的视电阻率即为 ρ_s 特征值；顶部梯度电极系应向上推一个电极距（L），该处的视电阻率为 ρ_s 特征值。

（2）底部梯度电极系曲线，在异常中部的平缓段与接近砂层下界面的急剧上升段的转折点处的视电阻率为 ρ_s 特征值；顶部梯度电极系曲线，在异常中部的平缓段与接近砂层上界面的急剧上升段的转折点处的视电阻率为 ρ_s 特征值。

（3）割补法：在异常中部的某一处作横坐标的垂直线将异常分割为两部分，使垂线右侧割下来的三角形恰好能补足曲线上方（对于底部梯度电极系曲线来讲则在下方），从 ρ_s 极小值至垂线所做的直角三角形，此垂线所代表的视电阻率即为 ρ_s 特征值（见图 11-15）。

当电极距大于砂层厚度时，正对砂层的曲线所反映出来的异常是对称的，ρ_s 极大值正对着砂层的中间。ρ_s 极小值小于或接近于砂层的真电阻率，ρ_s 特征值应取极大值或比极大值更大些。砂层的上、下界面反映不明显，一般可取异常值幅的 2/3 处作为砂层的上、下界面（见图 11-16）。

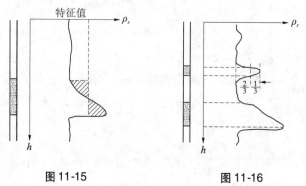

图 11-15　　　　　　　图 11-16

在淡水层中，砂层的 ρ_s 特征值一般大于 20 Ω·m，第四系黏土、壤土的 ρ_s 值一般为 8~20 Ω·m，第三系黏土、壤土的 ρ_s 值一般为 5~15 Ω·m，曲线左右摆动明显。在咸水层中，曲线较平直，ρ_s 值较小，砂层反映不明显，砂层的 ρ_s 值不大于 15 Ω·m，分析水质时应以砂层的 ρ_s 特征值为主，黏性土的视电阻率只作为参考。估算淡水层的矿化度以较厚的砂层为准。

应该注意，电极距不同，受井液的影响程度也不同，因而用不用电极距的电极系测出的同一个砂层的 ρ_s 特征值并不一致。在电极距小于砂层厚度的前提下，极距越大，ρ_s 特征值越接近于真电阻率，分析出的水质越可靠。如果有大小两种电极距的电极系测出的 ρ_s 曲线，当小极距的 ρ_s 特征值比大极距的 ρ_s 特征值大得多，说明地下水的矿化度大于井液的矿化度；反之，则说明地下水矿化度小于或接近于井液的矿化度。

同一地区最好选用一种较合理的电极距作为标准电极系固定下来，以便于各个井的 ρ_s 曲线对比分析。

三、电位电极系测井

（一）电极距的选择

电位电极系测出的 ρ_s 曲线是对称的，所以不论成对电极在上方或是下方，测出的 ρ_s 曲线都是相同的，故不再有顶部电极系与底部电极系之分。

为了减小井液的影响，当地层电阻率为井液电阻率的 5 倍时，电极距应大于或等于井径；当地层电阻率为井液电阻率的 20 倍时，电极距应大于或等于井径的 3 倍。

当电极距大于砂层厚度时，砂层反映不明显；当电极距小于砂层厚度时，砂层在曲线上有明显的反映。选择电极距时，应同时兼顾以上两个方面。

常用电位电极系的电极距有 $N2.0M0.25A(K=3.53)$，$N2.58M0.5A(K=7.5)$，

$N3.745M0.5A(K=7.12), N3.745M0.75A(K=11.3)$ 等。

(二) 曲线分析

当电极距小于砂层厚度时,电位电极系的 ρ_s 理论曲线如图11-17所示。砂层上界面位于曲线从急剧上升处向上推半个极距的地方,砂层下界面位于曲线从急剧下降处向下推半个极距的地方。但根据实践,这样确定的砂层厚度往往偏大,而以实测曲线急剧上升段和急剧下降段的中点,即曲线异常的半幅值处为砂层的上下界面更加接近实际(如图11-18所示)。

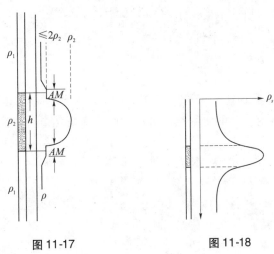

图 11-17　　　　　　　　图 11-18

电位曲线异常的极大值,小于或稍小于砂层的真电阻率。因此, ρ_s 特征值应取极大值或极大值稍大些。但电位电极系受井液的影响比梯度电极系大,在分析时必须加以考虑。

四、二极法测井

二极法是指井下只用两个电极,即 A 、 M 极, B 、 N 电极在井上。 A 、 M 电极互换,对测量结果没有影响。 B 、 N 两个电极的相对位置可以任意选择,但 B 、 N 间的距离必须保持固定。电极系数 K 的计算公式为

$$K = 2\pi \frac{1}{\dfrac{1}{2AM} + \dfrac{1}{BM}} \tag{11-4}$$

对于测量深层淡水, B 、 N 极离井口的距离不限。对于测量浅层淡水,为了减小 A 、 N 极之间和 B 、 M 极之间的相互影响, B 、 N 极离井口的极距不得小于20 m。

A 、 M 极之间的距离为二极法的电极距,记录点在 A 、 M 的中点,电极距一般可取0.5 m、0.75 m、1.0 m。二极法实际上是电位电极系的变种。但由于 N 极在井上, N 极电位的大小只取决于 B 极对它的影响,是一个常数,因此视电阻率的变化只受 M 极电位的影响,这样就减少了影响因素,因而对砂层的反映更加明显和可靠。

二极法的分析方法与电位电极系相同。它的优点是反映砂层可靠,曲线圆滑,便于分析,测量时便于与自然电位法同时测量。可以用双股导线代替三芯电缆进行浅井的测井,

对于深井的测井,由于对电缆强度要求高,仍应使用测井电缆。

二极法的缺点是受井液影响较大。在测井时,若以区分砂层为主要目的,二极法可以单独使用;若以区分咸、淡水界面为主要目的,二极法最好与梯度电极系及自然电位法配合使用。单独使用二极法时,为减小井液的影响,电极距可选用 1 m。

五、自然电位法测井

(一)基本原理

把一个电极埋设在地面,另一个电极放入井下,用导线将它们与电位计连接起来,便会发现两个电极之间存在一个电位差,使检流计指针发生偏转。这个天然存在的电位差主要由以下两部分组成。

1. 电极极化电位差

电极极化电位产生在电极与其介质的接触面上。它不是在地层中天然存在的一种电位,而是因为电极与水或含水的土壤接触而产生的。在自然电位法测井中,这部分电位差是一种干扰因素。

电极极化电位差形成的原因,是当一种金属与水溶液接触时,金属总会或多或少地被水溶液所溶解。被溶解到溶液中去的是带正电荷的离子,电子则仍留在金属中,使它带上负电荷。促使金属以离子状态转入溶液的力量,称为溶液张力。转入溶液中的正离子与金属中的负电荷之间相互吸引,而使两种电荷集中在金属与溶液的接触面附近,形成了双电层。因此,便在金属与溶液之间产生了一个电位,即电极极化电位。金属种类的不同,其溶液张力不同,产生的电极极化电位就不同。溶液浓度发生变化,也会改变电极极化电位的大小。

在电测井或电测深中,由于两个金属电极的材料纯度不可能完全相同,两个电极所接触的介质也不完全相同,因而两个电极所产生的电极极化电位数值也就不同,所以两个电极之间存在一个电位差,这就是形成电极极化电位差的基本原因。

在普通的金属材料中,铅的极化电位最稳定,其次是铜。所以,电测井一般使用铅电极,地面电测一般使用铜电极。

2. 自然电位差

自然电位差是在地下天然存在的与电极无关的电位差。形成自然电位差的原因很多,如因溶液浓度的不同而产生的扩散电位,因井液与地下水压力的不同而产生的渗透电位,因地层中的电化学活动较强的物质(如硫化物)的氧化、还原而产生的氧化还原电位等。在上述成因中,主要的及意义最大的是扩散电位。

当溶解在井液和地层水中的盐的浓度(矿化度)不同时,离子就会从浓度大的一方向浓度小的一方扩散。各种离子的迁移率是不同的,非金属离子的迁移率大,金属离子的迁移率慢。以氯化钠为例,钠离子是金属离子,带正电,氯离子是非金属离子,带负电。氯离子的移动速度比钠离子快。扩散的结果就会出现在浓度大的一方正离子过剩而带正电,浓度小的一方负离子过剩而带负电。

假定井液的浓度大于地下水的浓度,则正对着含水层的井液显示相对的正电性,即正异常,反之则为负异常(见图11-19)。

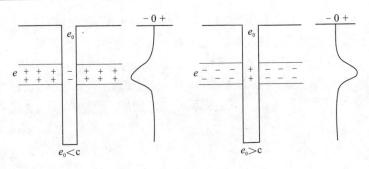

图 11-19

极化电位与自然电位在观测到的数值上是混在一起的,无法分开,在测井中统称为自然电位。由于极化电位是稳定的,它的大小只影响自然电位差绝对值的大小。自然电位差相对值的变化则主要反映了扩散电位差的大小。因此,可以根据自然电位差沿井壁的变化规律,分析含水层的分布和水质变化。

(二) 工作方法

自然电位法测井的线路连接如图 11-20 所示。井下电极 M 一定要相应接测试仪器的 M 端,否则正、负异常恰恰相反。地面电极 N 极可埋在井口附近,覆土踏实。井下电极可以用视电阻率法测井的电极系中的任一个 M、N 电极。

测井时,先将 M 电极放入井底,在提升过程中每间隔 1 m 测量一次。在测量第一个测点时,如果检流计指针不稳定,说明极化电位差不稳定,可以等一段时间,指针基本稳定后再测。如果第一个测点自然电位差很大,可以用极化补偿器补偿一部分,只测量剩余部分。在以

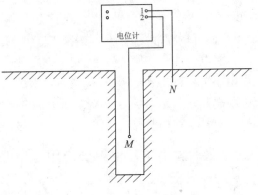

图 11-20　自然电位法测井装置图

后的整个测量过程中,极化补偿器不可再动。在每个测点测量读数的同时,应从测试仪器上读出自然电位的正、负。在进行自然电位测井时,应关闭附近的一切电气设备,以减小大地游散电流干扰。

(三) 曲线分析

以自然电位为横坐标,测量深度为纵坐标,将观测结果点绘到方格纸上。纵坐标的比例尺应与视电阻率测井曲线一致。横坐标比例尺可选用 1 cm 代表 10 mV 或 20 mV,坐标向右的方向为正的方向。

首先从曲线上确定出中线(或叫基线)。中线就是在曲线上较平直的与厚层黏土相对应的线段。中线上的自然电位值不一定为 0,也可能为负值,也可能为正值。较理想的中线应是垂直的,上下是一致的。但实际工作中经常遇到中线偏斜、转折、弯曲等现象。造成这些现象的原因常有以下几个方面:

(1)清水固壁的大口径钻井(例如大锅锥井),由于井壁的渗透性良好,扩散电位形成

的双电层远离井壁,并且上部与下部因钻进的时间长短不同,双电层距井壁的距离也不同,因而经常使曲线的中线偏斜或弯曲,给分析造成困难。

(2)在工业区附近或在井附近有接地的电器等,会使曲线没有规律,找不出中线。

(3)在测量当中,由于触动地面电极周围的土壤,其接地条件有所改变,使中线发生转折。

(4)地面电极埋设时间短或井下电极下井的时间短,极化电位不稳,使曲线下部的中线偏斜。

(5)在测井过程中,井壁坍塌掉块,或突然向井内灌注井液,都可能引起中线偏斜或转折。

(6)M 极在井下由静止变为运动或由运动变为静止,会产生摩擦电位,使极化电位不稳,可在电极上包上一层布套予以消除。

从中线向右突起的曲线段为正异常,向左突起的曲线段为负异常。正异常的自然电位不一定为正值,负异常的自然电位不一定为负值(如图 11-21 所示)。正异常表示该含水层的矿化度小于井液的矿化度,负异常表示该含水层的矿化度大于井液的矿化度。没有异常表示没有含水层,或者有含水层但地下水和井液的矿化度接近。正、负异常都是砂层的反映,砂层的上、下界面可按异常幅值的一半来确定。

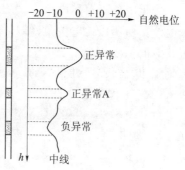

图 11-21

自然电位法测井设备简单,测量速度较快,且能与视电阻率法相辅相成。例如,有些不含水的高阻层,在视电阻率曲线上易判断为含水层,而在自然电位曲线上则不显示异常。但自然电位曲线不一定对每个井都能说明问题,且对水质的分析较粗,因此这种方法一般不能单独使用。

六、各种测井方法的综合应用

在实际测井工作中,一般是几种方法配合使用。在测量深层淡水时可以用自电(自然电位法)、梯度(梯度电极系)和二极法配合,或自电、梯度和电位(电位电极系)配合,或自电、底部梯度、顶部梯度配合。测量大锅锥井,可以用梯度和二极法配合,或只用二极法测量。现以自电、梯度和二极法配合为例,说明各种测井方法的综合应用。

为使极化电位较稳定,应先进行梯度法测量,后进行二极法测量。自然电位法可以与二极法同时测量。梯度电极系若改为双源,也可以与自然电位法同时测量。

假设上层为咸水,其矿化度为 C_1,下层为淡水,其矿化度为 C_2,井液矿化度为 C_0,自然电位曲线有以下几种类型:

(1)当 $C_0 > C_1 > C_2$ 时,砂层在曲线上表现全部为正异常,但在咸水层中的异常幅值小于淡水层中的异常幅值(见图 11-22 曲线 1)。

(2)当 $C_0 < C_2 < C_1$ 时,砂层在曲线上表现全部为负异常,但在咸水层中的异常幅值大于淡水层中的异常幅值(见图 11-22 曲线 2)。

(3)当 $C_2 < C_0 < C_1$ 时,咸水砂层在曲线上表现为负异常,淡水砂层在曲线上表现为正异常(见图 11-22 曲线 3)。

(4)当 C_0 与 C_1 或 C_2 接近时,砂层在曲线上不显示异常;在没有砂层时,尽管 C_0 与 C_1

或 C_2 相差很多也不显示异常(见图 11-22 曲线 4)。

由于二极法受井液的影响比梯度电极系大,当井液矿化度小于地下水矿化度时,二极法视电阻率的特征值大于梯度法视电阻率的特征值;当井液矿化度接近于或大于地下水矿化度时,二极法视电阻率的特征值小于梯度法视电阻率的特征值。定量地分析地下水的矿化度,最好以梯度法为准。比较二极法与梯度法视电阻率特征值的大小,对于分析地下水矿化度也有很大的参考价值。如果只是为了划分咸、淡水界面和含水层,也可以只用二极法和自然电位法测量。

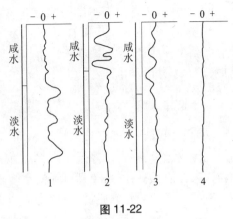

图 11-22

根据三种曲线分析出来的砂层界面的深度,不一定完全一致。对较厚的砂层的下界面,应以底部梯度电极系划分的界面为主,适当考虑其他两种方法划分的界面。对于较薄的砂层,下界面及其他砂层的上界面,不应以梯度法为主,应全面考虑 3 种方法所划分出的界面,选择其中两种方法最接近的界面。

例如图 11-23 为同一个井的三条测井曲线。在深度 62 m 以上,二极法曲线起伏较小,最大的 ρ_s 特征值不大于 15 Ω·m;梯度曲线较平直,ρ_s 特征值为 7 Ω·m 左右;自然电位曲线为负异常,都说明 62 m 以上为咸水层,并且地下水矿化度大于井液矿化度。62 m 以下,二极法曲线最大的 ρ_s 特征值接近 20 Ω·m;梯度曲线最大的 ρ_s 特征值为 35 Ω·m;自然电位曲线为正异常,说明 62 m 以下为淡水层,并且地下水矿化度小于井液矿化度。在淡水层中有三层砂层,砂层颗粒的粗细应结合打井记录确定。

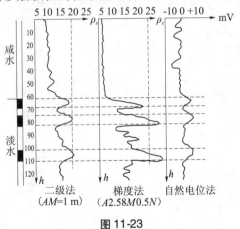

图 11-23

第六节 洗井技术

在钻井中,由于泥浆在井孔中反复地循环,除在孔壁上形成泥皮外,泥浆还会渗透到距井孔相当远的含水层的孔隙中,因而黏土颗粒便粘化堵塞了含水层的渗流通道,阻碍了地下水向井孔的运动。根据机井水力学的原理可知,愈近机井的滤水管地下水的流速愈大,如不改善这一带的透水性就会严重地影响井的出水量。

洗井的目的是清除井孔内的泥浆,破坏孔壁上的泥皮,冲洗掉井孔附近含水层中的泥沙等细颗粒物质,以便在滤水周围形成良好的天然反滤层,从而增大井孔周围含水层的渗透性,增大水井的涌水量。

一、洗井原理与要求

洗井的原理就是通过突然增压、减压或直接震荡以冲洗含水层中的细颗粒和破坏孔壁上的泥皮,然后抽水以降低井中水位,使含水层中的地下水快速向滤水管运动,挟带细颗粒流入井内而被抽除,于是可在滤水管外侧周围形成由粗到细的反滤层。洗井时间的长短直接关系着洗井的质量,具体每个含水层应洗多长时间,应根据不同含水层的性质和厚度而定,一般洗井所用时间的长短可参考表 11-3 所列,但仍需根据具体情况灵活掌握。

表 11-3　各类岩层洗井所用时间　　　　　　　　(单位:h)

含水层岩性 洗井方法	中、细、粉砂层 或基岩弱裂隙带	中、粗砂层 或基岩强裂隙带	粗砂、卵石、砾石层 或岩溶
空压机洗井	72	60	48
井深 <100 m	15	20	20 ~ 25
150 ~ 200 m	40	60	60 ~ 80

洗井时应按含水层的层次从上向下分层冲洗,以防止在洗井过程中,下部的洗井设备被从上部含水层中冲洗出来的细粒物质所掩埋。洗井也应该在围填滤料后立即进行,以防泥皮硬化后会增加洗井的困难,甚至冲洗不掉。

二、洗井方法

洗井的方法很多,基本上可以分为两类:机械洗井法和化学洗井法,前者目前被普遍使用,而后者最有发展前途。

(一)机械洗井法

机械洗井法所采用的提水设备主要有水泵、风泵(空气压缩机)、活塞等设备。下面仅对后两者进行简单介绍。

1. 空气压缩机洗井

利用空气压缩机(简称空压机)洗井,其实质上仍是抽水洗井。但与水泵洗井法相比较,这种洗井方法较为彻底,但设备较复杂,成本也较高。

1)空压机洗井的原理

利用风管把由空压机产生的高压气体输送到井下并使之与水混合,形成水气二相混合体,其体积便增大、比重也相应减小。在地下水压力及高压气体的顶托上举作用下,水气混合体便会不断涌出井口,从而使井内的水位随之下降,这样在滤水管内、外侧就形成一个水头差。在水头差的作用下,井管周围含水层中的地下水就会通过滤水管急速流向井内,从而便可冲掉泥皮,同时挟带含水层中的细颗粒也进入井内,即达到洗井目的。如果将从风管出来的高压气体直接冲洗滤水管,使高压气体的能量直接作用于孔壁的泥皮,则会提高洗井的速度和洗井的效果。若在空压机与风管的连接处接有放气闸阀,可在抽水过程中,定时控制该闸阀放气,以调整井内的空气压力,使井中的水位猛落,则可形成强烈激荡的水流而从滤水管孔眼喷出,更能提高洗井效果(见图11-24)。

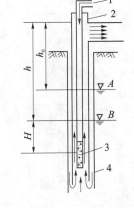

1—风管;2—水管;3—混合器;4—井壁管

图 11-24　空压机抽水安装示意图

2)空压机洗井的使用条件

空压机洗井效果的好坏,在很大程度上取决于沉没比选择的正确与否。

混合器在动水位以下的淹没深度与混合器中心至出水口的距离之比称为沉没比 α:

$$\alpha = \frac{H}{H + h} \tag{11-5}$$

式中:H 为混合器在动水位以下的沉没度,m;h 为动水位至出水管口的距离,m;$H + h$ 为水汽混合液的提升高度,m。

沉没比越大,水、气混合得越好,提升单位体积的水量所需要的空气量(气水比耗值)愈小。通常要求沉没比为 50% ~ 60% ,若沉没比 < 50% ,水、气混合不好,洗井效果差。所以对于有些深度比较浅而水位埋藏较深的机井,便无法使用空压机洗井。

但沉没比越大(混合器在动水位以下的沉没度太大),则所要求的空压机的启动压力也就越大。而启动压力受空压机额定压力的限制,当混合器在动水位以下的沉没度大于空气压缩机的额定压力时,就会因启动压力过小,而抽不上水来。

抽水时启动压力(P_0)的计算:

$$P_0 = P + \Delta P \approx 0.1(H + h - h_0 + 2) \tag{11-6}$$

式中:P 为混合器的中部至天然水位的静水压力,Pa;ΔP 为风管阻力,一般为 1.96×10^4 ,Pa ;h_0 为静水位至出水口的距离,m。

抽水时的工作压力:

$$P_n = 0.1(H + P_l) \quad (\text{Pa}) \tag{11-7}$$

式中:P_l 为输水途中的压力损失,一般换算为 m,通常为 2 ~ 3 m,最大不超过 5 m。

风量 V 是指每提升 1 m³ 水所需压缩空气的体积。风量的大小与出水量的大小有十分密切的关系。

$$V = K \frac{h}{2.3 \lg \dfrac{H + 10}{10}} \tag{11-8}$$

式中:K 为经验数值,可按 $K = 2.17 + 0.016$ 计算。

3)空压机洗井器材规格的选择

选择空压机洗井时,主要应考虑机井的井管直径、地下水埋深及井的深度和可能出水量等因素而定,主要器材的各种规格见表11-4 ~ 表11-6。

表 11-4　常用空压机规格性能

设备类型	9 m³	6 m³	3 m³
组装形式	移动式柴油机带动	移动式柴油机带动	移动式电动机带动
风量(m³/min)	9	6	3
风压(kg/cm²)	7	7	7
型式	2级4缸直立式空气冷却	2级压缩	2级压缩
传动方式	摩擦法离合器连接	摩擦法离合器连接	电动机直接传动
动力机	80马力柴油机	60马力柴油机	30马力柴油机
转速(r/min)	860	1 200	730
外形尺寸(长×宽×高)(m)	4.5×2×2.3	3.0×2.0×2.2	2.83×1.6×1.8
全机质量(kg)	5 600	3 910	1 900

注:1 马力 =735.499 W,下同。

表 11-5　各类井适用的空压机容量

含水层的种类	井的口径(mm)	井的出水量(m³/h)	适用的空压机容量(m/min)
细砂、中砂	200~250	60~80	6
粗砂	200~300	80~125	6
砂砾	250~350	125~200	6~9
卵石	300~330	200~330	9

表 11-6　空压机洗井常用的水管、风管规格

井的出水量(m³/h)	井的滤水管直径(mm)	井的直径(mm)	风管直径(mm)
12~16	100	75	25
16~20	125	89	25
20~40	150	100	32
40~60	200	125	38
80~125	250~300	150	38
160~250	300~400	200~250	50~75

从表 11-4~表 11-6 中可以看出,选择空压机型号时,主要根据机井滤水管的直径和其可能出水量的大小,可确定空压机的型号和水管、风管的直径等。水管、风管长度则根据井的深度和动水位的深度而定。

4)空压机洗井的方法

利用空压机洗井的方式,根据水管和风管的相互位置可分为同心式和并列式两种,如图 11-25、图 11-26 所示。

同心式的洗井方式是将风管安装在输水管内,它适用于口径较小的机井,安装较为方便,但气、水混合均匀性较差,过水断面小,因而抽水量也小,洗井时间便要延长,洗井效果也较差。

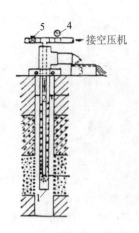

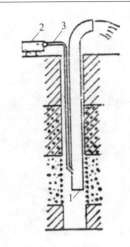

1—出水管;2—风管;3—水槽;　　　　　　　　1—出水管;2—空压机;3—风管

　　4—压力表;5—放气阀

图 11-25　同心式洗井安装示意图　　　图 11-26　并列式洗井安装示意图

　　并列式洗井方式,风管与输水管并列安装在井内,但风管嘴接在输水管的侧面,这种安装方法适用于口径较大的水井,由于气、水混合均匀,洗井效果前种要好,但安装较为复杂,尤其是移动冲洗位置时,升降较为不便,故较上法使用为少。

　　2. 活塞洗井

　　活塞洗井是一种简单而有效的洗井方式。它适于各种井型(包括筒井与管井),如与空压机联合洗井,则可大大降低洗井费用和提高洗井效率。

　　1)活塞的构造

　　活塞的构造形式很多,按制作材料可分为木制的和铁制的两种。

　　(1)木制活塞。是将两瓣半圆的木合,卡在钻杆或抽筒上而成活塞(如图 11-27 所示),活塞的中间部位钉上橡胶以保证能与井管紧密接触。这种形式适用于金属井管。如用于水泥类的井管,活塞可加 2～3 个,但活塞的直径要比井管的内径小 40～50 mm,活塞的外周应紧扎 20～30 mm 宽的橡胶带或汽车内胎,以防冲击井管。为避免活塞下降时受阻,卡在钻杆上的活塞上应设有排水孔,卡在抽筒上的活塞则由抽筒的活门起排水作用。

　　(2)铁制活塞。如图 11-28 所示,在钻杆上安装一个或数个由数个法兰盘夹紧的橡胶板以构成活塞,为不使活塞下降时受阻,在活塞上部的钻杆上设有排水孔,下端则装有进水活门。此种形式主要适于安装金属井管的机井。

　　2)活塞洗井的原理和方法

　　活塞洗井的原理是当活塞上提时,在活塞的下部形成很大的负压,含水层的地下水急速向井内流动,冲破井壁上的泥皮并把含水层中的细粒物质带入井内;当活塞下降时,又将井中的水从滤水管孔眼处压出,以冲击泥皮和含水层。如此反复将使活塞提拉,就会在短时间内将孔壁上的泥皮全部破坏,并随水流流入到井内,最后用抽砂筒或空压机再将井底淤积的物质抽出井外(如图 11-29 所示)。

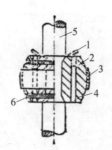

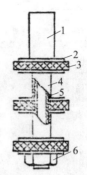

1—活门;2—排水孔;3—橡胶带;4—木塞;
5—钻杆;6—铅丝

图 11-27　木制活塞示意图

1—带花眼钻杆;2—法兰盘;3—橡胶板;
4—隔离木套管;5—钻杆;6—紧固螺母

图 11-28　铁制活塞示意图

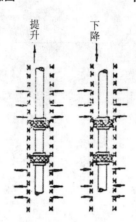

（箭头表示地下水在含水层中的流动方向）

图 11-29　活塞洗井原理示意图

在使用活塞洗井时,要注意不能使用直径过大的活塞,以防过紧而卡死在井管中。尤其是木制活塞更要注意。

活塞洗井时,活塞提拉的速度不宜太快,一般控制在 0.5 ~ 1.0 m/s,每个含水层部位活塞提拉的时间不能太长,不宜追求水清砂净,一般用活塞提拉到水中的泥沙含量显著减小时即应停止,再配合其他方法缓慢冲洗,直到达到要求。

（二）化学洗井法

化学洗井法是近些年来国内外正在发展的一种新式的洗井方法。这种方法具有操作简便、成本低廉的优点,特别是对因化学或生物化学作用而产生堵塞的水井,其洗井效果远比机械洗井法要好的多,尤其是对位于碳酸岩盐含水层中的水井,化学洗井还可起到扩大裂隙岩溶通道的作用。目前,采用的化学洗井方法主要有液态二氧化碳洗井和多磷酸钠盐洗井法。

1. 液态二氧化碳洗井

液态二氧化碳洗井具有设备简单、成本低廉、节省时间、不受水井条件制约等优点。该法常用于机械洗井效果不好的水井中,现简要介绍其洗井的原理和方法。

液态二氧化碳是二氧化碳气体在一定压力、温度条件下的产物。根据试验,二氧化碳气体在 5.099×10^5 Pa 的压力、-37 ℃的温度条件下即可液化;也能在 71.44×10^5 Pa 的压力、31.2 ℃的温度条件下液化。装在氧气瓶中的液态二氧化碳的压力,随着温度的变化而剧烈地变化。试验表明,当温度从 -25 ℃$\rightarrow 0$ ℃ $\rightarrow 45$ ℃ 时,其压力相应地由 16.2×10^5 Pa $\rightarrow 30.4 \times 10^5$ Pa $\rightarrow 109.4 \times 10^5$ Pa。

液态二氧化碳洗井的基本原理是:通过高压管将液态二氧化碳送入井下,经过吸热和降压后使其汽化,体积急剧膨胀,形成水、气二相混合体,比重变小,在井下产生强大的、高压的水气流,急速上升的水气流可以破坏井壁上的泥浆皮,并将井内的泥、沙挟带至地表,同时井内的地下水位迅速下降,在井壁的内、外侧形成水头差,在水头差的作用下,含水层中的水即迅速涌入井内,并疏通被充填的空隙通道,所挟带的细颗粒即随之喷出井口,这样就达到了洗井的目的(如图 11-30 所示)。

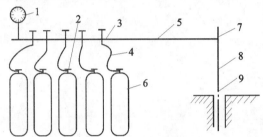

1—压力表;2—高压阀门;3—管;4—高压软管;5—高压硬软管;

6—二氧化碳线;7—三通;8—钻杆;9—井孔

图 11-30　二氧化碳洗井设备安装示意图

在碳酸岩及含石膏等可溶岩地层中洗井时,可先向井内注入一定数量的盐酸,静候 $2 \sim 3$ h 后,再注入液态二氧化碳。这时液态二氧化碳由于吸热膨胀而产生压力,先将盐酸压入裂隙岩溶通道深部,起到加速溶解可溶岩和扩大裂隙通道的作用,而后被溶解的物质又随着井喷被挟带至地表,使用这种洗井方法,一般可明显地增大水井的出水量。有时在碳酸岩盐的水井中,即使是只注入盐酸,也可因化学反应生成大量的 CO_2 气体而形成井喷。

试验统计资料表明,采用液态二氧化碳洗井,比用常规方法洗井可提高水井的出水量数倍(最大达 27 倍),同时可节省大量的动力材料,节省费用在 50%以上。因此,是一种值得大力推广的洗井方法。

2. 多磷酸钠盐洗井法

目前,在洗井中使用的多磷酸钠盐有:六偏磷酸钠($(NaPO_3)_6$)、三聚磷酸钠($Na_5P_3O_{10}$)、焦磷酸钠($Na_4P_2O_7$)和磷酸三钠(Na_3PO_4)等。现以在洗井中经常使用的工业用焦磷酸钠($Na_4P_2O_7$)为例来说明该方法的原理。

工业用焦磷酸钠又称无水焦磷酸钠,白色粉末状,易溶于水,呈碱性(pH =9.2),对钢材腐蚀性较小,而且价格比较低,故易于野外批量使用。

焦磷酸钠洗井的原理是:由于焦磷酸钠与泥浆中的黏土粒子发生作用,形成了水溶性的络合离子,其反应式如下:

$$Na_4P_2O_7 + Ca^{2+} \rightarrow CaNa_4(P_2O_7)^{2-}$$

$$Na_4P_2O_7 + Mg^{2+} \rightarrow MgNa_4(P_2O_7)^{2-}$$

上述反应所形成的络合离子 $CaNa_4(P_2O_7)^{2-}$、$MgNa_4(P_2O_7)^{2-}$ 均是一些惰性离子,这些离子既不发生化学的逆反应,自身也不会聚结沉淀,也不再与其他离子化合沉淀,故易于在洗井或抽水时随水排出。此时这种带负电的离子,还可以吸附于黏土粒子上,使黏土粒子表面的负电性加强,从而加大了黏土粒子之间的排斥力,降低了泥浆的黏度及抗剪强度。这是焦磷酸钠能够分解破坏井壁泥皮和含水层中沉淀的泥浆的另一个原因。

焦磷酸钠洗井的方法如下:首先下置井管,待滤料添至设计高度后,即用泥浆泵将浓度为 0.6% ~ 0.8% 的焦磷酸钠溶液注入井管的内、外侧(先管外,后管内,焦磷酸钠溶液的注入量要与含水层或含水段井筒的内体积大致相等),然后继续完成管外的止水回填工作。待静止 5 ~ 6 h 后,焦磷酸钠与黏土粒子充分结合后,即可用其他方法洗井。

由于各种多磷酸盐在不同化学性质的水溶液中具有不同的化学活性,因此采用多磷酸盐洗井时,应根据当地地下水的化学性质及土壤中的含盐成分来确定具体选用哪种多磷酸盐类。

第七节　抽水试验

试验抽水一般在水井正式投产之前进行,是机井施工的最后一道工序,其目的在于:检查抽水设备及安装情况是否合乎要求;初步了解水位下降幅度及钻孔涌水量的大小,以作为正式抽水设计的依据等。当试验情况良好时,才可转入正式抽水。由于试验抽水和抽水试验二者关系密切,故有时把二者结合在一起进行,所以在介绍试验抽水时,也把抽水试验的有关要求,一并作一简单介绍。

一、试验的准备工作

要把抽水试验做好,必须做好各种准备,包括选择抽水设备及进行妥善安装,检查固定点的标准高程,以便准确测定井的静、动水位;埋好量水堰,仔细检查和校正测水位仪器、温度计等的误差;开挖排水沟以便将抽出的水排汇到抽水影响范围之外等。

现就有关抽水设备、量水工具和水位计等的要求和注意事项分述如下。

(一)抽水设备

常用的抽水机一般为卧式离心水泵、空压机和潜水泵等三种。离心式水泵一般最大吸程为 8.5 m,只适用于地下水位浅的井。采用空压机抽水时,在水位埋深不超过 70 m 时,不受水位高低的限制,可以输送含砂的水,且井管略微变形时也不影响抽水,但需要大马力的发动机带动,有效功率系数低,仅 0.15 ~ 0.25,而且出水不够均匀。潜水泵能够吸取深层水,出水也较均匀,是目前最为常用的抽水设备。

(二)量水工具

测量水量时,一般采用的工具有矩形量水堰、三角形量水堰(见图 11-31)、量水箱(见图 11-32)和水表等。

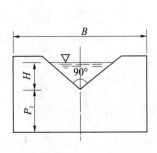

图 11-31 三角形量水堰

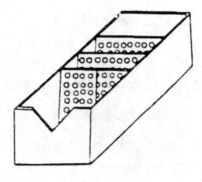

图 11-32 量水箱

1. 矩形量水堰

矩形量水堰的流量计算公式为

$$Q = m_0 b \sqrt{2g} H^{\frac{3}{2}} \tag{11-9}$$

式中:Q 为流量,m^3/s;H 为堰顶水头,m;b 为堰顶宽,m;m_0 为流量系数,可按下式计算:

$$C_0 = 0.403 + 0.053 \frac{H}{P_1} + \frac{0.007}{H} \tag{11-10}$$

式中:P_1 为上游堰高,m。

2. 直角三角形量水堰

当所测流量较小时,如果采用矩形量水堰,则水头较小,误差较大,一般可采用直角三角形量水堰。

流量计算公式为

$$Q = C_0 H^{\frac{5}{2}} \tag{11-11}$$

式中:Q 为流量,m^3/s;H 为堰顶水头,m;C_0 为流量系数,可按下式计算:

$$C_0 = 1.354 + \frac{0.004}{H} + (0.14 + \frac{0.2}{\sqrt{P_1}})(\frac{H}{B} - 0.09) \tag{11-12}$$

式中:B 为堰上游引水渠宽,m;P_1 为上游堰高,m。

为简化计算,一般将流量系数取 $C_0 = 1.4$,则式(11-11)变为

$$Q = 1.4 H^{\frac{5}{2}} \tag{11-13}$$

(三)测定水位

测定水位常用的工具为电测水位计,如图 11-33 所示。由电极、带刻度的导线、微安电流表和干电池等组成。观测时,一极接到井管上,另一极利用导线和一根金属棒相连,金属棒用绝缘胶布包裹,仅下端露出。测量时将绝缘导线下入井内,当电极金属棒下端与水接触时电路相通,这时电流表的指针就摆动,就可以从带刻度的导线上读出水位的深度。电测水位计适用大、小口径的机井,动水位超过 $80 \sim 100\ m$ 也能用,精度可达到 $1\ cm$ 左右。

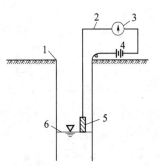

1—套管;2—绝缘导线;3—电流计;4—电池;5—探头;6—水位

图 11-33 电测水位计线路示意图

(四)开挖排水沟

试验抽水或正式抽水试验阶段,抽出的水,不允许再渗入试验的含水层中,否则将影响试验资料的准确性,故在上部透水性好的潜水含水层中作试验抽水时,要开挖不漏水的排水沟或安装排水管,将抽出来的水排至影响范围之外。

二、试验抽水要求

(一)水位下降的次数和大小

试验抽水中的水位下降次数比抽水试验的要求低,通常只进行一次下降;而抽水试验的水位下降次数,一般为三次,至少要两次,以便绘制正确的 $Q = f(s)$ 曲线和 $q = f(s)$ 曲线,并计算单位出水量及该井的最大出水量。

抽水过程中水位降深的大小,主要取决于井的最大可能出水量。一般要求试验抽水的最大出水量,最好能大于该井将来使用时的出水量,如限于设备条件不能满足上述要求,也应该不小于使用时出水量的 75%。因此,抽水时最大的水位下降值,应根据上述要求及现有的抽水设备能力而定:试验抽水时,一般要求降深达到 $5 \sim 6$ m,最小不得小于 3 m;抽水试验时,若最大降深值为 S_3,则 $S_1 = 1/3S_3$,$S_2 = 2/3S_3$,三次抽水水位下降值中,其下降值之间的间距应尽量相似,最小的水位下降值 $\geqslant 1$ m;同时要求相邻两次水位降深的差值最好不小于 1 m。

最大降深值的确定:对于潜水含水层,$S_{max} = (1/3 \sim 2/3)H$($H$ 为含水层的厚度);对承压含水层,一般不超过其顶板高度。

(二)试验抽水的延续时间

试验抽水和抽水试验的延续时间,一般都取决于当地的水文地质条件,在富水的地区,水位、水量易于稳定,因而需要延续的时间较短;反之,在贫水的地区,就不易稳定,试验延续的时间必须延长。对试验抽水,要求动水位和出水量都能达到稳定后,再连续抽 $4 \sim 8$ h 即可停止抽水。抽水试验目前一般的抽水延续时间见表 11-7。

表 11-7 抽水稳定水位延续时间

含水层	稳定水位延续时间(h)		
	第一次抽降	第二次抽降	第三次抽降
砂层	12	12	24
砂砾石层	8	8	16
砾石夹砂土层	24	24	48

试验抽水和抽水试验过程都不允许间断,这是最基本的要求,对于潜水层尤为重要。因故间断时,对潜水层的井则应重新开始做试验,为了确保试验工作连续顺利的进行,一般至少应配备两套动力机械。

(三)试验抽水中的观测工作

试验抽水和抽水试验中的观测工作,包括观测静水位、动水位、恢复水位、出水量、含砂量以及抽水过程中的水质变化等情况。观测时,对水位、出水量都应要求达到稳定。

水量稳定的标准是:在连续数个小时内,出水量变化的差值,小于平均出水量的 5% 时,即可认为出水量已经稳定。

水位稳定的标准是:每次间隔时间半小时,连续三次测量的水位,若满足下列情况,即可认为水位已经稳定:使用离心泵或潜水泵时,其误差不超过 ±10 cm;使用空压机时,误差不超过 ±20 ~ 30 cm。

此外,水质也应达到稳定,在第一次抽水降深与最后一次抽水降深所取水样化验结果基本相同时,可认为水质已经稳定。

水位观测精度的要求,观测误差不应超过 ±3 ~ 5 cm,观测时间的间隔:对于水位,出水量的观测,在试验抽水时就可按抽水试验要求,开始每 5 min 抽一次,测 30 min 后,每隔 30 min 一次。

若在试验抽水或抽水试验过程中,因故停抽,必须观测恢复水位,记录停抽时间。如遇突然变化,如出水量、水位的突变,要详细记录变化情况、发生原因及所采取的措施。

试验抽水或抽水试验结束后,应观测水位的恢复情况。观测时间:最初每隔 1 ~ 2 min 一次,以后逐渐延长时隔时间。如水位在 3 ~ 4 h 内,变化不超过 1 cm,即可认为水位恢复已经稳定,所有观测结果随时记在表格上。

三、试验抽水资料的整理

试验抽水和抽水试验资料整理内容是一致的(但前者要求简单一点,而后者则要求详细点),共包括两个方面:①绘制试验图表;②计算渗透系数等。对于后者,可根据对试验时提出的要求,按有关公式计算。下面仅介绍试验图表的绘制。

试验过程中,应随时进行资料整理,并根据观测的资料绘制试验图表,以便及时发现问题,纠正错误,避免事故的发生和延续,其内容有以下几点。

(一)水位、流量与时间过程线

以纵坐标为水位和流量,横坐标为时间。在纵坐标上先标注静止水位,然后把试验过程中观测的水位和流量标绘在坐标纸上,如图 11-34 所示。

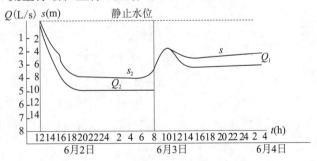

图 11-34　水位、流量历时过程曲线图

(二)出水量与水位降深值关系曲线图

以出水量 Q 为横坐标,水位降深值 s 为纵坐标,把抽水试验三次测得的稳定流量和水位降深值标在坐标纸上,连接各点便是 $Q = f(s)$ 曲线,如图 11-35 所示。单位出水量与水位降深即 $q = f(s)$ 曲线,见图 11-36。

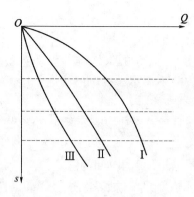

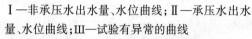

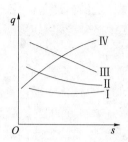

Ⅰ—非承压水出水量、水位曲线；Ⅱ—承压水出水量、水位曲线；Ⅲ—试验有异常的曲线

图 11-35   出水量、水位曲线图

Ⅰ、Ⅱ—承压水的曲线；Ⅲ—潜水的曲线；Ⅳ—特殊情况下出现的曲线

图 11-36 $q = f(s)$ 曲线图

根据这两种曲线的形式可以判断,地下水运动的特性及按某一水位降落确定其相应的出水量,或按某一出水量求其相应的水位降落,作为选择适宜的抽水设备,估算最大可能出水量的依据。同时可以求不同水文地质参数等。

(三)水位恢复与时间关系曲线图

以水位降深为纵坐标,以时间为横坐标,将抽水后观测的水位恢复资料点绘在坐标纸上,便可得到此曲线。从该曲线中,可以看出抽水试验是否正确;如抽水时水位下降很快,而恢复时很慢,则说明这是由于滤水管孔隙被砂粒堵塞所致;如当三次水位恢复一次较一次慢,一次较一次更不能达到静止水位,说明试验中存在较严重的问题,应及时检查纠正。

水位恢复曲线可用来测定含水层的透水性和计算渗透系数等水文地质参数。

根据试验抽水中的一次水位降落,可按下式推算机井的最大可能出水量和相应的最大水位降落值:

对于承压水:

$$Q_{max} = \frac{s_{max}}{s} Q_E \qquad (11-14)$$

对于潜水:

$$Q_{max} = \frac{(2H - s_{max})s_{max}}{(2H - S_E)S_E} Q_E \qquad (11-15)$$

式中: Q_{max} 为机井最大可能出水量,m^3/h; s_{max} 为最大设计降深,m,对承压水 $s_{max} \leqslant 1.5S_E$,对潜水 $s_{max} \leqslant H/2$; Q_E 为试验抽水时一次水位降落,在水位稳定的机井出水量,m^3/h; S_E 为相应于 Q_E 的抽水降深,m; H 为含水层厚度,m。

第八节   井的验收与管理

一、成井的验收

水井竣工后,当其质量基本符合设计标准时方能交付使用,故应根据各项设计指标进行验收。

(一)水井验收的主要项目

1. 井斜

井斜指井管安装完毕后,其中心线对铅直线的偏斜度。当孔深小于 100 m 时,孔斜≤1°;当孔深大于 100 m 时,孔斜≤3°。

2. 滤水管的位置

滤水管的安装位置必须与含水层位置相对应,其深度偏差不能超过 0.5～1.0 m。

3. 滤料及封闭围填的材料

除滤料的质量应符合规格要求外,其围填数量与设计数量不能相差太大,一般要求填入数量不能少于计算数量的 95%。

4. 出水量

当设计资料与钻孔资料相符时,井的出水量不应低于设计出水量。

5. 含砂量

井水含砂量,在粗砂、砾石、卵石含水层中,其含砂量应小于 1/5 000;在细砂、中砂含水层中其含砂量应小于 1/10 000～1/5 000。

6. 含盐量

对灌溉井来说,如在咸水地区的钻孔,其水的总含盐量不应超过 3 g/L。对生活饮用水及加工副业用水的水质要求:除水的物理性质应是无色、无味、无臭,化学成分应与附近勘探孔或附近生产井近似外,并应结合设计用水对象的要求验收。

(二)水井验收的主要文件资料

1. 水井竣工说明书

该文件是施工中的技术文件,应简要描述施工情况,变动设计的理由和基本技术资料:如井孔柱状图(其中包括岩石名称、岩性描述、岩层深度及厚度等)、电测井曲线、水井竣工结构图、抽水试验数据和水质资料以及水井竣工综合图表等。

2. 水井使用说明书

该文件内容包括:为防止水井结构的破坏和水质的恶化而提出的维护建议和要求,对水井使用中可能发生的问题提出维修方案和建议,并提出水井最大可能出水量和建议的提水设备等。

二、管井的使用

管井使用的合理与否,将影响其使用年限。生产实践表明,很多管井由于使用不当,出现水量衰减、漏沙,甚至早期报废。管井使用应注意以下问题:抽水设备的出水量应小于管井的出水能力,建立管井使用卡制度,严格执行必要的管井、机泵的操作规程和维修制度,管井周围应按卫生防护要求保持良好的卫生环境和进行绿化。

三、管井出水量减少的原因和恢复及增加出水量的措施

(一)管井出水量减少的原因及恢复出水量的措施

在管井使用过程中,往往会有出水量减少现象,其原因很多,问题也较复杂,通常有管

井本身和水源两方面。属于管井原因的,除抽水设备故障外,一般都为过滤器或其周围填砾、含水层填塞造成的,在采取具体消除故障措施之前,应掌握有关管井构造、施工、运行资料和抽水试验、水质分析资料等,对造成堵塞的原因进行分析、判断,然后根据不同情况采取不同措施,如更换过滤器、修补封闭漏沙部位、清除过滤器表面的泥沙、洗井等。属于水源方面的原因很多,如长期超量开采引起区域性地下水位下降,或境内矿山涌水及新建水源地的干扰等,使管井出水量减少和吊泵。对此,应开展区域水文地质调查研究,开展地下水位和开采量的长期动态观测,查明地下水水位下降漏斗空间分布的形态、规模及其发展的规律、速度、原因。在此基础上采取下列措施:调整管井的布局,变集中开采为分散开采;调整管井的开采量,必要时关闭一部分位于漏斗中心区的管井;对矿山开展防止水工作,以减少矿坑涌水量,并研究矿坑排水的利用问题;协调并限制新水源地的建设与开发;寻找开发新水源加强地下水的动态监测工作,实行水资源的联合调度和科学管理。

(二)增加管井出水量的措施

增加管井出水量的措施有真空井法、爆破法和酸处理法。真空井法是将井管的全部或部分密闭,抽水时,使管井处于负压状态下进水,已达到增加出水量的目的;爆破法适用于基岩井,通常是将炸药和雷管封置在专用的爆破器内,用钢丝吊入井中预定位置,用电起爆,以增强裂隙、岩溶含水量的透水性;对于石灰岩地区的管井可采用注酸的方法,以增大或串通石灰岩的裂隙或溶洞,增加出水量。

第十二章　地下水其他取水工程

第一节　大口井

大口井是开采浅层地下水的一种主要取水构筑物,是我国除管井外的另一种应用比较广泛的地下水取水构筑物。小型大口井构造简单、施工简便易行、取材方便,故在农村及小城镇供水中广泛采用,在城市与工业的取水工程中则多用大型大口井。对于埋藏不深、地下水位较高的含水层,大口井与管井的单位出水能力的投资额往往不差上下,这时取水构筑物类型的选择就不能单凭水文地质条件及开采条件,而应综合考虑其他因素。

大口井的优缺点:大口井不存在腐蚀问题,进水条件较好,使用年限较长,对抽水设备型式限制不大,如有一定的场地且具备较好的施工技术条件,可考虑采用大口井。但是,大口井对地下水位变动适应能力很差,在不能保证施工质量的情况下会拖延工期、增加投资,亦易产生涌砂(管涌或流砂现象)、堵塞问题。

一、大口井的结构构造

大口井的主要组成部分是上部结构、井筒及进水部分,如图 12-1 所示。

(一)上部结构

上部结构情况主要与水泵站同大口井分建或合建有关,这点又取决于井水位(动水位与静水位)变化幅度、单井出水量、水源供水规模及水源系统布置。如果井的水位下降值较小、单井出水量大,井的布置分散或者相反,仅 1～2 口井即可达到供水规模要求,可考虑泵站与井合建。

为便于安装、维修、观测水位,泵房底板多设有开口,开口布置形式有三种:半圆形、中心筒形及进人孔(见图 12-2)。开口形式主要应根据泵站工艺布置及建筑、结构方案确定。

当地下水位较低或井水位变化幅度大时,为避免合建泵房埋深过大,使上部结构复杂化,可考虑深井泵取水。泵房与大口井分建,则大口井上部可仅

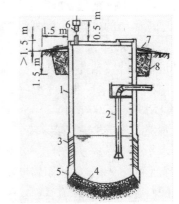

1—井筒;2—吸水管;3—井壁进水孔;
4—井底反滤层;5—刃脚;6—通风管;
7—排水坡;8—黏土层

图 12-1　大口井的构造

设井房或者只设盖板,后一种情况在低洼地带(河滩或沙洲),可经受洪水冲刷和淹没(需设法密封)。这种情况下,构造简单,但布置不紧凑。

(二)井筒

井筒通常用钢筋混凝土浇注或用砖、石、预制混凝土圈砌筑而成,包括井中水上部分

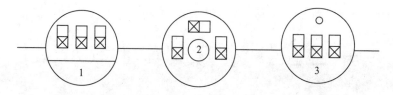

1—半圆形;2—中心筒形;3—进人孔

图 12-2 大口井泵站底板开口形式

和水下部分。其作用是加固井壁、防止井壁坍塌及隔离水质不良的含水层。井筒的直径应根据水量计算、允许流速校核及安装抽水设备的要求来确定。井筒的外形通常呈圆筒形、截头圆锥形、阶梯圆筒形等(见图 12-3),其中的圆筒形井筒易于保证垂直下沉,节省材料,受力条件好,利于进水。有时在井筒的下半部设有进水孔。在深度较大的井筒中,为克服较大下沉摩擦阻力,常采用变截面结构的阶梯状圆形井筒。

(a)圆筒形 　　(b)截头圆锥形 　　(c)阶梯圆筒形

图 12-3 大口井井筒外形

用沉井法施工的大口井,在井筒的最下端应设有刃脚。刃脚一般由钢筋混凝土构成,施工时用以切削地层,便于井筒下沉。为减少井筒下沉时的摩擦力和防止井筒在下沉过程中受障碍物的破坏,刃脚外缘应比井筒凸出 10 cm 左右。

(三)进水部分

进水部分包括井壁进水孔(或透水井壁)和井底反滤层。井壁进水孔分水平孔和斜形孔两种形式,水平孔施工容易,采用较多。壁孔一般为 100 ~ 200 mm 直径的圆孔或 100 mm × 150 mm ~ 200 mm × 250 mm 矩形孔,交错排列于井壁,其孔隙率在 15% 左右。为保持含水层不渗透性,孔内装填一定级配的滤料层,孔的两侧设置不锈钢丝网,以防滤料漏失。水平孔不易按级配分层加填滤料,为此也可应用预先装好滤料的铁丝笼填入进水孔。

斜形孔多为圆形,孔倾斜度不宜超过 45°,孔径为 100 ~ 200 mm,孔外侧设有格网。斜形孔滤料稳定,易于装填、更换,是一种较好的进水孔形式。

进水孔中滤料可分两层填充,每层为半井壁厚度。与含水层相邻一层的滤料粒径,可按下式确定:

$$D \leqslant (7 ~ 8) d_i \tag{12-1}$$

式中:D 为与含水层相邻一层滤料的粒径;d_i 为含水层颗粒的计算粒径,对细、粉砂 $d_i = d_{40}$,中砂 $d_i = d_{30}$,粗砂 $d_i = d_{20}$。

d_{40}、d_{30}、d_{20} 分别为含水层颗粒中某一粒径,小于该粒径的颗粒质量占总质量的 40%、30%、20%,两相邻滤料层粒径比一般为 2 ~ 4。

大口井井壁进水孔易于堵塞,多数大口井主要依靠井底进水,故大口井能否达到应有的出水量,井底反滤层质量是重要因素,如反滤层铺设厚度不均匀或滤料不合规格都有可能导致堵塞和翻砂,使出水量下降。

二、大口井出水量计算

大口井出水量也可用理论公式和经验法计算。经验法与管井相似,只介绍理论公式计算大口井出水量的方法。

因大口井有井壁、井底或井壁井底同时进水几种情况,所以大口井出水量计算不仅随水文地质条件而异,还与进水方式有关。

(一)从井壁进水的大口井

此时大口井出水量计算按完整井计算公式进行。

(二)从井底进水的大口井

从井底进水的有承压含水层和无压含水层两种情况。

1. 承压含水层(见图 12-4)

承压含水层大口井出水量计算公式为

$$Q = \frac{2\pi ksr}{\frac{\pi}{2} + 2\arcsin\frac{r}{m + \sqrt{m^2 + r^2}} + 1.185\frac{r}{m}\lg\frac{R}{4m}} \tag{12-2}$$

式中:Q 为大口井出水量,m^3/d;s 为出水量为 Q 时井的水位降落值,m;r 为井的半径,m;对于方形大口井,应按 $r = 0.6b$ 关系换算,对于正多边形大口井,可使式中的半径等于多边形的内切及外接圆的平均值;k 为渗透系数,m/d;R 为影响半径,m;m 为承压含水层厚度,m。

当含水层较厚($m \geqslant 2r$)时,式(12-2)可简化为

$$Q = \frac{2\pi ksr}{\frac{\pi}{2} + \frac{r}{m}(1 + 1.185\lg\frac{R}{4m})} \tag{12-3}$$

当含水层很厚($m \geqslant 8r$)时,还可简化为

$$Q = 4ksr \tag{12-4}$$

此式简便,并且不包括难以确定的影响半径 R 值,对于估算大口井出水量,有实用意义。

2. 无压含水层(见图 12-5)

无压含水层大口井出水量计算公式:

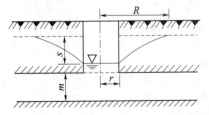

图 12-4　承压含水层中井底进水的大口井计算简图　　图 12-5　无压含水层井底进水的大口井计算简图

$$Q = \frac{2\pi ksr}{\dfrac{\pi}{2} + 2\arcsin\dfrac{r}{T + \sqrt{T^2 + r^2}} + 1.185\dfrac{r}{T}\lg\dfrac{R}{4H}} \tag{12-5}$$

式中：H 为无压含水层厚度，m；T 为大口井井底至不透水层的距离，m；其余符号意义同前。

当含水层较厚（$H \geq 2r$）时，式（12-5）可以简化为

$$Q = \frac{2\pi ksr}{\dfrac{\pi}{2} + \dfrac{r}{T}\left(1 + 1.185\lg\dfrac{R}{4T}\right)} \tag{12-6}$$

（三）井壁井底同时进水的大口井（见图 12-6）

计算井壁井底同时进水的大口井出水量时，可用分段解法。对于无压含水层，可以认为井的出水量是由无压含水层中的井壁进水量和承压含水层中的井底进水量的总和：

$$Q = \pi ks\left[\frac{2h - s}{2.3\lg\dfrac{R}{r}} + \frac{2r}{\dfrac{\pi}{2} + \dfrac{r}{T}\left(1 + 1.185\lg\dfrac{R}{4T}\right)}\right] \tag{12-7}$$

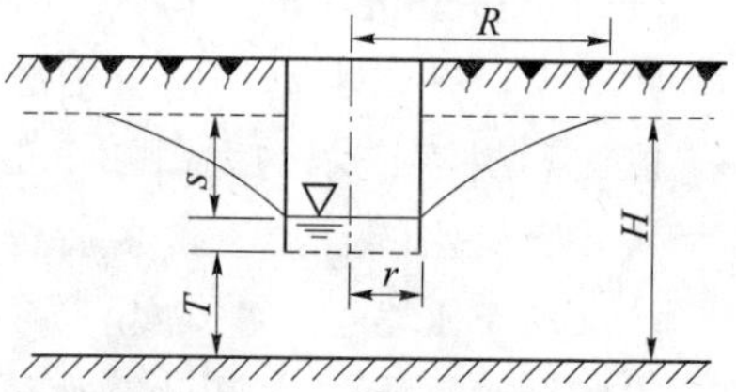

图 12-6　无压含水层井壁井底同时进水的大口井计算简图

在确定大口井尺寸、进水部分构造及完成出水量计算之后，应校核大口井进水部分的进水流速。井壁和井底的进水流速都不宜过大，以保持滤料层的渗流稳定性，防止发生涌砂现象。

三、大口井的设计要点

大口井的设计步骤和管井类似，但还应注意以下问题：

（1）大口井应选在地下水补给丰富、含水层透水性良好、埋藏浅的地段。集取河床地下水的大口井，除考虑水文地质条件外，应选在河漫滩或一级冲积阶地上。

（2）适当增加井径是增加水井出水量的途径之一。同时，在相同的出水量条件下，采用较大的直径，也可减小水位降落值，降低取水电耗，降低进水流速，延长使用年限。

（3）由于大口井井深不大，地下水位的变化对井的出水量和抽水设备的下沉运行有很大影响。对于开采河床地下水的大口井，因河水位变幅大，更应注意这一情况。为此，在计算井的出水量和确定水泵安装高度时，均应以枯水期最低设计水位为准，抽水试验也以在枯水期进行为宜。此外，还应注意到地下水位区域性下降的可能性以及由此引起的影响。

四、大口井的施工

大口井的施工方法有大开挖法和沉井法两种。

（一）大开挖施工法

大开挖施工法即在开挖的基槽中进行井筒砌筑或浇注及铺设反滤层工作。其优点是井壁比沉井施工法薄，且可就地取材，便于井底反滤层施工，可在井壁外围回填滤料层，改善进水条件；但在深度大水位高的大口井中，施工土方量大，排水费用高。因此，此法适用于建造直径小于 4 m、井深 9 m 以内的大口井，或地质条件不宜采用沉井施工法的大口井。

(二)沉井施工法

沉井施工法是在拟建井位处先开挖基坑,然后在基坑上浇注带有刃脚井筒,待井筒达到一定强度后,即可在井筒内挖土,这时井筒在自重或靠外加重量切土下沉,随着井内继续挖土,井筒不断下沉,直至设计井深。

第二节　辐射井

辐射井是由集水井(垂直系统)及水平向或倾斜状的进水管(水平系统)联合构成的一种井型,属于联合系统的范畴。因水平进水管是沿集水井半径方向铺设的辐射状渗入管,故称这种井为辐射井。由于扩大了进水面积,其单井出水量为各类地下取水构筑物之首。高产的辐射井日产水量可达 10 万 m^3 以上。因此,也可作为旧井改造和增大出水量的措施。

一、辐射井的型式

辐射井按集水井本身取水与否分为:集水井井底与辐射管同时进水与集水井井底封闭仅辐射管进水两种型式。前者适用于厚度较大的含水层。

按辐射管铺设方式,辐射井有单层辐射管(见图 12-7)和多层辐射管两种。前者适用于只开采一个含水层时;后者在含水层较厚或存在两个以上含水层,且水头相差不大时采用。

辐射井按其集取水源及辐射管平面布置方式的不同,又可分为:集取一般地下水(见图 12-8(a))、集取河流或其他地表水体渗透水(见图 12-8(b)、(c))、集取岸边地下水和河流渗透水的辐射井(见图 12-8(d))、集取岸边和河床地下水的辐射井(见图 12-8(e))等型式。

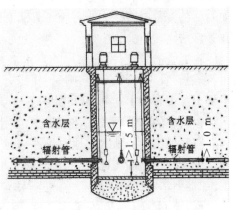

图 12-7　单层辐射管辐射井

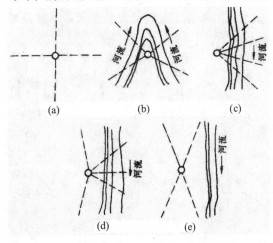

图 12-8　按补给条件与布置方式分类的辐射井

二、辐射井的结构构造

（一）集水井

集水井又称竖井,其作用是汇集由辐射管进来的水和安装抽水设备等,对于不封底的集水井还兼有取水井的作用。我国一般采用不封底的集水井,以扩大井的出水量。

集水井的深度视含水层的埋藏条件而定,多数深度为 10 ~ 20 m,也有深达 30 m 者。根据黄土区辐射井的经验,为增大进水水头,施工条件允许时,可尽量增大井深,要求深入含水层深度不小于 15 ~ 20 m。

（二）辐射孔（管）

松散含水层中的辐射孔中一般均穿入滤水管,而对坚固的裂隙岩层,可只打辐射孔而不加设辐射管。辐射管上的进水孔眼可参照滤水管进行设计。

辐射管的材料多为直径为 50 ~ 200 mm、壁厚 6 ~ 9 mm 的穿孔钢管,也有用竹管和其他管材的。管材直径大小与施工方法有密切关系。当采用打入法时,管径宜小些;若为钻孔穿管法,管径可大些。

辐射管的长度,视含水层的富水性和施工条件而定。当含水层富水性差、施工容易时,辐射管宜长一些;反之,则短一些。目前生产中,在砂砾卵石层中多为 10 ~ 20 m,在黄土类土层中多为 100 ~ 120 m。

辐射管的布置形式和数量多少,直接关系到辐射井出水量的多少与工程造价的高低,因此应密切结合当地水文地质条件与地面水体的分布以及它们之间的联系,因地制宜地加以确定。在平面布置上,如在地形平坦的平原区和黄土平原区,常均匀对称布设 6 ~ 8 根;如地下水水面坡度较陡、流速较大,辐射管多要布置在上游半圆周范围内,下游半圆周少设,甚至不设辐射管;在汇水洼地、河流弯道和河湖库塘岸边,辐射管应设在靠近地表水体的一边,以充分集取地下水(见图 12-9)。在垂直布置上,当含水层薄但富水性好时,可布设 1 层辐射管;当含水层富水性差但厚度大时,可布设 2 ~ 3 层辐射管,各层间距 3 ~ 5 m,辐射管位置应上下错开。辐射管尽量布置在集水井底部,最底层辐射管一般离集水井底 1 ~ 1.5 m,以保证在大水位降条件下取得最大的出水量。最顶层辐射管应淹没在动水位以下,至少应保持 3 m 以上水头。

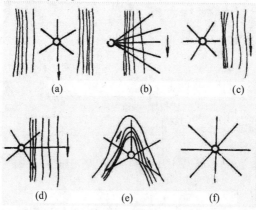

图 12-9　辐射管平面布置示意图

三、辐射井出水量的确定

由于辐射井的结构特殊,抽水时水力条件与管井、大口井不同。试验表明,辐射井抽水时水位降落曲线由两部分组成(见图12-10);在辐射管端以外呈上凸状(类似普通井);在辐射管范围内呈下凹状。水流运动的方向也不相同,辐射管端以外,地下水呈水平渗流,辐射管范围内以重直渗流为主。

因受辐射管的影响,距井中心等半径处,地下水位高低不同,辐射管顶上水位较低,两辐射管之间水位较高,呈波状起伏。其等水位线如图12-11所示。

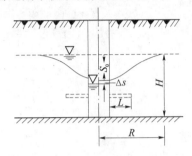

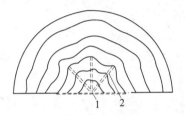

1—集水井;2—辐射管

图12-10　辐射井水力特征图　　　　图12-11　辐射井抽水时等水位线示意图

目前,辐射井出水量的确定尚无较准确的理论计算方法,多按抽水试验资料确定。若缺乏资料,在初步规划时,可按下列方法估算。

(一)等效大井法

将辐射井化引为一虚拟大口井,出水量与它相等,然后可按与潜水完整井相类似的公式计算辐射井的出水量,即

$$Q = 1.364 ks_0 \frac{2H - s_0}{\lg \dfrac{R}{r_f}} \tag{12-8}$$

式中:Q为辐射井的出水量,m^3/d;s_0为井壁外侧的水位降落值,m;r_f为虚拟等效大口井的半径,m;k为含水层的渗透系数,m/d;R为辐射井的影响半径,m;H为含水层厚度,m。

r_f可用下列经验公式确定,即

$$r_{f1} = 0.25 \frac{l}{n} \tag{12-9}$$

$$r_{f2} = \frac{2 \sum l}{3n} \tag{12-10}$$

式中:r_{f1}为辐射管等长时的等效半径,m;r_{f2}为辐射管不等长时的等效半径,m;l为单根辐射管的长度,m;$\sum l$为辐射管的总长度,m;n为辐射管的根数。

(二)渗水管法

将辐射管按一般渗水管看待,其出水量为

$$Q = 2\alpha krs_0 \sum l \tag{12-11}$$

式中：α 为干扰系数，变化较大，通常 $\alpha = \dfrac{1.27}{n^{0.418}}$；$r$ 为辐射管的半径，m。

四、辐射井的施工

辐射井的集水井和辐射管（孔）的结构不同，施工方法和施工机械也完全不同，下面分别叙述。

（一）集水井的施工方法

集水井的施工方法基本相似于大口井。除人工开挖法和机械开挖法外，还可用钻孔扩孔法施工。钻孔扩孔法是用大口径钻机直接成孔，或用钻机先打一口径较小的井孔，然后用较大钻头一次或数次扩孔，到设计孔径为止。井孔打成之后用漂浮法下井管。此法适宜井径不很大的集水井。

（二）辐射管的施工方法

辐射管的施工方法基本上可分为顶（打）进法和钻进法两种。前者适用于松散含水层，而后者适合于黄土类含水层。

顶进法是采用 1 000 kN 或更大的油压千斤顶，将长 1.5 m 左右的短节穿孔钢管逐节陆续压入含水层中。顶进法需配合水枪作业，所需供水压力 30 ~ 80 N/cm²，孔口流速在砂类含水层为 15 m/s 左右，在卵石类含水层为 30 m/s。

目前，先进的顶进法是在辐射管的最前端装有一个空心铸钢特制的锥形管头，并在辐射管内装置一个清砂管。在辐射管被顶进的过程中，含水层中的细砂砾进入锥头，通过清砂管带到集水井内排走。同时可将含水层中的大颗粒砾石推挤到辐射管的周围，形成一条天然的环形砂砾反滤层。

钻进法用的水平钻机的结构和工作原理与一般循环回转钻进相似，但钻机较轻便且钻进方向不同而已，目前推广应用的水平钻机有 TY 型、SPZ 型和 SX 型，其性能见有关手册。

第三节　复合井

一、复合井的构造及其适用条件

复合井是由非完整大口井和井底下设管井过滤器组成。实际上，它是一个大口井和管井组合的分层或分段取水系统（见图 12-12）。它适用于地下水位较高、厚度较大的含水层，能充分利用含水层的厚度，增加井的出水量。模型试验资料表明，当含水层厚度大于大口井半径 3 ~ 6 倍，或含水层透水性较差时，采用复合井出水量增加显著。

二、复合井计算

为了充分发挥复合井的效率，减少大口井与管井间的干扰，过滤器直径不宜过大，一般以 200 ~ 300 mm 为宜，过滤器的有效长度应比管井稍大，过滤器不宜超过三根。

对复合井的出水量计算问题，至今仍然研究甚少。一般只考虑井底进水的大口井与管井组合的计算情况。对于从井壁与井底同时进水的大口井，其井壁进水口的进水量可以根据分段解法原理很容易求得。

复合井出水量计算采用大口井和管井的出水量计算方法,在分别求得二者单独工作条件下的出水量后,取二者之和,并乘以干扰系数。出水量的计算公式一般表示为

$$Q = \alpha(Q_1 + Q_2) \tag{12-12}$$

式中:Q 为复合井出水量,m^3/d;Q_1、Q_2 为同一条件下大口井、管井单独工作时的出水量,m^3/d;α 为互阻系数,α 值与过滤器的根数、完整程度及管径等有关。计算时,根据不同条件选择相应的等值计算公式。

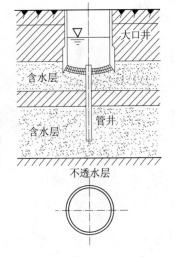

图 12-12　复合井

第四节　截潜流工程

在河床有大量冲积的卵石、砾石和砂等的山区间歇河流,或一些经常干涸断流,但却有较为丰富的潜流的河流中上游,山前洪积扇溢出带或平原古河床,可采用管道或渗渠来截取潜流,这种截取潜流的建筑物,一般通称为截潜流工程,即地下水截流工程。

截潜流工程的优点是:既可截取浅层地下水,也可集取河床地下水或地表渗水;集取的水经过地层的渗滤作用,悬浮物和细菌含量少,硬度和矿化度低,兼有地表水与地下水的优点;并且可以满足北方山区季节性河段全年取水的要求。其缺点是施工条件复杂、造价高、易淤塞,常有早期报废的现象,应用受到限制。

一、截潜流工程的结构、型式与构造

(一)截潜流工程的结构

截潜流工程通常由进水部分、输水部分、集水井、检查井和截水墙组成(见图12-13),下面分别叙述各部分。

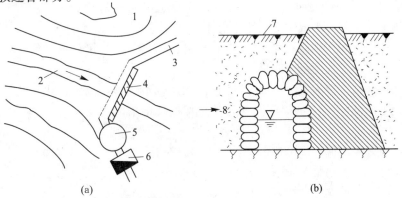

(a)　　　　　　　　　　　　　　(b)

1—等高线;2—河槽;3—引水渠;4—截水墙;5—集水井;
6—扬水站;7—干河床;8—集水廊道

图 12-13　截潜流工程示意图

1. 进水部分

主要作用是集取地下潜流,多用当地材料砌筑的廊道或管道构成。进水部分留有进水孔,周围填以合格的砾石滤料。

2. 输水部分

将进水部分汇集的水输送往明渠或集水井,以便自流引水或集中抽水。输水管道一般不进水,铺设有一定的坡度。

3. 集水井

用于储存输送来的地下水,通过提水机具,将地下水提到地面上来。若地形条件允许自流可不设集水井,直接引取地下水储蓄或自流灌溉,可以利用闸门调节水量。

4. 检查井

当输水部分较长时,应在管道转弯处、变径衔接处或每隔 50~70 m 设置检查井用以供通风、疏通、清淤、修理及观察管道工作状况等。当输水部分在 100 m 之内时,为了防止洪水淹没,在河床中可不设检查井,而只在河岸边输水部分与进水部分衔接处设置。

5. 截水墙

截水墙又称暗坝或地下坝。当含水层小于 10~15 m、不透水层浅时,为了增大截潜水量,用当地材料拦河设置不透水墙,将集水管道或廊道埋设于墙脚迎水面一侧,建成完整式截潜工程;如冲积物厚度较大,用截水墙不容易截断潜流,可视具体条件,不设置截水墙或部分设置截水墙,构成不完整截潜流工程。

(二)截潜流工程型式与构造

按截潜流工程的完整程度的不同可分为以下两种类型。

(1)完整式,适用于砂砾石层厚度不大的河床地区。

(2)非完整式,适用于砂砾石层厚度较大的河床地区。

按截潜流工程结构和流量大小的不同又可分为以下三种。

(1)明沟式,适用于流量较大的地区。

(2)暗管式,适用于流量较小的地区。

(3)盲沟式,用卵砾石回填的集水沟,适用于流量较小的地区。

截潜流工程的基本组成部分是水平集水管、集水井、检查井和泵站。

集水井一般为穿孔钢筋混凝土管、混凝土管;水量较小时,可用铸铁管、陶土管;也可采用浆砌块石或装配式混凝土暗渠。

在集水管外须设置人工反滤层,以防止含水层中细小砂粒堵塞进水孔或使集水管产生淤积。人工反滤层对于渗渠十分重要,它的质量将影响渗渠的出水量、水质和使用年限。

铺设在河滩和河床下的渗渠构造如图 12-14 所示。人工反滤层一般为 3~4 层,各层级配最上一层填料粒径是含水层或河砂颗粒粒径的 8~10 倍,第二层填料粒径是第一层的 2~4 倍,以此类推,但最下一层填料的粒径应比进水孔略大。

为了避免各层中颗粒出现分层现象,填料颗粒不均匀系数 $\dfrac{d_{60}}{d_{10}} \leqslant 10$,其中,$d_{60}$、$d_{10}$ 分别为填料颗粒中按全量计算有 60%、10% 的粒径小于这一粒径。各层填料厚度原则上应

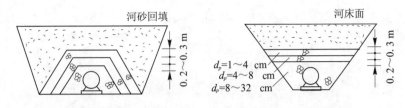

（a）铺设在河滩下的渗渠　　　　（b）铺设在河床下的渗渠

图 12-14　渗渠人工反滤层构造

大于（4～5）d_{max}，d_{max} 为填料中最大颗粒的粒径，为安全起见，可取 200～300 m。

为便于检修，在集水管直线段每隔 50～100 m 及端部、转角处、断面变换处设检查井。洪水期能淹没的检查井井盖应密封，并用螺栓固定，以防洪水冲开井盖，涌入泥沙，淤塞渗渠。

二、截潜流工程的位置选择

截潜流工程的选择是其设计中一个重要并且复杂的问题（对集取河床渗透水的渗渠更是如此），有时甚至关系到工程的成败。选择渗渠位置时不仅要考虑水文地质条件，还要考虑河流的水文条件，要预见到取水条件的种种变化，其选择原则是：

（1）选择在河床冲积层较厚的河段，并且应避免有不透水的夹层（如淤泥夹层之类）。

（2）选择在水力条件良好的河段，如河床冲淤相对平衡河段（靠近主流、流速较急、有一定冲刷力的凹岸，避免河床淤积影响其渗透能力），河床稳定的河段（因河床变迁、水流偏离渗渠都将影响其补给，导致出水量降低）。这必须通过对长期观测资料进行分析和调查研究确定。

（3）选择具有适当地形的地带，以利于取水系统的布置，减少施工、交通运输、征地及场地整理、防洪等有关费用。

（4）如果考虑建立潜水坝，则应选择河谷（指河床冲积层下的基岩）束窄、基岩地质条件良好的地带。

（5）应避免易被工业废弃物淤积或污染的河段。

三、截潜流工程的布置方式

截潜流工程的布置是发挥其工作效益、降低工程造价与运行维护费用的关键之一，在实际工程中，应根据补给来源、河段地形与水文、施工条件等而定，一般有以下几种布置方式。

（一）平行于河流布置（见图 12-15）

当河床地下水和岸边地下水均较充沛且河床较稳定时，可采用平行于河流沿河漫滩布置，以便同时集取河床地下水和岸边地下水，施工和检修均较方便。工程通常敷设于距河流 30～50 m 处的河漫滩下；如果河水较浑，则以距河流 100～150 m 为好。

（二）垂直于河流布置（见图 12-16）

当岸边地下水补给较差、河床含水层较薄、河床地下水补给较差且河水较浅时，可以采用此种方式集取地表水。这种布置方式以集取地表水为主，施工和检修均较困难，且出水量、水质受河流水位、河水水质影响较大,其上部含水层极易淤塞,造成出水量迅速减少。

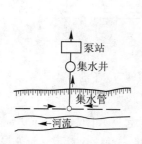

图 12-15　平行于河流的布置

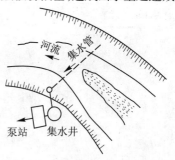

图 12-16　垂直于河流的布置图

(三)平行和垂直组合布置(见图 12-17)

此类布置方式能较好地适应河流及水文地质条件的多种变化,能充分截取岸边地下水和河床渗透水,出水量比较稳定,如果在冬季枯水期可以得到岸边地下水的补给。

不论采用哪种布置方式,都应经过经济技术比较,因地制宜地确定。

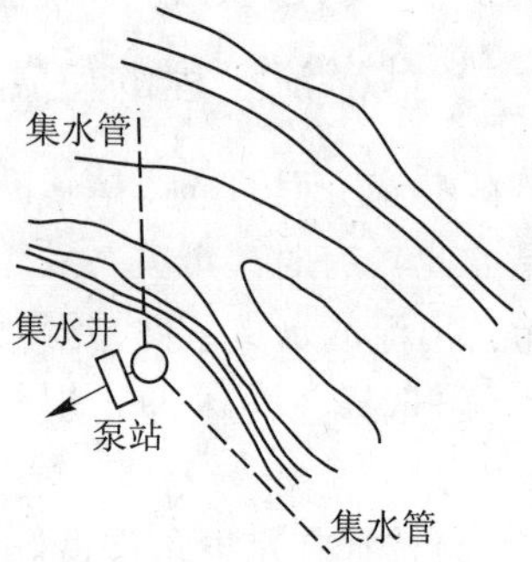

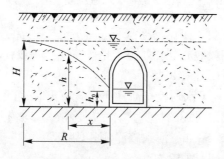

图 12-17　平行和垂直组合布置

四、截潜流工程出水量计算

(一)河床无水时出水量计算

河床无水时的截潜流工程又分为完整式和非完整式两种情况。

1.完整式

单侧进水的完整式集水量按下式计算(见图 12-18):

$$Q = LK\frac{H^2 - h_0^2}{2R} = LK\frac{H + h_0}{2}I \tag{12-13}$$

式中: Q 为集水量,m^3/d; I 为潜水降落曲线的平均水力坡度; K 为含水层渗透系数,m/d; H 为含水层厚度,m; L 为集水段的长度,m; h_0 为集水廊道外侧水层厚度,$h_0 = (0.15 \sim 0.30)H$; R 为影响半径,$R = 2s\sqrt{KH}$,m。

图 12-18　单侧进水完整式出水量计算图

2. 非完整式

单侧进水的非完整式集水量采用下式计算(见图 12-19):

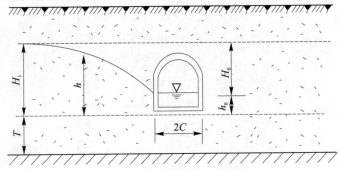

图 12-19　单侧进水非完整式出水量计算图

$$Q = LK\left(\frac{H_1^2 - h_0^2}{2R} + H_0 q_r\right) \tag{12-14}$$

式中: q_r 为引用水量, $q_r = f(\alpha,\beta)$, $\alpha = \dfrac{R}{R + C}$, $\beta = \dfrac{R}{T}$, α、β 可按图 12-20 求得; H_1 为潜水面到廊道底的垂直距离, m; H_0 为潜水面到廊道内水面的垂直距离, m; h_0 为廊道外侧的水深, m; C 为廊道宽度的 1/2, m; T 为廊道底到不透水层的距离, m; 其他符号含义同前。

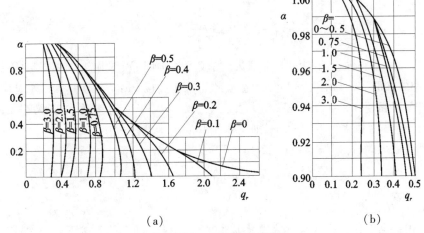

(a)　　　　　　　　　　　　　(b)

图 12-20　求 q_r 值曲线图

当 $\beta > 3$ 时, q_r 可按下式计算:

$$q_r = \frac{q'_r}{(\beta - 3)q'_r + 1} \tag{12-15}$$

$q'_r = f(\alpha_0)$ 可由图 12-21 曲线查得, $\alpha_0 = \dfrac{T}{T + \dfrac{C}{3}}$

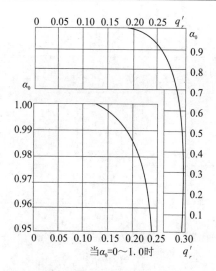

图 12-21　求 q'_r 值曲线图

(二)河床有水时出水量计算

1. 非完整式

非完整式集水量按下式计算(见图 12-22):

$$Q = \alpha L K q_r \tag{12-16}$$

$$q_r = \frac{H - H_0}{A} \tag{12-17}$$

$$A = 0.37 \lg \left[\tan\left(\frac{\pi}{8} \frac{4h - d}{T}\right) \cot\left(\frac{\pi}{8} \frac{d}{T}\right) \right] \tag{12-18}$$

式中:α 为与河水浑浊度有关的校正系数,当较大浑浊时,可采用 $\alpha = 0.3$,中等浑浊时,$\alpha = 0.6$,小浑浊时,$\alpha = 0.8$;H 为集水管顶部的水头高度,m;H_0 为集水管外对应管内剩余压力的水头高度,m,当管内为一个大气压时,$H_0 = 0$;T 为河床透水层厚度,m;d 为集水管直径,m;h 为集水管的埋深,m,即河床至管底的深度。

当 T 值极大时,即 $T = \infty$,式(12-18)可简化为

$$A = 0.37 \lg\left(4\frac{h}{d} - 1\right) \tag{12-19}$$

2. 完整式(见图 12-23)

完整式集水量计算公式与非完整式基本一致,只是 A 值不同,按下列公式计算:

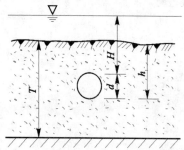

图 12-22　河床下非完整式集水管

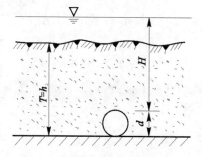

图 12-23　河床下完整式集水管

$$A = 0.37 \lg\left[\cot\left(\frac{\pi}{8}\frac{d}{T}\right)\right] \tag{12-20}$$

五、截潜流工程集水管水力计算

管道式截水工程设计时,必须进行水力计算,以确定管道的直径和铺设坡度及其他水力要素。

为了有效地截取潜流和便于清除管道内淤积,故一般对集水管均不按满管充水设计,而是按照部分充水(无压状态)进行设计,通常取充水深度 $h \leqslant 0.4D$(见图12-24)。

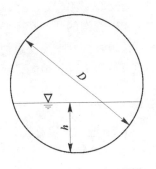

由于集水管中水流在进水部分为变流量,故在计算时为了经济合理,应视其长度和流量大小来考虑是否分段计算。因集水管为无压流,直接计算非常困难,通常采用换算系数法进行计算。

图 12-24　管道水力计算图

设 $R = \alpha D$,$W = \beta D^2$,$v = \gamma v_1$,$Q = \Delta Q_1$,式中 v_1、Q_1 分别为管道中完全充满水的流速和流量;R、W、v、Q 分别为管道中未充满水时的水力半径、过水断面面积、流速和流量;α、β、γ、Δ 为非满管水流各相应换算系数见表12-1。

表 12-1　换算系数

充水深度系数 h/D	水力半径系数 $\alpha = R/D$	过水断面系数 $\beta = W/D^2$	流速系数 $\gamma = v/v_1$	流量系数 $\Delta = Q/Q_1$
0.1	0.063	0.041	0.43	0.023
0.2	0.121	0.112	0.64	0.090
0.3	0.171	0.198	0.80	0.20
0.4	0.214	0.293	0.92	0.34
0.5	0.250	0.392	1.0	0.50

在计算时,可先利用非满管流时的设计流量和流速,除以相应的换算系数 Δ、γ,便可求得相应满管时的设计流量和流速,即 $Q_1 = \dfrac{Q}{\Delta}$,$v_1 = \dfrac{v}{\gamma}$,然后代入下式即可计算出设计管道的直径:

$$D = \sqrt{\frac{4Q}{\pi v_1}} \tag{12-21}$$

管道中的水流流速一般设计为 $0.7 \sim 1.0 \text{ m/s}$,最小不应小于 0.3 m/s,以防淤积;最大不应超过 3.0 m/s。为了管理方便和便于清淤,一般管径不宜小于150 mm,故当计算的管道直径小于此值时,取150 mm。

管道中的水力坡度可用下式计算:

$$I = \frac{v^2}{C^2 R} \tag{12-22}$$

式中:I 为水力坡度,一般不小于0.001;C 为谢才系数,可查水力学手册中有关表格。

管道铺设坡度与水力坡度相同。

六、截潜流工程施工工艺

（一）进水管道施工

进水管道施工应注意以下问题：

（1）管沟的开挖断面要考虑截渗墙和管道的尺寸，并便于施工安装。

（2）管沟开挖要注意河床堆积物的稳定性，必要时应进行支护加固，以防坑壁坍塌。

（3）如工程量很大，短期内难以完成，则要考虑防洪措施，确保工程安全。

（4）施工排水。开挖前要进行排水量校核计算，排水设备的能力必须满足排水要求，且须有备用排水设备。

（二）进水廊道施工

廊道式截潜流工程的施工方法大致分为两种。如潜流水位较高，多采用开挖明沟法；如潜水埋深较大，开挖深度较大，宜采用开挖地道法。施工中应特别注意开挖地层的稳定性，除特殊情况外，廊道一般应衬砌加固，防止倒塌，同时应考虑施工排水问题。

第五节　地下水取水构筑物的布局

一、开发地下水的形式及取水构筑物种类

因水文地质条件的差异，开发地下水的形式有很大不同。开发地下水的形式大致可分为垂直集水系统、水平集水系统、联合集水系统和引泉工程等四种类型。常讲的地下水取水构筑物若按构造情况可分为管井、大口井、渗渠、坎儿井、辐射井等多种类型。选用何种类型，要依据含水层埋深、厚度、富水性以及地下水位埋深等因素并结合技术经济条件具体确定。地下水取水构筑物的种类和适用范围见表12-2。

表12-2　地下水取水构筑物的种类和适用范围

种类	形式	尺寸	深度	水文地质条件			出水量
				地下水埋深	含水层厚度	水文地质特征	
垂直集水	管井	井径为50～1 000 mm，常用150～600 mm	井深为20～1 000 m，常用300 m以内	在抽水设备能力条件下不受限制	厚度一般在5 m以上或有几层含水层	适用于任何砂、卵、砾石层，构造裂隙，溶岩裂隙	单井出水量一般在500～6 000 m^3/d，最大为2 000～30 000 m^3/d
	大口井	井径为2～12 m，常用4～8 m	井深为30 m以内，常用6～20 m	埋藏较浅，一般在12 m以内	厚度一般在5～20 m	补给条件良好，渗透系数最好在20 m/d以上，适用于任何砂、卵、砾石层	单井出水量一般在500～10 000 m^3/d，最大为20 000～30 000 m^3/d

续表 12-2

种类	形式	尺寸	深度	水文地质条件			出水量
				地下水埋深	含水层厚度	水文地质特征	
水平集水	渗渠	管径为 0.45～1.5 m，常用 0.6～1.0 m	埋深在 10 m 以内，常用 4～7 mm	埋藏较浅，一般在 2 m 以内	厚度较薄，一般为 1～6 m	补给条件良好，渗透性较好，适用于中砂、粗砂、砾石或卵石层	单井出水量一般在 15～30 $m^3/(d \cdot m)$，最大为 50～100 $m^3/(d \cdot m)$
	坎儿井	管径为 1.3～1.5 m，常用 0.6～0.7 m	井径为 50～1 000 mm，常用 150～600 mm	埋藏较浅，一般在 10 m 以内	较薄	冲积扇上部、丘陵地区、砂、砾石直径 1～20 mm，砾石含量 60%～70%	
联合集水	辐射井	同大口井	同大口井	同大口井	同大口井，厚度一般在 5 m 以上	补给条件良好，含水层最好为中粗砂或砾石层，不含漂石	单井出水量一般 5 000～50 000 m^3/d

二、开发地下水井群的合理布局

取水建筑物的合理布局，是指在水源地的允许开采量和取水范围确定之后，以何种技术，经济上合理的取水建筑物布置方案，才能最有效和最少产生有害作用地开采地下水。

一般所说的取水建筑物合理布局，主要包括取水井平面或剖面上的布置（排列）形式和井间距离与井数等方面的问题。

（一）水井的平面布局

水井的平面布局主要取决于地下水可开采量的组成性质及其运动形式。

在地下径流条件良好的地区，为充分拦截地下径流，水井应布置成垂直地下水流向的并排形式，视断面地下径流量的多少，可布置一个至数个井排。例如，在我国许多山前冲洪积扇中，上部的水源地，主要靠上游地下径流补给的河谷水源地，一些巨大阻水界面所形成的裂隙—岩溶水源地，则多采用此种水井布置形式。在某些情况下，如预计某种地表水体将构成水源地的主要补给源，则开采井排应平行于这些水体的延长方向分布，当含水层四周被环形透水边界包围时，开采井也可以布置成环形、三角形、矩形等集中孔组形式。

在地下径流滞缓的平原区，当开采量以含水层的储存量（或垂向渗入补给量）为主时,则开采井群一般应布置成网格状、梅花形或圆形的平面布局形式。在以大气降水或河流季节补给为主、纵向坡度很缓的河谷潜水区,其开采井则应沿着河谷方向布置,视河谷宽度,布置一到数个纵向井排。

在岩层导水、储水性能分布极不均匀的基岩裂隙水分布区,水井的平面布局主要受富水带分布位置的控制,应该把水井布置在补给条件最好的强含水裂隙带上,而不必拘束于规则的布置形式。

(二)水井的垂向布局

对于厚度不大(小于30 m)的孔隙含水层和多数的基岩含水层(主要含水裂隙段的厚度亦不大),一般均采用完整井形式(整个含水层厚度)取水,因此不存在水井在垂向上的多种布局问题。而对于大厚度(大于30 m)的含水层或多层含水组,是采用完整井取水,还是采用非完整井井组分段取水,两者在技术、经济上的合理性则需要深入讨论。

图12-25、图12-26是西安某水源地的大厚度冲、湖积含水层,钻孔分段抽水试验时得到的过滤器长度(或井深)与水井出水量的关系曲线。抽水试验资料表明,在一定水位降深条件下,当过滤器长度 L 不太大时,水井的出水量 Q 随着 L 增加而急剧增加,出水量增加强度 $\Delta Q/\Delta L$ 则随 L 的增加而急剧减小。当过滤器长度 L 增加到一定值以后, Q 增加的幅度和 $\Delta Q/\Delta L$ 减少的幅度,则随着过滤器长度的增加而变得愈来愈小,以致对管井出水量已无实际意义。在供水管井设计时,一般把出水量增加强度 $\Delta Q/\Delta L$ <0.5(占整个水井出水量的5%~10%)时的过滤器长度省掉,而把占出水量90%~95%的过滤器长度作为分段(层)取水设计的依据,并把其称为"过滤器的合理长度"。

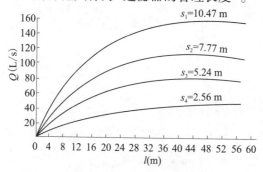

图12-25　出水量与滤水管长度关系曲线图

上述过滤器合理长度的试验说明,在大厚度含水层中取水时,可以采用非完整井形式,对出水量无大的影响,同时也说明,为了充分吸取大厚度含水层整个厚度上的水资源,可以在含水层不同深度上采取分段(或分层)取水的方式。

从图12-25、图12-26上可见,过滤器的合理长度与水井的水位降深和出水量明显有关,同时还与含水层厚度、渗透性、过滤器直径等因素有关。过滤器的合理长度可以通过分段堵塞抽水试验直接确定,也可根据抽水试验建立的经验公式计算确定(可查阅有关手册)图12-26中的 L 。根据各地分段取水的实际经验,当含水层的厚度较大时,过滤器的合理长度一般介于20~30 m。

大厚度含水层中的分段取水一般是采用井组形式,每个井组的井数取决于分段(或分层)取水数目。一般多由2~3口水井组成,井组内的3个孔可布置成三角形或直线形。

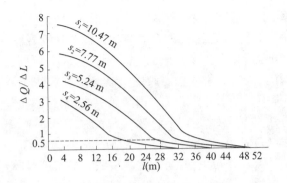

图 12-26　出水量增加强度与滤水管长度关系曲线

由于分段取水时在水平方向的井间干扰作用甚微,所以其中井间距离一般采用 3～5 m 即可,当含水层颗粒较细,或水井封填质量不好时,为防止出现深、浅水井间的水流串通,可把孔距增大到 5～10 m(见图 12-27)。

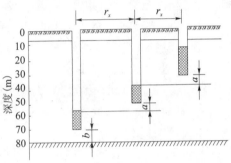

分段取水设计时,应正确决定相邻取水段之间的垂向间距(如图 12-27 中的 a 段),其取值原则是:既要减少垂向上的干扰强度,又能充分汲取整个含水层厚度上的地下水资源。表 12-3 列出了在不同水文地质条件下分段取水时,垂向间距 a 的经验数据。a 的可靠值则应通过井组分段(层)取水干扰抽水试验确定。许多分段取水的实际材料表明,上、下滤水管的垂向间距 a 在 5～10 m 的情况下,其垂向水量干扰

图 12-27　分段取水井组布置示意图

系数一般都小于 25% ,完全可以满足供水管井设计的要求。

表 12-3　分段(层)取水井组配置参考资料

序号	含水层厚度(m)	井组配置数据			
		管井数(个)	滤水管长度(m)	水平间距(m)	垂直间距(m)
1	30～40	1	20～30		
2	40～60	1～2	20～30	5～10	>5
3	60～100	2～3	20～25	5～10	≥5
4	>100	3	20～25	5～10	>5

大量事实说明,在透水性较好(中砂以上)的大厚度含水层中分段(层)取水,既可有效开发地下水资源,提高单位面积产水量,又可节省建井投资(不用扩建或新建水源地)并减轻浅部含水层开采强度。据北京、西安、兰州等市 20 多个水源地统计,由于采用了井组分段(层)取水方法,水源地的开采量都获得了成倍增加。当然,井组分段(层)取水也是有一定条件的。如果采用分段取水,又不相应地加大井组之间的距离,将会大大增加单位面积上的取水强度,从而加大含水层的水位降深或加剧区域地下水位的下降速度。因此,对补给条件不太好的水源地要慎重采用分段取水方法。

（三）井数和井间距离的确定

水井的平面及垂向布局确定之后，取水建筑物合理布局所要解决的最后一个问题是，在满足设计需水量的前提下，本着技术上合理且经济、安全的原则，来确定水井的数量与井距。取水地段范围确定之后，井数主要取决于该地段的允许开采量（或者设计的需水总量）和井距。由于集中式供水和分散式农田灌溉供水，水井的布局上有很大差别，故其井数与井距确定的方法也不同，分述如下。

1. 集中式供水井数与井间距离确定方法

该种供水方式的井数和井距，一般是通过解析法井流公式计算而确定的。即首先根据水源地的水文地质条件，井群的平面布局形式，需水量的大小，设计上允许的水位降深等已给定条件，拟订出几个不同井数和井距的开采方案，然后分别计算每一布井方案的水井总出水量和指定点或指定时刻的水位降深，最后选择出水量和指定时刻水位降深均满足设计要求、井数最少、井间干扰强度不超过要求、建设投资和开采成本最低的布井方案，即技术经济上最合理的井数与井距方案。

现以图 12-28 所示的傍河水源地（直线补给边界）为例来说明其计算过程。

第一步：根据含水层的分布范围、地形、水文网分布与其他技术经济条件，确定出开采布井地段的长度 L，并拟订出几个与河岸不同距离 a 的井排布置方案。

第二步：采用直线补给边界，直线井排的水井涌水量公式计算出与河岸距离不同的每一排方案（该例中有三个方案（$a_1 < a_2 < a_3$），在不同井数条件下（假设的井数）的井排总出水量 $\sum Q$，其公式为

$$\sum Q = Qn = \frac{2\pi(\varphi_H - \varphi_{h0})}{\dfrac{1}{n}\ln\dfrac{L}{2\pi r_0 n} + \dfrac{2\pi a}{L}} = f(n,a) \tag{12-23}$$

式中：n 为直线井排上的水井数目；L 为取水地段的长度；a 为直线井排到河流水边线的距离；r_0 为水井半径；φ_H、φ_{h0} 分别为补给边界和井壁上的势函数。

再根据计算结果绘制如图 12-29 所示的井排总出水量 $\sum Q$ 与至河岸距离 a 及井数 n 的关系曲线。

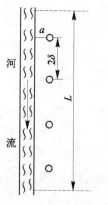

图 12-28　傍河水井布置图

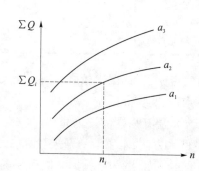

图 12-29　总出水量与井数的关系曲线

第三步：根据设计需水量和初步确定的井排与河岸距离 a，从图 12-29 上反求合理井数。

如图 12-29 所示，从设计需水量 $\sum Q_i$ 作一水平线，该水平线与确定 a 值曲线交点的横坐标值 n_i，即为在此需水量和 a 值条件下的井数。如果该交点处于 a 值曲线的缓变区间内，则说明在此种井数下，井间干扰过大，取水经济效益不佳，故应改用其他 a 值的井排方案，直到在该种 a 值条件下，水井总出水量 $\sum Q$ 随着井数 n 增加而有显著增加时，才可认为此时的井数是既能满足设计需水量，又能充分发挥水井生产能力的合理井数。

第四步：根据已选定的合理井数 n 及已给定的取水地段长度 L，最后计算井间距离 2δ，即 $2\delta = L/n$。

第五步：按以上步骤确定出的 L、a、n、2δ 值，代入相应条件下的井排出水量公式，再次核算设计井排的总出水量是否满足设计需水量要求。

从以上计算过程可以看出，傍河取水水量上一般是有保证的，故合理井数主要取决于开采的经济效益（井间干扰不能太大）。而井距，则是取决于可提供的开采地段长度和设计水井数目。

对于水井呈面状分布（多个井排或在平面上按其他几何形式排列）的水源地，因各井同时工作时，将在井群分布的中心部位产生最大的干扰水位降深，故在确定该类水源地的井数时，除考虑所选用的布井方案能否满足设计需水量外，主要是考虑中心点（或其他预计的干扰强点）的水位是否超过设计上允许的降深值。

2. 分散式灌溉水井的井距与井数的确定

为灌溉目的开发地下水，一般要求对开采井采取分散式布局，如均匀布井、棋盘格式布井。

对灌溉水井的布局，主要是确定合理的井距。因某一灌区内应布置的井数，主要取决于单井灌溉面积，即取决于井距。确定井距时，涉及的因素较多，除与单井出水量和影响半径有关外，还与灌溉定额、灌溉制度、每日浇地时间长短、土地利用情况、土质、灌溉技术有关。

确定灌溉水井的合理间距时，应以单位面积上的灌溉需水量与该范围内地下水的可采量相平衡为原则。下面介绍几种常用灌溉水井井距与井数的确定方法。

1）单井灌溉面积法

当地下水补给充足、资源丰富，能满足土地的灌溉需水量要求时，则可简单地根据需水量来确定井数与井距。

首先计算出单井可控制的灌溉面积 F：

$$F = \frac{QTt\eta}{W} \tag{12-24}$$

式中：Q 为单井的稳定出水量，$\mathrm{m^3/h}$；T 为一次灌溉所需的天数，d；t 为每天抽水时间，h；W 为灌水定额，$\mathrm{m^3/亩}$；η 为渠系水有效利用系数。

如果水井按正方网状布置，则水井间的距离 D 为

$$D = \sqrt{667F} = \sqrt{\frac{667QTt\eta}{W}} \tag{12-25}$$

如果水井按等边三角形排列,则井间距离 D 为

$$D = \sqrt{\frac{2F}{\sqrt{3}}} \quad 或 \quad D = \sqrt{\frac{2QT t\eta}{\sqrt{3}\,W}} \quad\quad (12\text{-}26)$$

整个灌区内应布置的水井数 n 为

$$n = \frac{S\beta}{F} \quad\quad (12\text{-}27)$$

式中:S 为灌区的总面积,亩;β 为土地利用率(%);F 为单井控制的灌溉面积,亩。

从以上各式可知,在灌区面积一定的条件下,井数主要取决于单井可控制的灌溉面积,而单井所控制的灌溉面积(或井距),在单井出水量一定的条件下,又主要取决于灌溉定额。因此,应从平整土地,减少渠道渗漏,采用先进灌水技术等方面来降低灌溉定额,以达到加大井距,减少井数,提高灌溉效益的目的。

2)考虑井间干扰时的井距确定方法

严格地说,均匀分布的灌溉水井同时工作时,井间的干扰作用是不可避免的。当井距比较小时,这种干扰作用使单井水量削减更是不可忽略。因此,考虑井间干扰作用的井距计算方法比前一种方法可靠,但比较复杂。

这种计算方法的思路是,首先提出几种可能的设计水位降深和井距方案,分别计算出不同降深,不同井距条件下的单井干扰出水量,最后通过干扰水井的实际可灌溉面积与理论上应控制灌溉面积的对比试算确定出合理的井距。

现以井灌工程设计中常见的等边三角形均匀布井为例,来说明该方法的计算过程(见图12-30)。

第一步:把农田供水勘探阶段,两口或两口以上干扰井单井抽水试验所得的出水量 Q、水位削减值 t,按相应的涌水量经验公式和水力削减法公式,换算成设计水位降深和不同井距方案条件下的数值。

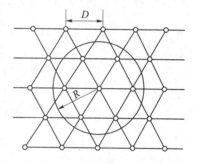

图 12-30　水井按等边三角形均匀布置的井网平面图

第二步:计算水井在不同水位降深和不同井距条件下的干扰出水量 Q'。为此,应该先计算出某一水井在其影响半径(见图12-30中的 R)范围内,其他所有水井(在图12-30中有6口水井)对该井所产生的总的水位削减值 $\sum t$,以及出水量减少系数 $\sum \alpha$。并把以上计算结果绘制成井距,设计降深与水位削减值(或水量减少系数)的关系曲线,以及降深与水井干扰和非干扰涌水量关系曲线。根据这些关系曲线,按照水量减少系数不大于15%~20%的管井设计原则和考虑单井水量可能灌地范围,可初步选出一个合适的井距方案。

第三步:根据单井的干扰出水量和单井应控制范围的灌溉需水量对比计算确定出合理的井距。

从上述计算结果或关系曲线可知,井距愈大,干扰愈小、机井出水量越大,单井控制灌溉面积亦越大。但是,灌溉面积的增大,灌溉需水量亦随之增加。因此,初步选定的井距是否合适,尚需通过水井实际干扰出水量 Q' 可否满足该井距条件下的灌溉需水量的试算

来求证。

首先计算在某一选定井距条件下,干扰出水量为 Q' 时的单井实际灌溉面积 F':

$$F' = \frac{Q'Tt\eta}{W}$$

再计算出在同一设计井距条件下,单井理论上负担(或控制)的灌溉面积 F。在本例所采用的等边三角形均匀布井条件下:

$$F = \frac{\sqrt{3}}{2}D^2 \tag{12-28}$$

式中: D 为按等边三角形布井时三角形的边长(井距)。

根据单井实际灌溉面积 F',与理论上应负担的灌溉面积 F 的对比,可做如下分析:

若 $F'/F > 1$,说明所选用井距偏小,机井偏多,故应加大井距,减少井数。

若 $F'/F < 1$,说明机井实际出水量满足不了应负担灌溉面积需水量的要求,应缩小井距,加密水井或调进其他水源以满足需水要求(亦可考虑改用更大水位降深来增加单井出水量)。

若 $F'/F \approx 1$,说明水井实际出水量正好满足应负担灌溉面积的需水量要求,即为最优井距方案。

3)根据允许开采模数确定井数和井间距离

该种方法的前提条件是计划的开采量应等于地下水的允许开采量,以保持灌区内地下水量的收支平衡。

首先按下式计算每平方千米范围内的井数:

$$N = \frac{M_b}{QtT} \tag{12-29}$$

式中: N 为每平方千米面积上的平均井数; M_b 为含水层的允许开采模数, $\mathrm{m^3/(km^2 \cdot a)}$,可根据区内地下水补给量与含水层面积之比,或类似井灌区开采量与稳定的开采水位降落漏斗面积之比确定。

当允许开采模数已知时,亦可按下式求得合理的井距 D:

$$D = \frac{100}{\sqrt{N}} = 100\sqrt{\frac{QtT}{M_b}} \tag{12-30}$$

按这种方法计算出的井距,可以保证地下水收支平衡,但不能保证满足全部灌溉需水量的要求,不足部分,也只有用其他方法解决。

第十三章　地下水开发与保护

第一节　地下水源地的选择及允许开采量的确定

一、地下水源地的选择

水源地的选择,对于大中型集中供水的水源地来说,关键是确定取水地段的具体位置;对于小型分散供水的水源地而言,则是确定水井布置的具体位置。水源地的选择正确与否,不仅关系到水源地建设的投资,而且关系到是否能保证水源地长期经济、安全地运转和避免产生各种不良环境地质作用。

水源地选择是在地下水勘察基础上,由有关部门批准后确定的。

(一)集中式供水水源地的选择

集中式水源地选择,一般应从技术和经济两方面的条件来考虑。

1. 水源地的水文地质条件

取水地段含水层的富水性与补给条件是地下水水源地的首选条件。因此,应尽可能选择在含水层层数多、厚度大、渗透性强、分布广的地段上取水。如选择冲洪积扇中、上游的砂砾石带和轴部、河流的冲积阶地和高漫滩、冲积平原的古河床、厚度较大的层状与似层状裂隙和岩溶含水层、规模较大的断裂及其他脉状基岩含水带。

在此基础上,应进一步考虑其补给条件。取水地段应有较好的汇水条件,应是可以最大限度拦截区域地下径流的地段;或接近补给水源和地下水的排泄区;应是能充分夺取各种补给量的地段。例如,在松散岩层分布区,水源地尽量靠近与地下水有密切联系的河流岸边;在基岩地区,应选择在集水条件最好的背斜倾末端、浅埋向斜的核部、区域性阻水界面迎水一侧;在岩溶地区,最好选择在区域地下径流的主要径流带的下游,或靠近排泄区附近。

2. 水源地的地质环境

在选择水源地时,要从区域水资源综合平衡观点出发,尽量避免出现新旧水源地之间、工业和农业用水之间、供水与矿山排水之间的矛盾。也就是说,新建水源地应远离原有的取水或排水点,减少互相干扰。

为保证地下水的水质,水源地应远离污染源,选择在远离城市或工矿排污区的上游;应远离已污染(或天然水质不良)的地表水体或含水层的地段;避开易于使水井淤塞、涌砂或水质长期混浊的流砂层或岩溶充填带;在滨海地区,应考虑海水入侵对水质的不良影响;为减小垂向污水渗入的可能性,最好选择在含水层上部有稳定隔水层分布的地段。

此外,水源地应选在不易引起地面沉降、塌陷、地裂等有害工程地质作用地段上。

3. 水源地的经济性、安全性和扩建前景

在满足水量、水质要求的前提下，为节省建设投资，水源地应靠近供水区，少占耕地；为降低取水成本，应选择在地下水浅埋或自流地段；河谷水源地要考虑水井的淹没问题；人工开挖的大口径取水工程，则要考虑井壁的稳固性。当有多个水源地方案可供比较时，未来扩大开采的前景条件，也常常是必须考虑的因素之一。

(二) 小型分散式水源地的选择

以上集中式供水水源地的选择原则，对于基岩山区裂隙水小型水源地的选择，也基本上是适合的。但在基岩山区，由于地下水分布极不普遍和均匀，水井的布置将主要取决于强含水裂隙带的分布位置。此外，布井地段的地下水位埋深，上游有无较大的补给面积，地下水的汇水条件及夺取开采补给量的条件也是确定基岩山区水井位置时必须考虑的条件。

二、水源地允许开采量的确定

(一) 允许开采量的概念

允许开采量指通过技术经济合理的取水构筑物，在整个开采期内出水量不会减少、动水位不超过设计要求、水质和水温变化在允许范围内、不影响已建水源地正常开采、不发生危害性的工程地质现象的前提下，单位时间内从水文地质单元或取水地段中能够取得的水量。获取这一水量以不影响邻近已建水源地正常开采和不发生危害性的工程地质现象为前提。允许开采量常以 m^3/h、m^3/d 或 m^3/a 表示。

允许开采量不能理解成含水层中所能给出的水量，也不同于技术经济合理的取水构筑物最大出水量。取水构筑物从含水层中获得的水量，在开采期内一般不能消耗含水层中得不到补偿的储存量。如果动用了储存量，则要求动用的那一部分储存量在补给期内要得到补充偿还。

允许开采量的大小是由地下水的补给量和储存量的大小决定的，同时还受技术经济条件的限制。

(二) 允许开采量的组成

地下水在人工开采以前，由于天然的补给排泄，形成一个不稳定的天然流场。雨季补给量大于消耗量，含水层内储存量增加；雨季过后，消耗量大于补给量，储存量减少。但是，这种在短期内补给与消耗的不平衡在一定的周期内(年周期和多年周期)是接近平衡的，即天然条件下地下水的补给和消耗总是处在动平衡状态。

开采前，天然条件下，单元含水层的动平衡可表示为

$$Q_b = Q_p \tag{13-1}$$

人工开采地下水时，由于增加了一个经常定量的地下水排泄点，地下水的储存量减少，开采地段水位下降，形成一个降落漏斗。降落漏斗的出现，又使得天然排泄量减少，促使天然补给量增加，从而可能建立新的开采状态下的动平衡。

开采条件下，单元含水层的动平衡可表示为

$$(Q_b + \Delta Q_b) - (Q_p - \Delta Q_p) - Q_k = -\mu A \frac{\Delta h}{\Delta t} \tag{13-2}$$

式中：Q_b 为开采前的天然补给量，m^3/d；ΔQ_b 为因开采导致的补给增量，m^3/d；Q_p 为开采前的天然消耗量，m^3/d；ΔQ_p 为因开采导致的天然消耗量的减少量，m^3/d；Q_k 为人工开采量，m^3/d；μ 为含水层给水度；A 为开采时引起水位降的面积，m^2；Δt 为开采时间，d；Δh 为在 Δt 时间段内开采影响范围内的平均水位降，m。

考虑到开采前的天然补给量与消耗量在一个水文周期内是近似相等的，即 $Q_b = Q_p$，则上式可简化为

$$Q_k = \Delta Q_b + \Delta Q_p + \mu A \frac{\Delta h}{\Delta t} \tag{13-3}$$

式（13-3）表明，开采量由 ΔQ_b、ΔQ_p 和 $\mu A \dfrac{\Delta h}{\Delta t}$ 三部分组成。为此，确定允许开采量应考虑以下三个方面。

（1）合理地夺取补给增量 ΔQ_b。夺取补给增量不能影响已建水源地的开采和已经开采含水层的水量，地表水的补给增量性也应考虑是否允许利用。

（2）尽可能地截取天然排泄量的减少量 ΔQ_p。截取的天然排泄量实质上就是由取水构筑物截获的天然补给量，它的最大极限等于天然排泄量，接近于天然补给量。

截取天然排泄量时，也应考虑已被利用的天然排泄量，例如取水地段下游的泉和水源地如果已被利用，这时若增加开采则可能使泉的流量减少甚至枯竭，这样是不允许的。

截取天然补给量的多少，与取水构筑物的类型、布置地点与方案及开采强度有关。只有选择最佳开采方案才能最大限度地截取。

（3）动用储存量 $\mu A \dfrac{\Delta h}{\Delta t}$ 时，应慎重确定。动用储存量时，首先要看储存量中的永久储存量是否足够大，再考虑现时的取水设备最大允许降深是多少，然后算出从天然低水位至允许最大降深动水位这段含水层中的储存量，按水源地的服务年限分配到每年的开采量中，作为允许开采量的一部分。

（三）地下水允许开采量的计算

地下水的允许开采量是地下水资源评价的中心问题。允许开采量主要取决于补给量，同时还与开采的经济技术条件及开采方案有关。

允许开采量的确定，必须满足不同设计阶段对其精度的要求，并根据取水地段的水文地质条件、水源地类型及其允许开采量组成，结合取水构筑物的布局，因地制宜地选择计算方法。目前计算允许开采量的方法很多，如水量平衡法、开采试验法、相关分析法、水文分析法、水动力学的解析法、数值法以及电模拟法等。在实际工作中可同时采用几种方法计算，以互相对比和验证，使计算结果更可靠。

1. 水量平衡法

水量平衡法是运用水均衡的原理，对取水地段影响范围内（平衡区）在一定时间段（平衡期，一般用一年）中，对地下水补给量、储存量和消耗量之间数量转换关系进行水量平衡计算，以确定地下水的允许开采量。

开采条件下，补给量、消耗量和储存量的平衡关系可表示为

$$Q_b - Q_p = \pm \mu A \frac{\Delta h}{\Delta t} \tag{13-4}$$

对稳定型的开采动态（$\mu A \dfrac{\Delta h}{\Delta t} = 0$），则最大允许开采量为

$$Q_k = \Delta Q_b + \Delta Q_p \approx Q_b + \Delta Q_b \qquad (13\text{-}5)$$

如果是合理的消耗型开采动态，则为

$$Q_k \approx \Delta Q_b + Q_b + \mu A \frac{S_{max}}{365T} \qquad (13\text{-}6)$$

式中：S_{max} 为最大允许降深，m；T 为开采年限，一般取 $50 \sim 100$ a。

地下水补给量的组成包括降水入渗补给、河渠渗漏补给、水库蓄水渗漏补给、山前侧渗补给、渠系渗漏补给、渠灌田间入渗补给、井灌回归补给、越流补给等。下面讨论各种补给量与储存量的计算方法。

1）地下径流量

$$Q = KJBH \quad 或 \quad Q = KJBM \qquad (13\text{-}7)$$

式中：Q 为地下径流量，m^3/d；K 为渗透系数，m/d；J 为水力坡度；B 为计算断面宽度，m；H（或 M）为无压（或承压）含水层厚度，m。

2）降水入渗补给量

通常采用如下公式计算

$$Q_b = \alpha P A \qquad (13\text{-}8)$$

式中：Q_b 为降水入渗补给量，m^3/a；A 为降水入渗面积，m^2；α 为年降水入渗补给系数，定义式为 $\alpha = \dfrac{\mu \sum \Delta H}{P}$，$\mu$ 为潜水含水层的给水度，ΔH 为由降水引起的地下水的升幅，m；P 为年降水量，m。

3）河、渠入渗补给量

可根据勘探区河、渠的上、下游断面的流量差确定，也可用河、渠入渗有关公式计算，如平面流公式：

$$Q_b = KB \frac{H - h_w}{L} \frac{H - h_w}{2} \qquad (13\text{-}9)$$

式中：B 为河、渠水对供水井群的补给宽度，m；L 为井群至水边的直线水平距离，m；H 为河、渠水位至含水层底板高度，m；h_w 为供水井群动水位高度，m；其他符号意义同前。

4）灌溉田间入渗补给量

采用地下水位资料计算时：

$$Q_b = \mu \Delta h A / 365 \qquad (13\text{-}10)$$

式中：Q_b 为灌溉水入渗补给量，m^3/a；μ 为给水度；Δh 为灌溉引起的年地下水位升幅，m/a；A 为灌溉面积，m^2。

利用灌溉定额资料计算时：

$$Q_b = \alpha m A / 365 \qquad (13\text{-}11)$$

式中：α 为入渗系数；m 为灌溉定额，m^3/a。

5）越流补给量

$$Q_b = A \eta \Delta H = A \frac{K'}{m'} \Delta H \qquad (13\text{-}12)$$

式中：Q_b 为相邻含水层垂向越流补给量，m^3/d；A 为越流补给面积，m^2；η 为越流系数，$1/d$；K' 为弱透水层的渗透系数，m/d；m' 为弱透水层的厚度，m；ΔH 为深层、浅层地下水水头的差值，m。

6）含水层的容积储存量

$$W_v = \mu V \tag{13-13}$$

式中：W_v 为容积储存量，m；μ 为给水度；V 为含水层的体积，m^3。

7）承压含水层的弹性储存量

$$W_{cv} = ASh_p \tag{13-14}$$

式中：W_{cv} 为弹性储存量，m^3；A 为计算面积，m^2；S 为储水系数；h_p 为承压含水层自顶板算起的压力水头高度，m。

2. 开采试验法

在水文地质条件复杂地区，如果一时很难查清补给条件而又急需做出评价时，则可打探采孔，并按开采条件（开采降深和开采量）进行抽水试验，根据试验结果来确定允许开采量。这种评价方法，对潜水或承压水，对新水源地或旧水源地扩建都能适用；但主要适用于中小型水源地。

最好在旱季，尽可能按开采条件（开采降深和开采量）长时间（一至数月）抽水，从抽水到恢复水位进行全面观测。抽水试验的结果可能出现两种情况：稳定状态和非稳定状态。

1）稳定状态

按设计需水量在枯季长时间抽水时，在抽水过程中，如果井中水位在允许降深以内，并趋近稳定状态，停抽后，水位又能较快恢复到原始水位，则说明抽水量小于或等于开采条件下的补给量，按这样的抽水量开采是有补给保证的，这时实际的抽水量就是允许开采量。

2）非稳定状态

按设计需水量在枯季长时间抽水后，如果井中水位达到设计降深并不稳定，继续下降；停抽后，水位虽有所恢复，但始终达不到原始水位，则说明抽水量已大于开采条件下的补给量，按这样的抽水量开采是没有保证的。在这种情况下确定允许开采量，可以通过分析抽水过程曲线，求出抽水条件下的补给量作为允许开采量，或者考虑暂时利用储存量和旱季补给量作为允许开采量。

如果在水位持续下降过程中，大部分漏斗开始等幅下降，降速大小同抽水量成比例，则任一时段的水量均衡应满足下式：

$$\mu F \Delta S = (Q_k - Q_b) \Delta t \tag{13-15}$$

式中：μF 为水位下降 1 m 时消耗的储存量，即单位储存量，m^2；ΔS 为 Δt 时段内的水位降深，m；Q_k 为平均抽水量，m^3/d；Q_b 为开采条件下的补给量，m^3/d。

由式（13-15）解出 Q_k 得：

$$Q_k = Q_b + \mu F \frac{\Delta S}{\Delta t} \tag{13-16}$$

式（13-16）说明，抽水量 Q_k 由两个部分组成：一是开采条件下的补给量 Q_b；二是含水

层中消耗的储存量 $\mu F \dfrac{\Delta S}{\Delta t}$。

为了求得补给量,必须从抽水量中分离补给量和储存量,为此要首先计算 μA 值。

μA 值可用两次不同抽水试验的 Q_{k1}、Q_{k2} 和相应的 $\dfrac{\Delta S_1}{\Delta t_1}$、$\dfrac{\Delta S_2}{\Delta t_2}$ 资料,通过求解联立方程获得

$$Q_{k1} = Q_b + \mu A \cdot \frac{\Delta S_1}{\Delta t_1} \tag{13-17}$$

$$Q_{k2} = Q_b + \mu A \frac{\Delta S_2}{\Delta t_2} \tag{13-18}$$

得

$$\mu A = \frac{Q_{k2} - Q_{k1}}{\dfrac{\Delta S_2}{\Delta t_2} - \dfrac{\Delta S_1}{\Delta t_1}} \tag{13-19}$$

则

$$Q_b = Q_{k1} - \left(\frac{Q_{k2} - Q_{k1}}{\dfrac{\Delta S_2}{\Delta t_2} - \dfrac{\Delta S_1}{\Delta t_1}} \right) \frac{\Delta S_1}{\Delta t_1} \tag{13-20}$$

为了核对 Q_b 的可靠性,可按恢复阶段的水位恢复资料进行检查。

采用枯季抽水试验,其补给量的计算是保守的,最好将抽水试验延续到雨季,用同样的方法求得雨季的补给量,再分别按雨季和旱季的时段长短 t_1、t_2 分配到全年,得

$$Q_b = \frac{Q_{b1} t_1 + Q_{b2} t_2}{365} \tag{13-21}$$

式中:Q_{b1}、Q_{b2} 分别为雨季和旱季的补给量,m^3/d。

用这样的补给量作为允许开采量时,还应计算旱季末的最大水位降 S_{max},看是否超过最大允许降深:

$$S_{max} = S_0 + \frac{(Q_k - Q_{b2}) t_2}{\mu A} \tag{13-22}$$

式中:S_0 为雨季时的水位降,m;Q_k 为允许开采量,m^3/d;其余符号意义同前。

根据上面所求的 Q_b,再结合水文地质条件和需水量即可评价可允许开采量。

用开采试验法求允许开采量较可靠,但由于抽水试验需跨越旱、雨两季,花费太大,故一般适用于水文地质条件复杂的中小型水源地。

3. 解析法

根据水文地质条件和布井方案,选用地下水动力学中相应的井流公式来计算各个井的涌水量,总加起来便是开采量,只要没有不良后果发生,便是允许开采量。这就是地下水资源评价的水动力学解析法。

解析法在理论上是较严密精确的,只要介质条件、边界条件和取水条件(取水构筑物结构、类型等)符合公式的假定条件,则计算出来的开采量是既能取得出来又有补给保证的水量(稳定流),或可以预报出该条件下开采时的水位变化情况(非稳定流)。

　　但在实际运用中也有困难,尽管各种不同条件下的公式很多,但完全符合公式中假定条件的情况是较少的。例如,介质条件要求均质或简单的非均质,而自然条件常是复杂的非均质,边界条件假定是无限、直线或简单的几何形态,而自然界常是复杂的边界,补给条件在自然界常是随时间而变化的,在解析法的公式中难以反映,只能简化为均匀连续的补给等。由于实际情况不能完全符合公式的假定条件,所以严密准确的解析解也变为近似的了。

　　实际上除少数情况下可以直接运用水动力学解析公式计算出允许开采量(如有河流补给的岸边取水水源地、无补给的大面积承压水及边界简单的水源地等)外,常常是用解析公式计算出开采量(只反映产水能力),再用水均衡法计算补给量来论证其保证程度。

　　4. 数值法

　　数值法运用数值模拟技术,量化地下水补给、径流、排泄的水文机理,以获取地下水的各种补给量,揭示含水层内部的水量分配及其调蓄功能,为最佳取水地段和布井方案的选择、允许开采量的确定提供依据。

　　数值法在分割近似原理的指导下,将求解非线性的偏微分方程问题,转化为求解线性代数方程问题,摆脱了解析法在求解中的种种严格理想化要求,使数值法能灵活地应用于各种非均质地质结构和复杂边界条件问题。由于采用与空间状态有关的分布参数系统的数学模型,它能真实地描述地质模型的各种特征。工程控制程度越高,则分割部分越细,数学模型就越逼近实际,计算精度越高。因此,数值法一般用于大型水源地的开采量计算。

　　5. 地下水水文分析法

　　地下水水文分析法采用测流方法计算地下水在某一区域一年内总的流量,它如果接近补给量或排泄量,则可用来作为该区域的允许开采量。由于地下水直接测流困难,所以地下水水文分析法只适用于一些特定地区,如岩溶管道流区、基岩山区等地。而这些地区常常也是其他许多方法难以应用的地区。

　　1)岩溶管道截流总和法

　　我国西南岩溶山地多为管道流,地下水资源大部分集中于岩溶管道中,而管外岩体的裂隙或溶隙中储存的水量甚微。因此,岩溶管道中的地下径流量,可以表征为该区地下水的可开采量。在这种地区,只要能设法在各暗河的出口用地表水水文测流法测得各暗河的径流量 Q_i ,加起来便是该区地下水的可开采量 Q_k ,即

$$Q_k = \sum_i Q_i \tag{13-23}$$

　　2)地下径流模数法

　　当暗河管道埋藏很深,无法测流时,则可利用地下径流模数法。它是一种借助间接测流的近似计算方法,即认为一个地区、地下暗河的流量与其补给面积成正比,且在条件相似的地区,地下径流模数 M 是相近似的。因此,只要在研究区域选择其中的一两条暗河,测得其流量 Q_i 和相应的补给面积 A_i ,计算出地下径流模数 M ,再乘以全区的补给面积 A ,便可求得整个研究区的地下径流量 $\sum Q_i$,作为地下水允许开采量。其计算公式为

$$M = \frac{Q_i}{A_i} \tag{13-24}$$

$$Q_k = MA \tag{13-25}$$

3）流量过程线分割法

枯季山区河流的地下水径流量（基流量），基本上代表了地下水排泄区的流量，可作为评价允许开采量的依据。因此，可以利用水文站的河流水文图（流量过程图），结合具体的水文地质条件，对全区全部地表水的流量过程线进行深入分析，把补给河水的地下径流量分割出来，即可获得全区的地下水径流量，作为计算允许开采量的依据。

4）水文分析法中的频率分析

水文分析法中都是用求得的地下径流量作为区域地下水的可开采量。山区地下径流量受气候变化影响较大。如果所用资料是丰水年的，会得出偏大的数据，在平水年和枯水年就没有保证；如果所用资料是枯水年的，则又过于保守。因此，需要进行频率分析，求出不同保证率的数据。如果地下径流量观测的数据较少、系列较短，可以与观测数据较多、系列较长的气象资料进行相关分析，用回归方程来外推和插补，再进行频率分析。

第二节　地下水保护

一、地下水源保护区的划分与防护

地下水源保护区应根据饮用水源所处的地理位置、水文地质条件、供水量大小、开采方式和污染物的分布划分。地下水源各级保护区和准保护区内必须遵守下列规定：①禁止利用渗坑、渗井、裂隙、溶洞等排放污水和其他有害废弃物；②禁止利用透水层孔隙、裂隙、溶洞及废弃矿坑储存石油、天然气、放射性物质、有害有毒化工原料、农药等；③对半咸水层、咸水层、卤水层、受到污染的含水层，必须采用分层开采，不得混合开采；④实行人工回灌地下水时不得污染当地地下水源，具体划分如下。

（一）一级保护区

地下水源一级保护区位于开采井的周围，其作用是保证集水有一定的滞后时间，防止一般病原菌的污染。对于岩溶水源区，一般将地下水的补给区划分为一级保护区。在一级保护区内禁止建设与取水设施无关的建筑物；禁止从事农牧业活动；禁止倾倒、堆放工业垃圾、粪便和其他有害废弃物；禁止输送污水的管道、渠道及输油管道通过本区；禁止建设油库和墓地。

（二）二级保护区

地下水源二级保护区位于一级保护区外，其作用是保证集水有一定的滞后时间，以防止病原菌以外的其他污染。对于岩溶水源区，一般将地下水的运动区和部分排泄区划分为二级保护区。

（1）对于潜水含水层地下水源地，禁止建设化工、电镀、皮革、造纸、冶炼、放射性、印染、炼焦、炼油及其他有严重污染的企业，已建成的要限期治理、转产或搬迁；禁止设置城市垃圾、粪便和易溶、有毒有害废弃物堆放场和转运站；禁止利用未净化的污水灌溉农田，已有的灌溉农田要限期改用清水灌溉;化工原料、矿物油类及有毒有害产品的堆放场所必须有防雨、防渗措施。

(2)对于承压含水层地下水源地,禁止承压水和潜水混合开采,并做好潜水的止水措施;对于揭露和穿透含水层的勘探工程,必须按照有关规定,严格做好分层止水和封孔工作。

(三)准保护区

地下水源准保护区位于二级保护区以外的主要补给区,其作用是保护水源地的补给水源的水量和水质。在准保护区禁止建设城市垃圾、粪便和易溶、有毒有害废弃物堆放场,因特殊需要建设转运站的,必须经过有关部门批准,并采取防渗措施;当补给源为地表水体时,其水质标准不应低于Ⅲ类标准。

二、水源地卫生防护带

生活饮用水水源地必须设置卫生防护带,通常分为戒严带、限制带和监视带。设立卫生防护带,虽不可能完全杜绝污染,但可在一定时间、一定水文地质条件下控制污染。对于埋藏较浅的潜水及地表覆盖较薄的水源地,建立卫生防护带具有明显的效果。

(一)戒严带(Ⅰ带)

此带包括取水构筑物附近的范围,要求水井周围 30 m 的范围内不得设置厕所、渗水坑、粪坑、垃圾堆和废渣污染源,并建立卫生检查制度。

(二)限制带(Ⅱ带)

紧接戒严带设置的较大范围,要求单井或井群影响半径范围内,不得使用工业废水或生活污水灌溉和施用剧毒农药,不得修建渗水厕所、渗水坑、废渣或铺设污水管道,并不得从事破坏深层土层活动。如果含水层上有不透水的覆盖层,地下水与地表水无水力联系,限制带的范围可适当缩小。

(三)监视带(Ⅲ带)

监视带内应经常进行流行病学的观察,以便及时采取防治措施。

各个卫生防护带的划分,其范围大小与地下水的类型、含水层厚度、含水层的孔隙、抽水量大小、污染物的迁移速度和入渗补给量等因素有关。各国学者对卫生防护带的大小进行了大量的研究,著名的有韦根尼公式、鲍切维尔公式。

1. 韦根尼公式

对于侧向径流微弱的潜水含水层,荷兰学者韦根尼提出了计算防护带半径的经验公式:

$$r = \sqrt{\frac{Q}{\pi i}\left[\left(1 - \exp(\frac{-ti}{bn_e})\right)\right]} \tag{13-26}$$

式中:r 为防护带半径,m;Q 为抽水量,m^3/a;b 为含水层厚度,m;i 为垂直入渗补给量,m^3/a;n_e 为含水层的孔隙度(%);t 为污染物从某点迁移到抽水点的时间,a,又称为迟后时间。

迟后时间 t 按下列规定确定:戒严带按沙门氏杆菌在地下水中存活时间(44~50 d),乘以 1.5~2.0 的安全系数,取 60 d;对于限制带可取 10 a。河北保定市一水源地,运用韦根尼公式计算了各种卫生防护带的大小。

戒严带（Ⅰ带）：按迟后时间 60 d 计算，最大半径 $r_{max}=202$ m，最小半径 $r_{min}=42$ m，面积为 10 km^2。

限制带（Ⅱ带）：按迟后时间 10 a 计，最大半径 $r_{max}=1\,496$ m，最小半径 $r_{min}=311$ m，面积为 20 km^2；按迟后时间 25 a 计，最大半径 $r_{max}=2\,198$ m，最小半径 $r_{min}=455$ m，面积为 18 km^2。

需要注意的是，上述防护带的划分，主要考虑防止病原菌的污染，属于卫生防护，对于病毒污染可能是无效的，因为有些病毒的存活时间大于 60 d。另外，韦根尼公式只考虑污染物进入含水层的水平迁移，而没有考虑污染物从地表进入包气带的垂直迁移，在包气带厚度较大、覆盖层为黏性土时，按式（13-26）计算的防护半径偏大。

2. 鲍切维尔公式

苏联学者鲍切维尔考虑到岩石的吸附作用，提出了计算防护带的经验公式：

$$R=\sqrt{\frac{QT}{\pi Amn}} \tag{13-27}$$

式中：R 为防护带直径，m；Q 为抽水量，m^3/a；m 为含水层厚度，m；n 为含水层的孔隙度（％）；T 为污染物迁移到抽水井的时间，年；A 为反映岩石吸附性能的指标，无量纲。$A=\dfrac{1+\beta}{\beta}$，$\beta=\dfrac{C_0}{N_0}$，C_0、N_0 分别为均衡吸附时溶液的黏度和吸附量，吸附性越强，A 越大，无吸附时，$A=1$。

三、山东肥城盆地地下水资源保护区简介

山东肥城市位于泰山西麓，北靠济南长清县，南与宁阳县隔汶河相望。肥城盆地东高西低，北高南低，四周为泰山群花岗片麻岩和寒武系、奥陶系石灰岩，山体平均海拔 250～527 m，是康王河水系的分水岭；盆地中部为第四系冲洪积平原，高度为 60～120 m，地面坡度为 1/400～1/800。康王河自东向西横卧中间，汇河在盆地西部由北贯穿，与康王河在石横交汇出境，注入大汶河。

肥城市城区水源地集中分布在市区 10.1 km^2，到 1999 年底，全市共有水井 57 眼，其中自来水公司水井 20 眼，企业自备井 37 眼，年供水量 2 000 万 m^3，其中 98％以上取自深层岩溶水。肥城水源地已经发展成为一个中等规模的岩溶水供水水源地。

随着城市人口的增加、城区面积的扩大和工矿企业的发展，出现了地下水位下降、地面沉降、地下水污染等一系列环境地质问题。

（1）地下水位持续下降，造成了供水紧张和地面沉降。据统计，城区用水量从 1983年至 1999 年增加了 4 倍，地下水位下降了 34 m，年均下降 2 m。不仅袭夺了水源地上游和周边地区的水量，而且还出现了地面沉降、地面塌陷。

（2）城区水源井的污染问题。某些自备井，污水处理措施不力，未达标排放或排污方式不当，使污水有的沿裸露基岩下渗，有的通过第四系弱隔水层的越流入渗到石灰岩含水层，有的污染物通过井孔直接入渗，造成局部地下水污染，水质恶化。

（3）周边山区毁林开荒、开矿采石造成水土流失。在水源补给区无节制地、无计划地

开荒采石,尤其在水环境和生态环境脆弱敏感地带进行开发建设项目,引发了新一轮水土流失。水土流失造成周边地下水补给量减少和水质变差。

为保护肥城盆地水源地,近几年来,肥城有关部门做了大量工作,完成了《肥城市城区水源地保护规划》,强调了保护区规划的五个原则,即水质保护、水量可持续利用的原则;保护深层岩溶地下水为主的原则;保护与发展协调统一的原则;统一规划、突出重点的原则;便于操作、便于管理的原则。根据地形、地貌、地表岩性、地质构造、水文地质特征及主要经济活动,将肥城盆地水资源保护区划分为一级保护区、二级保护区、准保护区、变质岩影响区、共轭影响区和水环境保护区等6个区域。

(一)一级保护区

该区位于规划区的东南及南部的石灰岩山丘裸露区、半裸露区及部分薄层第四系分布区的地下水强渗漏带,是城区水源地岩溶地下水的直接补给区。区界的标定基本上是以石灰岩山丘与第四系冲积物的分界为准。范围为城东区自仪阳、石坞水库、鸡山桥以东,潮泉杏木岭以南,东至泰安市岱岳区道朗的龙门水库,南以肥城盆地分水岭为界。

一级保护区为城区水源地补给的源头区域,应主要发展以涵养水源为目的的林草栽植,逐步提高植被覆盖率。结合多种促渗工程,截流回补地下水源。严禁在区内采石烧窑,进行工业项目建设和其他非农业生产活动。

1.坡顶封山育林

一级保护区大部分为裸露、半裸露灰岩,造林难度大、成活率低,因此适宜采取封山育林措施,防止水土流失。对变质岩山区的坡顶地带,植被相对较好,个别地带应进行疏林补植,提高森林的覆盖率。

2.坡面造林促渗

丘陵山地坡顶以下坡面,覆盖有一定厚度的坡积土层,在这些坡面上,可采用水平梯田方式营造经济林,蓄水保墒,促进地下水的下渗。一方面增加了地下水的补给量,另一方面为当地群众增加了经济收入。一级保护区内可选用刺槐、核桃、香椿及花椒等林种;变质岩保护区内可选用板栗、国槐、油松等林种。

3.坡脚退耕还林、还草

坡脚25°以上耕地应一律退耕还林、还草,3°~25°的坡耕地有条件的,也可退耕还林、还草。具体做法是把坡耕地水平梯田化,发展核桃、板栗等果树林,同时田面、田埂撒播部分草种,防止产生水土流失。

(二)变质岩山地间接补给区

该区位于肥城市北部及东北部变质岩山区,南部与第四系坡积、洪积物分界。区内主要由泰山群花岗片麻岩组成,地下水类型为风化裂隙水,地下水位埋深浅、水量小,水质好,是城区地下水源地的间接补给区。

变质岩山地间接补给区是下游地下水的间接补给区,应发展以涵养水源为目的的林业为主,进行小流域治理,发展经济林种和果园大棚的林带。区内严禁采伐活动,严禁采石,防止水土流失。

(三)共轭影响区

该区位于泰安市岱岳区道朗乡境内,面积55.2 m^2,不属肥城市管辖,但与肥城变质岩山体连为一体,同为康王河上游集水范围,地表水汇集后会影响到下游地区,故单独划为共轭影响区。区内包括变质岩山地及山前冲洪积平原。该区地下水资源贫乏,含水层为风化裂隙,地下水埋深浅,水质好。

(四)二级保护区

二级保护区主要是隐伏的灰岩区,第四系覆盖层主要由坡积、洪积物、冲积物组成,埋藏深度几米至 20 m 不等,上部潜水含水层不发育,底部黏土层未形成连续状态,与灰岩含水层有一定的水力联系,降水可以通过土层下渗补给岩溶水。

二级保护区总面积为 99.3 km²,地形相对平坦,面积广阔,土壤肥沃,是良好的农业生产基地。该区主要任务是防止水土流失、农业污染和建设项目污染,可采取下列保护措施。

1.大力发展高效农业

本区为城区水源地的直接补给区和激发补给区,应以发展高效生态农业和节水农业为主,严禁发展有污染的工业项目。区内任何已建和在建工程项目必须注重环境保护和水土保持工作,未经环境评价和水土保持方案编制,不得上马新项目。

2.加强中小型水利工程,增加入渗补给量

区内分布有群英水库、小窑水库、大王水库等小型水库及塘坝,这些水利设施年久失修,每逢雨季,大量的雨水汇入康王河,不能有效地拦蓄地表水。为此,应充分利用小型水利工程,积极拦蓄地表水,增加地下水的入渗量。

3.建立水质监测预警措施

该区是城市与农村的过渡带,与一级保护区相比,交通比较便利,工程建设活动活跃,因此应在该区设立观测井,连续监测地下水动态。

(五)准保护区

准保护区位于新城办事处境内,面积 44.6 km²,为城区水源井的集中分布区。该区与二级保护区的重要区别在于该区的第四系厚度大,且分布均匀,下部的黏土层连续分布,第四系孔隙潜水与岩溶水水力联系微弱。孔隙潜水与岩溶水的单井出水量很大,成为集中供水和工矿企业自备井的主要水源。

准保护区为城区水源地的所在地,人口稠密,工厂多,主要做好地表水、地下水的防污和城市污水的处理排放工作。区内严格限制新打自备水源井,严禁向井孔及周围排放污废水,严禁任何通过河道、井孔、第四系浅井污染深井,建立水量、水质、水位监测制度,确保供水质量。

1.深层地下水防污措施

城区内大量的深井,对井口要采取可靠的防渗、防漏措施,避免地表水、浅层地下水对深层地下水造成直接污染。特别是工矿企业,取水量较大,弃水有害物较多,井口附近要禁止一切人为污染活动。

2.污废水处理排放措施

工业污水和生活废水直接排入河道,会对地下水产生一定程度的污染。因此,城区内各工矿企业污废水严禁超标排放。同时要结合康王河污水治理,建立污水处理站,对过境污水进行处理。

（六）水环境保护区

该区为肥城煤田开采范围，面积约 58.2 km²，水文地质条件复杂，含水岩组包括第四系孔隙含水层、石炭—二叠煤系含水层和奥陶系灰岩含水层。区内主要以煤田开采为主，采煤造成深层岩溶水大量排空，通过汇河最后流入大汶河，造成了地面塌陷和水资源的巨大浪费。

为了综合利用矿坑排水，肥城水资办与石横镇政府投资 600 多万元，在汇河上修建了三级拦蓄工程，一、二级为橡胶坝，三级为溢流坝，一次拦蓄水量 200 多万 m³，年开发利用量 3 000 多万 m³。该水源主要有以下作用：①增加了地下水的回补量；②用于发展农业灌溉；③向肥城盆地工业区供水。

第三节　开采地下水引起的水文地质灾害

过量开采地下水或使用不正确的方式开采地下水，均可破坏地下水循环系统的平衡，使地下水的水位、水量、水质、水温发生变化，引起地面沉降、地面岩溶塌陷、地裂缝、海（咸）水入侵等水文地质灾害。

一、地面沉降

（一）地面沉降现象

过量开采地下水使地下水位大幅度下降，同时导致地下水压力减小，地下水与沉积物压力均衡失调，松散堆积物被压缩，从而产生地面沉降，这种现象往往发生在河流下游的冲积平原或巨厚松散堆积物发育的大型盆地。此外，地面沉降也出现在大规模的石油、天然气开采区。

世界各地巨厚的松散沉积物地区，尤其在沿海一带，因大量开采地下水所产生的大规模地面沉降不胜枚举。日本 1961 ~ 1970 年的 10 年中，东京江东三角洲约 47 km² 面积内，为了减轻地面沉降造成的危害，筑堤防潮、整修港湾河道及下水道、修缮民房等，共花费了 20 亿日元。如果以此时期内该地区抽取的地下水总量 3.6 亿 t 计算，为消除不良后果每抽取 1 t 地下水所支付的费用竟高达 230 日元（将近人民币 2 元）。在日本，正常情况下开采 1 t 地下水所要支付的费用仅为 1 ~ 5 日元；美国的亚利桑那州皮纳耳和麦里科帕城之间的井灌区，于 1948 ~ 1967 年间，地下水位降低了 70 ~ 100 m，地面沉降量达 1.2 m（最大达到 2.5 m）。地面的不均匀沉降和伴生的地裂，使该地区的整个灌溉系统、公路、铁路、输水管道都遭到破坏。

我国最早发现地面沉降的地方是上海，这里有厚约 300 m 的海陆交互相第四纪沉积物。主要采水层为上部 70 m 左右厚的砂层，由地面到主要采水层之间为淤泥质亚黏土与粉砂互层。1922 ~ 1938 年地面平均下沉 26 mm，到 1965 年沉降中心地面沉降最大值达 2.37 m，上海市地下水位、开采量与地面沉降速率关系见图 13-1。

大同、天津、苏州、西安、太原、宁波、常州、河北沧州及中国台北等城市都存在地面下沉或地面开裂等问题。大同市截至 1993 年，地面沉降波及面积达 160 km²，地面沉降中心和形变中心基本一致，地体损失量约为 91×10^4 m³。1990 ~ 1993 年沉降显著增大，1992 ~

1993 年沉降呈加速发展态势。若抽水量不减,地面沉降将会更快发展。

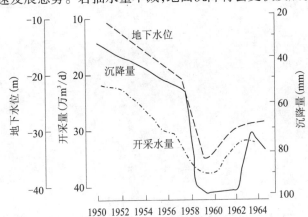

图 13-1　上海市历年地下水开采量、地下水位与地面沉降速率关系图

地面沉降是目前世界上许多取用地下水的平原井灌区共同面临的严重问题。例如,因开采地下水,美国的长滩市地面下降 9.5 m,东京 4.6 m,大阪 2.88 m,墨西哥城为 6 m;美国加利福尼亚州、泰国曼谷、日本东京、意大利威尼斯、英国伦敦都是世界上地面沉降强烈地区,部分沿海滨城市甚至面临着市区被海水淹没的危险。

(二)地面沉降机理

地下水位下降引起的地面沉降机理国内外研究成果很多,有的认为地下水位下降有三种原因:浮托力减小、有效应力增加、渗透力的作用;有的根据有效应力原理分析。综合各学者的研究成果,地面沉降发生的原因有如下两个方面:

(1)抽水后地下水位下降,引起地层的自重应力增加,从而产生压缩沉降。

(2)渗透力的作用。

这两方面的原因,产生的机理并不相同,所产生的沉降的贡献也不相同,下面分别加以分析。

1. 自重应力增加

对于形成年代已久的天然土层,在自重应力作用下的变形早已稳定。但当地下水位发生下降或土层为新近沉积或地面有大面积人工填土时,土中的自重应力会增大。在图 13-2 中,实线为变化前的自重应力,虚线为变化后的自重应力,可根据土力学理论中的土层压缩沉降量公式来说明地下水位下降引起地面沉降的机理。分层总和法计算某一土层的变形计算公式如下:

$$s_i = \frac{e_{1i} - e_{2i}}{1 + e_{1i}} H_i \tag{13-28}$$

式中:s_i 为第 i 土层的沉降量,mm;H_i 为第 i 土层的厚度,mm;e_{1i} 为第 i 土层初始状态的孔隙比;e_{2i} 为第 i 土层最终状态的孔隙比,根据相应的压力由土的压缩曲线(见图 13-3)查得。

在一般情况下,土的初始应力状态为天然状态下的自重应力,由于修建建筑物后,最终状态为天然土层产生的自重应力与建筑物产生的附加应力之和。

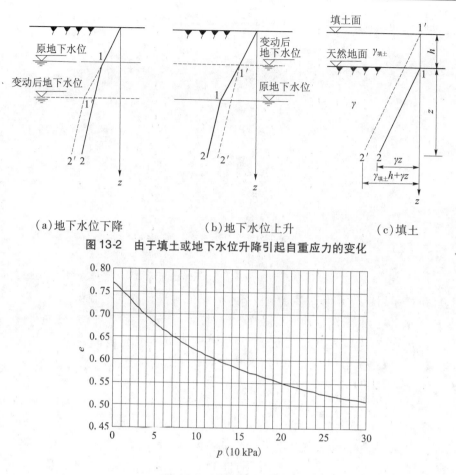

（a）地下水位下降　　　　　（b）地下水位上升　　　　（c）填土

图 13-2　由于填土或地下水位升降引起自重应力的变化

图 13-3　土的压缩曲线

地下水位下降引起的地面沉降，地下水位下降前，土的初始应力状态为天然自重应力，用土的有效重度 γ' 计算自重应力；地下水位下降后，土的最终状态也是自重应力，但必须采用土的天然重度 γ 计算，由于天然重度 γ 大于有效重度 γ'，所以产生了自重应力应力增量，因而引起附加地面沉降。

地下水位下降后，新增加的自重应力将使土体本身产生压缩变形。由于这部分自重应力的影响深度很大，故所造成的地面沉降往往是很可观的。我国相当一部分城市由于过量开采地下水，出现了地表大面积沉降、地面塌陷等严重问题。在进行基坑开挖时，如降水过深、时间过长，则常引起坑外地表下沉，从而导致邻近建筑物开裂、倾斜。

地下水位上升，土的自重应力减小，会引起地面回弹。对于含水层为砂层情况，由于砂层为弹性，地下水位上升，会引起土的回弹；对于黏性土含水层，由于地下水位下降产生的变形多为塑性变形，是不可恢复的。

2. 渗透压力

水在土体孔隙中流动时，促使土粒沿水流方向移动的拖曳力存在，这就是渗透力，以符号 j 表示：

$$j = \gamma_w i \tag{13-29}$$

式中:j 为渗透力,kN/m^3;i 为水力坡度;γ_w 为水的重度,kN/m^3。

渗透力的大小与水力坡降成正比,其作用方向与渗流(或流线)方向一致,是一种体积力。

地下水位下降时,水的流动方向为由上向下,渗透力的方向也是向下的,因而在土体上施加一个渗透力,初始状态为原始自重应力(用有效重度计算自重应力),最终状态为自重应力(用天然重度计算自重应力)加上渗透力(方向向下),因而自重应力增大,产生压缩变形。

地下水位上升时,水的流动方向为由下向上,渗透力的方向也是向上的,因而在土体上施加一个向上的渗透力,初始状态为原始自重应力(用有天然重度计算自重应力),最终状态为自重应力(用有效重度计算自重应力)减去渗透力(方向向上),因而自重应力减少,产生回弹变形。

(三)地面沉降量预测及估算方法

由于渗透力是随着渗流的存在而存在的,渗流时,土层产生渗透力,一旦无渗流,就不存在渗透力。由此可见,渗透力是暂时作用于土体上的,一旦地下水位下降完毕,水中不再渗流,渗透力不复存在,因此由渗透力引起的沉降量,计算比较复杂,一般不考虑。地面沉降量估算方法如下。

1. 分层总和法计算地面沉降

黏性土及粉土层:

除按式(13-28)计算地面沉降外,还可按下式计算:

$$s_\infty = \frac{a}{1+e_1} \Delta p H \tag{13-30}$$

砂层按下式计算:

$$s_\infty = \frac{\Delta p H}{E_s} \tag{13-31}$$

式中:s_∞ 为最终沉降量,mm;a 为压缩系数或回弹系数,kPa^{-1};e_1 为土层原始孔隙比;Δp 为由于地下水位下降施加于土层上的平均荷载,kPa;H 为计算土层厚度,mm;E_s 为砂层的弹性模量,kPa。

【例】某地基为粉质黏土,地下水位在地表,$\gamma_{sat} = 18\ kN/m^3$,由于工程需要,需大面积降低地下水位 3 m,降水区的重度为 17 kN/m^3,降水区的压力与孔隙比关系为 $e = 1.25 - 0.00125p$,计算降水区的沉降量。

【解】(1)第一应力状态为自重应力状态(降水前):

3 m 处的自重应力 $\sigma_{cz} = \gamma' h = (18-10) \times 3 = 24(kPa)$,平均自重应力 $p_1 = 24/2 = 12(kPa)$,由此得到 $e_1 = 1.25 - 0.00125 p_1 = 1.25 - 0.00125 \times 12 = 1.235$。

(2)第二应力状态也是自重应力状态(降水后):土的重度由有效重度变为天然重度,自重应力增加,孔隙比减少,引起土层沉降。

3 m 处的自重应力 $\sigma_{cz} = \gamma h = 17 \times 3 = 51(kPa)$,平均自重应力 $p_2 = 51/2 = 25.5$ (kPa),由此得到 $e_2 = 1.25 - 0.00125 p_2 = 1.25 - 0.00125 \times 25.5 = 1.218$。

(3)沉降量 $s_i = \dfrac{e_{1i} - e_{2i}}{1+e_{1i}} h_i = \dfrac{1.235 - 1.218}{1+1.235} \times 300 = 2.28(cm)$。

2. 单位变形量法计算地面沉降

（1）基本假设：土层变形量与水位升降幅度及土层厚度之间成线性比例关系。

（2）依据：以已有的地面沉降实际观测资料为依据。

（3）方法：一般可根据预测期前3~4年中的实测资料，计算土层在某一特定时段（水位下降或上升）内，含水层水头每变化1 m时，其相应的变形量，称为单位变形量，可由下式计算：

$$I_s = \frac{\Delta s_s}{\Delta h_s} \tag{13-32}$$

$$I_c = \frac{\Delta c_c}{\Delta h_c} \tag{13-33}$$

式中：I_s、I_c 分别为水位升、降期的单位变形量，mm/m；Δh_s、Δh_c 分别为某一时期内水位升降幅度，m；Δs_s、Δs_c 分别为相应于该水位变幅下的土层变形量，m。

为反映地质条件和土层厚度与 I_s、I_c 的关系，将上述单位变形量除以土层厚度，称为该土层的比单位变形量，按下式计算：

$$I'_s = \frac{I_s}{H} = \frac{\Delta s_s}{\Delta h_s H} \tag{13-34}$$

$$I'_c = \frac{I_c}{H} = \frac{\Delta s_c}{\Delta h_c H} \tag{13-35}$$

式中：I'_s、I'_c 分别为水位升、降期的比单位变形量，m^{-1}。

在已知预测期的水位升、降幅度和土层厚度情况下，土层预测沉降量按下式计算：

$$s_s = I_s \Delta h = I'_s \Delta h H \tag{13-36}$$

$$s_c = I_c \Delta h = I'_c \Delta h H \tag{13-37}$$

式中：s_s、s_c 分别为水位上升或下降 Δh 时，厚度为 H 的土层预测沉降量。

二、地面塌陷

（一）岩溶塌陷

地面塌陷是隐伏的喀斯特洞穴，在第四系土层覆盖后，出现岩溶塌陷现象。我国自20世纪80年代以来，由于城市供水、农业灌溉、矿山排水的需要，大量汲取地下水，引起地下水位下降，地面塌陷。如河北省秦皇岛市柳江水源地，由于超量开采岩溶水，地面塌陷面积达34万 m²，出现塌坑286个，直径0.5~5 m，深度2~5 m，最大直径12 m，深7.8 m；山东省泰安市的重要水源，由于无节制地开采岩溶水，地下水位下降，形成降落漏斗。据不完全统计，津浦铁路泰安段、訾家庄灌庄水源地、旧县水源地已发生地面塌陷100余处。2003年5月31日凌晨，泰安市省庄镇东羊楼村边麦地间发生严重地面塌陷，近两亩麦地突然间垂直塌陷30 m，大坑直径接近40 m，形成山东省最大的岩溶塌陷（见图13-4）。

5月31日凌晨4时，泰安市省庄镇东羊楼村正在熟睡的村民突然被隆隆的响声震醒，1 km外的西羊楼村村民形容声音沉闷得像狮吼。天亮后，东羊楼村村民发现村东400 m处一大片麦田莫名消失，出现了一个直径约30 m的大坑。当地地层结构上部为14 m左右的较松散的砂质黏土，下部为岩溶发育的灰岩。事发时当地正值农灌季节，近几年连年干旱，此时又值降雨枯水期，岩溶地下水开采量猛增。神秘大坑东30 m处水井已连抽10余

图 13-4　泰安市东羊楼岩溶塌陷

天,抽水量 80 m³/h。根据测算,塌陷附近地下水位近期降幅达 8.5 m。水位大幅下降使上部土层负压增大,特别近期受大强度间断性抽水影响,加速了淘空速度,最终形成塌坑。

(二) 岩溶塌陷机理

岩溶地面塌陷现象,在我国喀斯特分布地区,特别是在山前及山间盆地地带广为分布。隐伏的喀斯特在第四系地层的覆盖下,本来处于稳定状态,由于抽取大量地下水,水位下降,失去水的浮托作用,原有土层承受不了上覆压力,导致地面塌陷。岩溶塌陷的机理很多,主要有岩溶潜蚀、岩溶真空吸蚀、气爆论等类型。

1. 岩溶潜蚀

在石灰岩隐伏区,地层属于双元结构,上部为松散土层,下层为基岩。过度开采地下水,必然引起水位下降,开采量愈大,下降幅度愈大,形成的降落漏斗范围愈大。当地下水位降到基岩面附近时,上部土体的自重应力增加。在动水压力作用下,不断地将土颗粒带到岩溶洞隙中,在基岩面附近首先形成土洞。随着土洞的不断扩大,当上覆土体自重超过土的抗剪强度时,土体突然塌落,形成岩溶塌陷。

2. 岩溶真空吸蚀

在相对密闭的承压岩溶水中,由于地下水位大幅度下降,当地下水位下降到基岩底板时,地下水由承压水转化为无压水,在水位与覆盖层底板之间形成低压真空,腔内水面如同吸盘一样,抽吸上部土颗粒,形成土洞。随着水位的下降,吸力加大,土洞进一步扩大发展,以至于出现地面塌陷。

3. 气爆论

在水位升降幅度较大的地下暗河中,雨季暴涨的岩溶水水头上升到密闭顶部的洞穴,洞中气体被压缩,形成高压条件,若顶部盖层强度不足,则产生爆裂而塌陷。

泰安地面塌陷的原因是多方面的,但主要是潜蚀作用和真空吸蚀共同作用的结果。沿羊楼断裂南侧,从苑庄至羊楼一带第四系孔隙水与岩溶水有直接的水力联系,孔隙水沿裂隙通道向岩溶水排泄,产生潜蚀作用,在第四系地层与奥陶系地层的接触带附近,形成东西方向、呈串珠状分布的土洞;由于超量开采,第四系孔隙水旱季被疏干,雨季后恢复,这样年复一年的重复现象,在空腔内产生吸力,由此会引起土洞进一步扩大。事发时正值小麦大量用水之际,过量抽取地下水致使地下水位迅速下降,发生了山东省最大的岩溶地面塌陷。

三、地裂缝

我国自 20 世纪 70 年代开始,先后在一些地区发生了地裂缝问题,如西安、大同、兰州等地,给城市建设、水利规划、设计带来严重影响,甚至威胁人民群众的生命财产安全。

西安市地裂缝最早发现于 1959 年,到 1976 年活动剧烈,城市及郊区共发生 10 条贯穿性地裂缝,最长的达 10 km。产生的原因主要有两个方面:一是西安市位于秦岭北部,地质构造复杂,深部断裂构造构成了对上部地表产生裂缝的控制因素;二是 20 世纪 70 年代后,当地大量抽取地下水,使地下水位急剧下降,进一步加速和激化了地裂缝的发展。

山东省泰安市地裂缝主要形成于 20 世纪 80 年代中期,曾先后发生在市区东部三友新村、南部宁家结庄、旧县等地。三友新村地裂缝始于 1986 年,地裂缝方向为 NE20°,长90 cm,受其影响,部分房屋开裂,夜晚可听到房屋开裂声。这些地裂缝都位于旧县水源地降落漏斗范围内。

四、海(咸)水入侵

抽取地下水会使海水从地下向大陆方向入侵,造成水质恶化。海(咸)水入侵主要发生在滨海地带,如美国的长岛,面积仅 3 560 km²,居民 500 万人,其生活及工业用水全靠地下水供给,最大开采量 50 万 m³/d,超过该岛的降水补给量,因而引起大面积地下水位下降,导致海水向开采层入侵,使水质变坏。我国海(咸)水入侵主要发生在辽东半岛、山东半岛、辽西走廊等地。山东海(咸)水入侵主要发生在潍坊、烟台、青岛、威海、日照、东营等市的沿海地区。入侵面积已达 1 173.55 km²,其中海水入侵 649.35 km²,咸水入侵524.20 km²。海(咸)水入侵,造成地下水水质恶化、饮水困难、土壤次生盐渍化和土壤肥力下降,进而造成农业减产、机井报废。辽东半岛大连自来水厂,位于基岩地区,断层裂隙发育,大量抽取地下水,也导致海水入侵,水厂不能使用。

当陆地含水层延伸到海岸线并与海水相通时,由于陆地淡水密度小于海水(咸水)密度,淡水位于两者接触界面的上方,海水伏于底部,呈现如图 13-5 所示的情形。

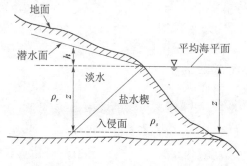

图 13-5　海水入侵高度确定示意图

设 h 为某点潜水位与海平面的高差,在淡水与海水的共同作用下,根据压力平衡条件,两者具有以下的关系:

$$\rho_r z = \rho_N (z + h) \tag{13-38}$$

式中:ρ_r 为淡水的密度,g/cm^3;ρ_N 为海水的密度,g/cm^3。

将 $\rho_r = 1.0\ g/cm^3$,$\rho_N = 1.025\ g/cm^3$ 代入式(13-38),得到海水入侵高度:

$$z = 40h \tag{13-39}$$

第四节 人工回灌地下水

在大规模开采地下水状态下,势必会引起地下水位下降,水资源储量减少,产生地面沉降、地面塌陷、水质恶化等水文地质灾害。因此,在开发利用地下水资源时,必须人为地调节好地下水的开采与补给关系,建立补给、径流、排泄的均衡,借助工程措施,将地表水引渗地下,从而达到时间和空间上对地下水进行合理调配,以满足用水要求,这种增补地下水的方法称为人工补源回灌工程。

人工补源回灌工程具有安全、经济、不占地、工程技术简单的特点,因此在国外发展较早,在 20 世纪 50 年代国外已开始采用人工补给方法增加地下水补给量。我国在人工回灌地下水方面,也做了大量研究工作。例如,上海市每年抽取地下水 0.14 亿 m^3,人工回灌 0.17 亿 m^3,使地下水位得到控制;河北省南宫水库采用人工回灌,仅花费 2 000 万元,就取得了 1.12 亿 m^3 调节水量的地下水库。目前,人工回灌工程在控制地面沉降、扩大地下水开采量、利用含水层贮能等方面取得了巨大效益。

一、人工回灌地下水的作用

人工回灌地下水的作用,归纳起来有以下几个方面。

(一)增加地下水补给量

当地下水开采量过大,而天然补给量不足时,就不可避免地引起地下水位下降。人工补给地下水就可以进行季节性和多年性调节,可弥补超量开采造成的水量亏损,阻止地下水位下降。

(二)控制地面沉降

人工回灌地下水可以促使地下水位上升,土中孔隙水压力增加,减少土层颗粒骨架压密收缩,增加土层的回弹量。国内外大量研究资料表明,采取人工回灌地下水是防止地面沉降的有效措施。上海市 1966 年以来利用深井回灌地下水,基本上控制了地面沉降,到 1974 年,地面标高保持在 1965 年的水平,并略有上升。

(三)防止或减少海(咸)水入侵

沿海工业城市大量开采地下淡水,就会破坏淡水和咸水的平衡,导致海(咸)水入侵。山东省海(咸)水入侵始于 20 世纪 70 年代中期,其入侵范围呈逐年扩大趋势,到目前为止,已有 10 余个城市发生海(咸)水入侵,入侵总面积达 701.8 km^2。莱州湾地区海(咸)水入侵造成工业产值平均每年损失 2 亿~3 亿元,至今累计损失已达 30 亿~45 亿元;每年粮食减产 2 亿~3 亿 kg,累计减产 30 亿~40 亿 kg。海水入侵导致沿海居民人畜用水困难,地方病(如地氟病)发病率增高,影响了人们的健康。

目前解决这类问题的方法就是沿海岸布设一排回灌井,将淡水灌入含水层内,造成淡水压力墙,阻止海(咸)水入侵。

(四)调节地下水温度

地下水的流动和水温具有缓慢变化的优点,用回灌方法可以调节地下水的温度。具体做法有冬灌夏用、夏灌冬用两种。

(1)冬灌夏用就是冬季向含水层灌入温度较低的地表水,夏季开采作为冷却水,用于工厂空调与降温。据上海、西安、天津等市纺织厂的资料,在夏季使用冬灌冷却水降低车间温度,所提供的冷源比人工制冷机具有成本低、效果好、管理方便的优点。另外,化工、轻工酒精、食品等行业,也采用冬灌夏用水降温、冷却,取得了明显的经济效益。

(2)夏灌冬用就是夏季灌入温度较高的水,冬季再抽出用水取暖、调湿。例如上海第26棉纺厂,根据生产特点,冬季车间温度要求保持在 20~25 ℃,相对湿度保持在 55%~75%,才能正常生产。该厂用吸热后的冷却水(温度可达 40 ℃)作为夏灌水源,冬季抽出供车间保温调湿使用,车间温度保持在 23 ℃左右,湿度达到 75% 以上。经测算,每千克夏灌水可利用热量 15 大卡(1 大卡 = 4.181 6 kJ,下同),每天节约用电 550 多度,并省去了给湿喷雾设备。

(五)改变地下水水质

当回灌水灌到地下与地下水混合后,发生离子交换等物理、化学反应,可使地下水逐渐淡化,水质得到明显改善。上海市许多工厂,采用抽深(抽淡)灌浅(灌咸)的办法,除水温比地下水降低 8~12 ℃外,化学成分有很大的改善。其中,氯离子由灌前的 3 000 mg/L,降至 90~1 000 mg/L;铁离子由 19~28 mg/L 降至 0.2~7.5 mg/L;矿化度由 5~6 度降至 0.5~2 度;总硬度由 120 度降至 8~44 度,地下水水质有了明显的改善。

(六)保持石油地层、天然气和地热水的压力

在开采石油、天然气时,由于地层中的油、气、水被大量抽出,而使压力下降,产量降低。人工高压回灌地下水,利用水压力挤压油气,能保持和增加石油、天然气的产量。另外,在地热田内进行人工回灌常温水,增加渗入压力,使抽水孔或自流孔的水量增加,水位和水温升高,从而增加地热的开采量。

二、人工回灌地下水的基本条件

综上所述,人工回灌地下水具有人工补给地下水、控制地面沉降、防止海(咸)水入侵、调节地下水的水质和温度等作用,随着国民经济的高速发展,地下水资源的枯竭,人工回灌地下水具有广阔的发展前景。但并不是在任何地方、任何情况下都能进行人工回灌地下水。能否采用人工补给地下水,主要取决于如下三个基本条件。

(一)水文地质条件

水文地质条件是人工回灌地下水的首要条件。水文地质条件主要包括含水层的容隙、埋藏深度、厚度、导水和储水性能、排泄条件。

含水层的溶隙包括松散土层的孔隙、岩石的裂隙和可溶性岩石的溶隙三类。如果含水层可利用的溶隙不大,如各种黏性土层和粉细砂层,其储水空间较小,不利于地下水的回灌;对于孔隙较大的卵石层和岩溶发育的石灰岩含水层,不利于净化水质欠佳的补给水源。一般来说,渗透性能较好的砂土层和裂隙发育的岩层,有利于地下水的回灌。

含水层厚度的大小,也决定了人工回灌工程的可行性。含水层厚度较小,回灌补给量小,失去回灌补给的意义。研究资料表明,人工补给含水层的厚度,一般以 30 ~ 60 m 为最好,含水层产状最好水平,分布较广。

含水层埋藏深度大,则地下水回灌过程需要深井配套设施,另外在利用过程中也需要比较大的投资;含水层埋藏深度小,回灌工程所需投资小,运行方便,但含水层的防止海(咸)水入侵、调温、改变水质的作用可能不明显。另外,如果地下水的排泄速度快,补给的地下水很快流走,这样的含水层就不适宜进行人工补给。

(二) 补给水源

补给水源是人工补给地下水的关键问题,采用何种水源要根据目的、用途、水文地质条件和地区情况来定。用于人工补给地下水的水源有如下两种。

1. 地表水

地表水包括河水、湖泊、水库、池塘等。

河水是人工回灌工程最主要的水源之一。我国许多河流属于季节性河流,其特点是年径流量少,且季节分配不均。虽然修建了不少拦蓄工程,但只能拦蓄河川径流的一部分,还有一定数量的水流入海洋。在汛期采取适当的工程措施,进行引水回灌,可使一部分水变成地下水的补给量。例如,山东省兖州市的引泗回灌工程、冠县的引卫回灌工程,都是利用引水渠道将汛期多余的洪水引入回灌区,通过回灌渠网的蓄渗,使浅层地下水得到补给,效果明显。

2. 城市污水和工业废水

为了提高水的利用率,加强环境污染控制,也可采用经过处理的城市污水和工业废水作为人工补给水源。因为人工回灌本身就可作为净化废水和污水的有效措施,有些污水,在砂层中停留的时间半年左右,渗流 50 ~ 100 m 以上时,就可起到过滤、净化作用。

另外,大量的矿坑排水,是人工回灌的可利用水源。如山西省的众多煤田,在煤炭开采过程中,每天都有大量的矿坑水白白地排入河道,如能加以利用,则效益巨大。

(三) 水质要求

补给水源不仅要有足够的水量,而且要符合一定的水质要求。如果水质不良的水灌入地下,就会使地下水遭受污染和水质变坏,还可能使管井滤水管和含水层堵塞。一般按以下三个原则评价回灌水的标准:

(1) 回灌水的水质最好比原地下水的水质好,达到饮用水的标准,但考虑到地下水在岩层中的自净作用,因此可稍低于饮用水标准。

(2) 回灌后不会引起地下水的水质变坏和受到污染。

(3) 回灌水不应含有使管井过滤器腐蚀的特殊离子和气体。

回灌水源的水质指标包括物理性质指标、化学性质指标和生物指标。

1. 物理性质指标

物理性质指标包括温度、浊度、pH、导电性和气味等。

温度的变化将改变混合水的黏度和密度,温度越高,水的黏度越小,渗透性越大。补给水温的升高,可使含水层中空气加速析出,造成堵塞。如果灌入的水温较低,由于密度较高,在含水层底部聚集形成透镜体。冷热水的隔离,影响着水的运动和混合。另外,水温的变化也可引起地下水的某些化学反应,如盐类的溶沉淀,抑制或促进微生物和细菌的繁殖,从而产生淤塞。试验表明,人工补给水源的最佳温度为 20~25 ℃,在实际工作中,可以接近或稍高于地下水的温度。

水的浊度对回灌水的渗流速度影响很大。悬浮物会堵塞含水层的空隙,导致渗透速度下降,甚至停止。悬浮物浓度较大的水,在回灌前应进行沉淀。一般要求补给水的悬浮物浓度控制在 20 mg/L。

pH 可引起某些成分(特别是 Ca、Mg、Fe 离子)溶解或沉淀,pH 过低,能加快水对铁、铅的溶解,腐蚀滤水管;pH 过高又会析出可溶性盐类,因此人工回灌水的 pH 以 5~9 为宜。

2. 化学性质指标

为防止回灌水源产生气体堵塞,要求尽量减少其空气含量。如氧气含量大,则会与二价铁作用生成氢氧化铁,产生化学堵塞,因此溶解氧的含量不宜过大;二氧化碳的含量也不宜过高,以免产生侵蚀作用和沉淀作用,导致岩层空隙堵塞。回灌水溶解的盐类与地下水发生化学反应或离子交换,从而产生各类沉淀,造成含水层的堵塞,并影响和改变混合水的性质,因此要求回灌水中的离子和盐类的含量达到一定标准,具体指标见有关规范。回灌水的溶解氧不超过 7 mg/L,耗氧量不超过 5 mg/L,以保证地下水的质量。

3. 生物指标

回灌水中不应含有有毒的有机物和无机物,细菌总数少于 100 个/mL。

三、人工回灌地下水的方法

人工回灌地下水的方法有很多,可分为直接法和间接法两种。直接法分为浅层地面渗水补给和深层地下水灌注补给两种;间接法主要指诱导法。由于水文地质条件和人工补给的目的不同,所采取的方法也不相同。合理的方法应能保证入渗补给快、占地少、工程投资省、补给量大。

(一)浅层地面渗水补给

浅层地面渗水补给就是将水引入坑塘、渠道、洼地、干涸河床、矿坑、平整耕地及草场中,借助地表水与地下水的水头差,使水自然渗漏补给含水层,增加含水层的储存量。该法适应于地表有粉土、砂土、砾石、卵石等较好的透水层,包气带的厚度在 10~20 m 的情况。若地下不深处有隔水层,可挖浅井或渠道,揭穿隔水层,将水直接补给到含水层中。

浅层地面渗水补给包括河流渗水补给、渠道入渗补给、淹没或灌溉渗水补给、水盆地入渗补给等。

浅层地面渗水补给具有设备简单、投资少、补给量大、管理方便、因地制宜等优点,故各国使用广泛。

1. 河流渗水补给

河流渗水补给就是利用天然河道,采取一定的工程措施,如修建拦河闸、清理开挖河床,开挖浅井,扩大河流的水面和延长蓄水时间,在雨季或汛期使洪水缓慢流失,加大入渗补给量。

2. 渠道入渗补给

渠道入渗补给如图 13-6 所示。其特点是入渗水沿沟渠向两侧扩散，形成渠道附近蓄水多、远离渠道蓄水少。若沟渠距离过大，则渠间中心地段得不到渗入补给，造成地下蓄水不均匀，不能充分发挥含水层的蓄水作用。为了增加蓄水容积，则应加大沟渠间距，但密度过大，占用土地多，工程量增加。

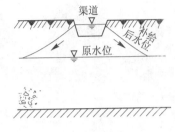

图 13-6　渠道入渗补给

沟渠的合理密度与包气带的岩性、渗透性大小有关。若浅部有透水性良好的含水层，垂直入渗条件和地下水的扩散速度较好，可采用较大间距；反之采用较小间距。

在表层渗透性较差的地区，为减少占用耕地，可采用地面明沟和地下暗管相结合的引渗补给方法。

暗管材料一般采用透水性良好的水泥管、陶土管，暗管一般安置在含水层中，使地表水直接补给地下水。

该法主要适用于地形平缓的山前冲洪积扇、河谷平原等潜水含水层分布区以及喀斯特发育地带，地面有透水性较强的砂层、砾石、裂隙发育层。

我国山东省兖州市利用境内较大的泗河、光俯河两条骨干河道，在有水的季节拦蓄河水，通过二级排水干渠、长条井引水入渗，补给地下水。从 1979 年引河水回灌以来，至 1987 年共引蓄地表水 31 187 万 m^3，回补地下水 19 949 万 m^3，回灌受益面积 30 万亩。1987 年与 1983 年同期相比，地下水位平均上升 1.29 m，回灌的干、支渠两侧的地下水位一般回升 3～4 m。

3. 淹没或灌溉渗水补给

淹没或灌溉渗水补给适用于地面坡度较小的漫滩地、古河道、沙荒地、林地、果园及冬灌麦地等，利用畦埂或少量土堤控制，将水灌进田里，水深 30～60 cm 进行入渗补给。在不具备上述淹没条件的地区，可采用冬季大定额灌溉补给方法。

与河流渗水补给、渠道入渗补给等方法相比，淹没或灌溉渗水补给属于面补给方法，具有补给均匀、地下水普遍回升等特点。其补给量与土层性质、地下水埋深、灌溉定额等因素有关。地下水位埋深越大，补给量越大；灌溉定额越大，补给量越大。根据北京水利水电科学研究院在地下水埋深 1.8 m 的情况下，进行不同灌水量的补给试验，其结果见表 13-1。

表 13-1　不同灌水定额的入渗补给量

灌水定额（m^3/亩）	40	50	60	70	80
人工补给量（m^3/亩）	—	4	8	12	16

由表 13-1 可以看出，在小定额灌水情况下，地下水的补给量是有限的。为了取得较大的补给量，必须加大灌水量。

灌溉水对地下水补给量的计算公式如下：

$$W_g = \alpha Q_g F \tag{13-40}$$

式中：W_g 为地下水补给量，$\mathrm{m^3/}$亩；α 为灌溉水入渗系数；Q_g 为灌溉水量，$\mathrm{m^3/}$亩；F 为灌溉面积，亩。

4．水盆地入渗补给

水盆地入渗补给包括水库渗漏、坑塘、洼地入渗补给等。

1）水库渗漏补给

水库是通过库底、岸边绕流等方式回补地下水的（见图 13-7）。有些水库底部虽然有弱隔水层阻隔，但由于入渗面积大，补给量仍然非常客观。根据长辛店大宁水库1965 年 4、5 月的观测资料，地下水 h 随库水位 H 升高而升高，具有以下线性关系：

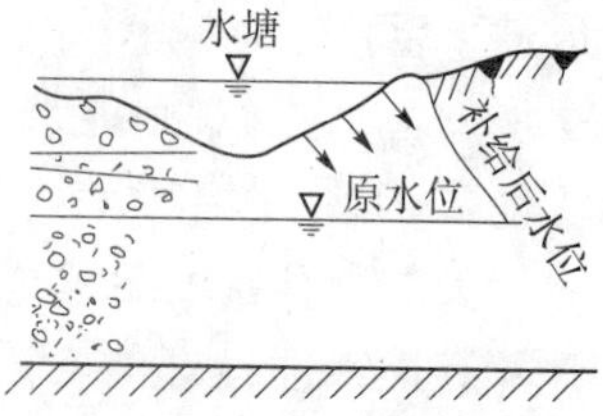

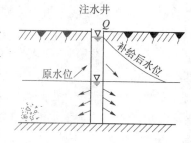

图 13-7　水库渗漏补给

$$h = 0.311H + 29.62 \tag{13-41}$$

在水盆地入渗补给中，水库渗漏补给是最佳方法之一。

2）坑塘、洼地渗漏补给

利用天然洼地、取土坑、坑塘，经挖掘和修整后，坑底铺设砂卵石层，使水直接渗漏补给地下水。

该法具有工程量小、占地少、因地制宜的优点，最大限度地利用了地面一切蓄水能力，汇集的雨水和河水量，延长了入渗补给时间，因而入渗补给效果较好。但水中的悬浮物沉淀会阻塞坑底空隙，使透水性减弱，影响补给效果，所以应定期清理。在洼地、池塘干燥时，要铲除杂草和泥皮，以增大渗入速度。

北京西郊冲积扇地区砂卵石裸露，入渗速度快，北京水文地质队利用水库、废石坑、池塘、洼地进行渗水补给，效果明显。永定河漫滩上的废石坑被用来进行入渗补给，以无害的工业废水为水源，整个放水期为 22 d，地表水平均入渗量达 0.5 $\mathrm{m^3/s}$，结果附近水源井的平均出水量增大了 50% 以上，解决了枯水期的供水问题。

（二）深层地下水灌注补给

如果含水层上部覆盖有弱透水层，地表水渗入补给强度受到限制，为了使补给水源直接进入潜水或承压水含水层，常采用深井回灌，通过管井、大口井、竖井等设施，将水灌入地下，如图 13-8 所示。深井回灌法具有以下特点：

（1）不受地形条件的限制，也不受地面弱透水层分布和地下水位埋深的影响。

图 13-8　深井回灌补给

（2）占地少，可以集中补给，水源浪费少。

（3）设备复杂，需专用水处理系统、输水系统、加压系统，工程投资和运行费用较高。

（4）由于水量集中，井及其附近含水层的流速较大，容易使井管和含水层堵塞。

（5）由于回灌是直接进行，对回灌水源的水质要求较高，容易污染地下水。

因此，深井回灌法主要适用于地面弱透水层较厚（大于 10 m），或受地面场地限制不能修建地面入渗工程的地区，特别适用于补给埋深较大的潜水或承压含水层。

尽管深井回灌法有种种缺陷,但在含水层储能、防止海(咸)水入侵、控制地面沉降等方面应用很广。

深井回灌方法分为真空(负压)、加压(正压)、自流(无压)三种,可根据含水层性质、地下水位的埋深、井的结构和设备条件选择。

1. 真空回灌(负压回灌)

真空回灌也叫负压回灌,适用于地下水埋藏较深(静水位埋深大于 10 m)、含水层的渗透性能较好的地区,以及对回灌量要求不大以及滤网强度较低的老井。

真空回灌的管路系统由进水管路、扬水管路、用水管路、进水阀门、扬水阀门、用水阀门、控制阀门、水泵、真空压力表等系统组成,如图 13-9 所示。首先打开水泵抽水,此时管路内充满了水,然后突然停泵并立即关闭控制阀和出水阀,如图 13-10(a)所示。此时由于重力作用,管道内的水体迅速向下跌落,在控制阀与管内水面产生真空。一个工程大气压力相当于 10 m 水柱高度,所以管道内的水位不会完全跌落到地下水位处,而是停留在静水位以上 10 m 处,如图 13-10(b)所示。

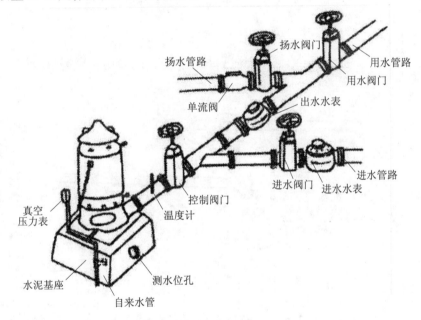

图 13-9 真空管路系统示意图

在真空条件下打开进水阀和控制阀,因真空虹吸作用,水就能快速进入管道,破坏原有平衡,产生水头差,使回灌水克服阻力进入含水层。

真空回灌管路必须密封,若密封不好,就无法利用虹吸原理产生的水头差进行回灌,一旦空气进入含水层就影响正常回灌。真空回灌密封的部位主要是泵座轴、泵管接头和管路接头、阀门轴等。

2. 压力回灌

压力回灌适用于地下水位较高、含水层渗透性较差、回灌量大的情况。另外,压力回灌对滤网的强度要求较高。

压力回灌的管路系统如图 13-11 所示。它与真空回灌管路系统基本一致,省去了控制阀门,在进水管路中加设离心泵加压,在回灌水位与静水位之间产生压力差进行回灌。为防止水从井口溢出,应将井管密封。

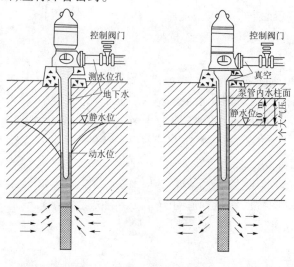

(a)抽水　　　　　　　(b)停泵产生真空

图 13-10　深井抽水与停泵产生真空示意图

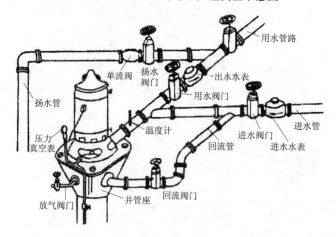

图 13-11　深井水泵压力回灌管路示意图

3. 自流回灌(无压回灌)

自流回灌就是在回灌井水位与地下水位之间产生的水位差作用下,利用重力使水不断地渗流补给地下水。

自流回灌适用于地下水位较低、透水性良好的含水层。与真空回灌和压力回灌相比,它具有设备简单、投资小、管理方便等优点,但回灌补给效益较低。为避免回灌时将大量空气带进含水层,造成气相堵塞,进水口安装在静水位附近。

回灌量的大小是决定回灌效果的主要指标,回灌量与水文地质条件、含水层特征、回灌方法有关。出水量大的井,其回灌量也大;渗透性大的井,其回灌量也大。根据几个城市的管井回灌资料,不同岩性真空回灌回灌量对比见表 13-2。

表13-2　不同岩性真空回灌回灌量对比

地点	含水层岩性	静水位埋深（m）	回灌水位埋深（m）	单井回灌量（m³/h）	单位回灌量（m³/(h·m)）
杭州	卵石层	3～9	1～3	>100	>30～50
北京	砾石、卵石层	11～19	8～16	30～60	10～20
西安	粗、中砾	34～39	28～34	31～48	5～10
上海	中砂夹粗砂	20	12～25	32～35	4～6
天津	细砂夹粉砂	35～40	25～35	20～30	2～4

　　在水文地质条件相同的情况下,回灌量的大小与回灌方法有关,在三种回灌方法中,压力回灌的回灌量最大,真空回灌量次之,自流回灌量最小。一般情况下,真空回灌量为压力回灌量的80%左右,自流回灌量为压力回灌量的54%左右。

　　压力回灌时,回灌量与压力大小成正比关系,压力越大,回灌量越大。但并不是压力越大越好,因为每个井的水文地质条件不同,其井管滤网强度、滤网孔隙也不相同,其最佳回灌压力也不相同。在某一压力下,回灌量较大,同时井壁也不破坏;加大回灌压力,回灌量增加,但需要较大强度的滤网强度,造价就会增加。因此,在采用压力回灌时,应进行压力回灌试验,求得最佳回灌压力。

　　在深井回灌过程中,随着回灌时间的延长,回灌量会逐渐减少,回灌水位升高。但不同的含水层影响是不同的。

　　在岩溶裂隙含水层回灌水时,在较长的时间内,回灌水位和单位回灌量的变化不大;在卵石含水层回灌时,大约在一个月后,回灌水位开始上升,单位回灌量减少;在粗、中、细砂含水层中回灌时,回灌1 d后,回灌水位上升,回灌量减少。如果要保持回灌量不变,则必须加大回灌压力。

　　因此,无论采用什么回灌方法和在任何含水层中进行回灌,随着回灌时间的延长,回灌量都会逐渐减少。为保持回灌量,必须进行回扬抽水,以消除堵塞含水层和回灌井的杂质。

　　回扬方式有连续回灌定时回扬和间断回灌不定时回扬两种。连续回灌定时回扬即连续回灌12 h或24 h左右,回扬一次,每次回扬5～10 min,接着停5～10 min,如此进行三遍,然后连续进行回灌;间断回灌不定时回扬即每灌几小时,停灌20 min或30 min,反复进行,回扬则不定时地进行。

　　回扬次数和回扬持续时间,主要取决于含水层颗粒大小和透水性,其次是回灌井特性、回灌水源的水质、回灌水量的大小以及采用回灌方法。在回灌过程中,掌握适当的回扬次数和时间,才能获得最佳回灌效果。如果怕回扬多占时间,少回扬或不回扬,结果含水层和井管受堵,效果很差。回扬持续时间,以浑水出完,见到清水为原则。

　　(三)诱导补给法

　　诱导补给法是一种间接人工补给地下水的方法。在河流、湖泊、水库等地表水体附近凿井抽水,随着地下水位的下降,增大了地表水与地下水之间的水头差,诱导地表水下渗补给地下水,如图13-12所示。

诱导补给量的大小与含水层渗透性、水源井与地表水体间的距离有关。距离越近，补给量越大，砂层的过滤、吸附作用小，水质差；距离越远，过滤吸附作用强，水质好，但补给量会减少。为了保证天然净化作用，两者需要保持一定距离，并且水源井一般要位于地下水流向的下游比较有利。

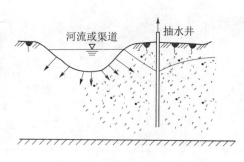

图 13-12　诱导补给示意图

位于河流沿岸的地表取水设施都是直接引用河水，如果河水浑浊，含砂量大，则需建立过滤澄清工程，耗资巨大。若河床是砂卵石，与地下水有密切的水力联系，则在河边开井，大量抽取地下水就能诱导大量河水入渗补给地下水。通过天然过滤后不仅可清除河水的杂质、悬浮物等，而且河水中某些有害化学成分在渗流过程被岩土吸附，水质大为改善。许多傍河水源井就是利用诱导法得到大量河水补给。

四、地下水库

综上所述，人工回灌地下水，是将地表水灌注在天然含水层中，因此含水层是人工储存地下水的含水空间，该含水空间是动态变化的，在一定条件下，会发生变化。如沿海地区，为避免开采地下水而导致海水向大陆入侵，实施人工回灌地下水，但咸、淡水的分界面是可移动的，即淡水位下降，海（咸）水入侵；淡水位升高，海（咸）水后退。为了更加有效地开发利用地下水资源，可以对地下含水层进行人为地控制，修建地下水坝，形成地下水库，既可以避免淡水流入大海，又可以防止海水的入侵；如含水层的渗透性强、地下径流强度强的地区，人工补给水流的停留时间短，含水层在天然条件下缺乏调蓄能力，因此只有修建地下水库才能提高含水层的储水能力和增加供水量。

地下水库与地表水库相比，具有无可比拟的优势。它具有储量大、蒸发损失小、工程投资低、不淹没土地等优点。而且含水层本身就是天然的输水通道，不必修建引水工程。

地下水库在国外已有多年历史。20 世纪 60 年代，以色列就利用含水层调蓄地区内的水资源，解决了供水水源紧缺问题。美国加利福尼亚州的圣贝纳迪诺水管理区，在 1978 年曾把加利福尼亚州北部北冲的多余地表水人工回补到地下水库中，在含水层中储存 6 000 多万 m^3 水，以备干旱时使用。

我国地下水资源的调蓄工作也取得了进展，山东桓台县在 20 世纪 70 年代利用河渠引渗降水和地表水，使地下水补给量增加 1 倍；洛阳利用傍河砂坑引洛河水的自流入渗回灌量为 8 万 m^3/d，效果很好。截止到 2000 年，在不稳定洪水流量中，有 60% 左右利用地下水库库容进行调蓄，有几百个地下水库在运转，难怪有些科学家预言，21 世纪将是地下水库的世纪。

地下水库主要有无坝、有坝、混合式三种。

（一）无坝地下水库

无坝地下水库主要建在水平方向地下径流微弱、地下水以垂直交替循环为主的地质条件下。在此条件下,垂直入渗补给的水流,才能在含水层内就地储存,不会沿地下水平方向流走。无坝地下水库要求含水层分布广泛、有一定厚度,含水层埋深不能太深、包气带内不应有大面积的弱透水层夹层分布,在天然条件下或人为疏干后,可形成较大的地下库容。如华北黄河故道上的南宫无坝地下水库,采用了汛前抽水腾空库容的办法,增加汛期地表水和雨水的入渗补给量,不仅增加了区内地下水的供给量,而且淡化了原来的咸水。

(二)有坝地下水库

有坝地下水库主要修建于含水层渗透性强、地下径流强度强的地区,如砂卵石洪积层、岩溶分布区等。这些地区,由于岩石渗透性好、补给水流的停留时间短,含水层在天然条件下缺乏调蓄能力,因此只有修建地下水库才能提高含水层的储水能力和增加供水量。我国南方某些岩溶暗河地区,成功地修建了一些有坝地下水库,不仅为农业提供了灌溉用水,还为某些电站提供了发电用水。如济南著名的泉水,就是一个巨大的天然有坝地下水库,地下坝体就是济南北部的燕山期辉长岩、闪长岩岩墙,岩体的挡水作用,抬高了地下水位,使得地下水在大明湖一带出露,形成著名的济南泉群。

修建地下水水库,与地上水库一样,需要确定坝址、坝型、坝高、筑坝工艺、管理等技术问题。

(1)坝址。坝址一般选择在地下水径流带中比较狭窄的过水断面,以减少修坝的工程量;在沿海地区修建的地下挡水坝位置,主要选择在咸、淡水分界面附近,并且地形相对平坦、易于施工的地段。有时为了增大淡水的蓄水库容,将坝址选在咸水地段。在天然状态下,地下水的补给、径流、排泄具有自身的规律,修建地下水库后,地下水的流向、流速、排泄都会发生变化,导致下游地区地下水位下降、名泉干涸、地表植被枯死、出现荒漠化等水文地质灾害,因此坝址的选择一定要综合考虑。

(2)坝型。地下坝分为完整坝和非完整坝两类。完整坝是指由上至下完全截断含水层;非完整坝是穿透部分含水层。非完整坝又分为上部不完整和下部不完整。如果含水层的透水性较好,地下水的流速较大,为有效地拦蓄地下水,抬高地下水位,一般完整坝;如果含水层的透水性较差,地下水的流速较小,地下坝一般不需要做到含水层底部,而成为下部不完整坝。

(3)坝高。地下水库的坝高决定了蓄水后的地下水位,其地下水位一般应低于植物根系和毛细带位置,以减少蒸发损失,避免土壤盐碱化和沼泽化,防止淹没地下建筑;地下水位也不宜过低,以免造成抽水吊泵,抽水费用增加,出现地面沉降、地面塌陷等水文地质问题。在最高水位与最低水位之间,由周界所围成的空间,是地下水库有效调蓄水量的蓄水岩层体积,称为有效库容,而真正的蓄水库容,为该区岩体的总有效孔隙大小。

(4)地下坝的施工方法。修筑地下坝的施工方法与地表水库的坝基防渗处理所采用方法基本一致。当地下坝深度不大时,可以采用机械或人工开挖明槽,然后回填黏土、混凝土等防渗材料,形成防渗体;如果地下坝深度较大,可采用地下连续墙、高压喷射灌浆、帷幕灌浆等方法,形成地下防渗墙。

对于地下坝来说,由于处于地下,坝的上下游有地层支撑,不会产生滑动、倾覆破坏,因而坝的厚度较小,满足防渗要求即可。同时,由于地下水的流动速度一般不大,坝所受到的水压力不大,故地下坝的防渗一般要求较低。

(5)地下水库的管理。建立地下水库的地点,要尽量避开天然或人为的污染源,如生活和工业废水及可能的海水入侵。地下水在运行过程中,随着抽水量的增加及地下水位的下降,水力坡度增大,改变了地下水的天然流向,相邻含水层劣质水会入侵含水层,上下含水层也会产生越流补给,引起水质的改变。因此,对建库后因蓄水和抽水引起的各种环境地质问题和水质变化,要进行监测和预报。

地下水库开发利用的最佳方案是地下水库交替开发,即旱季抽水,雨季蓄水。为了充分发挥地下水库的作用,在抽水时其取水量一般大于正常开采量,以便为雨季人工蓄水腾出库容。

参 考 文 献

[1] 刘春原. 工程地质学[M]. 北京:中国建材工业出版社,2000.

[2] 窦明健. 公路工程地质. [M]. 3 版. 北京:人民交通出版社,2006.

[3] 戚筱俊. 工程地质水文地质[M]. 2 版. 北京:中国水利水电出版社,1997.

[4] 华南农业大学. 地质学基础[M]. 2 版. 北京:中国农业出版社,1990.

[5] 麻效禎. 地下水开发与利用[M]. 北京:中国水利水电出版社,1999.

[6] 崔冠英. 水利工程地质[M]. 北京:中国水利水电出版社,1999.

[7] 王大纯,张人权,史毅虹,等. 水文地质学基础[M]. 北京:地质出版社,2003.

[8] 薛禹群. 地下水动力学[M]. 北京:地质出版社,1997.

[9] 全达人. 地下水利用[M]. 北京:中国水利水电出版社,1996.

[10] 刘兆昌,李广贺,朱琨. 供水水文地质[M]. 北京:中国建筑工业出版社,1998.

[11] 董辅祥. 给水水源及取水工程[M]. 北京:中国建筑工业出版社,1998.

[12] 徐恒力,等. 水资源开发与保护[M]. 北京:地质出版社,2001.

[13] 方文藻,李予国,李琳,等. 瞬变电磁测深法原理[M]. 西安:西北工业大学出版社,1993.

[14] 牛之琏. 时间域电磁法原理[M]. 长沙:中南大学出版社,2007.

[15] 山东省水利科学研究所. 电测找水[M]. 济南:山东人民出版社,1973.

[16] 刘春华,李其光,宋中华,等. 水文地质与电测找水技术[M]. 郑州:黄河水利出版社,2008.

[17] 张保祥,刘春华. 瞬变电磁法在地下水勘查中的应用综述[J]. 地球物理学进展,2004,19(3):537 - 542.

[18] 傅良魁. 电法勘探文集[M]. 北京:地质出版社,1986.

[19] 刘俊民. 工程地质及水文地质[M]. 北京:中国农业出版社,2004.

[20] 黄春海,张春华,等. 水文地质找水[Z]. 山东省水利厅农水处,1998.

[21] 周田福. 工程物探[M]. 北京. 中国水利电力出版社,1997.

[22] 陈仲候,王兴泰,杜世汉. 工程与环境物探教程[M]. 北京:地质出版社,2005.

[23] 刘福臣. 水资源开发利用工程[M]. 北京. 化学工业出版社,2006.